教育部高等学校软件工程专业教学指导委员会软件工程专业系列教材

Docker 容器技术与运维

李树峰 钟小平 ◎ 编著

人民邮电出版社

北京

图书在版编目（ＣＩＰ）数据

Docker容器技术与运维 / 李树峰，钟小平编著. --
北京：人民邮电出版社，2021.4
ISBN 978-7-115-52908-4

Ⅰ．①D… Ⅱ．①李…②钟… Ⅲ．①Linux操作系统
－程序设计 Ⅳ．①TP316.85

中国版本图书馆CIP数据核字(2019)第269385号

内 容 提 要

本书针对容器技术与应用的实际需求，讲解主流容器平台 Docker 的应用和运维的技术方法。全书
共 11 章，内容包括 Docker 基础、Docker 镜像、Docker 容器、Docker 网络、Docker 存储、开发基于
Docker 的应用程序、自动化构建与持续集成、Docker 容器编排、多主机部署与管理、Docker Swarm
集群，以及生产环境中的 Docker 运维。

本书内容丰富，注重系统性、实践性和可操作性，每个知识点都有相应的操作示范，便于读者快
速上手。

本书可作为高等院校计算机相关专业的教材，也可作为软件开发人员、IT 实施和运维工程师的参
考书及培训机构的教材。

◆ 编　著　李树峰　钟小平
责任编辑　罗　朗
责任印制　王　郁　马振武

◆ 人民邮电出版社出版发行　北京市丰台区成寿寺路 11 号
邮编　100164　电子邮件　315@ptpress.com.cn
网址　https://www.ptpress.com.cn
固安县铭成印刷有限公司印刷

◆ 开本：787×1092　1/16
印张：22.5　　　　　　　　　2021 年 4 月第 1 版
字数：602 千字　　　　　　　2025 年 2 月河北第 5 次印刷

定价：69.80 元

读者服务热线：(010)81055256　印装质量热线：(010)81055316
反盗版热线：(010)81055315

　　党的二十大报告中提到："教育、科技、人才是全面建设社会主义现代化国家的基础性、战略性支撑。"在教育改革、科技变革等背景下，信息技术领域的教学发生着翻天覆地的变化。

　　容器技术重新定义了应用程序在不同环境中的移植和运行方式。越来越多的应用程序以容器的形式在开发、测试和生产环境中运行。Docker 是目前最为流行的容器平台，基本已成为容器的代名词。作为开发、发布和运行应用程序的开放平台，Docker 为快速发布、测试和部署应用程序提供了一整套技术方法，软件开发人员、IT 实施和运维工程师都需要掌握这些技术方法。Docker 现已形成了自己的生态圈，从基础的操作系统、网络、存储设施的管理到应用程序的开发、测试和部署，越来越多的企业和 IT 人员融入 Docker 相关的领域中。相关行业对 Docker 技术人才提出了迫切的需求，尤其是熟练掌握 Docker 技术的高级应用型人才。

　　很多高等院校的 IT 相关专业都将"Docker 容器技术与应用"作为一门重要的专业课程。本书旨在帮助高等院校教师全面、系统地讲授这门课程，使学生能够掌握 Docker 应用和运维的方法及技能。Docker 有两个版本，一个是社区版的 Docker CE，另一个是企业版的 Docker EE。Docker CE 是免费提供的，包含了完整的 Docker 平台，非常适合个人开发者和小型团队，也适合容器技术的教学和实验。考虑到国内用户偏好 CentOS 和 Red Hat 系列的 Linux 操作系统，本书以在 CentOS 7 操作系统上安装运行 Docker CE 为例进行讲解。

　　全书共 11 章，按照从基础到应用的逻辑进行组织：第 1 章首先介绍 Docker 基础知识，然后示范了 Docker 的安装和入门操作；第 2～5 章的内容主要是 Docker 容器管理和运维的基础知识和操作，涉及镜像和 Docker 注册中心、Docker 容器、Docker 网络和 Docker 存储；第 6 章和第 7 章主要讲解 Docker 应用程序的开发和持续集成，这部分内容非常具有实用价值，涉及如何将自己开发的应用程序 Docker 化，如何通过代码托管平台自动化构建Docker 镜像，以及应用程序如何基于 Docker 持续集成和自动化部署；第 8 章针对大量容器资源的管理和复杂应用程序的部署，讲解和示范了 Docker 容器编排；第 9 章讲解多主机的远程管理、跨主机的容器网络通信和监控；第 10 章讲解 Docker 内置容器集群平台的管理和应用，以及使用 Docker 堆栈部署分布式应用；第 11 章简单介绍了生产环境中的 Docker运维方法。

　　本书一方面注重对 Docker 基础知识的讲解，对相关概念进行详细解析，并使用表格来汇总资料，使用示意图来讲解原理和架构；另一方面注重动手实践，详细介绍具体的操作步骤，直接给读者进行示范。请注意，由于 Docker 版本的不断更迭，如果读者的实验环境与本书不一致，在参照本书示例的操作过程中，返回的结果可能会存在一些差异。

本书的参考学时为 60 学时，其中实践环节为 30 学时左右。

由于时间仓促，加之我们水平有限，书中难免存在不足之处，敬请广大读者批评指正。

编　者
2022 年 12 月

目 录 CONTENTS

第1章 Docker 基础 ……………… 1

1.1 Docker 的概念 …………………… 2

1.1.1 什么是 Docker ……………… 2

1.1.2 镜像与容器 …………………… 2

1.1.3 容器与虚拟机 ………………… 3

1.1.4 Docker 引擎 ………………… 3

1.1.5 Docker 生态系统 …………… 4

1.2 Docker 的应用 …………………… 4

1.2.1 实现应用程序快速、一致的交付 … 4

1.2.2 响应式部署和应用程序 ……… 5

1.2.3 运行更多的工作负载 ………… 5

1.2.4 部署微服务应用 ……………… 5

1.3 Docker 架构 ……………………… 5

1.3.1 Docker 客户端 ……………… 6

1.3.2 Docker 守护进程 …………… 6

1.3.3 Docker 注册中心 …………… 6

1.3.4 Docker 对象 ………………… 6

1.4 Docker 底层技术 ………………… 7

1.4.1 名称空间 ……………………… 7

1.4.2 控制组 ………………………… 8

1.4.3 联合文件系统 ………………… 9

1.4.4 容器格式 ……………………… 9

1.5 安装 Docker …………………… 10

1.5.1 Docker 的版本 ……………… 10

1.5.2 Docker 所支持的平台 ……… 11

1.5.3 安装 Docker 的准备工作 …… 11

1.5.4 使用软件仓库安装 Docker CE … 14

1.5.5 通过便捷脚本安装 Docker CE … 15

1.5.6 卸载 Docker ………………… 16

1.5.7 安装 Docker 之后的配置 …… 16

1.6 docker 命令行的使用 ………… 19

1.6.1 docker 命令行接口类型 …… 19

1.6.2 docker 命令列表 …………… 19

1.6.3 docker 命令的基本用法 …… 21

1.6.4 docker 命令示例 …………… 22

1.7 Docker API ……………………… 22

1.7.1 Docker API 类型 …………… 22

1.7.2 使用 Docker API ……………… 23

1.8 Docker 配置文件格式 ………… 23

1.8.1 JSON 格式 …………………… 23

1.8.2 YAML 格式 …………………… 24

1.9 习题 ……………………………… 26

第2章 Docker 镜像 ……………… 27

2.1 Docker 镜像基础 ……………… 28

2.1.1 进一步理解镜像的概念 …… 28

2.1.2 镜像的基本信息与标识 …… 28

2.1.3 镜像描述文件 Dockerfile … 29

2.1.4 父镜像与基础镜像 ………… 29

2.1.5 镜像的分层结构 …………… 30

2.1.6 镜像操作命令 ……………… 32

2.2 Docker 镜像的基本操作 …… 32

2.2.1 拉取镜像 …………………… 32

2.2.2 显示镜像列表 ……………… 33

2.2.3 设置镜像标签 ……………… 35

2.2.4 查看镜像详细信息 ⋯⋯⋯⋯ 36

2.2.5 查看镜像的构建历史以验证

镜像分层 ⋯⋯⋯⋯⋯⋯⋯⋯ 36

2.2.6 查找镜像 ⋯⋯⋯⋯⋯⋯⋯ 37

2.2.7 删除本地镜像 ⋯⋯⋯⋯⋯ 38

2.2.8 Docker 镜像的导入和导出 ⋯ 39

2.3 Docker 注册中心 ⋯⋯⋯⋯⋯ 40

2.3.1 Docker 注册中心与仓库 ⋯ 40

2.3.2 Docker Hub ⋯⋯⋯⋯⋯⋯ 41

2.3.3 阿里云的容器镜像服务 ⋯ 47

2.3.4 私有 Docker 注册中心 ⋯⋯ 49

2.4 习题 ⋯⋯⋯⋯⋯⋯⋯⋯⋯⋯ 51

第3章 Docker 容器 ⋯⋯⋯⋯⋯ 52

3.1 Docker 容器基础 ⋯⋯⋯⋯⋯ 53

3.1.1 进一步理解容器的概念 ⋯ 53

3.1.2 容器的基本信息与标识 ⋯ 53

3.1.3 可写的容器层 ⋯⋯⋯⋯⋯ 54

3.1.4 磁盘上的容器大小 ⋯⋯⋯ 54

3.1.5 "写时拷贝"策略 ⋯⋯⋯⋯ 55

3.1.6 容器操作命令 ⋯⋯⋯⋯⋯ 58

3.2 Docker 容器的基本操作 ⋯⋯ 58

3.2.1 创建和运行容器 ⋯⋯⋯⋯ 58

3.2.2 启动和停止容器 ⋯⋯⋯⋯ 64

3.2.3 查看容器信息 ⋯⋯⋯⋯⋯ 65

3.2.4 进入容器执行操作 ⋯⋯⋯ 67

3.2.5 删除容器 ⋯⋯⋯⋯⋯⋯⋯ 69

3.2.6 导出与导入容器 ⋯⋯⋯⋯ 69

3.2.7 基于容器创建镜像 ⋯⋯⋯ 70

3.3 限制容器运行的资源 ⋯⋯⋯ 72

3.3.1 限制容器的内存使用 ⋯⋯ 72

3.3.2 限制容器的 CPU 使用 ⋯⋯ 74

3.3.3 块 IO 带宽限制 ⋯⋯⋯⋯ 75

3.3.4 资源限制的实现机制——控制组 ⋯ 77

3.3.5 动态更改容器的配置 ⋯⋯⋯⋯ 77

3.4 容器监控 ⋯⋯⋯⋯⋯⋯⋯⋯⋯ 78

3.4.1 Docker 容器监控命令 ⋯⋯⋯ 78

3.4.2 使用 cAdvisor 监控容器 ⋯⋯ 79

3.5 容器的日志管理 ⋯⋯⋯⋯⋯⋯ 81

3.5.1 使用 docker logs 命令查看容器

日志 ⋯⋯⋯⋯⋯⋯⋯⋯⋯⋯ 81

3.5.2 配置日志驱动重定向容器的

日志记录 ⋯⋯⋯⋯⋯⋯⋯⋯ 82

3.6 习题 ⋯⋯⋯⋯⋯⋯⋯⋯⋯⋯⋯ 83

第4章 Docker 网络 ⋯⋯⋯⋯⋯⋯ 84

4.1 Docker 网络基础 ⋯⋯⋯⋯⋯⋯ 85

4.1.1 Docker 容器网络模型 ⋯⋯⋯ 85

4.1.2 Linux 网络基础 ⋯⋯⋯⋯⋯ 87

4.1.3 单主机与多主机的 Docker 网络 ⋯ 88

4.1.4 docker run 命令的网络配置用法 ⋯ 88

4.1.5 docker network 命令的网络

配置用法 ⋯⋯⋯⋯⋯⋯⋯⋯ 89

4.2 配置容器的网络连接 ⋯⋯⋯⋯ 90

4.2.1 使用默认桥接网络 ⋯⋯⋯ 90

4.2.2 使用主机网络 ⋯⋯⋯⋯⋯ 94

4.2.3 使用 none 网络模式 ⋯⋯⋯ 95

4.2.4 使用 container 网络模式 ⋯⋯ 96

4.2.5 用户自定义桥接网络 ⋯⋯⋯ 97

4.3 容器与外部的网络通信 ⋯⋯⋯ 105

4.3.1 容器访问外部网络 ⋯⋯⋯⋯ 105

4.3.2 从外部网络访问容器 ⋯⋯⋯ 106

4.4 容器之间的网络通信 ⋯⋯⋯⋯ 109

4.4.1 容器之间的网络通信的解决

方案 ⋯⋯⋯⋯⋯⋯⋯⋯⋯⋯ 109

4.4.2 以传统方式建立容器连接 ········ 110

4.5 习题 ···················· 113

第5章 Docker 存储 ·········· 114

5.1 Docker 存储驱动及其选择 ···· 115
5.1.1 概述 ················· 115
5.1.2 Docker 版本所支持的存储驱动···· 116
5.1.3 Docker 存储驱动所支持的底层
文件系统 ·············· 116
5.1.4 选择存储驱动需考虑的其他
事项 ················· 117
5.1.5 检查当前的存储驱动 ······· 117

5.2 使用 overlay2 存储驱动 ········ 118
5.2.1 使用 overlay2 存储驱动的要求···· 118
5.2.2 配置 Docker 使用 overlay2 存储
驱动 ················· 119
5.2.3 overlay2 存储驱动的工作机制 ··· 122
5.2.4 容器使用 overlay2 存储驱动的
读写机制 ·············· 126
5.2.5 OverlayFS 与 Docker 性能 ······ 127

5.3 迁移 Docker 根目录 ·········· 127

5.4 Docker 存储的挂载类型 ········ 128
5.4.1 Docker 卷与存储驱动 ········· 128
5.4.2 选择合适的挂载类型 ········ 129
5.4.3 docker run 命令的存储配置
基本用法 ·············· 130

5.5 使用 Docker 卷 ············· 130
5.5.1 卷的优势 ·············· 130
5.5.2 选择-v 或--mount 选项 ······ 131
5.5.3 创建和管理卷 ··········· 131
5.5.4 启动带有卷的容器 ········· 132
5.5.5 使用容器填充卷 ·········· 133
5.5.6 使用只读卷 ············ 133

5.5.7 删除卷 ··············· 133

5.6 使用绑定挂载 ·············· 134
5.6.1 绑定挂载的功能限制 ········ 134
5.6.2 选择-v 或--mount 选项········ 134
5.6.3 容器使用绑定挂载 ········· 135
5.6.4 使用只读的绑定挂载 ········ 136
5.6.5 配置 SELinux 标签 ·········· 137

5.7 使用 tmpfs 挂载 ············ 137
5.7.1 tmpfs 挂载的特点 ·········· 138
5.7.2 选择--tmpfs 或--mount 选项··· 138
5.7.3 在容器中使用 tmpfs 挂载······· 138
5.7.4 指定 tmpfs 参数 ··········· 139

5.8 使用卷容器 ··············· 139
5.8.1 通过卷容器实现容器之间的
数据共享 ·············· 139
5.8.2 通过卷容器来备份、恢复和迁移
数据卷 ················ 140

5.9 容器的数据共享 ············ 140
5.9.1 容器与主机共享数据 ········ 140
5.9.2 容器之间共享数据 ········· 141

5.10 习题 ················· 141

第6章 开发基于 Docker 的
应用程序 ··········· 143

6.1 开发 Docker 镜像 ·········· 144
6.1.1 进一步了解 Dockerfile ······· 144
6.1.2 通过 Dockerfile 构建镜像的基本
方法 ················· 144
6.1.3 Dockerfile 常用指令 ········· 146
6.1.4 Dockerfile 示例 ··········· 152
6.1.5 基于 Dockerfile 构建镜像 ······· 153
6.1.6 创建基础镜像 ··········· 156
6.1.7 使用多阶段构建 ·········· 157

6.1.8 编写 Dockerfile 的通用准则和
建议 ············ 159

6.1.9 管理镜像 ············ 163

6.2 Docker 的应用程序开发准则 ···· 163

6.2.1 尽可能缩减 Docker 镜像的
大小 ············ 163

6.2.2 持久化应用程序数据 ······ 164

6.2.3 尽可能使用 Swarm 集群服务 ··· 164

6.2.4 测试和部署时使用持续集成和
持续部署 ············ 164

6.2.5 了解开发环境和生产环境的
区别 ············ 165

6.3 将应用程序 Docker 化 ········ 165

6.3.1 Docker 化应用程序的基本流程 ··· 165

6.3.2 将 Node.js 应用程序 Docker 化 ··· 165

6.3.3 开发 Node.js 应用程序 ········· 166

6.3.4 创建应用程序的镜像 ········ 169

6.3.5 基于应用程序镜像运行容器 ··· 171

6.4 习题 ············ 171

第 7 章 自动化构建与持续集成 ···· 173

7.1 概述 ············ 174

7.1.1 镜像的自动化构建 ········· 174

7.1.2 持续集成 ············ 175

7.2 Docker Hub 结合 GitHub 实现
自动化构建 ············ 176

7.2.1 在 GitHub 上创建代码仓库 ···· 176

7.2.2 将 Docker Hub 连接到 GitHub
账户 ············ 178

7.2.3 在 Docker Hub 上创建镜像
仓库 ············ 179

7.2.4 配置自动化构建选项和规则 ····· 181

7.2.5 创建自动化构建项目 ········ 182

7.2.6 基于代码仓库标签的自动化
构建 ············ 184

7.2.7 通过构建触发器触发自动化
构建 ············ 186

7.2.8 使用 Webhook ············ 186

7.3 通过阿里云镜像服务实现自动化
构建 ············ 187

7.3.1 设置代码源 ············ 187

7.3.2 创建代码仓库 ············ 189

7.3.3 开始构建 ············ 190

7.4 基于 Jenkins 和 Docker 组建
持续集成环境 ············ 192

7.4.1 准备工作 ············ 192

7.4.2 部署 GitLab 服务器 ········· 193

7.4.3 部署 Docker 注册服务器 ····· 195

7.4.4 部署并配置 Jenkins 服务器 ···· 195

7.4.5 新建 Jenkins 项目并进行构建 ··· 200

7.4.6 通过 GitLab 自动触发 Jenkins
构建项目 ············ 203

7.4.7 利用 Jenkins 的 Docker 插件来
构建和推送镜像 ········ 207

7.5 实现应用程序的持续集成和
自动化部署 ············ 209

7.5.1 准备工作 ············ 209

7.5.2 部署持续集成环境 ········· 210

7.5.3 准备源代码并将其提交到代码
仓库 ············ 211

7.5.4 为 Tale 应用程序构建镜像并
推送到 Docker 注册服务器 ··· 211

7.5.5 新建 Maven 项目进行构建并
实现自动化部署 ········ 212

7.5.6 实现项目的自动化构建 ······ 216

7.6 习题 ············ 217

第8章　Docker 容器编排 ┈┈218

8.1　Docker 容器编排基础 ┈┈219
8.1.1　Docker Compose 的架构 ┈┈219
8.1.2　使用 Docker Compose 的基本步骤 ┈┈220
8.1.3　Docker Compose 的特性 ┈┈220
8.1.4　Docker Compose 的应用场合 ┈┈220
8.1.5　Docker Compose 安装 ┈┈221
8.1.6　Docker Compose 入门示例 ┈┈222

8.2　Compose 文件 ┈┈225
8.2.1　Compose 文件格式的不同版本 ┈┈225
8.2.2　Compose 文件结构 ┈┈226
8.2.3　服务定义 ┈┈227
8.2.4　卷存储定义 ┈┈231
8.2.5　网络定义 ┈┈232

8.3　Compose 命令行 ┈┈232
8.3.1　Compose 命令行格式 ┈┈232
8.3.2　Compose 主要命令简介 ┈┈233

8.4　Compose 的环境变量 ┈┈235
8.4.1　Compose 使用环境变量的方式 ┈┈236
8.4.2　不同位置定义的环境变量的优先级 ┈┈237

8.5　在 Compose 中设置网络 ┈┈238
8.5.1　默认网络的配置 ┈┈238
8.5.2　更新容器 ┈┈239
8.5.3　使用 links 选项 ┈┈239
8.5.4　指定自定义网络 ┈┈239
8.5.5　使用现有网络 ┈┈240

8.6　容器编排示例 ┈┈240
8.6.1　示例一：实现 Web 负载均衡 ┈┈240
8.6.2　示例二：在 Linux 上部署 ASP.NET 与 SQL Server ┈┈242

8.7　共享 Compose 通用配置 ┈┈246
8.7.1　使用多个 Compose 文件 ┈┈246
8.7.2　Compose 文件追加和覆盖配置规则 ┈┈248

8.8　在生产环境中使用 Compose ┈┈248
8.8.1　针对生产环境修改 Compose 文件 ┈┈248
8.8.2　部署应用程序更改 ┈┈249
8.8.3　在单主机上运行 Compose ┈┈249

8.9　习题 ┈┈249

第9章　多主机部署与管理 ┈┈250

9.1　通过 Docker Machine 部署和管理多主机 ┈┈251
9.1.1　Docker Machine 概述 ┈┈251
9.1.2　Docker Machine 安装 ┈┈252
9.1.3　Docker Machine 驱动 ┈┈252
9.1.4　通过 Docker Machine 远程安装和部署 Docker ┈┈253
9.1.5　通过 Docker Machine 管理 Docker 主机 ┈┈255

9.2　跨主机容器网络 ┈┈256
9.2.1　容器的跨主机通信方式 ┈┈256
9.2.2　使用 macvlan 网络 ┈┈257
9.2.3　使用 overlay 网络 ┈┈260

9.3　跨主机监控 ┈┈266
9.3.1　使用 Weave Scope 进行故障诊断与监控 ┈┈266
9.3.2　Prometheus 基础 ┈┈270
9.3.3　部署 Prometheus 系统监控 Docker 主机和容器 ┈┈273

9.4　习题 ┈┈285

第 10 章 Docker Swarm 集群 ······ 287

10.1 Docker Swarm 基础 ············ 288
10.1.1 Docker Swarm 模式 ··········· 288
10.1.2 Docker Swarm 主要概念 ······ 288
10.1.3 Swarm 节点工作机制 ········· 290
10.1.4 Swarm 服务工作机制 ········· 291
10.1.5 使用 PKI 管理 Swarm 安全性 ··· 292
10.1.6 Swarm 任务状态 ············· 293

10.2 Docker Swarm 基本操作 ······· 294
10.2.1 设置运行环境 ··············· 294
10.2.2 创建 Swarm 集群 ············ 295
10.2.3 将节点加入 Swarm 集群 ······ 295
10.2.4 将服务部署到 Swarm 集群 ····· 296
10.2.5 增加和缩减服务 ············· 297
10.2.6 故障迁移与重新平衡 ········· 298
10.2.7 删除 Swarm 服务 ············ 299
10.2.8 对服务进行滚动更新 ········· 300
10.2.9 管理节点 ··················· 302
10.2.10 发布服务端口 ············· 304

10.3 管理 Swarm 服务网络 ········· 306
10.3.1 配置 overlay 网络 ··········· 306
10.3.2 创建和配置连接 overlay 网络的 Swarm 服务 ········ 308
10.3.3 服务发现与内部容器之间的通信 ··············· 309
10.3.4 在 overlay 网络上使用独立容器 ················ 311

10.4 通过堆栈在 Swarm 集群中部署分布式应用 ··············· 311
10.4.1 Docker 堆栈概述 ············ 312
10.4.2 示例一：Swarm 堆栈部署入门 ·················· 314
10.4.3 示例二：Swarm 集群多节点的堆栈部署 ·············· 317

10.5 管理敏感数据 ················· 319
10.5.1 Docker 机密数据的应用 ······· 320
10.5.2 Docker 如何管理机密数据 ····· 320
10.5.3 Docker 机密数据管理命令 ····· 320
10.5.4 示例一：Docker 机密数据操作入门 ·················· 321
10.5.5 示例二：配置 Nginx 服务使用机密数据 ················ 322
10.5.6 在 Compose 文件中使用 Docker 机密数据 ··············· 324
10.5.7 将 Docker 机密数据置入镜像中 ················· 326

10.6 存储服务配置数据 ············· 326
10.6.1 Docker 配置数据概述 ········· 326
10.6.2 示例一：Docker 配置数据操作入门 ·················· 327
10.6.3 示例二：配置 Nginx 服务使用配置数据 ················ 327
10.6.4 替换服务的配置数据 ········· 328

10.7 习题 ························· 329

第 11 章 生产环境中的 Docker 运维 ················· 330

11.1 配置和管理 Docker 守护进程 ····· 331
11.1.1 配置并运行 Docker 守护进程 ··················· 331
11.1.2 排查 Docker 守护进程故障 ···· 332
11.1.3 使用 systemd 控制 Docker ···· 334

11.2 配置 Docker 对象 ············· 335
11.2.1 配置对象使用自定义元数据 ··· 335

11.2.2　删除不用的对象 ···················336

11.2.3　格式化命令和日志的输出 ·······336

11.3　Docker 安全 ··························337

11.3.1　Docker 安全机制 ·················337

11.3.2　保护 Docker 守护进程套接字···340

11.3.3　其他 Docker 安全措施 ···········342

11.4　使用插件扩展 Docker ··········343

11.4.1　Docker 插件概述 ·················343

11.4.2　Docker 插件安装和使用示例····344

11.4.3　Docker 插件开发示例 ···········345

11.5　离线部署和使用 Docker ···········346

11.5.1　离线安装 Docker ·················346

11.5.2　在离线环境中导入镜像··········347

11.5.3　离线建立私有 Docker 注册
　　　　中心 ··························348

11.6　习题 ·······························348

01

第1章　Docker基础

　　容器是继云计算和大数据之后非常热门的 IT 技术之一。Docker 是领先的软件容器平台，目前已成为容器的代名词。作为开发、发布和运行应用程序的容器平台，Docker 可以统一软件开发、测试、部署和运维的环境和流程。Docker 是传统虚拟机的替代解决方案，越来越多的应用程序以容器的形式在开发、测试和生产环境中运行，无论是开发人员，还是实施和运维人员，都需要了解和掌握 Docker 技术。本章前半部分讲解 Docker 的基础知识，包括 Docker 的概念、应用场合和架构，以及所采用的底层技术；后半部分介绍 Docker 的安装和入门操作。

1.1 Docker 的概念

作为一门新兴技术，Docker 涉及的概念和术语较多。

1.1.1 什么是 Docker

Docker 的本意是"码头工人"，其徽标🐳就是一艘装有许多集装箱的货轮。它借鉴通过集装箱（Container）装运货物的思想，让开发人员将应用程序及其依赖打包到一个轻量级、可移植的容器中，然后发布到任何运行容器引擎的环境中，以容器形式运行该应用程序。码头工人装运集装箱时不关心里面装的是什么货物，也不用直接装运货物，这样能够省时省力，同样，Docker 在操作容器时也不关心容器里有什么软件，部署和运行应用程序非常方便。通常将 Container 译为容器，以区别于货运集装箱。

Docker 是一个开源的容器项目，使用 Go 语言开发实现，遵从 Apache 2.0 协议。

Docker 为应用程序的开发、发布和运行提供一个基于容器的标准化平台。Docker 平台用来管理容器的整个生命周期，具体表现在以下几个方面。

- 使用容器开发应用程序及其支持的组件。
- 使容器成为分发和测试应用程序的单元。
- 将应用程序作为容器或编排好的服务部署到生产环境中。无论生产环境是本地数据中心、云提供商，还是这两者的混合环境，工作过程都是一样的。

Docker 可以将应用程序与基础设施分离开来，便于实现软件的快速交付。借助于 Docker 平台，我们可以像管理应用程序那样管理基础设施。采用 Docker 快速发布、测试和部署软件代码的方法，可以显著地缩减在开发环境中编写代码和在生产环境中运行程序之间的时延。

1.1.2 镜像与容器

Docker 是软件开发人员和系统管理员使用容器开发、部署和运行应用程序的平台。了解容器首先要了解镜像。

容器通过运行镜像（Image）来启动。镜像是一个可执行的软件包，其中包含运行应用程序时所需的一切资源——代码、运行时、库、环境变量和配置文件。一个镜像往往会基于另一个镜像进行一些额外的定制。例如，可以构建一个基于 Ubuntu 操作系统的镜像，其中安装 Apache Web 服务器和应用程序，并且包括运行应用程序所需的配置。可以创建自己的镜像，也可以使用由别人创建并发布到 Docker 注册中心的第三方镜像。

要自己构建镜像，通常需要创建一个 Dockerfile 文件来指定创建该镜像并运行它所需的全部步骤。Dockerfile 文件中的每个指令会在镜像中创建一个层。当修改 Dockerfile 文件并重新构建该镜像时，只有那些变更过的层才会被重新构建。这就是与虚拟化技术相比，镜像是如此轻量、小巧和快速的部分原因。

容器是镜像可运行的实例，运行中的容器是位于内存中且有状态的镜像，本质上是一个用户进程。Docker 的应用程序以容器的形式来部署和运行，一个镜像可以用来创建多个容器。使用容器来部署应用程序被称为容器化（Containerization）。默认情况下，容器使用沙箱机制，容器与主机和其他容器之间不会有任何接口，能够相互隔离。管理员可以控制如何将一个容器的网络、存储或其他底层子系统与另一个容器或主机进行隔离。

用户可以创建、启动、停止、移动或删除容器，也可以将容器接入一个或多个网络，或者将存储附加到容器，甚至可以基于容器的当前状态创建一个新的镜像。创建或启动容器时，容器通过其镜像和所提供的配置选项进行定义。容器被删除后，如果没有对其状态的任何变更提供持久性存储，则变更都会消失。

镜像是用于创建 Docker 容器的只读模板，容器是从镜像创建的运行时实例，容器与镜像之间的关系类似于面向对象编程中的对象与类之间的关系。从应用程序的角度看，镜像是应用程序生命周期的构建和打包阶段，而容器则是启动和运行阶段。

1.1.3　容器与虚拟机

容器在 Linux 主机上本地运行，并与其他容器共享主机的操作系统内核。容器运行一个独立的进程，不会比其他可执行文件占用更多的内存，这就使它具备轻量化的优点。

相比之下，每个虚拟机（Virtual Machine，VM）运行一个完整的客户端（Guest）操作系统，并通过虚拟机管理程序（Hypervisor）以虚拟方式访问主机资源。总的来说，虚拟机提供的环境所包含的资源超出了大多数应用程序的实际需要。

容器之间共享主机的操作系统，容器引擎将容器当作进程在主机上运行，其内核使用的是主机操作系统的内核，因此依赖于主机操作系统的内核版本。虚拟机有自己的操作系统，且独立于主机操作系统，其操作系统内核可以和主机不同。

容器在主机操作系统的用户空间内运行，并且与其他操作系统进程相互隔离，启动时也不需要启动操作系统的内核空间。因此，与虚拟机相比，容器启动快，开销少，而且迁移便捷。

当然，也可以在虚拟机上运行 Docker 容器，这时该虚拟机本身就充当一台 Docker 主机。

容器与虚拟机的对比如图 1-1 所示。

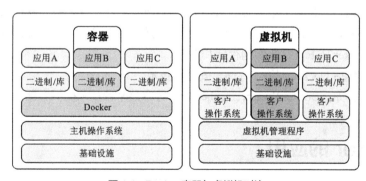

图 1-1　Docker 容器与虚拟机对比

Docker 可用于将应用程序打包，并部署在被称为容器的松散的隔离环境中运行。这种隔离和安全机制使得在同一台主机上可以同时运行多个容器。

1.1.4　Docker 引擎

Docker 引擎（Docker Engine）是基于客户/服务器架构的应用程序，如图 1-2 所示，它主要包括以下组件。

- 服务器：即 Docker 守护进程，这是 Docker 的后台应用程序，可使用 dockerd 命令进行管理。Docker 守护进程可用于创建和管理 Docker 对象，比如镜像、容器、网络和卷。

- REST API：定义程序与 Docker 守护进程交互的接口，便于编程操作 Docker 平台和容器。REST API 是目前比较成熟的 Internet 应用程序的 API 软件架构。
- 客户端：命令行接口（Command Line Interface，CLI），可使用 docker 命令进行操作。命令行接口又称命令行界面，可以通过命令或脚本使用 Docker 的 REST API 接口控制 Docker 守护进程，或者与 Docker 守护进程进行交互。许多 Docker 应用程序都会使用底层的 API 和命令行接口。

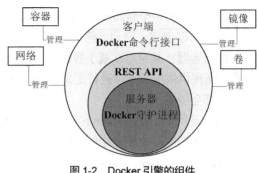

图 1-2　Docker 引擎的组件

Docker 引擎是目前使用最广泛的容器引擎。Docker 提供简单的工具和一种通用的打包方法，将所有应用程序依赖打包到容器中。Docker 引擎可以使集中化的应用程序在任何基础设施上的任何地方持续运行，为开发人员和运维人员解决 "dependency hell"（可译为依赖性地狱，指由于软件之间的依赖性不能被满足而引发的问题），以及 "it works on my laptop!"（软件仅能在开发环境中运行）问题。

Docker 引擎可用于 Linux 或 Windows 服务器操作系统。它是基于 Containerd 项目实现的。Containerd 是 Docker 基于行业标准创建的核心容器运行时开源项目，可以用作 Linux 和 Windows 的守护进程，并管理整个容器生命周期。Docker 既提供免费的社区支持的引擎，又提供商用的企业引擎作为企业容器平台的基础。

1.1.5　Docker 生态系统

仅仅依靠 Docker 引擎和容器是不能完全满足企业级规模需求的，为此 Docker 提供一个集成的软件生态圈和一套操作管理工作流程。Docker 生态系统包括以下几个不同层次的技术。

- 核心技术：例如，Runtime（运行时）为容器运行提供底层的运行环境，Docker 引擎支持容器管理，Docker Hub 支持镜像的存储和发布。
- 支持技术：包括 Docker 网络、存储、安全等技术。
- 平台技术：例如，Docker Swarm、Kubernetes 等容器平台技术提供容器集群功能。

1.2　Docker 的应用

Docker 最突出的优势是重新定义了应用程序在不同环境中的移植和运行方式，为跨环境运行应用程序提供了新的解决方案。目前 Docker 的应用涉及容器化传统应用程序、支撑微服务架构（Microservice Architecture）、持续集成和持续部署、大数据应用、边缘计算、将应用程序发布到云、现有应用的数字化转型（Digital Transformation）和 Windows 服务器迁移等领域。这里从以下几个方面来说明 Docker 的应用。

1.2.1　实现应用程序快速、一致的交付

Docker 让开发人员在提供应用程序和服务的本地容器的标准化环境中工作，从而缩短应用程序开发生命周期。容器非常适合持续集成和持续交付（CI/CD）工作流程。这里列出几个典型的应

用场景。

- 开发人员在本地编写应用程序代码，通过 Docker 容器与同事进行共享。
- 通过 Docker 将应用程序推送到测试环境，并执行自动测试和手动测试。
- 开发人员发现程序有错误，可以在开发环境中进行修复，然后重新部署到测试环境中进行测试和验证。
- 应用程序测试完毕，向客户提供补丁程序时非常简单，只需将更新后的镜像推送到生产环境即可。

1.2.2　响应式部署和应用程序

Docker 的基于容器的平台高度支持可移植的工作负载。Docker 容器可以在开发人员的本地便携式计算机、数据中心的物理机或虚拟机、云或混合环境中运行。

Docker 的可移植性和轻量级特性也使得动态管理工作负载变得非常容易，可以近乎实时地根据业务需求扩展或缩减应用程序和服务。

1.2.3　运行更多的工作负载

Docker 针对虚拟机提供了切实可行且经济高效的替代解决方案。Docker 是轻量级的应用，容器仅需要封装应用和应用需要的依赖，没有虚拟机监控程序的额外负载，直接在主机的操作系统内核中运行。这意味着同一硬件环境中可运行的容器的数量比传统的虚拟机要多得多，用户可以使用更多的计算能力来实现业务目标。Docker 非常适合需要使用更少资源实现更多任务的环境和中小型应用部署。

1.2.4　部署微服务应用

在微服务架构中，一个应用拆分成几十个微服务，每个微服务都对应有开发、测试和生产三套环境。如果采用传统的部署方式，这些环境部署的工作量相当大。而 Docker 可以实现开发、测试和生产环境的统一化和标准化，大大简化了这些环境部署的步骤。镜像作为标准的应用交付件，可在开发、测试和生产环境上以容器的形式运行，最终实现三套环境中的应用及其依赖的完全一致。

在微服务架构中，有些服务负载压力大，需要以集群方式部署，可能要部署到几十台机器上，即使是使用虚拟机，代价也非常大。Docker 可实现轻量级的应用运行环境，且拥有比虚拟机更高的硬件资源利用率，如果改用 Docker 容器部署，同样的物理机则能支持上千个容器，这样可以大大节省部署和运维成本。

1.3　Docker 架构

Docker 使用客户/服务器架构，如图 1-3 所示，其中，Docker 守护进程相当于 Docker 服务器，负责构建、运行和分发 Docker 容器的繁重任务。Docker 客户端与 Docker 守护进程可以在同一个系统上运行，也可以将 Docker 客户端连接到远程主机上的 Docker 守护进程。Docker 客户端和 Docker 守护进程通过 REST API 使用 UNIX 套接字或网络接口进行通信。

提示：为区分不同应用程序进程间的网络通信和连接，操作系统为应用程序与 TCP/IP 交互提供了称为套接字（Socket）的接口。可以将 Socket 看作是两个应用程序进行通信连接的一个端点，一个应用程序将信息写入套接字中，该套接字将该信息发送给另外一个套接字，使该信息能传送到其他应用程序中。采用 Socket 的本意"插座"似乎更贴切。

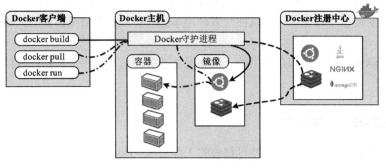

图 1-3　Docker 架构

1.3.1　Docker 客户端

Docker 客户端（docker）是 Docker 用户与 Docker 交互的主要途径。当用户使用像 docker run 这样的命令时，客户端将这些命令发送到 Docker 守护进程来执行。docker 命令使用 Docker API。Docker 客户端可以与多个 Docker 守护进程进行通信。

1.3.2　Docker 守护进程

Docker 守护进程（dockerd）监听来自 Docker API 的请求，管理如镜像、容器、网络、卷这样的 Docker 对象。Docker 守护进程之间可以通信，以实现对 Docker 服务的管理。一台主机运行一个 Docker 守护进程，又被称为 Docker 主机。

1.3.3　Docker 注册中心

Docker 注册中心用来存储 Docker 镜像。Docker Hub 和 Docker Cloud 是任何人都可以使用的公开注册中心，默认情况下，Docker 会到 Docker Hub 中查找镜像。用户可以运行自己的私有注册中心。Docker 数据中心（Docker Datacenter，DDC）包含 Docker 可信注册中心（Docker Trusted Registry，DTR）。

使用 docker pull 或 docker run 命令时，所请求的镜像会从所配置的 Docker 注册中心拉取（下载）到本地。当使用 docker push 命令时，镜像会被推送（上传）到所配置的 Docker 注册中心。

1.3.4　Docker 对象

使用 Docker 的主要工作就是创建和使用各类对象，这些对象包括镜像、容器、网络、卷、插件，以及其他对象。镜像和容器在前面解释过，这里解释一下服务对象，至于其他对象将在后续章节中讲解。

服务用于跨多个 Docker 守护进程（Docker 主机）对容器进行伸缩（增减副本），这些 Docker 守护进程将作为一个 Swarm 集群一起运行，集群中可以有多个管理节点和工作节点。Swarm 集群的每个成员都是一个 Docker 守护进程，守护进程都通过 Docker API 进行通信。服务让用户定义期望的状态，如任意时刻该服务都可用的副本的数量。默认情况下，服务会在所有工作节点之间实现负载均衡。对于用户来说，Docker 服务是透明的，看上去就是单个应用程序。Docker 引擎从 Docker 1.12 版本开始支持 Swarm 集群模式。

1.4　Docker 底层技术

早期版本的 Docker 是基于成熟的 Linux Container（LXC）技术实现的。自 Docker 0.9 版本起，Docker 开始转为新的容器格式 libcontainer，以便提供更通用的底层容器虚拟化库。Docker 使用 Go 语言编写，利用 Linux 内核本身的特性来实现其功能。目前 Docker 底层依赖的核心技术主要包括 Linux 操作系统的名称空间（Namespace）、控制组（Control Group）、联合文件系统（Union File System）。这里讲解 Docker 虚拟化所使用的 Linux 内核的底层技术。作为一种容器虚拟化技术，Docker 使用了 Linux 操作系统的多项底层支持技术。

1.4.1　名称空间

Linux 的名称空间机制提供了一种资源隔离的解决方案。Docker 通过名称空间机制为容器提供隔离的工作空间。运行容器时，Docker 会为该容器创建一系列的名称空间。

1. 什么是名称空间

名称空间又称命名空间，是对全局系统资源的一种封装隔离技术，使得处于不同名称空间的进程拥有彼此独立的全局系统资源，改变一个名称空间中的系统资源只会影响当前名称空间中的进程，而不会影响其他名称空间中的进程。采用名称空间机制，PID（进程 ID）、IPC（进程间通信）、网络等系统资源不再是全局性的，而是属于特定的名称空间。

2. 名称空间类型

Linux 操作系统中的每个进程都有一个名为/proc/[pid]/ns 的目录（pid 为进程 ID），其中包含该进程所属名称空间的信息。例如，执行以下操作可查看当前 shell 进程所属的名称空间（$$代表当前 shell 的进程 ID，ns 代表名称空间）：

```
[root@host-a ~]# ls -l /proc/$$/ns
total 0
lrwxrwxrwx. 1 root root 0 Mar 11 04:35 cgroup -> cgroup:[4026531835]
lrwxrwxrwx. 1 root root 0 Mar 11 04:35 ipc -> ipc:[4026531839]
lrwxrwxrwx. 1 root root 0 Mar 11 04:35 mnt -> mnt:[4026531840]
lrwxrwxrwx. 1 root root 0 Mar 11 04:35 net -> net:[4026531992]
lrwxrwxrwx. 1 root root 0 Mar 11 04:35 pid -> pid:[4026531836]
lrwxrwxrwx. 1 root root 0 Mar 11 04:35 pid_for_children -> pid:[4026531836]
lrwxrwxrwx. 1 root root 0 Mar 11 04:35 user -> user:[4026531837]
lrwxrwxrwx. 1 root root 0 Mar 11 04:35 uts -> uts:[4026531838]
```

从以上输出可知，Linux 内核到目前为止实现了 7 种不同类型的名称空间（不同内核版本的 Linux 所支持的名称空间类型有所不同）。每种类型的每个名称空间都有一个 ID（唯一编号），如"ipc:[4026531839]"中"ipc"表示名称空间类型，"4026531839"表示名称空间 ID。如果两个进程的名称空间 ID 相同，则说明它们属于同一名称空间。

- Cgroup（控制组）：用于隔离控制组根目录，从 Linux 4.6 版本开始，内核才提供此功能。
- IPC（进程间通信）：用于隔离进程间通信所需的资源。PID 名称空间和 IPC 名称空间可以组合起来使用，同一个 IPC 名称空间内的进程可以彼此看见，允许进行交互，不同名称空间的进程无法交互。
- Network（网络）：为进程提供网络资源隔离能力。一个网络名称空间提供了一个独立的网络环境（包括网络设备接口、IPv4 和 IPv6 协议栈、IP 路由表、防火墙规则和套接字等），就跟一个独立的计算机系统一样。

- Mount（挂载）：为进程提供磁盘挂载点和文件系统的隔离能力。每个进程都存在于一个挂载名称空间中。如果不使用挂载名称空间，子进程和父进程将共享一个挂载名称空间，子进程调用 mount 或 umount 命令将会影响到所有该名称空间内的进程。
- PID（进程 ID）：Linux 通过名称空间管理进程 ID，同一个进程在不同的名称空间中进程 ID 不同。进程名称空间是父子结构，子空间对于父空间是可见的。例中的 pid 和 pid_for_children 就属于同一名称空间。
- User（用户）：用于隔离用户。
- UTS：用于隔离主机名和域名。UTS 是 UNIX Time-sharing System 的缩写。

3. Docker 使用名称空间

Linux 名称空间具有更加精细的资源分配管理机制，为实现基于容器的虚拟化技术提供了很好的基础，Docker 利用这一特性实现了资源的隔离。容器本质上就是进程，不同容器内的进程属于不同的名称空间，彼此透明，互不干扰。这些名称空间提供了一个隔离层。容器的每个方面都运行在独立的名称空间中，并且其访问权限也仅限于该名称空间。

Docker 引擎使用下列几个类型的 Linux 名称空间来实现特定的资源隔离管理功能。

- PID 名称空间：用于进程隔离。对于同一进程，在不同的名称空间中看到的进程 ID 不相同，每个进程命名空间有一套自己的进程 ID 管理方法。
- 网络名称空间：用于管理网络接口。有了 PID 名称空间，每个名称空间中的进程就可以相互隔离，但是网络端口还是共享本地系统的端口，这就需要通过网络名称空间实现网络隔离。网络名称空间为进程提供了一个完全独立的网络协议栈的视图。Docker 采用虚拟网络设备的方式，将不同名称空间的网络设备连接到一起。默认情况下，容器中的虚拟网卡将同本地主机上的 docker0 网桥连接在一起。
- IPC 名称空间：用于管理 IPC 资源的访问。容器中进程交互采用了 Linux 常见的进程间交互方法，包括信号量、消息队列和共享内存等。
- 挂载名称空间：用于管理文件系统挂载点。挂载名称空间类似于 chroot 功能，将一个进程放到一个特定的目录执行。挂载名称空间允许不同名称空间的进程看到不同的文件结构，这样每个名称空间中的进程所看到的文件目录会被彼此隔离。
- UTS 名称空间：用于隔离内核和版本标识符。允许每个容器拥有独立的主机名和域名，从而可以虚拟出一个有独立主机名和网络空间的环境，就与网络上一台独立的主机一样。默认情况下，Docker 容器的主机名就是返回的容器 ID。
- 用户名称空间：每个容器可以有不同的用户和组 ID，也就是说可以在容器内使用特定的内部用户执行程序，而不是使用本地系统上存在的用户来执行程序。每个容器内部都可以有自己的 root 账户，但与主机上的用户不在一个名称空间。通过使用隔离的用户名称空间可以提高安全性，避免容器内进程获取额外的权限。

目前 Docker 引擎除了用户名称空间不完全支持以外，其他 5 个名称空间都是默认开启的，并且可以通过 clone 系统调用进行创建。

1.4.2 控制组

Linux 上的 Docker 引擎还依赖控制组（Control Group，Cgroup）这种底层技术。控制组的设计目标是为从控制单一进程到系统级虚拟化的不同情形提供统一的接口。

1. 什么是控制组

控制组是 Linux 内核提供的可以限制、审计、隔离进程组（一个或多个进程的集合）所使用的物理资源（如 CPU、内存、I/O 等）的一种机制。也就是说，Linux 可以通过控制组设置进程使用 CPU、内存和 I/O 资源的限额。Linux 上的 Docker 引擎正是依赖这种底层技术来限制容器使用的资源的。

每个控制组就是一组按照某种标准划分的进程。控制组中的资源控制都是以控制组为单位实现的。一个进程可以加入某个控制组，也可以从一个控制组迁移到另一个控制组。进程可以使用以控制组为单位分配的资源，同时受到以控制组为单位设定的资源限制。控制组也可以继承，这意味着一个子组可以继承其父组设定的资源限制。

2. 控制组的功能

控制组主要用来对共享资源进行隔离、限制、审计等，具体功能列举如下。

- 资源限制：可以为控制组设置对 CPU、内存和存储空间的使用限制。
- 优先级：通过设置让一些控制组优先得到更多的 CPU 或者磁盘 I/O 等资源。
- 资源审计：一个控制组的资源使用情况会被监测和计量。
- 隔离：为控制组隔离名称空间，让一个控制组不能访问另一个控制组的进程、网络连接和文件系统。
- 控制：可以对进程组执行挂起、恢复和重启等操作。

3. Docker 使用控制组

控制组是 Docker 实现虚拟化所使用的资源管理手段，可以说没有控制组就没有 Docker。在 Docker 中，每个容器都是相互隔离的一个或一组进程，可以作为一个控制组。

控制组可以对容器的内存、CPU、磁盘 I/O 等资源进行限制和审计管理。控制组限制应用程序只能访问指定的资源，让 Docker 引擎在容器之间共享可用的硬件资源，并可以选择强制实施限制和约束。例如，可以对某个容器限制可用的内存资源。

对容器使用的内存、CPU 和 I/O 资源的限制具体是由控制组的相应子系统来实现的。只有能控制分配到容器的资源，才能避免多个容器同时运行时对主机系统的资源竞争。

1.4.3 联合文件系统

联合文件系统（Union File Systems，UnionFS）是为 Linux、FreeBSD 和 NetBSD 操作系统设计的，它是将其他文件系统合并到一个联合挂载点的一种文件系统。作为轻量级的高性能分层文件系统，它支持提交文件系统中的变更信息，每提交一次就产生一层，并且层层叠加；同时可以将不同目录挂载到同一个虚拟文件系统下，应用程序看到的是挂载的最终结果。

作为 Docker 重要的底层技术，联合文件系统通过创建层来操作，非常轻巧和快速。Docker 引擎可以使用联合文件系统的多种变体，包括 AUFS、OverlayFS、Btrfs、BFS 和 DeviceMapper 等。

联合文件系统是实现 Docker 镜像的技术基础。Docker 镜像可以通过分层进行继承。例如，用户基于基础镜像（作为用来生成其他镜像的基础，往往没有父镜像）来制作各种不同的应用程序镜像。这些镜像共享同一个基础镜像层，提高了存储效率。此外，当用户改变了一个 Docker 镜像（比如升级程序到新的版本），则会创建一个新的层。因此，用户不用替换整个原镜像或者重新建立，只需要添加新的层即可。用户分发镜像的时候，也只需要分发被改动的新增层内容（增量部分）。这使 Docker 的镜像管理变得轻便快捷。

1.4.4 容器格式

Docker 引擎将名称空间、控制组和联合文件系统打包到一起所用的就是容器格式（Container Format）。

默认的容器格式是 libcontainer。Docker 将来还可能会通过集成 BSD Jails 或 Solaris Zones 来支持其他容器格式。

libcontainer 是 Docker 用于容器管理的软件包，它基于 Go 语言实现，通过管理名称空间、控制组、Linux 能力及文件系统等进行容器控制。在安全方面，libcontainer 尽可能为用户提供支持。libcontainer 的架构如图 1-4 所示。

libcontainer 被称为容器标准，目的是支持更广泛的隔离技术。

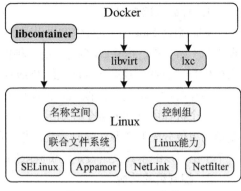

图 1-4　libcontainer 架构

可以使用 libcontainer 创建容器，并对容器进行生命周期管理。libcontainer 通过接口的方式定义了一系列容器管理的操作，包括处理容器的创建（Factory）、容器生命周期管理（Container）、进程生命周期管理（Process）等一系列接口。

1.5　安装 Docker

Linux 是 Docker 原生支持的操作系统。Docker 支持几乎所有的 Linux 发行版，但是使用最多的还是 Ubuntu 和 CentOS。考虑国内用户更倾向于使用 CentOS，本书以 CentOS 7 操作系统作为平台讲解 Docker 的安装和使用。

1.5.1　Docker 的版本

Docker 目前分为以下 3 个版本。

- Docker Engine-Communit（Docker 引擎社区版）：简称 Docker CE，是免费提供的，包含完整的 Docker 平台，非常适合个人开发者和小型团队的 Docker 使用入门和基于容器的应用程序的试验，在 Docker CE 17.03 版本之前称为 Docker 引擎。
- Docker Engine-Enterprise（Docker 引擎企业版）：简称 Docker EE，会提供额外的收费服务，是为企业开发具有安全和企业级服务等级协议的容器运行时而设计的。
- Docker Enterprise（Docker 企业版）：最完善的 Docker 平台，所需费用最高，是为企业开发和在生产环境中构建、发布和运行关键业务应用的 IT 团队设计的。

从 Docker Enterprise 2.1 版本开始，Docker Enterprise-Basic（Docker 企业基本版）改称为 Docker Engine-Enterprise（Docker 引擎企业版），而 Docker Enterprise-Standard（Docker 企业标准版）和 Docker Enterprise-Advanced（Docker 企业高级版）被称为 Docker Enterprise（Docker 企业版）。

Docker 各版本之间的主要差异见表 1-1。

表 1-1　Docker 各版本之间的差异

所支持的功能	Docker CE	Docker EE	Docker 企业版
容器引擎和内置的编排、网络和安全功能	支持	支持	支持
经认证的基础设施、插件和独立软件开发商的容器	不支持	支持	支持
镜像管理	不支持	不支持	支持
容器应用管理	不支持	不支持	支持
镜像安全扫描	不支持	不支持	支持

从 Docker 17.03 版本开始采用基于时间的版本号方案，使用带点号的三元组表示，格式如下：

```
YY.MM.<patch>
```

其中 **YY.MM** 表示版本的年度和月份，即主版本；patch 表示补丁版本，从 0 开始。版本数字格式用于说明发布节奏。版本数字可能还有其他信息，如 beta 测试版和发布候选资格，这样的版本被视为"预发布"（pre-releases）。

从 Docker 18.09 版本开始，主版本保持每 6 个月一次的发布节奏。在其支持周期内，补丁版本会根据需要发布以解决错误。Docker CE 主版本的支持周期为 7 个月，而 Docker EE 主版本的支持周期为 24 个月。

目前 Docker CE 分为 3 个更新频道：Stable、Test 和 Nightly，用于发布不同类型的版本。Stable 是稳定版，提供最新的通用版本，每 6 个月发布一次，如 18.09、19.03、19.09。Test 是测试版，提供在通用版本之前进行测试的预发布版本。Nightly 是每日构建版，为下一个主版本提供最新的构建，每天要基于主分支产生一个构建版本，其格式如下：

```
0.0.0-YYYYmmddHHMMSS-abcdefabcdef
```

Docker CE 以前的 Edge 版已被弃用，现在已被整合至 Nightly 构建频道。

对于特定的主版本，Docker CE 和 Docker EE 同步更新。Docker EE 是 Docker CE 发布代码的超集。

1.5.2 Docker 所支持的平台

Docker CE 和 Docker EE 可用于多种平台、云和内部部署。本书主要讲解 Docker CE。

适合安装 Docker CE 的桌面操作系统有 MacOS 和 Microsoft Windows 10，前者对应的版本为 Docker Desktop for Mac，后者对应的版本为 Docker Desktop for Windows。

适合安装 Docker CE 的服务器操作系统是 Linux，不同的发行版对硬件平台架构有要求，具体说明见表 1-2。

表 1-2 不同 Linux 发行版所支持的硬件架构

平台	x86_64/amd64	ARM	ARM64 / AARCH64	IBM Power (ppc64le)	IBM Z (s390x)
CentOS	支持	不支持	支持	不支持	不支持
Debian	支持	支持	支持	不支持	不支持
Fedora	支持	不支持	支持	不支持	不支持
Ubuntu	支持	支持	支持	支持	支持

适合安装 Docker CE 的云平台有 Amazon Web Services 和 Microsoft Azure，两者对应的 Docker 版本分别为 Docker for AWS 和 Docker for Azure。

1.5.3 安装 Docker 的准备工作

1. 准备安装环境

用于安装 Docker CE 的 CentOS 操作系统应当是一个维护版本的 CentOS 7，这里以目前最新的版本 CentOS 7.6 为例说明，所用的安装包为 CentOS-7-x86_64-DVD-1810.iso，可从 CentOS 官网下载。由于 CentOS 每半年更新一个版本，读者可以选择更新的版本。

为方便实验，这里建议使用虚拟机。本章的实验平台是在装有 Windows 系统的计算机中通过 VMWare Workstation 创建一台运行 CentOS 7 操作系统的虚拟机。

（1）创建虚拟机

下面给出虚拟机的基本要求，创建虚拟机的具体过程不再详述。

- 内存容量建议 4GB。
- 硬盘容量不低于 60GB。
- 网卡（网络适配器）以桥接模式接入宿主机（装有 Windows 系统的计算机）网络。

（2）在虚拟机中安装 CentOS 7 操作系统

在安装过程中选择默认语言，即英语，建议读者选择安装带图形用户界面（Graphical User Interface，GUI）的服务器（Server with GUI）版本，如图 1-5 所示，便于查看和编辑配置文件，以及运行命令行（可打开多个终端界面）。为简化操作，初学者可以考虑直接以 root 身份登录。如果以普通用户身份登录，执行系统配置和管理操作时需要使用 sudo 命令。

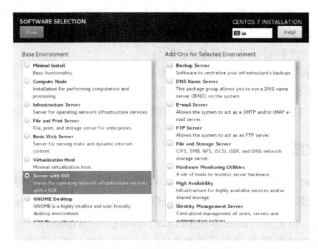

图 1-5　选择带 GUI 的服务器

（3）禁用防火墙与 SELinux

为方便测试，建议初学者禁用防火墙与 SELinux。执行以下命令禁用防火墙：

```
systemctl disable firewalld
systemctl stop firewalld
```

要禁用 SELinux，可编辑/etc/selinux/config 文件，将"SELINUX"选项设置为"disabled"，再重启系统使之生效。

（4）设置网络

虚拟机的 IP 地址应选择静态地址，建议通过桥接模式直接访问外网，以便于测试内外网之间的双向通信。这里虚拟机的网络连接采用的是桥接模式，如图 1-6 所示。

图 1-6　网络连接采用桥接模式

虚拟机的 IP 地址配置为 192.168.199.31，默认网关为 192.168.199.1，DNS 为 192.168.199.1，如图 1-7 所示。

图 1-7　虚拟机网络设置

（5）设置主机名

安装好 CentOS 7 操作系统后，通常要更改主机名，例如，这里更改为 host-a：

```
hostnamectl set-hostname host-a
```

（6）确认日期时间设置正确

安装完 CentOS 7 操作系统之后，会发现日期时间与实际时间相差 8 小时，执行 timedatectl 命令查看时间会发现本地时间（local time）不对，而世界标准时间（universal time）是正确的，解决的办法是将本地时间设置为世界标准时间。首先删除当前本地时间的系统设置文件：

```
rm /etc/localtime
```

然后从世界标准时间的设置文件创建软连接以替换当前的本地时间：

```
ln -s /usr/share/zoneinfo/Universal /etc/localtime
```

最后利用 timedatectl 命令检查，确认问题是否解决，结果如下：

```
[root@host-a ~]# timedatectl
      Local time: Sat 2019-03-16 11:00:03 UTC
  Universal time: Sat 2019-03-16 11:00:03 UTC
        RTC time: Sat 2019-03-16 11:00:03
       Time zone: Universal (UTC, +0000)
     NTP enabled: no
NTP synchronized: no
 RTC in local TZ: no
      DST active: n/a
```

2. 升级 Linux 内核

虽然安装的 CentOS 7 版本较新，但是检查内核版本会发现依然是 3.10.0：

```
[root@host-a ~]# uname -r
3.10.0-957.el7.x86_64
```

该内核版本已经升级到 5.0，支持 OverlayFS 文件系统，但是由于新的内核对硬件和文件系统方面的改进比较大，所以，建议将 CentOS 7 操作系统的内核升级到最新版本以支持更多的功能，具体步骤如下。

（1）执行如下命令导入软件包的 RPM GPG 公钥：

```
rpm --import https://www.elrepo.org/RPM-GPG-KEY-elrepo.org
```

（2）安装 elrepo 的 yum 源，命令如下：

```
rpm -Uvh http://www.elrepo.org/elrepo-release-7.0-2.el7.elrepo.noarch.rpm
```

（3）安装最新版本的内核，命令如下：

```
yum --enablerepo=elrepo-kernel install  kernel-ml-devel kernel-ml
```

（4）重启系统，选择新的内核重启，检查重启后使用的内核版本，命令如下：

```
[root@host-a ~]# uname -r
5.0.2-1.el7.elrepo.x86_64
```

说明升级成功。

（5）删除旧的内核。命令如下：

```
yum remove kernel
```

（6）重启系统，自动采用新内核启动。

3. 选择 Docker 安装方式

可以根据需要选择以下几种方式安装 Docker CE。

- 大多数用户通过 Docker 软件仓库进行安装，以便安装和升级任务。这是推荐的方式。
- 有些用户下载 RPM 软件包手动安装，完全手动管理升级。这对在未连接因特网的系统上安装 Docker 非常有用。
- 在测试和开发环境中，有的用户选择使用自动化便捷脚本来安装 Docker。

手动安装（第 2 种方式）将在本书第 11 章介绍，这里介绍其他两种方式。

1.5.4　使用软件仓库安装 Docker CE

在新的 CentOS 7 主机上首次安装 Docker CE 之前，需要设置 yum 的 Docker 软件仓库，以便从该仓库安装和更新 Docker。

1. 设置软件仓库

（1）执行如下命令安装必要的包，其中 yum-utils 提供 yum-config-manager 工具用于管理 yum 工具的软件安装源，而 devicemapper 存储驱动程序需要 device-mapper-persistent-data 和 lvm2 的支持。

```
yum install -y yum-utils  device-mapper-persistent-data  lvm2
```

（2）设置 Docker CE 稳定版的仓库。

考虑到国内访问 Docker 官方镜像不方便，这里提供阿里的镜像仓库源，执行以下命令：

```
yum-config-manager --add-repo \
    http://mirrors.aliyun.com/docker-ce/linux/centos/docker-ce.repo
```

如果使用 Docker 官方的仓库源，则要执行以下命令：

```
yum-config-manager --add-repo \
    https://download.docker.com/linux/centos/docker-ce.repo
```

上述命令将在/etc/yum.repos.d 目录下创建一个名为 docker.repo 的文件。该文件中定义了多个仓库的地址，默认只有稳定版被启用。如果要启用每日构建版 nightly 和测试版 test 仓库，则要执行以下命令以启用相应的选项：

```
yum-config-manager --enable docker-ce-nightly
yum-config-manager --enable docker-ce-test
```

要禁用仓库，使用--disable 选项进行相应的设置即可。

2. 安装 Docker CE

最简单的方法是执行以下命令安装最新版本的 Docker CE 和 containerd：

```
yum install docker-ce docker-ce-cli containerd.io
```

在生产环境中可能需要安装指定版本的 Docker，而不是最新版本。具体方法是首先执行如下命令，列出可用的 Docker 版本：

```
yum list docker-ce --showduplicates | sort -r
```

其中 sort -r 命令表示将结果按版本由高到低排序。这里给出部分结果：

```
docker-ce.x86_64              3:18.09.3-3.el7              docker-ce-stable
docker-ce.x86_64              3:18.09.3-3.el7              @docker-ce-stable
docker-ce.x86_64              3:18.09.2-3.el7              docker-ce-stable
docker-ce.x86_64              3:18.09.1-3.el7              docker-ce-stable
docker-ce.x86_64              3:18.09.0-3.el7              docker-ce-stable
docker-ce.x86_64              18.06.3.ce-3.el7            docker-ce-stable
docker-ce.x86_64              18.06.2.ce-3.el7            docker-ce-stable
docker-ce.x86_64              18.06.1.ce-3.el7            docker-ce-stable
```

第 1 列是软件包名称，第 2 列是版本字符串，第 3 列是仓库名称，表示软件包存储的位置。

然后使用以下命令安装特定版本的 Docker：

```
yum install docker-ce-<版本字符串> docker-ce-cli-<版本字符串> containerd.io
```

特定版本的 Docker 由全称包名指定，全称包名由包名（docker-ce）加上版本字符串中冒号（:）到连字符（-）之间的部分组成，如 docker-ce-18.09.1、docker-ce-18.06.0.ce 等。

3. 启动 Docker 并进行测试

使用以上方法安装 Docker 之后，会创建一个名为 docker 的用户组，但其中没有添加任何用户，并且没有启动 Docker。

执行以下命令启动 Docker：

```
systemctl start docker
```

接下来通过运行 hello-world 镜像来验证 Docker CE 是否已经正常安装：

```
[root@host-a ~]# docker run hello-world
Unable to find image 'hello-world:latest' locally
latest: Pulling from library/hello-world
1b930d010525: Pull complete
Digest: sha256:2557e3c07ed1e38f26e389462d03ed943586f744621577a99efb77324b0fe535
Status: Downloaded newer image for hello-world:latest

Hello from Docker!
（以下省略）
```

输出"Hello from Docker!"这个消息就表明安装的 Docker 可以正常工作了。为了生成此消息，Docker 采取了以下步骤。

（1）Docker 客户端联系 Docker 守护进程。

（2）Docker 守护进程从 Docker Hub 中拉取了"hello-world"镜像。

（3）Docker 守护进程基于该镜像创建了一个新容器，该容器运行可执行文件并输出当前正在阅读的消息。

（4）Docker 守护进程将该消息流式传输到 Docker 客户端，由它将此消息发送到用户终端。

4. 升级 Docker

升级 Docker CE，只需选择新的版本安装即可。

1.5.5　通过便捷脚本安装 Docker CE

Docker 为 Docker CE 的安装提供了便捷脚本，便于用户以快速、非交互方式将 Docker CE 安装到开发环境中。这些脚本的源码位于 docker-install 仓库。不推荐以这种方式将 Docker CE 安装到生产环境，因为这样做存在以下潜在风险。

- 这种脚本要求以 root 身份或 sudo 特权运行。
- 这种脚本会尝试检测用户的 Linux 发行版本，并配置包管理环境，还不允许用户定制安装参数。
- 这种脚本未经用户确认会安装包管理器的所有依赖项和推荐模块。
- 这种脚本不提供指定要安装的 Docker 版本的选项，总是安装每日构建频道的最新版本。

如果已经使用其他方式安装了 Docker，则不要使用这种安装方式。

执行以下命令在 Linux 系统上安装最新版本的 Docker CE：

```
curl -fsSL https://get.docker.com -o get-docker.sh
sudo sh get-docker.sh
```

在 CentOS 操作系统上，Docker 安装完毕需要手动启动。默认情况下，非 root 用户不能运行 Docker。如果要以非 root 用户身份使用，那么应将该用户加入 docker 组，命令如下：

```
sudo usermod -aG docker 用户名
```

如果要安装最新的测试版本，请将上述命令中的"get.docker.com"替换为"test.docker.com"。

采用便捷脚本安装 Docker 之后，应当直接使用包管理器升级 Docker。

1.5.6 卸载 Docker

执行以下命令卸载 Docker 包：

```
yum remove docker-ce  docker-ce-cli containerd.io
```

Docker 主机上的镜像、容器、卷或自定义配置文件不会被自动删除。要删除所有镜像、容器和卷，可以使用如下命令：

```
rm -rf /var/lib/docker
```

另外管理员必须手动删除任何已编辑的配置文件。

1.5.7 安装 Docker 之后的配置

成功安装 Docker 之后，还可以进一步配置，使主机与 Docker 更好地配合工作。

1. 配置 Docker 开机自动启动

执行以下命令将 Docker 设置为开机自动启动：

```
systemctl enable docker
```

禁用 Docker 守护进程开机启动的命令如下：

```
systemctl disable docker
```

2. 配置镜像加速器

Docker Hub 部署在境外服务器，国内访问可能受影响，为解决此问题，需要配置相应的国内镜像来提高镜像的拉取速度。这里推荐配置阿里云的镜像加速器，具体操作方法介绍如下。

（1）通过浏览器访问阿里云登录页面，需要提供账户进行登录，如果没有账号，需要先注册一个阿里云账号。

（2）成功登录之后打开镜像仓库管理控制台，单击"容器镜像服务"节点下面的"镜像加速器"，出现图 1-8 所示的界面，提供配置向导，自动生成一个加速器地址。

（3）直接复制该地址，在/etc/docker/daemon.json 文件进行配置。阿里云提供不同操作系统平台的加速器配置方法，这里使用 CentOS 平台，切换到该平台显示详细的操作文档，按照该文档的说明进行操作即可。

图 1-8　阿里云镜像加速器配置向导

如果/etc/docker 目录下还没有 daemon.json 文件，先创建该文件，再加入以下内容：

```
{
  "registry-mirrors": ["https://i4gs4xxq.mirror.aliyuncs.com"]
}
```

保存该文件之后执行下面的命令重启 Docker，以使 Docker 的配置文件生效：

```
systemctl daemon-reload
systemctl restart docker
```

配置成功之后，即可通过该镜像加速器快速获取阿里云提供的 Docker Hub 镜像仓库资源。

3. 以非 root 用户身份管理 Docker

Docker 守护进程绑定到 UNIX 套接字，而不是 TCP 端口。默认情况下，该 UNIX 套接字由用户 root 所有，而其他用户只能使用 sudo 访问它。Docker 守护进程始终以 root 用户身份运行。

提示：Linux 中普通用户执行 sudo 命令时会报出 "xxx is not in the sudoers file.This incident will be reported" 之类的错误信息，解决方法有两种，一是将用户账户加入 wheel 组，二是在 sudo 配置文件 /etc/sudoers 中为该用户添加许可权限。

在使用 docker 命令时，如果不想使用 sudo，可以创建一个名为 docker 的组并向其中添加用户。Docker 守护进程启动时，它将创建一个 UNIX 套接字，可由 docker 组成员访问。注意 docker 组将授予等同于 root 用户的特权。具体步骤如下。

（1）创建 docker 组，命令如下：

```
sudo groupadd docker
```

不过，多数情况下安装 Docker 默认会创建该组，比如前面介绍过的使用软件仓库或便捷脚本安装。

（2）向 docker 组中添加用户，命令如下：

```
sudo usermod -aG docker $USER
```

（3）注销并重新登录，以便对组成员资格进行重新评估。

（4）如果在虚拟机上进行测试，必须重启此虚拟机才能使更改生效。

（5）执行一个 docker 命令验证是否可以在不使用 sudo 特权的情况下运行 docker 命令。

4. 开启 Docker 远程访问

默认情况下，Docker 守护进程侦听 UNIX 套接字上的连接，只允许进行本地进程通信，因此只能在本地使用 Docker 命令行接口或者 Docker API 进行操作。如果要在其他主机上操作 Docker 主机，则可以在配置 Docker 的同时，监听一个 IP 地址及端口和 UNIX 套接字上的连接，这样就能实现远程访问。

在配置接受远程连接之前，有必要了解 Docker 开启远程访问可能存在的安全隐患。如果没有采取安全连接，则远程非 root 用户可能获取 Docker 主机上的 root 访问权限。生产环境开启远程访问会大大增加不安全性，由于开放了监听端口，任何人都可以远程连接到 Docker 主机并对其进行操作。实际应用中应当采用 TLS 证书来建立安全连接，以保护 Docker 守护进程的安全。

开启 Docker 远程访问，可以定制/etc/docker/daemon.json 配置文件，也可以修改 systemd 单元配置文件 docker.service。这两种方法不可以同时使用，否则会造成 Docker 无法启动。经笔者实际测试，在 CentOS 7 系统中，/etc/docker/daemon.json 配置文件会被 docker.service 单元配置文件所覆盖。直接在 daemon.json 配置文件中定义远程连接会导致无法启动 Docker，或者不起作用。

使用 systemd 单元配置文件开启 Docker 远程访问的步骤如下。

（1）执行 systemctl edit docker.service 命令，在文本编辑器中打开 docker.service 单元配置文件的 override 文件（位于/etc/systemd/system/docker.service.d 目录下），添加以下内容（如果已有相关内容则进行修改）：

```
[Service]
ExecStart=
ExecStart=/usr/bin/dockerd -H unix:///var/run/docker.sock -H tcp://0.0.0.0:2375
```

（2）保存该文件。

（3）执行以下命令重新加载 systemctl 配置：

```
systemctl daemon-reload
```

（4）执行以下命令重新启动 Docker：

```
systemctl restart docker.service
```

（5）执行以下操作，确认 Docker 守护进程是否在所配置的端口上侦听：

```
[root@host-a ~]# netstat -lntp | grep dockerd
tcp6       0      0 :::2375              :::*                    LISTEN       13327/dockerd
```

也可以在 Docker 客户端命令中通过选项-H 指定要连接的远程主机（如果远程主机启用了防火墙，应开放 TCP 2375 端口），命令如下所示：

```
[root@host-a ~]# docker -H tcp://192.168.199.31:2375 info
Containers: 1
 Running: 0
```

如果觉得客户端每次运行都需要指定-H 选项比较麻烦，可以通过 export 命令设置该远程主机的环境变量，命令如下所示：

```
[root@host-a ~]# export DOCKER_HOST="tcp://192.168.199.31:2375"
```

之后直接运行 docker 命令时就会自动连接到该远程主机进行操作了。

5. 卸载 Docker 旧版本

Docker CE 软件包名为 docker-ce，如果安装有名为 docker 或 docker-engine 的 Docker 旧版本，需要首先卸载它们及其关联的依赖，执行以下命令：

```
yum remove docker  docker-client  docker-client-latest  docker-common \
    docker-latest  docker-latest-logrotate  docker-logrotate  docker-engine
```

1.6 docker 命令行的使用

docker 命令行是 Docker 用户与 Docker 守护进程交互的主要途径。普通用户主要使用命令行接口来配置、管理和操作 Docker。

1.6.1 docker 命令行接口类型

Docker 是一个庞大而复杂的平台，其命令行接口可分为以下几种类型。

- 引擎命令行接口（Engine CLI）：这是 Docker 最主要的命令行，包括所有的 docker 命令和 dockerd 命令，其中 docker 命令是最常用的。
- 容器编排命令行接口（Compose CLI）：这是 Docker Compose 工具所提供的，用来让用户构建并运行多容器的应用程序。
- 机器命令行接口（Machine CLI）：这是 Docker Machine 工具所提供的，用于配置和管理远程 Docker 主机。
- DTR 命令行接口：部署和管理 Docker 可信注册中心（Trusted Registry）。
- UCP 命令行接口：部署和管理通用控制面板（Universal Control Plane）。

这里主要讲解最核心的 docker 命令。

1.6.2 docker 命令列表

通过运行不带任何选项和参数的 docker 命令可以得到一份完整的命令列表（笔者加了中文注释，并将其中的说明文字译为中文），命令及结果如下：

```
[root@host-a ~]# docker
Usage:  docker [OPTIONS] COMMAND          #用法
A self-sufficient runtime for containers
Options:                                  #选项
     --config string        客户端配置文件（默认为"/root/.docker"）
 -D, --debug                启用调试模式
 -H, --host list            要连接的守护进程套接字
 -l, --log-level string     设置日志级别（如"debug""info""warn"，默认为"info"）
     --tls                  使用TLS（安全传输层协议）；具体由--tlsverify选项实现
     --tlscacert string     签署可信证书的CA（默认为"/root/.docker/ca.pem"）
     --tlscert string       TLS证书文件的路径（默认为 "/root/.docker/cert.pem"）
     --tlskey string        TLS密钥文件的路径（默认为 "/root/.docker/key.pem"）
     --tlsverify            使用TLS并验证远程主机
 -v, --version              输出版本信息并退出

Management Commands:                      #管理命令
```

builder	管理构建
config	管理 Docker 配置数据（configs）
container	管理容器
engine	管理 Docker 引擎
image	管理镜像
network	管理网络
node	管理 Swarm 集群节点
plugin	管理插件
secret	管理 Docker 机密数据（secrets）
service	管理服务
stack	管理 Docker 堆栈（stacks）
swarm	管理 Swarm 集群
system	管理 Docker 本身
trust	管理 Docker 镜像上的信任
volume	管理卷

Commands:	#命令
attach	附加到正在运行的容器上的本地标准输入、输出和错误流
build	基于 Dockerfile 文件构建镜像
commit	基于修改的容器创建新的镜像
cp	在容器与本地文件系统之间复制文件或目录
create	创建新的容器
diff	查看容器的文件系统上的文件或目录的变化
events	获取来自服务器的实时事件
exec	在运行中的容器上执行命令
export	将容器的文件系统导出为 Tar 归档文件
history	显示镜像的历史
images	列出镜像
import	从 tarball 导出内容以创建一个文件系统镜像
info	显示 Docker 系统信息
inspect	返回 Docker 对象的详细信息
kill	杀死（强制停止）一个或多个容器
load	从 Tar 归档文件或标准输入（STDIN）加载镜像
login	登录到 Docker 注册中心
logout	从 Docker 注册中心退出
logs	获取容器的日志
pause	暂停一个或多个容器中的所有进程
port	列出容器的端口映射或特定映射
ps	列出容器
pull	从注册中心拉取镜像或仓库
push	将镜像或仓库推送到注册中心
rename	重命名容器
restart	重新启动一个或多个容器
rm	删除一个或多个容器
rmi	删除一个或多个镜像

run	在新的容器中运行命令
save	将一个或多个镜像保存到 Tar 归档文件（默认流式传输到标准输出 STDOUT）
search	从 Docker Hub 中搜索镜像
start	启动一个或多个停止的容器
stats	实时显示容器资源使用统计信息
stop	停止一个或多个正在运行的容器
tag	使用镜像源创建一个指定镜像的标签
top	显示容器运行进程
unpause	恢复一个或多个容器中所有暂停的进程
update	更新一个或多个容器的配置
version	显示 Docker 版本信息
wait	阻塞一个或多个容器的运行并输出其退出码

该命令最后提示可以运行 docker COMMAND --help 命令来查看某条具体子命令的帮助信息。例如，查看 tag 子命令的帮助信息：

```
[root@host-a ~]# docker tag --help
Usage:   docker tag SOURCE_IMAGE[:TAG] TARGET_IMAGE[:TAG]
Create a tag TARGET_IMAGE that refers to SOURCE_IMAGE
```

考虑到功能和应用场景，可将这些 docker 命令大致分为以下 4 个类别。

- 系统信息：如 info、version。
- 系统运维：如 attach、build、commit、run 等。
- 日志信息：如 events、history、logs 等。
- Docker 注册：如 login、pull、push、search 等。

1.6.3　docker 命令的基本用法

docker 命令采用的是 Linux 命令语法格式，可以使用选项和参数。Docker 官方文档中有的地方将不带参数的选项称为 flag（标志），为便于表述，本书统一使用选项这个术语。docker 命令的基本语法格式如下：

```
docker [OPTIONS] COMMAND
```

其中 OPTIONS 表示选项，COMMAND 是 docker 命令的子命令。子命令又有各自的选项和参数，例如 attach 子命令的语法格式：

```
docker attach [OPTIONS] CONTAINER
```

其中 OPTIONS 是 attach 子命令的选项，CONTAINER 是 attach 子命令的参数，表示要连接的目的容器。

有的选项既可使用短格式，又可使用长格式。短格式的形式为一个连字符（-）加上单个字符，如-d；长格式的形式为两个连字符加上字符串，如--detach。

短格式选项可以组合在一起使用，如以下命令：

```
docker run -t -i ubuntu  /bin/bash
```

可以改写为：

```
docker run -ti ubuntu  /bin/bash
```

为便于阅读命令，对于较长的单行命令通常使用续行符（\）进行换行，例如：

```
docker run --device=/dev/sdc:/dev/xvdc \
          --device=/dev/sdd --device=/dev/zero:/dev/nulo \
          -i -t \
          ubuntu ls -l /dev/{xvdc,sdd,nulo}
```

这样的命令在命令行窗口中输入时，换行会在下一行开头显示"＞"符号表示是上一行的延续，例如：

```
[root@host-a ~]# docker run --device=/dev/sdc:/dev/xvdc \
>               --device=/dev/sdd --device=/dev/zero:/dev/nulo \
>               -i -t \
>               ubuntu ls -l /dev/{xvdc,sdd,nulo}
```

1.6.4　docker 命令示例

这里以常用的 docker run 命令为例进行简单的示范。下面的操作会运行一个 ubuntu 容器，该容器中运行/bin/bash（shell 界面），用户可以在本地命令行窗口与容器本身之间进行交互，这是由-i 和-t 选项所指定的。

```
[root@host-a ~]# docker run -i -t ubuntu /bin/bash
Unable to find image 'ubuntu:latest' locally
latest: Pulling from library/ubuntu
898c46f3b1a1: Pull complete
63366dfa0a50: Pull complete
041d4cd74a92: Pull complete
6e1bee0f8701: Pull complete
Digest: sha256:017eef0b616011647b269b5c65826e2e2ebddbe5d1f8c1e56b3599fb14fabec8
Status: Downloaded newer image for ubuntu:latest
root@fedcaa37a16e:/
```

这个命令运行时会执行以下操作（假设使用默认的 Docker 注册配置）。

（1）如果本地没有 ubuntu 镜像，Docker 会从所配置的注册中心拉取这个镜像，相当于手动运行了 docker pull ubuntu 命令。

（2）Docker 创建了一个新容器，相当于手动运行 docker container create 命令。

（3）Docker 给容器分配一块可读写的文件系统作为最后一层，以便正在运行的容器在 Docker 主机上的本地文件系统中创建或修改文件和目录。

（4）Docker 创建一个网络接口将容器连接到默认网络（因为没有指定任何网络选项），并为容器分配 IP 地址。默认情况下，容器可以通过主机的网络连接访问外部网络。

（5）Docker 启动容器并且执行/bin/bash 命令。因为容器交互式运行，被连接到用户的终端窗口，用户可以使用键盘向容器提供输入，输出结果显示到终端。

当用户输入 exit 命令来结束/bin/bash 命令时，容器也会停止，但不会被删除。可以再次启动容器，或者删除容器。

```
root@fedcaa37a16e:/# exit
exit
[root@host-a ~]#
```

1.7　Docker API

Docker 的各个项目都提供了 RESTful 架构的 API 作为对外提供服务的接口，用户可以通过编写脚本或应用程序调用这些 API 对 Docker 进行操作。

1.7.1　Docker API 类型

Docker 是一个庞大而复杂的平台，其 API 可分为以下几种类型。

- 引擎（Engine）API：这是 Docker 最主要的 API，提供对 Docker 守护进程的编程访问接口。
- 注册中心（Registry）API：用于将镜像发布到 Docker 引擎。
- DTR API：提供对 Docker 可信注册中心（Trusted Registry）部署的编程访问接口。
- UCP API：提供对通用控制面板（Universal Control Plane）部署的编程访问接口。

这里主要讲解最核心的引擎 API。

1.7.2　使用 Docker API

Docker 提供用于与 Docker 守护进程交互的 API，同时还提供用于 Go 和 Python 两种编程语言的 SDK（软件开发工具包）。这些 SDK 可以让用户快速容易地构建和扩展 Docker 应用解决方案。命令行工具本身就是基于 SDK 实现的，这些客户端组件提供的 SDK 也封装了对各自服务的 API 的调用。考虑到 Go 或 Python 涉及编程，这里不做介绍，而是简单介绍如何直接使用 Docker 引擎 API。

引擎 API 是可以由 HTTP 客户端（如 wget、curl，以及编程语言的 HTTP 库）访问的 REST 风格的 API。下面进行示范操作。

拉取镜像：

```
[root@host-a ~]# curl --unix-socket /var/run/docker.sock -X POST "http:/v1.24/images/create?fromImage=alpine"
{"status":"Pulling from library/alpine","id":"2.6"}
{"status":"Pulling fs layer","progressDetail":{},"id":"2a3ebcb7fbcc"}
（此处省略）
{"status":"Pulling from library/alpine","id":"latest"}
{"status":"Digest: sha256:28ef97b8686a0b5399129e9b763d5b7e5ff03576aa5580d6f4182a49c5fe1913"}
{"status":"Status: Downloaded newer image for alpine"}
```

查看镜像列表：

```
[root@host-a ~]# curl --unix-socket /var/run/docker.sock http:/v1.24/images/json
[{"Containers":-1,"Created":1556639127,"Id":"sha256:11ccb2d9eb9daf00f2d395fd74e857d3438d7857bac39419e9af9df021613f61","Labels":null,"ParentId":"sha256:6841ac0c3ce70f8c605d5b4883d2ea2379fbeaef2a74835bd8c4ba6462a07a4a","RepoDigests":["<none>@<none>"],"RepoTags":["<none>:<none>"],"SharedSize":-1,"Size":274928228,"VirtualSize":274928228},（此处省略）
{"Containers":-1,"Created":1453141959,"Id":"sha256:e738dfbe7a10356ea998e8acc7493c0bfae5ed919ad7eb99550ab60d7f47e214","Labels":null,"ParentId":"","RepoDigests":["alpine@sha256:e9cec9aec697d8b9d450edd32860ecd363f2f3174c8338beb5f809422d182c63"],"RepoTags":["alpine:2.6"],"SharedSize":-1,"Size":4501436,"VirtualSize":4501436}]
```

运行容器：

```
[root@host-a ~]# curl --unix-socket /var/run/docker.sock -H "Content-Type: application/json" \
>   -d '{"Image": "alpine", "Cmd": ["echo", "hello world"]}' \
>   -X POST http:/v1.24/containers/create
{"Id":"ba847f744a7fcc12982bb6c2a994148917beaea450ce1a39fe7ac6e9cc432b58","Warnings":null}
```

1.8　Docker 配置文件格式

Docker 使用大量的配置文件，有的采用 JSON 格式，有的采用 YAML 格式，这两种格式要注意区分。为便于读者正确地编写 Docker 配置文件，这里介绍这两种格式需要掌握的要点。

1.8.1　JSON 格式

JSON（JavaScript Object Notation）是一种轻量级的数据交换格式。它是基于 ECMAScript 的一

个子集，采用完全独立于编程语言的文本格式来存储和表示数据。简洁和清晰的层次结构使得 JSON 成为理想的数据交换格式。这种格式便于阅读和编写，也便于机器解析和生成，并能有效地提升网络传输效率。

1．JSON 的数据表示

任何数据类型都可以通过 JSON 来表示，例如字符串、数字、对象、数组等。其中，对象和数组是比较特殊且常用的两种类型。

对象表示为键值对，这是 JSON 最常用的格式。例如：

```
{"firstName": "Bill", "lastName": "Gates"}
```

JSON 对象位于花括号（{}）中，JSON 最外层一定是花括号。

键值对组合中的键与值使用冒号（:）分隔，键名是字符串（必须加双引号），值可以是合法的 JSON 数据类型，如字符串、数字、对象等，如果是字符串类型，必须加双引号。

各种数据项之间由逗号分隔。

JSON 数组位于方括号（[]）中。数组值必须是合法的 JSON 数据类型，如字符串：

```
[ "Google", "Baidu", "Taobao" ]
```

数组中可以包括对象，如：

```
{
    "employees": [
      { "firstName":"Bill" , "lastName":"Gates" },
      { "firstName":"George" , "lastName":"Bush" },
    ]
}
```

2．Docker 中 JSON 格式的应用

Docker 主要使用 JSON 格式的配置文件来设置守护进程的配置选项。在 Linux 系统中，该配置文件默认为/etc/docker/daemon.json。安装 Docker 时，默认不会生成这个配置文件，要使用它，就需要手动创建。另外，执行 dockerd 命令时，可以使用选项--config-file 为 Docker 守护进程指定非默认的配置文件，例如：

```
dockerd --config-file  /etc/default/docker.json
```

配置文件 daemon.json 常用的配置选项有 registry-mirrors 和 insecure-registries，前者定义镜像加速器地址，后者设置从非 SSL 源（如私有注册中心）管理镜像，例如：

```
{
  "registry-mirrors": ["https://registry.docker-cn.com "],
  "insecure-registries": ["172.18.18.34:5000"],
  "max-concurrent-downloads": 10
}
```

注意，除了最后一个键值对，每个键值对后面都要有逗号分隔，这也是 JSON 格式的语法要求。上述配置的最后一个选项"max-concurrent-downloads"表示每次拉取镜像时的并发下载数，默认值为 3，这里改为 10。

修改该配置文件之后，要使 Docker 配置生效，执行以下命令重启 Docker 即可：

```
systemctl restart docker
```

一般情况下，配置文件 daemon.json 中配置的选项，在 dockerd 命令的选项参数中同样适用，有些可能不一样，但要注意一点，配置文件中已经配置的选项，不能在 dockerd 命令中再设置，否则会引起冲突。

1.8.2　YAML 格式

YAML 的全称就是 YAML Ain't Markup Language，说明它不是标记语言。它是一种数据序列化格式，

易于阅读和使用，尤其适合用现代编程语言表示数据，可用于不同应用程序之间的数据交换。

1. YAML 语法的特点

YAML 语法有如下几个特点。

- YAML 大小写敏感。
- 使用缩进表示层级关系。
- 缩进只能使用空格，不能使用 TAB，不要求空格个数，但相同层级应当左对齐（一般 2 个或 4 个空格）。
- 使用符号"#"表示注释，YAML 中只有行注释。
- 字符串可以不用引号标注。
- 每个":"与它后面所跟的参数之间都需要有一个空格。
- YAML 文件可以由一或多个文档组成，并用"---"符号分隔。每个文档也可以使用"..."符号作为结束符，这是可选的。如果只有单个文档，分隔符"---"可省略。

2. YAML 的数据表示

YAML 中表示的数据可分为 3 种类型，分别是标量（Scalar）、序列（Sequence）和映射（Map）。

（1）标量

标量相当于常量，是 YAML 数据的最小单位，不可再分割，YAML 支持整数、浮点数、字符串、NULL、日期、布尔值和时间等多种标量类型。

（2）序列

序列就是列表，相当于数组，使用一个短横线"-"加一个空格表示一个序列项。

```
- Google
- Baidu
```

序列支持流式语法，上面的例子可改写在一行中：

```
[Google, Baidu]
```

（3）映射

映射相当于 JSON 中的对象，也使用键值对表示，只是":"后面一定要加一个空格，同一缩进层次的所有键值对属于一个映射。例如：

```
firstName: Bill
lastName: Gates
```

映射支持流式语法，比如上面例子可以改写为：

```
{firstName: Bill,lastName: Gates}
```

（4）嵌套

YAML 中的数据结构可以相互嵌套，就是用缩进格式表示层级关系，嵌套方式有多种。映射可以嵌套其他映射，例如：

```
manager:
    firstName: Bil
    lastName: Gates
```

映射可以嵌套序列，例如：

```
websites:
  - Google
  - Baidu
```

序列可以再嵌套其他序列，例如：

```
-
  - Google
  - Baidu
```

```
      -
      - Sina
      - Netease
```

3. Docker 中 YAML 格式的应用

Docker 容器编排（docker-compose 命令）和 Docker 堆栈部署（docker stack deploy 命令）都要用到 Compose 文件。Compose 文件是文本文件，采用 YAML 格式，可以使用.yml 或.yaml 扩展名。用于容器编排时，Compose 文件定义整个应用程序，包括服务、网络和卷。用于堆栈部署时，该文件定义应用程序所包含的服务、依赖的密码、卷等资源，以及它们之间的关系。这些将在后续章节中具体讲解。

本章是全书的基础部分，仅限于 Docker 的总体介绍，接下来的章节中将详细讲解 Docker 镜像和 Docker 注册中心。

1.9 习题

1. 什么是 Docker？
2. 容器与镜像之间是什么关系？
3. 容器与虚拟机有什么不同？
4. Docker 引擎包括哪些组件？
5. 简述 Docker 的应用。
6. Docker 采用什么样的架构？
7. Docker 使用了哪些底层技术？
8. Docker 命令行接口有哪些类型？
9. Docker API 有哪些类型？
10. 在 CentOS 7 计算机上完成 Docker 安装准备工作，使用软件仓库安装 Docker CE，并进行测试。
11. 为 Docker 配置阿里云的镜像加速器。
12. 熟悉 docker 命令的基本用法。
13. 通过 curl 命令使用 Docker 引擎 API 获取镜像列表。

02 第2章 Docker镜像

镜像是 Docker 的核心概念之一。Docker 镜像是打包好的 Docker 应用程序，相当于 Windows 系统中的软件安装包。Docker 应用程序以容器的形式部署和运行，而镜像是 Docker 容器的基础，有了镜像才能启动容器运行应用程序。Docker 应用程序的整个生命周期都离不开镜像。要使用容器技术部署和运行应用程序，首先需要准备相应的镜像。Docker 注册中心（Registry）是集中存放和分发镜像文件的场所，可以将制作好的镜像推送到注册中心来发布应用程序，也可以将所需的镜像从注册中心拉取到本地来创建容器以部署应用程序。

本章首先介绍镜像的基础知识，然后重点讲解镜像的基本操作，最后讲解 Docker 注册中心的使用。值得一提的是，本章还对镜像分层结构进行了验证分析。至于镜像的构建操作，将在后续章节中介绍。

2.1 Docker 镜像基础

前面的章节已经涉及镜像，这里进一步讲解镜像的概念与实现原理等基础知识。

2.1.1 进一步理解镜像的概念

镜像的英文为 Image，也有人将其译为映像。在 IT 领域，镜像通常是指一系列文件或一个磁盘驱动器的精确副本。镜像文件其实和 ZIP 压缩包类似，是将特定的一系列文件按照一定的格式制作成单一的文件，以方便用户下载和使用，例如一个测试版的操作系统、游戏等。

Ghost 是使用镜像文件的经典软件。其镜像文件可以包含非常多的信息，如系统文件、引导文件、分区表信息等，这样镜像文件就可以包含一个分区甚至是一块硬盘的所有信息。Ghost 可以基于镜像文件快速安装操作系统和应用程序，还可以对操作系统进行备份。

在云计算环境下，镜像就是一个虚拟机模板，它预先安装基本的操作系统和其他软件，创建虚拟机时首先需要准备一个镜像，然后启动一个或多个该镜像的实例，就创建好虚拟机了。

与虚拟机镜像非常类似，Docker 镜像是用于创建 Docker 容器的只读模板，是按照 Docker 要求定制的应用程序，就像软件安装包一样。一个 Docker 镜像可以包括一个应用程序和能够运行它的基本操作系统环境。例如，一个 Web 应用的镜像可能包含一个完整的操作系统（如 Ubuntu）环境、一个 Apache 服务器软件和用户开发的 Web 应用程序。

Docker 镜像是一个特殊的文件系统，除了提供容器运行时所需的程序、库、资源、配置等文件外，还包含了为运行时准备的一些配置参数。镜像不包含任何动态数据，其内容在构建之后也不会被改变。

镜像是创建容器的基础。当运行容器时，如果本地不存在使用的镜像，Docker 就会自动从 Docker 注册中心拉取，默认从 Docker Hub 镜像源拉取。

2.1.2 镜像的基本信息与标识

使用 docker images 命令可以列出本地主机上的镜像，例如：

```
[root@host-a ~]# docker images
REPOSITORY          TAG            IMAGE ID            CREATED            SIZE
ubuntu              latest         94e814e2efa8        8 days ago         88.9MB
alpine              3.6            43773d1dba76        12 days ago        4.03MB
alpine              3.9            5cb3aa00f899        12 days ago        5.53MB
alpine              3.9.2          5cb3aa00f899        12 days ago        5.53MB
alpine              latest         5cb3aa00f899        12 days ago        5.53MB
hello-world         latest         fce289e99eb9        2 months ago       1.84kB
```

该命令用于查看镜像列表，输出的列表中反映了镜像的基本信息。共有 5 列，REPOSITORY 列表示镜像仓库名，TAG 列表示镜像的标签，IMAGE ID 列表示镜像 ID（标识符），CREATED 列表示镜像的创建时间，SIZE 列表示镜像的大小。

创建镜像之后，对镜像的各种操作，都需要通过镜像的标识符进行标识。Docker 提供了以下 3 种方式来唯一标识一个镜像。

1. 镜像 ID

镜像 ID 是镜像的唯一标识，采用 UUID 的形式表示，是一个由 64 个 16 进制字符组成的字符串。

可以在 docker images 命令中加上选项--no-trunc 显示完整的镜像 ID，例如上述 ubuntu 镜像的完整 ID 为：

```
sha256:94e814e2efa8845d95b2112d54497fbad173e45121ce9255b93401392f538499
```

实际上，这个镜像 ID 取自镜像基于 sha256 哈希算法的摘要值。当然引用镜像时，不用 "sha256:" 这个前缀。

在镜像操作过程中，使用完整的镜像 ID 很不方便，通常采用前 12 个字符的缩略形式，例中为 94e814e2efa8。这在同一主机上足以区分各个镜像。镜像数量少的时候，还会使用更短的格式，只取前面几个字符即可，如 94e8。

2. 镜像的名称

镜像 ID 能保证唯一性，但难于记忆，可以使用镜像名称来代替镜像 ID 对镜像进行操作，这要用到镜像的标签。标签（TAG）用于标注同一仓库（REPOSITORY）的不同镜像版本，例如，alpine 仓库里存放的是 Alpine 操作系统的基础镜像，有 3.6、3.9 等多个不同的版本。镜像名称就是指 REPOSITORY:TAG 这样的组合形式，也可以唯一地标识镜像，如 alpine:3.9。如果省略 TAG，则表示默认使用的最新版本（latest），比如只使用 alpine，Docker 将默认使用名称为 alpine:latest 的镜像。实际上完整的镜像名称还包括 Docker 注册中心，这将在后面讲解有关内容时涉及。

3. 镜像的摘要值

镜像还可以使用 IMAGE[@DIGEST]这样的格式来标识，其中 IMAGE 表示镜像仓库名称。使用 v2 或更高版本格式的镜像拥有一个称为 digest（可译为摘要）的内容寻址标识符，其实质是哈希函数 sha256 对镜像配置文件（Manifest）计算出的摘要值。只要用来生成镜像的源内容没有更改，这个摘要值就是可预测的和可引用的。例如，上述 ubuntu 镜像拥有 sha256:94e814e2efa8845d95b2112 d54497fbad173e45121ce9255b93401392f538499 这样的摘要值，就可以用 ubuntu@sha256: 94e814e2efa 8845d95b2112d54497fbad173e45121ce9255b93401392f538499 来标识该镜像。

2.1.3　镜像描述文件 Dockerfile

Linux 应用程序的开发中使用 Makefile 文件描述整个项目所有文件的编译顺序和编译规则，用户只需一个 make 命令就能完成整个项目的自动化编译和构建。Docker 所用的 Dockerfile 文件采用与 Makefile 同样的机制来描述镜像，定义了如何构建 Docker 镜像。Dockerfile 是一个文本文件，包含了要构建镜像的所有指令。Docker 通过读取 Dockerfile 中的指令自动构建镜像。

第 1 章在验证 Docker 是否安装成功时已经获取了 hello-world 镜像，这是 Docker 官方提供的一个最小镜像。它的 Dockerfile 文件内容只有以下 3 行：

```
FROM scratch
COPY hello /
CMD ["/hello"]
```

其中第 1 行 FROM 指令定义所用的基础镜像，即该镜像从哪个镜像开始构建。这里的 scratch 为空白镜像，表示从 "零" 开始构建。第 2 行 COPY 指令表示将文件 hello 复制到镜像的根目录。而第 3 行 CMD 指令则意味着通过该镜像启动容器时执行/hello 这个可执行文件。

对 Makefile 文件执行 make 命令即可编译并构建应用程序，与之对应的是，对 Dockerfile 文件执行 build 命令即可构建镜像。

2.1.4　父镜像与基础镜像

一个镜像的父镜像（parent image）是指该镜像的 Dockerfile 文件中由 FROM 指定的镜像。所有后续的指令都应用到这个父镜像。例如，一个镜像的 Dockerfile 包含以下定义，说明其父镜像为 ubuntu:16.04：

```
FROM ubuntu:16.04
```

基于没有提供 FROM 指令，或者 FROM 指令的参数为"scratch"（空白镜像）的 Dockerfile 所构建的镜像被称为基础镜像（base image）。大多数镜像都是从一个父镜像开始扩展的，这个父镜像往往是一个基础镜像。基础镜像不依赖其他镜像，而是从"零"开始构建。

Docker 官方提供的基础镜像通常都是各种 Linux 发行版的镜像，如 Ubuntu、Debian、CentOS，这些 Linux 发行版镜像可以说是最小的 Linux 发行版。从前面显示的镜像列表中可以发现，ubuntu 镜像的大小比传统的 Ubuntu 操作系统的镜像文件或虚拟机镜像文件要小得多。

这里以 Debian 为例分析这类基础镜像。先执行 docker pull debian 命令拉取 Debian 镜像，再执行命令 docker images debian 查看该镜像的基本信息，可以发现该镜像的大小只有 100MB，比 Debian 发行版小多了。Linux 发行版是在 Linux 内核的基础上增加应用程序形成的完整操作系统，不同发行版的 Linux 内核差别不大。操作系统分为内核和用户空间，对于 Linux 而言，内核启动后，会挂载根文件系统（rootfs）为其提供用户空间支持。对于 Debian 镜像来说，底层直接共享使用主机的 Linux 内核，自己只需要提供根文件系统即可，而根文件系统上只安装最基本的软件，这样就节省了空间。下面是 Debian 镜像的 Dockerfile 的内容：

```
FROM scratch
ADD rootfs.tar.xz /
CMD ["bash"]
```

其中第 2 行定义表示将 Debian 的 rootfs 的 Tar 归档文件添加到容器的根目录。在使用它构建镜像时，这个压缩包会自动解压到/目录下，生成/dev、/proc、/bin 等基本目录。

Docker 通过提供多种 Linux 发行版镜像来支持多种操作系统环境，便于用户基于这些基础镜像定制自己的应用镜像。

2.1.5　镜像的分层结构

镜像有两种分层结构。

1. 传统镜像分层结构

传统镜像采用的分层结构如图 2-1 所示。

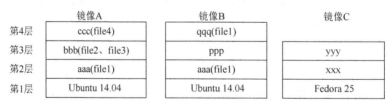

图 2-1　传统镜像的分层结构示意图

以其中的镜像 A 为例，用户可以访问 file1、file2、file3、file4 这 4 个文件，尽管它们位于不同的分层中。这是通过联合文件系统来实现的，即将各层的文件系统叠加在一起，向用户呈现一个完整的文件系统。镜像的最底层（第 1 层）是基础镜像，通常是操作系统。这种分层结构具有以下优点。

- 便于修改。一旦某层出了问题，不需要修改整个镜像，只需要修改该层的镜像。
- 共享资源。有着相同环境的应用程序的镜像共享同一个底层镜像，不需要每个镜像都创建一个底层环境，内存中也只需加载同一底层环境。不同镜像的相同部分作为一个独立的镜像层，只需存储一份即可，从而大大节省磁盘空间。例如，如果本地已经下载镜像 A，再下载镜像 B 时，就不用重复下载其中的第 1 层和第 2 层了。

AUFS（Another Union File System）是联合文件系统的典型实现，可以做到以文件为粒度的"写时拷贝（Copy-on-Write）"，为海量容器的瞬间启动提供了技术支持。不过这种方式存在以下问题。

- 会让镜像的层数越来越多，而联合文件系统所允许的层数是有限的（AUFS 最多支持 128 层）。
- 需要修改大文件时，以文件为粒度的"写时拷贝"需要复制整个大文件进行修改，会影响操作效率。
- 许多上层的应用程序镜像都基于相同的底层基础镜像，一旦基础镜像需要修改（如修补安全漏洞），而基于它的上层镜像是通过容器生成的，则维护工作量会变得相当大。
- 镜像的使用者并不知道镜像是如何创建出来的，其中是否有恶意程序，无法对镜像进行审计，存在一定的安全隐患。

鉴于上述原因，Docker 并不推荐这种分层方法，而建议选择 Dockerfile 构建镜像。

2. 基于 Dockerfile 的镜像分层结构

大多数 Docker 镜像都是在其他镜像的基础上逐层建立起来的。在这种分层结构中，每一层由镜像的 Dockerfile 指令决定。除了最后一层，每层都是只读的。可以结合 Dockerfile 进一步分析镜像层的创建过程，考察下面的 Dockerfile 内容：

```
FROM ubuntu:15.04
COPY . /app
RUN make /app
CMD python /app/app.py
```

该 Dockerfile 包括 4 个指令，每个指令创建一个层。FROM 指令从创建一个源自 ubuntu:15.04 这个基础镜像的层开始。COPY 指令从 Docker 客户端当前目录添加一些文件。RUN 指令使用 make 命令构建应用程序。最后一层的 CMD 指令指定要在容器中执行什么命令。每层只与前一层不同。一个层位于另一个层的上部。基于 Dockerfile 的镜像分层结构如图 2-2 所示。

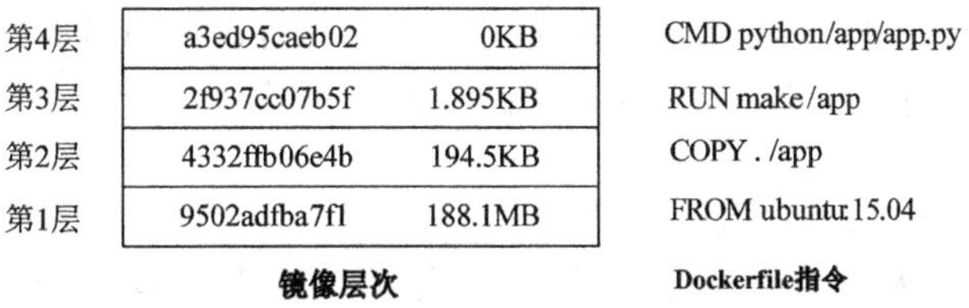

镜像层次			Dockerfile指令
第4层	a3ed95caeb02	0KB	CMD python/app/app.py
第3层	2f937cc07b5f	1.895KB	RUN make/app
第2层	4332ffb06e4b	194.5KB	COPY ./app
第1层	9502adfba7f1	188.1MB	FROM ubuntu:15.04

图 2-2　基于 Dockerfile 的镜像分层结构

使用 docker pull 命令从镜像源拉取镜像时，或者从一个本地不存在的镜像创建容器时，每层都是独立拉取的，并保存在 Docker 的本地存储区域（在 Linux 主机上通常是/var/lib/docker 目录）。下例展示了这些层的拉取过程：

```
[root@host-a ~]# docker pull ubuntu:15.04
15.04: Pulling from library/ubuntu
9502adfba7f1: Pull complete
4332ffb06e4b: Pull complete
2f937cc07b5f: Pull complete
a3ed95caeb02: Pull complete
Digest: sha256:2fb27e433b3ecccea2a14e794875b086711f5d49953ef173d8a03e8707f1510f
Status: Downloaded newer image for ubuntu:15.04
```

每层存储在 Docker 主机本地存储区域中它自己的目录中。要检查文件系统上的层，列出 /var/lib/docker/<存储驱动名称>中的内容即可。从 Docker 1.10 版本开始，其中的目录名不再与层的 ID 一致。具体细节会在第 5 章相关部分中讲解。

2.1.6 镜像操作命令

Docker 提供了多个镜像操作命令，如 docker pull 用于拉取镜像，docker images 用于查看镜像列表，docker search 用于查找镜像，dokcer rmi 用于删除镜像等，这些命令都可以看作是 docker 命令的子命令。被操作的镜像对象可以使用镜像 ID、镜像名称或镜像的摘要值来标识。个别命令可以操作多个镜像，镜像之间使用空格分隔。

Docker 较新版本提供了一个统一的镜像操作命令 docker image，基本语法如下：

```
docker image COMMAND
```

其中，COMMAND 作为 docker image 的子命令实现镜像的各类管理操作功能，基本与上述传统的镜像操作命令 dokcer 对应，如 docker image pull 对应 docker pull，docker image history 对应 docker history，docker image tag 对应 docker tag；个别不同的有 docker image ls 对应 docker images，docker image rm 对应 docker rmi；docker image prune 没有对应的 docker 命令。这些 docker image 子命令的功能和用法与对应的 docker 命令完全一样。考虑到习惯，本章主要讲解用于镜像操作的传统 docker 命令。

2.2 Docker 镜像的基本操作

Docker 镜像的操作涵盖本地镜像的管理、远程镜像源（注册中心）访问和镜像的构建。这里主要讲解本地镜像的管理操作。

2.2.1 拉取镜像

在本地主机上运行容器使用一个不存在的镜像时，Docker 就会自动下载这个镜像。如果需要预先下载这个镜像，可以使用 docker pull 命令来拉取它，也就是将它从 Docker 注册中心（默认为 Docker Hub）下载到本地，完成之后可以直接使用这个镜像来运行容器。

docker pull 命令的语法格式如下：

```
docker pull [OPTIONS] NAME[:TAG|@DIGEST]
```

这个命令必须通过参数 NAME 指定镜像仓库名称，可以使用带有标签的 NAME[:TAG]形式的镜像名称来明确指定镜像的版本，如 ubuntu:14.04。镜像名称还可以使用带有摘要值的 NAME[@DIGEST]格式。如果不使用标签或摘要值，则指最新版本的镜像，相当于使用默认标签 latest。

该命令选项有 3 个，列举如下。

--all-tags（-a）：表示下载该仓库的所有标签（版本）的镜像。-a 为短格式。

--disable-content-trust：默认值 true，表示忽略镜像验证。

--platform：如果服务器支持多平台，则可以指定平台。

下面给出几个示例。

（1）从 Docker Hub 拉取镜像

如果不指定标签，Docker 引擎使用 latest 作为默认标签，例如下载 debian:latest 镜像：

```
[root@host-a ~]# docker pull debian
Using default tag: latest
```

```
latest: Pulling from library/debian
22dbe790f715: Pull complete
Digest: sha256:72e996751fe42b2a0c1e6355730dc2751ccda50564fec929f76804a6365ef5ef
Status: Downloaded newer image for debian:latest
```

如果配置有镜像加速器，则镜像会从镜像加速器指定的 Docker 注册中心，而不是 Docker Hub 下载。Docker 镜像可以包含多层，例中仅包括一层 22dbe790f715。

（2）通过摘要值拉取镜像

使用镜像名标签来标识镜像非常方便，有助于确定镜像的最新版本。但是在某些无须升级到新版本的场合，更愿意使用镜像的特定版本，为此 Docker 提供了通过摘要值来拉取镜像的方式，这样就可以精确地指定镜像版本，确保用户总是使用完全相同的镜像。

摘要值是不可变的标识符，要知道一个镜像的摘要值，首先要拉取它。例如上述 debian:latest 镜像的摘要值是 sha256:72e996751fe42b2a0c1e6355730dc2751ccda50564fec929f76804a6365ef5ef，通过该值来下载特定的镜像：

```
[root@host-a ~]# docker pull debian@sha256:72e996751fe42b2a0c1e6355730dc2751ccda50564
fec929f76804a6365ef5ef
   sha256:72e996751fe42b2a0c1e6355730dc2751ccda50564fec929f76804a6365ef5ef: Pulling from
library/debian
   Digest: sha256:72e996751fe42b2a0c1e6355730dc2751ccda50564fec929f76804a6365ef5ef
   Status: Image is up to date for debian@sha256:72e996751fe42b2a0c1e6355730dc2751ccda50
564fec929f76804a6365ef5ef
```

摘要值也可用作 Dockerfile 文件中 FROM 指令的参数，用于精确指定镜像版本，例如：

```
FROM debian@sha256:72e996751fe42b2a0c1e6355730dc2751ccda50564fec929f76804a6365ef5ef
```

（3）从不同的 Docker 注册中心拉取镜像

默认情况下，docker pull 命令从 Docker Hub 拉取镜像，实际应用中也有可能要手动指定拉取镜像的注册中心的路径。注册中心的路径类似于 URL，但不包括协议标识符（https://）。

下面的命令从一个本地注册中心（在端口 5000 监听）拉取 testing/test-image 镜像：

```
docker pull myregistry.local:5000/testing/test-image
```

注册中心的凭证由 docker login 命令管理。Docker 使用 HTTPS 协议与注册中心通信，除非注册中心允许不安全的注册。

（4）拉取带有多个镜像的仓库

默认情况下，docker pull 命令从注册中心下载单个镜像。一个仓库可以包含多个镜像。要从一个仓库下载所有的对象，只需使用选项-a（或长格式--all-tags）。下面的命令用于下载 fedora 仓库的全部对象：

```
docker pull --all-tags fedora
```

（5）取消拉取镜像的操作

取消 docker pull 进程会终止拉取操作。例如，在终端窗口中运行 docker pull 命令的过程中，按组合键 Ctrl+C 即可取消拉取镜像的操作。

2.2.2　显示镜像列表

可以使用 docker images 命令列出本地主机上的镜像。该命令语法格式如下：

```
docker images [OPTIONS] [REPOSITORY[:TAG]]
```

1. 默认的 docker images 命令

不带任何选项和参数的 docker images 命令将显示所有顶层的镜像，包括其仓库名称、标签和大小。这些镜像会按照创建的时间顺序排列，最近创建的列在前面。

这在前面讲解镜像的基本信息与标识时已经示范过。SIZE 列显示的是该镜像和其所有父镜像累计的空间大小。这也是在用 docker save 命令保存镜像时创建的 Tar 归档文件的内容所用的磁盘空间。如果一个镜像有多个仓库名称或标签，将会分别列出。

2. 显示所有的镜像

使用选项-a（--all）列出本地所有的镜像（含中间镜像层）。默认情况下会过滤掉中间镜像层，不显示它们。Docker 镜像通过中间层来提高可重用性，减少磁盘空间，通过允许缓存每一个步骤来加速 docker build 命令的构建。

3. 调整显示的镜像信息

选项--no-trunc 表示显示完整的镜像信息。

选项-q（--quiet）则表示只显示镜像 ID。

使用--digests 选项将镜像的摘要值显示出来。

4. 基于镜像仓库名称和标签显示镜像

docker images 命令接受一个可选的[REPOSITORY[:TAG]]参数来列出符合参数的镜像。如果只指定镜像仓库名称而没有指定标签，则列出与仓库名称匹配的所有镜像。例如，以下命令列出所有镜像仓库名为 alpine 的镜像：

```
docker images alpine
```

[REPOSITORY[:TAG]]参数值必须完全匹配。例如，以下命令的结果不会匹配镜像 alpine：

```
docker images alpin
```

如果 REPOSITORY 和 TAG 两个参数同时提供，则只列出同时匹配镜像仓库名称和标签的镜像。例如：

```
[root@host-a ~]# docker images alpine:3.9
REPOSITORY          TAG             IMAGE ID        CREATED         SIZE
alpine              3.9             5cb3aa00f899    2 weeks ago     5.53MB
```

如果没有匹配 REPOSITORY[:TAG]的镜像，则列表为空：

```
[root@host-a ~]# docker images alpine:10
REPOSITORY          TAG             IMAGE ID        CREATED         SIZE
```

5. 过滤要显示的镜像

选项-f（--filter）用于过滤要显示（即符合指定条件）的镜像，如果超过一个过滤条件，那么使用多个-f选项。目前支持多种过滤条件（依据镜像属性），下面举例说明。

（1）列出无标签的镜像

可以通过 dangling 的布尔值（true 或 false）列出无标签（TAG）的镜像，例如：

```
root@host-a ~]# docker images  -f dangling=true
REPOSITORY      TAG         IMAGE ID        CREATED         SIZE
<none>          <none>      e0b0c9835c35    30 hours ago    200MB
<none>          <none>      5599627759fc    30 hours ago    200MB
```

这将显示无标签的镜像，这类镜像是镜像树上的"叶子"，不是中间层。当新构建的镜像占用某镜像的仓库名称和标签时，就会出现这类镜像，将其保留为"<none>:<none>"的形式，或者没有标签。docker build 或 pull 命令就会产生此类镜像。例如，用 Dockerfile 创建一个 helloworld 镜像后，因为版本更新需要重新创建,那么以前那个版本的镜像就会显示为无标签镜像。dangling 可译为虚悬，这类无标签的镜像又称为虚悬镜像。

（2）通过指定的标记（label 键值对）过滤镜像

例如，要显示拥有标记为 com.example.version 的镜像，执行以下命令：

```
docker images --filter "label=com.example.version"
```

要显示标记为 com.example.version 的值为 1.0 的镜像，执行以下命令：

```
docker images --filter "label=com.example.version=1.0"
```

（3）按镜像的创建时间过滤

选项-f 还可以使用 before 或 since 过滤出指定镜像之前或之后创建的镜像，格式为：

```
-f  before=(<镜像仓库名>[:标签]|<镜像 ID>|<镜像摘要值>)
-f  since=(<镜像仓库名>[:标签]|<镜像 ID>|<镜像摘要值>)
```

可以匹配镜像仓库名、镜像 ID 或镜像摘要值标识符。下面的例子列出 alpine 镜像创建之后才创建的镜像：

```
[root@host-a ~]# docker images --filter "since=alpine"
REPOSITORY          TAG                 IMAGE ID            CREATED             SIZE
fedora              latest              d09302f77cfc        2 weeks ago         275MB
ubuntu              latest              94e814e2efa8        2 weeks ago         88.9MB
```

6. 按指定的格式列出镜像

可以使用选项--format 通过 Go 模板输出指定格式的列表。可用的 Go 模板占位符列举如下（注意占位符前有英文句号）。

.ID：镜像 ID。

.Repository：镜像仓库名称。

.Tag：镜像标签。

.Digest：镜像摘要。

.CreatedSince：镜像创建以来的时长。

.CreatedAt：镜像创建的具体时间。

.Size：镜像硬盘占用空间。

使用--format 选项时，images 命令按照模板声明的输出数据，或者使用 table 指令包括列标题。下面的例子不显示列标题，只显示镜像 ID 和仓库名称（之间用冒号分隔）：

```
[root@host-a ~]# docker images --format "{{.ID}}: {{.Repository}}"
d09302f77cfc: fedora
94e814e2efa8: ubuntu
43773d1dba76: alpine
```

改用表格形式列出镜像 ID、仓库名称和标签（含列标题）：

```
[root@host-a ~]# docker images --format "table {{.ID}}\t{{.Repository}}\t{{.Tag}}"
IMAGE ID            REPOSITORY          TAG
d09302f77cfc        fedora              latest
94e814e2efa8        ubuntu              latest
43773d1dba76        alpine              3.6
```

7. 通过 Shell 命令替换实现镜像的批量操作

通过 Shell 命令替换使用 docker images 命令可以解决镜像的批量操作。例如，以下命令删除所有无标签的镜像：

```
docker  rmi $( docker images  -f dangling=true -q)
```

2.2.3　设置镜像标签

每个镜像仓库可以有多个标签，而多个标签可能对应的是同一个镜像。标签常用于描述镜像的版本信息。可以使用 docker tag 命令为镜像添加一个新的标签，也就是给镜像命名。这实际上就是为指向源镜像的目标镜像添加一个新的名称，基本用法如下：

```
docker tag SOURCE_IMAGE[:TAG] TARGET_IMAGE[:TAG]
```

SOURCE_IMAGE 和 TARGET_IMAGE 分别指源镜像和目标镜像的名称。一个完整镜像名称的结构如下：

```
Registry 主机名:端口/名称空间/仓库名称:[标签]
```

Registry 主机名是提供镜像仓库的 Docker 注册中心的域名或 IP 地址，这是可选的前缀。主机名必须符合标准的 DNS 规则，但不能包含下画线。如果名称中存在主机名，可以在其后面加一个端口号，格式为:8080。如果不提供主机名，默认就使用 Docker 的公有注册中心（registry-1.docker.io）。

名称组件通常包括名称空间和仓库名称，它们之间用"/"分隔。名称组件可以包含小写字符、数字和分隔符。分隔符可以是句号、一个或两个下画线或一个或多个破折号。

标签可以包含小写字符和大写字符、数字、下画线、句号和破折号，不能以句号或破折号开头，且最大支持 128 个字符。

一个镜像可以有多个这样的镜像名称，相当于有多个别名。无论采用何种方式保存和分发镜像，首先都得给镜像设置标签（重命名），这对将镜像往 Docker 注册中心推送特别重要。下面给出几个示例。

为由镜像 ID 标识的镜像加上标签：

```
docker tag 0e5574283393 fedora/httpd:version1.0
```

为由仓库名称标识的镜像加上标签：

```
docker tag httpd fedora/httpd:version1.0
```

为由仓库名称和标签组合标识的镜像加上标签：

```
docker tag httpd:test fedora/httpd:version1.0.test
```

要将镜像推送到一个私有的而不是公共的 Docker 注册中心，必须指定一个注册中心的主机名和端口来为此镜像加标签：

```
docker tag 0e5574283393 myregistryhost:5000/fedora/httpd:version1.0
```

2.2.4　查看镜像详细信息

使用 docker inspect 命令查看 Docker 对象（镜像、容器、任务）的详细信息。默认情况下，以 JSON 数组格式输出所有结果。如果只需要其中的特定内容时，可以使用-f（--format）指定格式。例如，获取 ubuntu 镜像的体系结构：

```
[root@host-a ~]# docker inspect --format='{{.Architecture}}' ubuntu
amd64
```

又比如，获取 JSON 格式的子节 RootFS 以显示根文件系统的详细信息：

```
[root@host-a ~]# docker inspect --format='{{json .RootFS }}' ubuntu
{"Type":"layers","Layers":["sha256:762d8e1a60542b83df67c13ec0d75517e5104dee84d8aa7fe5
401113f89854d9","sha256:e45cfbc98a505924878945fdb23138b8be5d2fbe8836c6a5ab1ac31afd28aa69",
"sha256:d60e01b37e74f12aa90456c74e161f3a3e7c690b056c2974407c9e1f4c51d25b","sha256:b57c79f
4a9f3f7e87b38c17ab61a55428d3391e417acaa5f2f761c0e7e3af409"]}
```

2.2.5　查看镜像的构建历史以验证镜像分层

使用 docker history 命令可以查看镜像的构建历史，也就是 Dockerfile 的执行过程。这里以查看 ubuntu 镜像历史信息为例，结果如下：

```
[root@host-a ~]# docker history ubuntu
IMAGE            CREATED         CREATED BY                                       SIZE      COMMENT
94e814e2efa8     2 weeks ago     /bin/sh -c #(nop)  CMD ["/bin/bash"]             0B
<missing>        2 weeks ago     /bin/sh -c mkdir -p /run/systemd && echo 'do...  7B
<missing>        2 weeks ago     /bin/sh -c rm -rf /var/lib/apt/lists/*           0B
<missing>        2 weeks ago     /bin/sh -c set -xe  && echo '#!/bin/sh' > /...    745B
<missing>        2 weeks ago     /bin/sh -c #(nop) ADD file:1d7cb45c4e196a6a8...  88.9MB
```

镜像的构建历史信息也反映了其层次，例中共有 5 层，每层的构建操作命令可以通过 CREATED BY 列显示，如果显示不全，可以在 docker history 命令中加上选项--no-trunc 显示完整的操作命令。镜像的各层相当于一个子镜像，例如，第 2 次构建的镜像相当于在第 1 次构建的镜像的基础上形成新的镜像，依次类推，最新构建的镜像是历次构建结果的累加。

提示：执行命令 docker history 输出的<missing>行表明相应的层在其他系统上而不是在本地构建，并且已经不可用了，可以忽略这些层。

可以使用选项--format 定义输出格式。可用的 Go 模板占位符除了.ID（镜像 ID）、.CreatedSince（创建时长）、.CreatedAt（创建时间）和.Size（占用空间）外，还有.CreatedBy（镜像创建命令）和.Comment（镜像注释信息）。例如，以下命令不显示列标题，只显示镜像 ID 和创建命令（之间用 ":" 分隔）：

```
docker history --format "{{.ID}}: {{.CreatedBy }}" busybox
```

还可以使用选项--human（-H）让镜像大小和日期时间以适合阅读的格式输出，该选项默认值为 true，如果改为 false，则镜像创建时间和大小的格式改变，例如：

```
[root@host-a ~]# docker history ubuntu -H=false
IMAGE          CREATED AT             CREATED BY                               SIZE        COMMENT
94e814e2efa8   2019-03-12T00:20:17Z   /bin/sh -c #(nop)  CMD ["/bin/bash"]     0
<missing>      2019-03-12T00:20:17Z   /bin/sh -c mkdir -p /run/systemd && echo 'do... 7
<missing>      2019-03-12T00:20:13Z   /bin/sh -c rm -rf /var/lib/apt/lists/* 0
<missing>      2019-03-12T00:20:12Z   /bin/sh -c set -xe  && echo '#!/bin/sh' > /... 745
<missing>      2019-03-12T00:20:11Z   /bin/sh -c #(nop) ADD file:1d7cb45c4e196a6a8... 88907439
```

2.2.6　查找镜像

可以通过 Web 浏览器从 Docker Hub 网站搜索镜像。不使用浏览器，也可在命令行中使用 docker search 命令搜索 Docker Hub 中的镜像。例如，打算使用一个 httpd 的镜像来提供 Web 服务，可以执行 docker search httpd，结果如下：

```
[root@host -a ~]# docker search httpd
NAME                                  DESCRIPTION                              STARS   OFFICIAL  AUTOMATED
httpd                                 The Apache HTTP Server Project           2391    [OK]
hypriot/rpi-busybox httpd             Raspberry Pi compatible Docker Image with a... 46
centos/httpd-24-centos7               Platform for running Apache httpd 2.4 or bui...22
centos/httpd                                                                   22                [OK]
tplatform/aws -linux-httpd24-php70    aws-linux-httpd24-php70                  3                 [OK]
salim1983hoop/httpd24                 Dockerfile running apache config         2                 [OK]
mprahl/s2i-angular-httpd24            An S2I image for building and running Angula... 2            [OK]
tplatform/aws-linux-httpd24-php71-fpm aws-linux-httpd24-php71-fpm              1                 [OK]
lead4good/httpd-fpm                   httpd server which connects via fcgi proxy h... 1            [OK]
tplatform/aws-linux-httpd24-php71     aws-linux-httpd24-php71                  1                 [OK]
epflidevelop/os-wp-httpd              WP httpd                                 1                 [OK]
tplatform/aws-linux-2-httpd24-php72   aws-linux-2-httpd24-php72                1                 [OK]
solsson/httpd-openidc                 mod_auth_openidc on official httpd image, ve... 0           [OK]
manasip/httpd                                                                  0
itsziget/httpd24                      Extended HTTPD Docker maqe based on the off...  0           [OK]
dockerpinata/httpd                                                            0
trollin/httpd                                                                 0
manageiq/httpd_configmap_generator    Httpd Configmap Generator                0                 [OK]
interlutions/httpd                    httpd docker image with debian-based config... 0            [OK]
sbutler/pie-httpd                     PIE httpd server                        0
izdock/httpd                          Production ready Apache HTFPD Web Server + m...0
publici/httpd                         httpd:latest                            0
manageiq/httpd                        Container with httpd, built on Centos for Ma...0            [OK]
amd64/httpd                           The Apache HTTP Server Project           0
buzzardev/httpd                       Based on the official httpd image        0                 [OK]
```

其中 NAME 列显示镜像仓库（源）名称；OFFICIAL 列指明是否 Docker 官方发布，"OK" 表示是官方发布；AUTOMATED 列指明是否自动创建，"OK"表示是自动创建。

提示：在输出结果中，第 1 条结果 httpd 没有明确列出仓库，这意味着它来自官方仓库的顶级命名空间；第 4 条结果 centos/httpd 显示它来自名为 centos 的公有仓库，符号"/"将命名空间名称与仓库名称分开。

可使用选项--no-trunc 显示未截断输出的说明信息，下例显示搜索名称包括 httpd，等级至少三星以上的镜像，并输出完整的信息：

```
[root@host-a ~]# docker search --stars=3 --no-trunc httpd
Flag --stars has been deprecated, use --filter=stars=3 instead
NAME                            DESCRIPTION                                                    STARS  OFFICIAL  AUTOMATED
httpd                           The Apache HTTP Server Project                                 2391   [OK]
hypriot/rpi-busybox-http        Raspberry Pi compatible Docker Image with a minimal `Busybox httpd` web server. 46
centos/httpd-24-centos7         Platform for running Apache httpd 2.4 or building httpd-baded application        22
centos/httpd                                                                                   22            [OK]
tplatform/aws-linux-httpd24-php70 aws-linux-httpd24-php70                                      3             [OK]
```

如果搜索结果较多，那么可使用选项--limit 限制结果数，默认为 25 条，结果数可定义的范围是 1~100。

使用选项-f（--filter）过滤搜索结果。过滤选项的格式为"键=值"。超过一个过滤条件，则要使用多个该选项。目前支持以下 3 种过滤器。

（1）按镜像的星级过滤

使用键 stars 表示镜像的星级数。以下命令显示名称包含 busybox 且至少 3 星的镜像：

```
docker search --filter stars=3 busybox
```

（2）根据是否为自动创建的镜像进行过滤

使用键 is-automated 表示镜像是否是自动创建的。以下命令显示名称包含 busybox 且为自动创建的镜像：

```
docker search --filter is-automated busybox
```

（3）根据是否为官方发布的镜像进行过滤

使用键 is-official 表示镜像是否是官方发布的。以下命令显示名称包含 busybox，至少 3 星且为官方发布的镜像：

```
docker search --filter "is-official=true" --filter "stars=3" busybox
```

可以使用选项--format 定义输出格式。可用的 Go 模板占位符除了 Name（镜像名称）和.Description（描述信息）外，还有.StarCount（镜像星级数）、.IsOfficial（官方发布）和.IsAutomated（自动创建）。例如，以下命令显示列标题，只显示镜像名称、自动创建和官方发布：

```
docker search --format "table {{.Name}}\t{{.IsAutomated}}\t{{.IsOfficial}}" busybox
```

2.2.7 删除本地镜像

1. 使用 docker rmi 命令删除指定的镜像

可以使用 docker rmi 命令删除本地的镜像，用法如下：

```
docker rmi [OPTIONS] IMAGE [IMAGE...]
```

可以使用镜像的 ID、标签或它的摘要标识符来删除指定的镜像。如果一个镜像对应了多个标签，只有当最后一个标签被删除时，镜像才被真正删除。

例如，以下命令表示通过指定的镜像摘要值来删除镜像：

```
docker rmi busybox@sha256:cbbf2f9a99b47fc460d422812b6a5adff7df
```

--force（-f）选项表示强制删除镜像。如果使用该选项删除由镜像 ID 指定的镜像，则将清除该镜像的标签，并删除与该 ID 匹配的所有镜像。例如：

```
docker rmi -f fd484f19954f
```

选项--no-prune 表示不删除没有标签的父镜像。

2. 使用 docker image prune 命令清理未使用过的镜像

可以使用 docker image prune 命令清理未使用过的镜像。默认情况下，docker image prune 命令只会清理虚悬（dangling）镜像。虚悬镜像是没被打标签且没被其他任何镜像引用的镜像。执行以下操作删除全部虚悬镜像：

```
[root@host-a ~]# docker image prune
WARNING! This will remove all dangling images.
Are you sure you want to continue? [y/N] y
```

要删除没有被现有容器使用的所有镜像，可以使用选项-a（--all）：

```
[root@host-a ~]# docker image prune -a
WARNING! This will remove all images without at least one container associated to them.
Are you sure you want to continue? [y/N] y
```

默认情况下，系统会提示是否继续。

上述两种操作，要绕过提示，可使用选项-f（--force）。

还可以通过选项--filter 使用过滤表达式来限制删除哪些镜像。例如，只删除 24 小时前创建的镜像（使用 until 键）：

```
docker image prune -a --filter "until=24h"
```

还可以通过 label 键指定镜像标记来过滤要删除的镜像，例如：

```
docker image prune --filter="label=deprecated"
```

2.2.8　Docker 镜像的导入和导出

Docker 镜像的导入和导出操作主要用于迁移、备份等场景，涉及的 docker 子命令有 save 和 load。导出相当于备份镜像，导入相当于恢复镜像。

1. 使用 docker save 命令将镜像导出到归档文件

docker save 命令的语法格式如下：

```
docker save [OPTIONS] IMAGE [IMAGE...]
```

其中选项--output（-o）用于指定镜像归档的文件，例如，以下操作将镜像 busybox 保存到 busybox.tar 归档文件并进行验证：

```
[root@host-a ~]# docker save --output busybox.tar busybox
[root@host-a ~]# ls -sh busybox.tar
1.4M busybox.tar
```

如果不提供--output（-o），则默认导出到标准输出流（STDOUT）。利用重定向功能也可将镜像保存到文件，以下命令的结果同上：

```
docker save busybox > busybox.tar
```

2. 使用 docker load 命令从归档文件加载镜像

docker load 命令的语法格式如下：

```
docker load [OPTIONS]
```

这个命令相当于从备份文件恢复镜像，恢复的内容包括镜像及其标签。

其中选项--input（-i）用于指定要读取的归档文件，例如，以下操作从 busybox.tar 归档文件加载镜像并进行验证（先删除现有镜像）：

```
[root@host-a ~]# docker rmi busybox
Untagged: busybox:latest
Untagged: busybox@sha256:061ca9704a714ee3e8b80523ec720c64f6209ad3f97c0ff7cb9ec7d19f15149f
```

```
    Deleted: sha256:d8233ab899d419c58cf3634c0df54ff5d8acc28f8173f09c21df4a07229e1205
    Deleted: sha256:adab5d09ba79ecf30d3a5af58394b23a447eda7ffffe16c500ddc5ccb4c0222f
    [root@host-a ~]# docker load --input busybox.tar
    adab5d09ba79: Loading layer [==================================================>]
1.416MB/1.416MB
    Loaded image: busybox:latest
    [root@host-a ~]# docker images busybox
    REPOSITORY          TAG               IMAGE ID           CREATED           SIZE
    busybox             latest            d8233ab899d4       6 weeks ago       1.2MB
```

如果不提供--input（-i），则默认从标准输入流（STDIN）导入。利用重定向功能也可从文件加载镜像，以下命令的结果同上：

```
docker load < busybox.tar
```

2.3 Docker 注册中心

自己构建的镜像可以很容易地在本地（当前主机上）运行，但是如果需要在其他主机上使用这个镜像，就需要一个集中的存储、分发镜像的服务，Docker 注册中心（Registry）就提供这样的服务。Docker 默认的注册中心是官方的 Docker Hub，它提供大规模的公有仓库，存放了数量庞大的镜像供用户下载。可以通过使用浏览器访问，或者使用 docker search 命令来访问 Docker Hub。几乎所有常用的数据库、中间件、应用软件等都有现成的 Docker 官方镜像，或由贡献者（其他个人和组织）创建的镜像，只需要稍作配置就可以直接使用。国内不同厂商为 Docker Hub 提供了本地镜像源以支持国内稳定的访问。还有一些第三方的 Docker 注册中心可供使用，如阿里云的容器镜像服务。当然用户也可以建立自己的 Docker 注册中心。这里介绍 Docker Hub、第三方和自建 Docker 注册中心的使用，目的是让读者掌握镜像的集中存储和分发方法。

2.3.1 Docker 注册中心与仓库

目前有人将 Docker 的注册中心（Registry）与仓库（Repository）这两个术语混用，并不严格区分，这不利于理解 Docker 注册中心。

Registry 可译为注册中心或注册服务器，是存放镜像仓库的地方，一个注册中心里往往有很多仓库。

Repository 可译为仓库或镜像仓库，集中存放某一类镜像，往往包括多个镜像文件，不同的镜像通过不同的标签来区分，并通过 REPOSITORY:TAG 这样的格式来表示特定版本的镜像。例如 ubuntu 仓库里存放的是 Ubuntu 系列操作系统的基础镜像，有 14.10、16.04、18.04 等多个不同的版本。

仓库名称经常以两段格式出现，比如 gitlab/gitlab-ce，前者是命名空间，后者是仓库名称。命名空间可能就是用户名，具体取决于所使用的 Docker 注册中心。

根据所存储的镜像文件是否公开共享，可以将仓库分为公有仓库（Public Repositories）和私有仓库（Private Repositories）。

Docker 注册中心借鉴了源代码托管平台软件 Git 的优秀设计思想。使用 docker push 命令将镜像推送到指定的仓库，这样在其他地方需要使用镜像时，使用 docker pull 命令从仓库拉取到本地即可。

总之，一个 Docker 注册中心往往包括多个仓库，每个仓库可以包含多个标签，每个标签对应一个特定的镜像。严格地讲，镜像命名时应在仓库名称之前加上 Docker 注册中心的主机名作为前缀，只有使用默认的 Docker Hub 时才忽略该前缀。前面在介绍设置镜像标签时已经详细说明过镜像的命名格式。

2.3.2　Docker Hub

Docker Hub 是一个基于云的注册中心，为容器镜像的检索、发布和变更管理、用户和团队协作、开发流程的自动化提供了一个集中式的资源服务。

1. Docker Hub 的主要功能

- 镜像仓库：推送（上传）和拉取（下载）容器镜像。
- 团队和组织：管理对容器镜像的私有仓库的访问。
- 官方镜像：拉取和使用由 Docker 官方提供的高质量容器镜像。
- 发布者镜像：拉取和使用由外部供应商（第三方）提供的高质量容器镜像。经认证的镜像还支持并保证与 Docker 企业版的兼容性。
- 构建：从 GitHub 和 Bitbucket 这两个源代码托管平台自动构建容器镜像并将它们推送到 Docker Hub。当对源代码仓库进行修改时，会自动构建一个新镜像。
- Webhooks：这是一个自动化构建特性，在一个镜像推送成功后，Webhooks 会触发操作，将 Docker Hub 与其他服务进行整合。

可见 Docker Hub 不仅仅是提供镜像存储和分发的仓库，还有自动构建镜像的功能。自动构建镜像将在第 7 章中专门讲解。

2. Docker Hub 的镜像仓库

根据用户的访问权限可以将 Docker Hub 中的镜像仓库分为公有仓库和私有仓库。如图 2-3 所示，仓库列表中带有"🔒"图标的为私有仓库，只有该仓库的用户能够访问；带有"🌐"图标的为公有仓库，该仓库对公众开放，所有人都能从 Docker Hub 搜索到。另外，私有仓库无法在公共注册中心浏览或搜索其内容，并且不像公有仓库那样被缓存。

图 2-3　公有仓库与私有仓库

还可以根据镜像仓库的内容将它们分为两个层次：一个是顶级仓库，另一个是次级仓库。顶级仓库如图 2-4 所示，主要是一些基础镜像，如 nginx、busybox 等。次级仓库是指特定命名空间下的镜像仓库，如图 2-5 所示。例中仓库 gitlab-runner 和 gitlab-ce 都位于 gitlab 命名空间下，都是次级仓库。

图 2-4　顶级镜像仓库　　　　　　　　　　图 2-5　次级镜像仓库

3. Docker Hub 的官方仓库

Docker Hub 包括大量的官方仓库，这些是由厂商和贡献者向 Docker 提供的公开的、经过认证的仓库，能够确保及时进行安全更新。其中有像 Canonical、Oracle 和 Red Hat 这样的厂商提供的 Docker 镜像，用户可以用来作为基础镜像构建自己的应用和服务。这些官方仓库主要有以下用途。

- 提供必要的基础操作系统镜像仓库（如 ubuntu、centos），作为大多数用户的起点。
- 为流行的编程语言运行时、数据存储和其他服务提供类似于平台即服务（PAAS）所提供的即用式解决方案。
- 学习 Dockerfile 的最佳实践，提供清晰的文档供其他 Dockerfile 作者参考。
- 确保及时的安全更新。这对 Docker Hub 上最流行的官方仓库尤其重要。

建议 Docker 新用户在项目中使用官方仓库。这些仓库有清晰的文档，适合践行最佳实践，多为最通用的应用场合而设计。高级用户也可将查看官方仓库作为 Dockerfile 学习过程的一部分，尤其是开发人员可以借鉴官方镜像构建的经验，因为 Docker 工程师会尽可能以最佳方式在容器中运行软件。

4. 创建 Docker Hub 账户

匿名访问（不用注册账户，不用登录）也可以从 Docker Hub 上搜索并获取所需的镜像。但是，要充分使用 Docker Hub，如推送镜像，发表评论，还是要创建一个合法的账户。可以创建一个账户，然后免费使用 Hub 的一个私有仓库（免费用户只能有一个私有仓库）。如果需要更多的私有仓库，可以付费来升级账户。

通过浏览器访问 Docker Hub 官方网站来创建一个免费账户，界面如图 2-6 所示。注意注册需要 Google 的人机身份验证，目前受国内网络环境限制不能顺利注册，因为"进行人机身份验证"按钮无法显示，无法点击提交按钮（Sign Up）。笔者解决的办法是在 Google 浏览器中安装谷歌访问助手插件。注册账户时需要一个有效的电子邮箱，用于接收激活校验信息，注册完毕先要到注册邮箱里激活校验，这样就能登录 Docker Hub 了。

5. Docker Hub 工具

对于 Windows 和 Mac OS 操作系统，需要下载 Docker 桌面工具。对于 Linux 操作系统，只需安装 Docker CE。可以通过 docker search、docker pull、docker login 和 docker push 等命令对 Docker Hub 服务访问。

图 2-6　Docker Hub 注册界面

6. 浏览和搜索镜像

通过浏览器访问 Docker Hub，或者以账户名登录 Docker Hub，然后单击"Explore"链接，可进入镜像仓库浏览界面，如图 2-7 所示，默认显示的是容器（Containers）镜像，中间是镜像仓库列表；左侧可以设置过滤器，可以按照经 Docker 认证的（Docker Certified）、官方镜像（Official Images）和认证过的发布者（Verified Publisher）提供的镜像，以及类目（Categories）、操作系统（Operating Systems）、体系结构（Architectures）等条件进行过滤，最后两个条件未在图中列出；右侧下拉菜单可以按两个条件对镜像仓库排序，一个是最受欢迎的（Most Popular），另一个是最近更新的（Recently Updated）。

有两种方法从 Docker Hub 查找公开的仓库和镜像，一是在 Docker Hub 网站上使用搜索（Search）

功能，浏览界面上就有搜索框；二是使用 Docker 命令行工具运行 docker search 命令进行搜索。这两种方法都会列出 Docker Hub 上匹配搜索词的可用的公有仓库。当然，私有仓库不会出现在搜索结果中。使用 docker search 命令可以通过镜像名称、用户名或描述信息来查找镜像，该命令前面已经介绍过。一旦找到了想要的镜像，可以用 docker pull 命令拉取，这样就获得了一个可以用来运行容器的镜像。

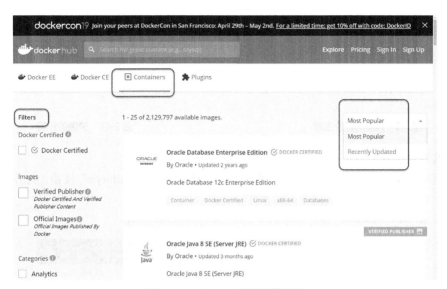

图 2-7　Docker Hub 镜像浏览界面

7. 查看镜像仓库

从 Docker Hub 网站浏览和搜索到镜像仓库时，可以进一步查看其详细信息。图 2-8 显示的是 mysql 镜像仓库的详细信息，右侧给出的是拉取该镜像的具体命令，左下部给出镜像的具体信息，其中 "DESCRIPTION" 视图显示的是该镜像的描述信息。

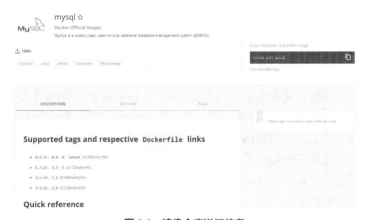

图 2-8　镜像仓库详细信息

切换到 "REVIEWS" 视图，可查看该镜像的评价信息，主要是星级，如图 2-9 所示。如果用户以账户登录，则可以在右下角区域添加自己的评价。

切换到 "TAGS" 视图，显示可用标签及相关镜像的大小，如图 2-10 所示。镜像大小是镜像及其所有父镜像占用的累积空间。这也是在通过 docker save 命令保存镜像时创建的 Tar 归档文件所占的磁盘空间。

图 2-9　镜像的评价信息 　　　　　　　　图 2-10　镜像的标签

8. 创建镜像仓库

以账户登录 Docker Hub 之后，直接在页面上单击"Create Repository+"按钮，打开图 2-11 所示的界面。

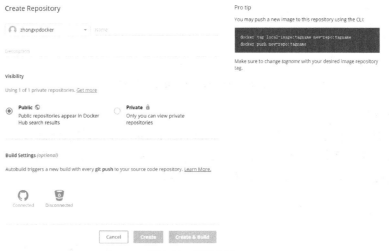

图 2-11　创建仓库

第 1 行左边下拉文本框定义命名空间，通常以用户的 Docker ID 作为命名空间；右边文本框定义仓库名称，该名称在命名空间中具有唯一性，且只能由小写字母、数字、短横线和下画线组成。"Description"文本框用于定义可搜索内容。"Visbility"区域定义仓库的可见性，默认为"Public"，表示是公开仓库，如果选择"Private"，则为私有仓库。

设置好上述选项之后，单击"Create"按钮将会创建一个仓库。随后用户通过 docker push 命令可将自己的镜像推送到该仓库中。

9. 将镜像推送到 Docker Hub

要将仓库推送到 Docker Hub，需要使用 Docker Hub 用户名和仓库名称为本地镜像命名（设置标签）。通过指定特殊的标签，可以在一个仓库中添加多个镜像（如 docs/base:testing）。如果没有指定，则使用 latest 这个默认标签。

可以在构建镜像的同时通过以下命令命名镜像：

```
docker build -t <hub-user>/<repo-name>[:<tag>]
```

其中 hub-user 为 Docker Hub 用户名（作为命名空间），repo-name 为仓库名称，tag 为标签。

为已存在的镜像重新设置标签可使用以下命令（其中 existing-image 表示现有镜像）：

```
docker tag <existing-image> <hub-user>/<repo-name>[:<tag>]
```

还可以使用以下命令将容器提交生成镜像（其中 exiting-container 表示现有容器）：

```
docker commit <exiting-container> <hub-user>/<repo-name>[:<tag>]
```

完成镜像命名之后，可以将此镜像推送到由其名称或标签指定的仓库。推送命令 docker push 的用法如下：

```
docker push <hub-user>/<repo-name>:<tag>
```

下面示范推送镜像的过程。首先要登录 Docker Hub，可以使用 doker login 命令：

```
[root@host-a nginx]# docker login
Login with your Docker ID to push and pull images from Docker Hub. If you don't have a
Docker ID, head over to https://hub.docker.com to create one.
Username: zhongxpdocker
Password:
WARNING! Your password will be stored unencrypted in /root/.docker/config.json.
Login Succeeded
```

然后为镜像加上<hub-user>/<repo-name>:<tag>格式的标签：

```
[root@host-a]# docker tag hello-world zhongxpdocker/hello-world
```

这里没有使用 tag，表示使用默认的 latest 标签。

最后推送该镜像：

```
[root@host-a]# docker push zhongxpdocker/hello-world
The push refers to repository [docker.io/zhongxpdocker/hello-world]
428c97da766c: Mounted from library/hello-world
latest: digest: sha256:1a6fd470b9ce10849be79e99529a88371dff60c60aab424c077007f6979b4812
size: 524
```

镜像推送之后，其他用户就可以使用该镜像了。

10. 管理自己的镜像仓库

只有注册用户才能在 Docker Hub 上管理自己的镜像仓库。以账户登录 Docker Hub 之后，会显示自己的镜像仓库列表，如图 2-12 所示。

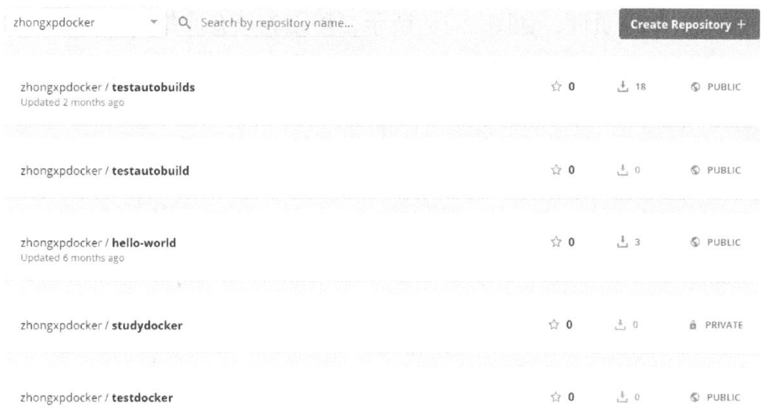

图 2-12　镜像仓库列表

要管理其中的某个仓库，只需单击它即可打开相应的详细信息页面，如图 2-13 所示，默认显示"General"页面，提供一般性信息。

可根据需要切换到其他页面进行操作。例如，切换到"Settings"页面可以更改仓库的公有和私有状态、删除当前仓库，如图 2-14 所示。

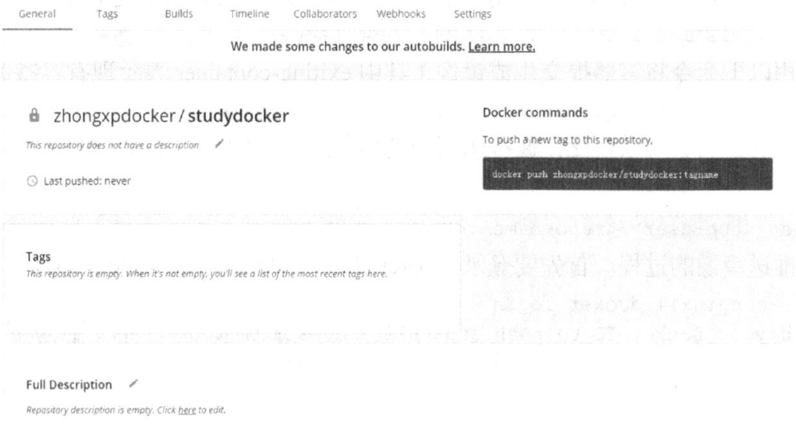

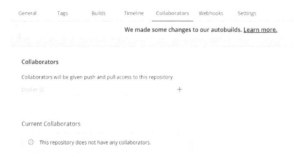

图 2-13　查看镜像仓库详细信息

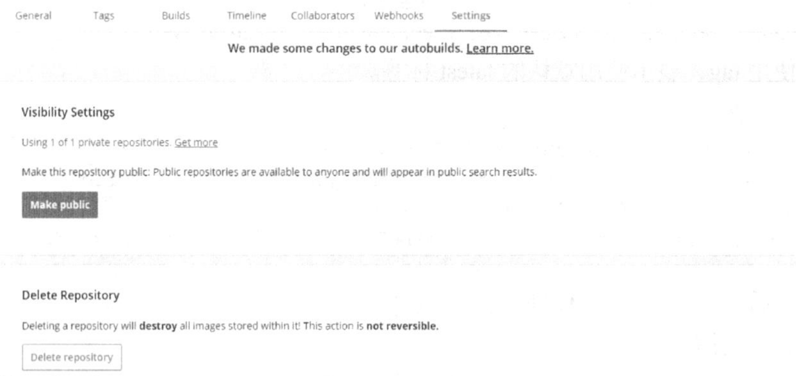

图 2-14　镜像仓库设置页面

切换到"Collaborators"页面，如图 2-15 所示，可以为该仓库指定协作者，协作者可以将镜像推送到该仓库。

图 2-15　镜像仓库协作者

11. Docker Hub 的镜像加速器

Docker Hub 部署在境外服务器上，国内访问可能受影响，为解决此问题，需要配置相应的国内镜像来提高镜像的拉取速度。目前国内提供的 Docker Hub 镜像服务主要有阿里云加速器、Daocloud、网易云镜像仓库和时速云镜像服务等。

现在 Docker 官方也提供了在中国的加速器，不用注册，直接使用加速器地址即可。基本配置方法是修改/etc/docker/daemon.json 文件，在其中加上以下语句：

```
"registry-mirrors": ["https://registry.docker-cn.com"]
```

保存该文件之后执行下面的命令重启 Docker，以使 Docker 的配置文件生效：

```
systemctl daemon-reload
systemctl restart docker
```

通过此镜像加速器，目前只能访问流行的公开镜像，而私有镜像仍需要用户从位于美国的镜像仓库中拉取。

2.3.3 阿里云的容器镜像服务

而阿里云除了提供 Docker Hub 镜像加速器之外，还提供与 Docker Hub 类似的容器镜像服务（Container Registry）。该服务提供安全的镜像托管能力、稳定的国内外镜像构建服务和便捷的镜像授权功能，方便用户进行镜像的全生命周期管理。容器镜像服务简化了 Docker 注册中心的搭建运维工作，支持多地域的镜像托管，并联合容器服务等云产品，为用户打造在云上使用 Docker 的一体化体验。注册之后，用户可以将镜像推送到阿里云的容器镜像服务器上。

1. 设置 Registry 登录密码

访问阿里云主页，单击左上角菜单按钮"**☰**"，选择"产品"→"云计算基础"→"容器镜像服务"，再单击"管理控制台"按钮即可进入容器镜像服务管理界面。

在阿里云的容器镜像服务的开通流程中，需要设置独立于阿里云账号密码的 Registry 登录密码，如图 2-16 所示，便于镜像的推送和拉取。

图 2-16　设置 Registry 登录密码

接下来简单介绍一下阿里云的 Docker 镜像仓库的基本使用。

2. 浏览和搜索镜像

使用阿里云账号的 Registry 登录密码通过浏览器登录到容器镜像服务的管理控制台，单击"容器镜像服务"节点下面的"镜像中心"→"镜像搜索"，出现图 2-17 所示的搜索界面，可以直接浏览镜像，也可以选择搜索阿里云镜像还是官方镜像（Docker Hub 的镜像）。

3. 使用命名空间

阿里云的容器镜像服务使用命名空间（namespace）来分区管理镜像仓库。命名空间作为一些仓库的集合，推荐将一个公司或组织的仓库集中在一个命名空间下面。要将镜像推送到阿里云的 Docker 仓库，必须先创建命名空间。目前每个主账号可以创建 5 个命名空间。单击"容器镜像服务"节点下面的"命名空间"，进入相应界面，可以创建和管理命名空间，如图 2-18 所示。这里创建了一个名为 dockerabc 的命名空间。默认允许用户直接推送镜像，系统自动根据仓库名称创建对应仓库，可以通过将自动创建仓库设置为否，关闭这一自动创建的功能。对于推送镜像自动创建的仓库，默认是私有的，可以将默认仓库属性设置为公有，使得自动创建的仓库默认为公有。

图 2-17 搜索镜像

图 2-18 命名空间

4. 从命令行登录阿里云 Registry

无论是使用 docker pull 命令从阿里云镜像仓库拉取镜像，还是通过 docker push 命令将镜像推送到阿里云镜像仓库,都必须先使用 docker login 登录到阿里云 Registry。这里以阿里云杭州公网 Registry 为例，登录时必须指明注册中心域名，并输入用户名和登录密码，登录成功之后会显示 "Login Succeeded"。例如:

```
[root@host-a ~]# docker login registry.cn-hangzhou.aliyuncs.com
Username: zhongxpaly
Password:
WARNING! Your password will be stored unencrypted in /root/.docker/config.json.
Configure a credential helper to remove this warning. See
https://docs.docker.com/engine/reference/commandline/login/#credentials-storedocker
login --username= registry.cn-hangzhou.aliyuncs.com
    Login Succeeded
```

注意此处用户名是阿里云账号，登录密码是在镜像仓库管理控制台设置的 Registry 登录密码，而不是阿里云账号登录密码。

5. 将镜像推送到阿里云 Registry

镜像在本地环境构建或打包好之后，就可以推送到注册中心了。

首先要确认登录的用户对指定的命名空间有写入权限。还要注意登录的 Registry 和当前操作镜像的 Registry 必须保持一致。否则，客户端会出现未授权的错误信息。

然后为镜像设置针对阿里云 Registry 的标签，其标签格式为：

```
Registry 域名/命名空间/仓库名称:[标签]
```

其中 Registry 域名为阿里云容器镜像服务的域名，仓库名称就是镜像名称，标签相当于镜像版本。例中进行如下操作：

```
[root@host-a ~]# docker tag hello-world registry.cn-hangzhou.aliyuncs.com/dockerabc/
hello-world
```

最后执行 docker push 命令：

```
[root@host-a ~]# docker push registry.cn-hangzhou.aliyuncs.com/dockerabc/hello-world
The push refers to repository [registry.cn-hangzhou.aliyuncs.com/dockerabc/hello-world]
af0b15c8625b: Pushed
latest: digest: sha256:92c7f9c92844bbbb5d0a101b22f7c2a7949e40f8ea90c8b3bc396879d95e899a
size: 524
```

6. 从阿里云 Registry 拉取镜像

如果要拉取公有仓库下的镜像，可以不用登录阿里云容器镜像服务。先通过浏览器搜索到要拉取的镜像，获取其地址（格式为：Registry 域名/命名空间/仓库名称:[标签]），再进行拉取操作。

这里示范拉取之前推送的镜像：

```
[root@host-a ~]# docker pull registry.cn-hangzhou.aliyuncs.com/dockerabc/hello-world
Using default tag: latest
latest: Pulling from dockerabc/hello-world
Digest: sha256:92c7f9c92844bbbb5d0a101b22f7c2a7949e40f8ea90c8b3bc396879d95e899a
Status: Image is up to date for registry.cn-hangzhou.aliyuncs.com/dockerabc/hello-world:
latest
```

2.3.4　私有 Docker 注册中心

考虑到安全可控和因特网连接限制，可以考虑建立自己的注册中心（镜像仓库注册服务）来管理自己的镜像仓库。

1. 自建 Docker 注册中心

由于 Docker Registry 软件已经开源，并且 Docker Hub 提供官方镜像，这里讲解通过 Docker 容器部署自己的 Docker 注册中心，用于在可控的环境中存储和分发镜像。

Docker Registry 工具目前最新版本为 2.0 系列，主要用于负责镜像仓库的管理。

首先执行命令 docker pull registry 拉取 Registry 的最新版本镜像。然后执行以下命令创建并启动 Registry 容器：

```
docker run -d -p 5000:5000 --restart=always --name registry -v /opt/data/registry:/var/
lib/registry registry
```

这里通过选项-v 将主机的本地/opt/data/registry 目录绑定到容器/var/lib/registry 目录（这是 Docker 注册中心默认存放镜像文件的目录），这样就可实现数据的持久化，将镜像仓库存储到本地。

选项-p 用于设置映射端口，这样访问主机的 5000 端口就能访问到 registry 容器的服务。

选项--restart 设置重启策略，例中将其设置为 always 表示这个容器异常退出也会自动重启，保持了 Registry 服务的持续运行。

选项--name registry 表示将该容器命名为 registry，便于后续操作。

可以执行以下命令获取所有的镜像仓库来测试 Registry 服务：

```
[root@host-a ~]#  curl http://127.0.0.1:5000/v2/_catalog
{"repositories":[]}
```

例中说明服务正常运行，刚建立还没有任何镜像。

2. 将镜像推送到自建的 Docker 注册中心

推送镜像之前需要首先针对自建注册中心设置相应的标签，其标签格式为：

注册中心域名:端口/仓库名称:[标签]

其中 Registry 域名可以是自建注册中心的域名或 IP 地址，端口就是注册中心对外提供注册服务的端口。例中先进行如下操作为镜像加上标签：

```
[root@host-a ~]# docker tag hello-world  127.0.0.1:5000/hello-world:v1
```

然后执行推送命令：

```
[root@host-a ~]# docker push 127.0.0.1:5000/hello-world:v1
The push refers to repository [127.0.0.1:5000/hello-world]
af0b15c8625b: Pushed
v1: digest: sha256:92c7f9c92844bbbb5d0a101b22f7c2a7949e40f8ea90c8b3bc396879d95e899a
size: 524
```

完成之后进行测试：

```
[root@host-a ~]#  curl http://127.0.0.1:5000/v2/_catalog
{"repositories":["hello-world"]}
```

也可以直接使用浏览器访问自建注册中心服务。

3. 从自建 Docker 注册中心拉取镜像

推送已经测试没有问题后，接下来测试拉取刚才推送的镜像：

```
[root@host-a ~]# docker pull 127.0.0.1:5000/hello-world:v1
v1: Pulling from hello-world
Digest: sha256:92c7f9c92844bbbb5d0a101b22f7c2a7949e40f8ea90c8b3bc396879d95e899a
Status: Image is up to date for 127.0.0.1:5000/hello-world:v1
```

从结果可以看出，从自建 Docker 注册中心拉取镜像也没有问题了。

4. 配置注册中心服务地址

默认情况下，Registry 服务地址使用 localhost 或 127.0.0.1 没有问题，如果要使用主机的域名或 IP 地址就会报错，例如：

```
[root@host-a ~]# docker pull 192.168.199.31:5000/hello-world:v1
 Error response from daemon: Get https://192.168.199.31:5000/v2/: http: server gave HTTP
response to HTTPS client
```

这是因为自从 Docker 1.3.X 版本之后访问 Docker 注册中心默认使用的是 HTTPS 协议，Docker 客户端需要使用 HTTPS 协议才能推送或拉取镜像，而私有注册中心默认使用的是 HTTP 服务。最简单的解决方案是修改/etc/docker/daemon.json 文件，添加要使用的注册中心域名或 IP 地址，例中定义如下：

```
{ "insecure-registries":["192.168.199.31:5000"] }
```

然后重启 docker 服务：

```
systemctl  restart docker
```

这样再推送或拉取就没有问题了，例如：

```
[root@host-a ~]# docker pull 192.168.199.31:5000/hello-world:v1
v1: Pulling from hello-world
Digest: sha256:1a6fd470b9ce10849be79e99529a88371dff60c60aab424c077007f6979b4812
Status: Downloaded newer image for 192.168.199.31:5000/hello-world:v1
```

注意在安装私有注册中心的 Docker 主机上和需要访问私有注册中心的 Docker 客户端计算机上都需要修改配置文件/etc/docker/daemon.json。

本章主要讲解 Docker 镜像和注册中心的基本使用和管理，Docker 的最终目的是部署和运行应用程序，这就需要以镜像为模板来启动运行 Docker 容器。第 3 章中将集中讲解容器。

2.4　习题

1. 解释镜像的概念。

2. Docker 使用哪几种方式来标识镜像?

3. 镜像描述文件有什么用?

4. 什么是父镜像? 什么是基础镜像?

5. 简述镜像的分层结构。

6. 解释注册中心（Registry）与仓库（Repository）这两个术语。

7. 列举 Docker Hub 的主要功能。

8. 简述 Docker Hub 官方仓库的主要用途。

9. 阿里云的容器镜像服务有什么用?

10. 熟悉 docker images 命令的各种用法。

11. 熟悉 docker tag 命令的使用。

12. 使用 docker history 命令验证镜像分层结构。

13. 通过浏览器访问 Docker Hub，熟悉浏览和搜索镜像的操作。

14. 注册阿里云容器镜像服务的账户，登录之后创建命名空间，然后将自己本地镜像推送到阿里云 Registry。

15. 创建自己的 Docker 注册中心，并进行测试。

03

第3章 Docker容器

　　Docker 的最终目的是部署和运行应用程序，这是由 Docker 容器实现的。从软件的角度看，镜像是软件生命周期的构建和打包阶段，而容器则是启动和运行阶段。获得镜像后，就能以镜像为模板来启动容器。Docker 容器是从镜像创建的运行实例，一个镜像可以用来创建多个容器，容器之间都是相互隔离的。可以将容器理解为一个相对独立的环境中运行的一个或一组进程。这个独立环境拥有这些进程运行时所需的一切资源，包括文件系统、库文件脚本等。

　　本章首先介绍容器的基础知识，然后重点讲解容器的基本管理操作，以及容器的运维管理，包括资源限制、监控和日志管理。值得一提的是，本章还对容器的"写时拷贝"策略和 Docker 底层技术控制组进行了验证分析。

3.1　Docker 容器基础

基于 Docker 的虚拟化应用以容器的形式来部署和运行。前面的章节已经涉及容器，这里进一步讲解容器的概念与实现原理等基础知识。

3.1.1　进一步理解容器的概念

容器的英文为 Container，在 Docker 中就是指从镜像创建的应用程序运行实例。镜像和容器的关系，就像面向对象程序设计中的类和实例一样，镜像是一种静态的定义，容器是镜像运行时的实体。

Docker 的设计借鉴了集装箱的概念，每个容器都有一个软件镜像，相当于集装箱中的货物。可以将容器看作是将一个应用程序及其依赖环境打包而成的集装箱。容器可以被创建、启动、停止、删除、暂停等。与集装箱一样，Docker 在执行这些操作时，并不关心容器里有什么软件。

容器实质上就是进程，但与直接在主机上执行的进程不同，容器进程运行在属于自己的独立的名称空间内。因此容器可以拥有自己的根文件系统、自己的网络配置、自己的进程空间，甚至自己的用户 ID 空间。容器内的进程是运行在一个隔离的环境里，容器的使用就好像是在一个独立于主机的系统下操作一样。通常容器之间是彼此隔离、互不可见的。这种特性使得容器封装的应用程序比直接在主机上运行的应用程序更加安全。不过，这种隔离的特性可能会导致一些初学者混淆容器和虚拟机，应重视这个问题。

3.1.2　容器的基本信息与标识

使用 docker ps 命令可以显示当前正在运行的容器列表，例如：

```
[root@host-a ~]# docker ps
CONTAINER ID  IMAGE  COMMAND             CREATED        STATUS        PORTS    NAMES
ecc4f4ab189e  httpd  "httpd-foreground"  10 seconds ago Up 10 seconds 80/tcp   trusting_lewin
```

列表中反映了容器的基本信息。CONTAINER ID 列显示容器 ID，IMAGE 列显示容器所用镜像的名称，COMMAND 列显示启动容器时运行的命令，CREATED 列显示容器的创建时间，STATUS 列指示容器运行的状态（UP 表示运行中，EXITED 表示已停止），PORTS 列显示容器对外暴露的端口号，NAMES 列显示容器名称。

创建容器之后对容器的各种操作，如启动、停止、修改或删除等，都需要通过容器标识符来进行标识。Docker 提供了两种方式来标识一个容器。

1. 容器 ID

与镜像一样，容器的唯一标识是容器 ID，容器 ID 也采用 UUID 的形式表示，是由 64 个 16 进制字符组成的字符串。可以在 docker ps 命令中加上选项--no-trunc 显示完整的容器 ID，例中为 ecc4f4ab189ec1ff2532fed353a0f3f0a27f6e04bff2b57aa60d53f636829d00。

在容器操作过程中，使用完整的容器 ID 很不方便，通常采用前 12 个字符的缩略形式，例中为 ecc4f4ab189e。这在同一主机上足以区分各个容器。容器数量少的时候，还会使用更短的格式，只取前面几个字符即可，如 ecc4f。

2. 容器名称

容器 ID 能保证唯一性，但难于记忆，可以使用容器名称来代替容器 ID 对容器进行操作。此名称可以用来在 Docker 网络中引用容器，在默认的桥接网络中，必须使用容器名称连接网络。

容器名称默认是 Docker 自动生成的一个随机名称，例中的容器名称 trusting_lewin 就是自动生成的。定义一个有意义的容器名称更方便识别容器，可在执行 docker run 命令时通过--name 选项指定所需的名称。

还可以使用 docker rename 命令为现有的容器重命名，以便于后续的容器操作，例如，使用以下命令更改例中的容器名称：

```
docker rename ecc4f4ab189e http_server
```

3.1.3　可写的容器层

容器与镜像的主要不同之处是容器顶层的可写层。一个镜像由多个可读的镜像层组成，运行的容器会在这个镜像上面多加一个可写的容器层，所有写入容器的数据（包括添加新的数据或修改已有的数据）都保存在这个可写层。当容器被删除时，这个可写层也会被删除，但是底层的镜像层保持不变。因此任何对容器的操作均不会影响到镜像。

由于每个容器都有自己的可写容器层，而且所有的变动都存储在这个可写层中，所以多个容器可以共享访问同一个底层镜像，并且仍然拥有自己的数据状态。图 3-1 示意了多个容器共享同一个 ubuntu 15.04 镜像。

如果需要多个镜像共享访问完全相同的数据，则应将此数据存储在 Docker 卷中并将其挂载到容器中。

Docker 使用存储驱动来管理镜像层和容器层的内容。每个存储驱动的实现都是不同的，但所有驱动使用可堆叠的镜像层和"写时拷贝"策略。

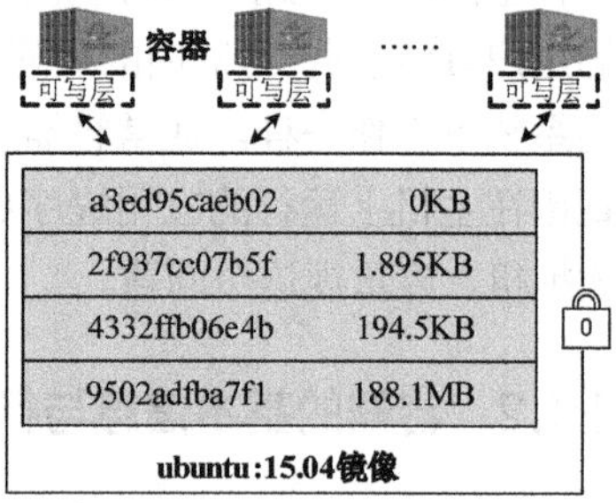

图 3-1　多个容器共享同一镜像

3.1.4　磁盘上的容器大小

要查看一个运行中的容器的大小，可以使用 docker ps -s 命令，在输出结果中的 SIZE 列会显示两个不同的值。这里以运行 httpd 镜像为例，结果如下：

```
[root@host-a ~]# docker run -d httpd
7e9a96fb1f83b5d3a7de40ec09bb112e54da982abab9ab46884dbf393d81a027
[root@host-a ~]# docker ps -s
CONTAINER ID  IMAGE  COMMAND            CREATED        STATUS        PORTS    NAMES             SIZE
7e9a96fb1f83  httpd  "httpd-forearound" 7 seconds ago  Up 6 seconds  80/tcp   ecstatic gangulv  2B(virtual 132MB)
```

第 1 个值表示每个容器的可写层当前所用的数据大小。第 2 个值是虚拟大小值，位于括号内并标注 virtual，表示该容器所用只读镜像的数据大小加上容器可写层大小的和。多个容器可以共享一部分或所有的只读镜像数据。从同一镜像启动的两个容器共享百分之百的只读数据，而从拥有公共镜像层的不同镜像启动的两个容器会共享那些公共的镜像层。因此，不能只统计虚拟大小值（virtual size），这会通过潜在的数量过高估计总的磁盘用量。

正在运行的容器所用的磁盘空间是每个容器大小和虚拟大小值的组合。如果多个容器从完全相同的镜像启动，这些容器的总磁盘用量是容器大小的总和（例中为 2B）加上一个镜像大小（虚拟大小值，例中为 132MB）。这还没有包括容器通过以下方式占用的磁盘空间。

- 用于日志文件的磁盘空间（比如使用 json-file 日志驱动程序）。如果容器生成大量日志数据并且未配置日志轮转，那么这将占用很多空间。
- 用于容器的卷和绑定挂载。
- 用于容器配置文件的磁盘空间，通常比较小。

- 写入磁盘的内存数据（如果启用交换空间）。
- 检查点（Checkpoint），前提是使用了检查点和恢复（checkpoint/restore）功能。

3.1.5 "写时拷贝"策略

"写时拷贝（Copy-on-Write）"简称 CoW，又译为写时复制，是一个最高效率的文件共享和复制策略。如果一个文件（或目录）位于镜像中的低层，其他层（包括可写容器层）需要读取它，只需使用现有的文件。如果其他层首次修改该文件（构建镜像或运行容器），该文件将会被复制到该层并被修改。这最大限度地减少了 I/O 负载和每个后续层的空间大小。接下来将更深入地解释这些优点。

1. 共享有助于减少镜像大小

从镜像源获取镜像时，每个层都是独立拉取的，并保存在 Docker 主机本地存储区域中各自的目录中。这些镜像之间如果存在公共的镜像层，则可以彼此共享，从而避免重复存储，减少镜像大小。下面通过一个例子进行演示和验证。

现在假设有两个不同的 Dockerfile 文件。使用第 1 个 Dockerfile 文件来创建名为 acme/my-base-image:1.0 的镜像，该 Dockerfile 文件的内容如下：

```
FROM ubuntu:16.10
COPY . /app
```

第 2 个 Dockerfile 文件基于上述 acme/my-base-image:1.0 的镜像，但增加额外的层，该 Dockerfile 文件的内容如下：

```
FROM acme/my-base-image:1.0
CMD /app/hello.sh
```

第 2 个镜像包含来自第 1 个镜像的所有的层，并增加一个使用 CMD 指令创建的新层和一个可读写的容器层。Docker 已经从第 1 个镜像获取所有层，因此不需要再次拉取。两个镜像会共享任何公用的层。

如果基于这两个 Dockerfile 构建镜像，可以使用 docker image ls 和 docker history 命令来验证共享层的加密 ID（cryptographic ID）是否相同，具体过程示范如下。

（1）创建一个 cow-test 子目录，并将当前目录切换到该目录，然后在该目录中创建一个名为 hello.sh 的新文件：

```
[root@host-a ~]# mkdir cow-test && cd cow-test
[root@host-a cow-test]# touch hello.sh
```

（2）在该文件中加入以下内容：

```
#!/bin/sh
echo "Hello world"
```

保存该文件并授予它执行权限：

```
[root@host-a cow-test]# chmod +x hello.sh
```

（3）在该目录下创建一个名为 Dockerfile.base 的文件，并将上述第 1 个 Dockerfile 内容添加到其中。

（4）继续创建一个名为 Dockerfile 的文件，并将上述第 2 个 Dockerfile 内容添加到其中。

（5）在 cow-test 目录中构建第 1 个镜像：

```
[root@host-a cow-test]# docker build -t acme/my-base-image:1.0 -f Dockerfile.base .
Sending build context to Docker daemon  3.584kB
Step 1/2 : FROM ubuntu:16.10
16.10: Pulling from library/ubuntu
dca7be20e546: Pull complete
```

```
40bca54f5968: Pull complete
61464f23390e: Pull complete
d99f0bcd5dc8: Pull complete
120db6f90955: Pull complete
Digest: sha256:8dc9652808dc091400d7d5983949043a9f9c7132b15c14814275d25f94bca18a
Status: Downloaded newer image for ubuntu:16.10
 ---> 7d3f705d307c
Step 2/2 : COPY . /app
 ---> 8bbca397e98f
Successfully built 8bbca397e98f
Successfully tagged acme/my-base-image:1.0
```

（6）构建第 2 个镜像：

```
[root@host-a cow-test]# docker build -t acme/my-final-image:1.0 -f Dockerfile .
Sending build context to Docker daemon  3.584kB
Step 1/2 : FROM acme/my-base-image:1.0
 ---> 8bbca397e98f
Step 2/2 : CMD /app/hello.sh
 ---> Running in 67f5165fa2d0
Removing intermediate container 67f5165fa2d0
 ---> aeb2df1303c5
Successfully built aeb2df1303c5
Successfully tagged acme/my-final-image:1.0
```

（7）检查镜像的大小：

```
[root@host-a cow-test]# docker image ls
REPOSITORY              TAG        IMAGE ID         CREATED           SIZE
acme/my-final-image     1.0        aeb2df1303c5     52 seconds ago    107MB
acme/my-base-image      1.0        8bbca397e98f     2 minutes ago     107MB
```

（8）查看构成每个镜像的层。

第 1 个镜像的分层如图 3-2 所示。

```
[root@host-a cow-test]# docker history 8bbca397e98f
IMAGE              CREATED           CREATED BY                                       SIZE
8bbca397e98f       4 minutes ago     /bin/sh -c #(nop) COPY dir:c250d026ff27014fa…    78B
7d3f705d307c       20 months ago     /bin/sh -c #(nop)  CMD ["/bin/bash"]             0B
<missing>          20 months ago     /bin/sh -c mkdir -p /run/systemd && echo 'do…   7B
<missing>          20 months ago     /bin/sh -c sed -i 's/^#\s*\(deb.*universe\)$…   2.78kB
<missing>          20 months ago     /bin/sh -c rm -rf /var/lib/apt/lists/*          0B
<missing>          20 months ago     /bin/sh -c set -xe   && echo '#!/bin/sh' > /…   745B
<missing>          20 months ago     /bin/sh -c #(nop) ADD file:6cd9e0a52cd152000…   107MB
```

图 3-2　第 1 个镜像的分层

第 2 个镜像的分层如图 3-3 所示。

```
[root@host-a cow-test]# docker history aeb2df1303c5
IMAGE              CREATED           CREATED BY                                       SIZE
aeb2df1303c5       8 minutes ago     /bin/sh -c #(nop)  CMD ["/bin/sh" "-c" "/app…   0B
8bbca397e98f       9 minutes ago     /bin/sh -c #(nop) COPY dir:c250d026ff27014fa…   78B
7d3f705d307c       20 months ago     /bin/sh -c #(nop)  CMD ["/bin/bash"]            0B
<missing>          20 months ago     /bin/sh -c mkdir -p /run/systemd && echo 'do…   7B
<missing>          20 months ago     /bin/sh -c sed -i 's/^#\s*\(deb.*universe\)$…   2.78kB
<missing>          20 months ago     /bin/sh -c rm -rf /var/lib/apt/lists/*          0B
<missing>          20 months ago     /bin/sh -c set -xe   && echo '#!/bin/sh' > /…   745B
<missing>          20 months ago     /bin/sh -c #(nop) ADD file:6cd9e0a52cd152000…   107MB
```

图 3-3　第 2 个镜像的分层

可以发现，第 2 个镜像除顶层外的所有层与第 1 个镜像都是相同的。这些层都在这两个镜像之间共享，并且只在 /var/lib/docker/ 目录中存储一次。实际上新的层并不占用任何空间，因为它不会更改任何文件，而只是运行一个命令。

2. 复制使容器效率更高

启动容器时，一个很小的容器层会被添加到镜像层的顶部，容器对文件系统的任何改变都保存在此层。容器中不修改的任何文件都不会复制到这个可写层。这就意味着可写层占用尽可能小的空间。

修改容器中已有的文件时，存储驱动执行"写时拷贝"操作，具体步骤取决于特定的存储驱动。对于 aufs、overlay 和 overlay2 等存储驱动来说，"写时拷贝"操作的大致顺序如下。

（1）从镜像各层中搜索要修改的文件。从最新的顶层开始直到最底层，一次一层。找到的文件将被添加到缓存中以加速后续操作。

（2）对找到的文件的第一个副本执行 copy_up 操作，复制到容器的可写层中。

（3）任何修改只针对该文件的这个副本，该文件位于低层的只读副本对容器来说是不可见的。

Btrfs、ZFS 和其他的存储驱动程序则以不同的方式处理"写时拷贝"。

写入大量数据的容器要比不做此操作的其他容器消耗更多的空间。这是因为大多数写入操作会在容器很小的可写顶层中占用新的空间。

注意：对于写入操作繁重的应用程序，不应将数据存储在容器中，而应该使用 Docker 卷，这些卷独立于正在运行的容器，并且设计为高效的 I/O。另外，卷可以在容器间共享，并且不会增加容器可写层的大小。

copy_up 操作会导致较大的性能开销。这个开销会根据所使用的存储驱动有所不同。大文件、大量的层和深层目录树会使影响更加明显。因为每个 copy_up 操作仅在第 1 次修改指定的文件时发生，所以性能消耗可以抵消一部分。

为了验证"写时拷贝"的工作方式，以下过程基于之前构建的 acme/my-final-image:1.0 镜像启动了 5 个容器，检查它们到底占用多少空间。注意下面的过程只能在 Linux 版本的 Docker 上工作。

（1）为便于验证，首先执行以下命令强制删除所有的容器：

```
docker  rm -f $(docker ps -a -q)
```

（2）从 Docker 主机上一个终端执行以下 docker run 命令，结果会显示每个容器的 ID：

```
[root@host-a ~]# docker run -dit --name my_container_1 acme/my-final-image:1.0 bash\
>   && docker run -dit --name my_container_2 acme/my-final-image:1.0 bash \
>   && docker run -dit --name my_container_3 acme/my-final-image:1.0 bash \
>   && docker run -dit --name my_container_4 acme/my-final-image:1.0 bash \
>   && docker run -dit --name my_container_5 acme/my-final-image:1.0 bash
9bf70f63c228a81f8e8ff5bd6586b830efa60741948fc9d602b7254f1a3d5262
a1d492baf6e74bc4c15152b4278cebc48ac4ade2695fac95b8b118e2cda7a894
9aed3eb11b44edb4769b77e4220ab59ee2a34893166fd8d07fc7ce1b86def53f
781ff7b33a270075fce91bd82c49aa6c6fb7a616aeb60c0cc63535a82ae330f0
00123d41fac6dbe49a043293aef580d0b54ba01d616bd03e85f7d6bb5fbb9bf1
```

（3）执行 docker ps 命令来验证这 5 个容器都在运行中：

```
[root@host-a ~]# docker ps
CONTAINER ID   IMAGE                     COMMAND    CREATED          STATUS          PORTS      NAMES
00123d41fac6   acme/my-final-image:1.0   "bash"     40 seconds ago   Up 39 seconds              my_container_5
781ff7b33a27   acme/my-final-image:1.0   "bash"     40 seconds ago   Up 40 seconds              my_container_4
9aed3eb11b44   acme/my-final-image:1.0   "bash"     41 seconds ago   Up 40 seconds              my_container_3
a1d492baf6e7   acme/my-final-image:1.0   "bash"     41 seconds ago   Up 40 seconds              my_container_2
9bf70f63c228   acme/my-final-image:1.0   "bash"     42 seconds ago   Up 41 seconds              my_container_1
```

（4）执行以下命令列出本地存储区域的内容：

```
[root@host-a ~]# ls /var/lib/docker/containers
00123d41fac6dbe49a043293aef580d0b54ba01d616bd03e85f7d6bb5fbb9bf1
9aed3eb11b44edb4769b77e4220ab59ee2a34893166fd8d07fc7ce1b86def53f
a1d492baf6e74bc4c15152b4278cebc48ac4ade2695fac95b8b118e2cda7a894
781ff7b33a270075fce91bd82c49aa6c6fb7a616aeb60c0cc63535a82ae330f0
9bf70f63c228a81f8e8ff5bd6586b830efa60741948fc9d602b7254f1a3d5262
```

（5）执行以下命令检查这些容器占用的磁盘空间：

```
[root@host-a ~]# du -sh /var/lib/docker/containers/*
24K     /var/lib/docker/containers/00123d41fac6dbe49a043293aef580d8b54ba01d616bd03e85f
7d6bb5fbb9bf1
24K     /var/lib/docker/containers/781ff7b33a270075fce91bd82c49aa6c6fb7a616aeb60c0cc63
535a82ae330f0
24K     /var/lib/docker/containers/9aed3eb11b44edb4769b77e4220ab59ee2a34893166fd8d07fc
7ce1b86def53f
24K     /var/lib/docker/containers/9bf70f63c228a81f8e8ff5bd6586b830efa60741948fc9d602b
7254f1a3d5262
24K     /var/lib/docker/containers/a1d492baf6e74bc4c15152b4278cebc48ac4ade2695fac95b8b
118e2cda7a894
```

可以发现，每个容器都只占用了文件系统上 24KB 的存储空间。

"写时拷贝"不仅节省空间，还缩短了启动时间。启动一个容器（或者来自同一个镜像的多个容器）时，Docker 只需要创建很小的可写容器层。

如果 Docker 在每次启动一个新容器时都必须制作底层镜像栈的整个副本，则容器启动时间和使用的磁盘空间都将显著增加。这与虚拟机的工作方式类似，每个虚拟机具有一个或多个虚拟磁盘。

3.1.6 容器操作命令

Docker 提供了相当多的容器操作命令，既包括创建、启动、停止、删除、暂停等容器生命周期管理操作，如 docker run、docker start、docker stop、docker rm、docker pause；又包括列表、查看、连接、日志、事件、导出等容器运维操作，如 docker ps、docker inspect、docker attach、docker logs、docker events。这些命令都可以看作是 docker 命令的子命令。

容器可以使用容器 ID 或容器名称来标识。有些命令可以操作多个容器，参数采用以下形式：

```
CONTAINER [CONTAINER...]
```

多个容器名称或容器 ID 之间使用空格分隔。

Docker 较新版本提供了一个统一的容器管理命令 docker container，其基本语法如下：

```
docker container COMMAND
```

其中的 COMMAND 作为 docker container 的子命令执行容器的各类管理操作功能，基本与上述传统的容器操作命令 docker 对应，如 docker container run 对应 docker run，docker container logs 对应 docker logs，个别不同的有 docker container ls 对应 docker ps，还有 docker container prune 没有对应的 docker 命令。这些 docker container 子命令的功能和用法与对应的 docker 命令完全一样。考虑到习惯，本章主要讲解容器操作的传统 docker 命令。

3.2 Docker 容器的基本操作

Docker 在相互隔离的容器中运行进程。一个容器就是一个在主机上运行的进程。主机可以是本地的，也可以是远程的。使用容器时，多数管理员首先想到的就是使用 docker run 命令定义运行时的容器资源。

3.2.1 创建和运行容器

要使用容器运行应用程序，必须先创建容器。创建容器就是将镜像放入一个容器中，基于一个镜像可以创建多个容器。创建容器有两个命令：docker create 和 docker run，两者的区别在于前者创建的容器处于未运行状态，后者创建的容器处于运行状态。docker run 在第一次运行时相当于执行了两步操作：第 1 步创建一个容器（相当于执行 docker create 命令）；第 2 步启动新创建的容器，使之变成运行的容器（相当于执行 docker start 命令）。一旦在本地已经创建了某容器，执行 docker run 命令就不会再重复创建该容器，而是直接启动该容器。docker run 是最常用的命令，而 docker create 语法与它基本相同，这里主要介绍 docker run 命令。执行 docker run 命令时，运行的容器进程是被隔离的，容器有自己的文件系统、自己的网络和自己的被隔离的进程，这些都独立于主机和其他容器。

1. docker run 命令的基本用法

docker run 命令的语法格式如下：

```
docker run [OPTIONS] IMAGE[:TAG|@DIGEST] [COMMAND] [ARG...]
```

（1）指定容器所用的镜像

这个命令必须通过参数 IMAGE 指定容器所用的镜像，如果本地有就使用本地镜像，如果没有则从所配置的注册中心将镜像拉取到本地。镜像开发人员可以决定以下镜像相关的默认设置。

- 指定容器后台运行还是前台运行。
- 指定容器标识符。
- 设置容器网络。
- 对 CPU 和内存的运行时限制。

可以使用 IMAGE[:TAG]形式的镜像名称来明确指定镜像的版本，如 ubuntu:14.04。

镜像名称还可以使用 IMAGE[@DIGEST]格式。

（2）选项设置

OPTIONS 表示选项，是可选的，用于添加或覆盖镜像开发人员所提供的默认选项，而且能够覆盖几乎所有的 Docker 运行时的默认选项，因而 docker run 命令具有相当多的选项，这里列出部分主要选项，见表 3-1，有些选项有短格式和长格式两种格式，有些只有一种格式。

表 3-1　docker run 命令常用选项

选　项	说　明
-a, --attach	连接到标准输入（STDIN）、标准输出（STDOUT）和标准错误（ERR）流
-c, --cpu-shares=0	设置容器 CPU 权重，在 CPU 共享场合使用
-d, --detach	指定容器运行于后台，并输入容器 ID
--device	将主机的设备添加到容器，相当于设备直通
--dns	指定容器的 DNS 服务器
--dns-search	指定容器的 DNS 搜索域名，写入容器的/etc/resolv.conf 文件中
--entrypoint	覆盖镜像的入口点（由 Dockerfile 指定 ENTRYPOINT 设置）
-e, --env	为容器指定环境变量，容器中可以使用该环境变量
--env-file	指定环境变量文件，文件格式为每行一个环境变量
--expose	指定容器对外暴露的端口
-h, --hostname	指定容器的主机名
-i, --interactive	打开 STDIN 用于控制台交互
--link	指定容器间的关联，使用其他容器的 IP 地址、环境变量等信息
-m, --memory	指定容器的内存上限
--name	指定容器名称，后续可以通过名称进行容器管理
--net	设置容器网络
--privileged	指定容器为特权容器，特权容器拥有所有的权限
--restart	指定容器停止后的重启策略
--rm	指定容器停止后自动删除容器

选　项	说　明
-t, --tty	为容器分配 TTY 设备以支持终端登录
-v, --volume	为容器挂载存储卷，将其挂载到容器的某个目录
--volumes-from	为容器挂载其他容器上的卷，将其挂载到容器的某个目录
-w, --workdir	指定容器的工作目录

（3）命令

COMMAND 参数是可选项，定义容器启动后可以运行的命令，这个命令也可以有自己的参数，由 ARG 参数指定。下例中的/bin/echo 为命令，"Hello Docker"为参数，告诉 Docker 要在容器启动后在容器中执行命令/bin/echo "Hello Docker"。

```
docker run ubuntu /bin/echo "Hello Docker"
```

（4）返回结果

对于以后台方式运行的容器，将会直接返回所生成的容器 ID。对于以前台交互方式运行的容器，则会自动进入容器的交互终端界面。

docker run 命令的功能非常丰富，下面介绍基本用法。

2．以分离模式在后台运行容器

启动一个容器时首先必须确定是以分离（detached）模式在后台运行的，还是以默认的前台（foreground）模式运行的。以分离模式启动一个容器，必须使用选项-d 或--detach，这种模式启动的容器就是后台型容器，以守护进程（服务）的形式在后台运行，对外提供服务。它与终端无关，只有调用 docker stop、docker kill 命令才能使容器停止。

在实际应用中，多数情况会采用这种模式运行容器，比如 Web 服务器、数据库服务器等。下面给出一个例子：

```
[root@host-a ~]# docker run -d -p 80:80 --name myweb httpd
dd816a7c19e3d0ea0cee3d2837ddee364b478ea1d523b03695568deee6423a8c
```

容器启动后在后台运行，并返回一个唯一的容器 ID，可以通过该 ID 对容器进行进一步操作。也可以通过 docker ps 命令查看正在运行的容器的信息：

```
[root@host-a ~]# docker ps
CONTAINER ID  IMAGE  COMMAND       CREATED        STATUS        PORTS               NAMES
Dd816a7c19e3  httpd  "httpd-foreground"  25 seconds ago  Up 25 seconds  0.0.0.0:80->80/tcp  myweb
```

如果不用选项--name 明确指定容器名称，Docker 会自动生成一个容器名称。这个名称也可以与容器 ID 一样用来操作容器。

由于在后台运行，容器不会将输出直接显示在主机上，此时可以考虑使用 docker logs 命令来获取容器的输出信息，例如：

```
[root@host-a ~]# docker logs myweb
AH00558: httpd: Could not reliably determine the server's fully qualified domain name,
using 172.17.0.7. Set the 'ServerName' directive globally to suppress this message
AH00558: httpd: Could not reliably determine the server's fully qualified domain name,
using 172.17.0.7. Set the 'ServerName' directive globally to suppress this message
[Tue Apr 02 21:33:02.489912 2019] [mpm_event:notice] [pid 1:tid 140082369085504] AH00
489: Apache/2.4.38 (Unix) configured -- resuming normal operations
[Tue Apr 02 21:33:02.490085 2019] [core:notice] [pid 1:tid 140082369085504] AH00094:
Command line: 'httpd -D FOREGROUND'
```

执行命令 docker run 创建并启动容器时，Docker 的标准操作步骤如下。

（1）检查本地是否存在指定的镜像，如果没有就从注册中心自动拉取这个镜像。

（2）基于镜像创建一个容器并启动它。

（3）为容器分配一个文件系统，并在镜像层顶部增加一个可读写的容器层。

（4）从主机配置的网桥接口中将一个虚拟接口桥接到容器。

（5）从网桥的地址池给容器分配一个 IP 地址。

（6）执行用户指定的应用程序。

（7）根据设置决定是否终止容器运行。

根据 Docker 的设计，当用于运行容器的根进程退出时，以分离模式启动的容器也退出，除非指定了--rm 选项。如果同时使用--rm 和-d 选项，那么遇到容器退出或者守护进程退出任一情形，容器也会被自动删除。

注意后台运行的容器不要执行 service x start 命令。例如，下面的命令尝试启动 Nginx 服务。

```
docker run -d -p 80:80 my_image service nginx start
```

这会成功启动 Nginx 服务，但是 Nginx 服务不可用，因为这违背了后台运行容器的使用规范，即根进程（service nginx start）返回会导致后台运行的容器停止运行。这样一来，Nginx 服务虽然启动了，但是它所属的容器服务已经停止了，导致 Nginx 服务不可用。按照以下方法启动 Nginx 服务就能解决问题：

```
docker run -d -p 80:80 my_image nginx -g 'daemon off;'
```

要对一个后台运行的容器进行输入/输出操作，应使用网络连接或共享数据卷，因为这种容器启动后不再侦听 docker run 命令执行时的命令行。

要重新连接到一个分离的在后台运行的容器，可以使用 docker attach 命令。

3. 以前台模式运行容器

Docker 默认以前台模式运行容器，容器运行在前台，可以通过命令行与之交互。在容器中使用 exit 命令，或者在外部调用 docker stop、docker kill 命令可以停止容器的运行。

工具类容器通常采用这种模式。它们大多使用基础镜像，如 busybox、debian、ubuntu。

以这种模式运行容器，docker run 能够在容器中启动进程，并将控制台连接到这些进程的标准输入、标准输出和标准错误。它甚至可以伪装为一个 TTY 设备并传递信号。

提示：TTY 是 TeleTYpe 的缩写，原来指的是电传打字机，现在指虚拟控制台、串口以及伪终端设备。这是大多数命令行可执行程序所需要的交互接口。

TTY 相关的配置选项如下。

-a：连接到标准输入、标准输出和标准错误。

-t：分配伪终端。

--sig-proxy=true：代理所有收到的发送到进程的信号（仅用于非 TTY 模式）。

-i：打开标准输入。

如果没有显式指定选项-a，那么 Docker 将连接到标准输出和标准错误。可以从 3 个标准流中指定要连接的标准流。例如：

```
docker run -a stdin -a stdout -i -t ubuntu /bin/bash
```

对于像 shell 这样的交互进程，必须同时使用-i 和-t 选项给容器进程分配一个 TTY 设备。-i 和-t 经常连写为-it。当客户端正从一个管道接收标准输入时，要禁用-t 选项，例如：

```
echo test | docker run -i busybox cat
```

注意：Linux 对在容器中作为 PID 1 运行的进程特别对待：它会忽略任何信号的默认行为。所以，该进程不会在收到 SIGINT 信号或 SIGTERM 信号时终止，除非通过编码来实现。

下面示范一个实例，基于 ubuntu 镜像启动一个 bash 终端，并允许用户进行交互：

```
[root@host-a ~]# docker run -it ubuntu /bin/bash
root@527f8f4a863a:/#
```

这里将两个选项-i 和-t 并在一起，-t 让 Docker 分配一个伪终端并绑定到容器的标准输入上，-i 则让容器的标准输入保持打开状态，自动进入容器的交互模式，此时可通过终端执行命令，例如，在容器中列出目录：

```
root@527f8f4a863a:/# ls
bin  boot  dev  etc  home  lib  lib64  media  mnt  opt  proc  root  run  sbin  srv  sys
tmp  usr  var
```

用户可以执行 exit 命令或者按组合键 Ctrl+D 退出容器：

```
root@527f8f4a863a:/# exit
exit
```

4. 启动容器执行指定命令后自动终止容器

启动容器执行指定命令之后自动终止，主要用来测试，例如：

```
[root@host-a ~]# docker run ubuntu /bin/echo "Hello Docker"
Hello Docker
```

这与在本地直接执行命令差不多。

5. 将容器 ID 写入文件

考虑到自动化，可以要求 Docker 将容器 ID 输出到指定的文件中，便于后续的脚本操作。这就类似于有些应用程序将其进程号输出到文件中。使用选项--cidfile 指定一个目的文件即可。

6. 容器的 PID 设置

在默认情况下，所有的容器都启用了 PID（进程 ID）名称空间。PID 名称空间提供了进程的分离功能，可以删除系统进程视图，允许包括 PID 1 在内的进程 ID 可重用。

使用选项--pid 为容器设置 PID 的名称空间模式，主要用法如下。

--pid='container:<name|id>'：加入另一个容器的 PID 名称空间。

--pid='host'：在容器中使用主机 PID 名称空间。

某些情况下需要容器共享主机的进程名称空间，基本上允许容器中的进程可以看到系统上的所有进程。例如，构建一个带有调试工具（如 strace 或 gdb）的容器，要在容器中调试进程时使用这些工具。

（1）示例一：在容器内运行 htop。

创建相应的 Dockerfile：

```
FROM alpine:latest
RUN apk add --update htop && rm -rf /var/cache/apk/*
CMD ["htop"]
```

使用 Dockerfile 构建镜像并将其命名为 myhtop：

```
docker build -t myhtop .
```

使用以下命令在容器内运行 htop 命令：

```
docker run -it --rm --pid=host myhtop
```

这样 htop 就能看到主机上的所有进程。

（2）示例二：加入另一容器的 PID 名称空间用于调试容器。

启动一个容器运行 redis 服务器：

```
docker run --name my-redis -d redis
```

通过运行一个带 strace 的容器来调试这个 redis 容器：

```
docker run -it --pid=container:my-redis my_strace_docker_image bash
strace -p 1
```

7. 容器的自动启动

Docker 提供重启策略来控制容器退出时或 Docker 重启时是否自动启动该容器。重启策略能够确保关联的多个容器按照正确的顺序启动。Docker 建议使用重启策略，避免使用进程管理器来启动容器。

当容器启用重启策略时，在 docker ps 命令的输出结果中会显示 Up 或者 Restarting 状态。也可以使用 docker events 命令来查看已经生效的重启策略。

运行容器时可以使用--restart 选项指定一个重启策略，可定义的重启策略如下。

--restart=no：容器退出时不要自动重启。这是默认设置。

--restart=on-failure[:max-retries]：只在容器以非 0 状态码退出时重启。这种策略还可以使用 max-retries 参数指定 Docker 守护进程尝试重启容器的次数。

--restart=always：不管是什么退出状态始终重启容器，Docker 守护进程将无限次数地重启容器。容器也会在 Docker 守护进程启动时尝试重启，不管容器当时的状态如何。

--restart=unless-stopped：不管是什么退出状态始终重启容器，只是当 Docker 守护进程启动时，如果容器之前已经为停止状态，则不会尝试启动它。

例如，以下命令运行一个始终重启的 redis 容器，该容器退出时 Docker 将重启它：

```
docker run --restart=always redis
```

再来看一个示例：

```
docker run --restart=on-failure:10 redis
```

此命令运行一个失败后重启、最大重启次数为 10 的 redis 容器。如果 redis 以非 0 状态退出，并连续退出超过 10 次，那么 Docker 将中断尝试重启这个容器。只有 on-failure 策略支持设置最大重启次数限制。

8. 以特权模式运行容器

在默认情况下，Docker 的容器是没有特权的，例如，不能在容器内再启动一个 Docker 守护进程。这是因为容器默认是不能访问任何其他设备的。但是通过设置特权模式，容器就拥有访问任何其他设备的权限，这是通过--privileged 选项实现的。

执行 docker run –privileged 命令时，Docker 将拥有访问主机所有设备的权限，同时 Docker 也会针对 AppArmor 或 SELinux 进行设置，使容器可以与主机上在容器外部运行的进程具有几乎相同的访问主机权限。

9. 容器的自动清理

在默认情况下，容器退出后其文件系统仍然存在，以方便调试并保留用户数据。但是，如果要运行大量短时的前台进程，这些容器文件系统则会堆积起来。如果要让容器退出时自动清理容器并删除其文件系统，可以使用--rm 选项在容器退出时自动删除容器。

当设置--rm 选项时，Docker 也会在容器退出时删除与它关联的匿名数据卷，这类似于执行以下命令，不过仅删除没有指定名称的数据卷。关于卷的详细介绍请参见第 5 章。

```
docker rm -v my-container
```

例如，执行以下命令，/foo 数据卷将会被删除，但/bar 数据卷不会被删除。通过--volumes-from 继承的数据卷也会同样被删除。

```
docker run --rm -v /foo -v awesome:/bar busybox top
```

10. 容器的退出状态

来自 docker run 命令的退出代码会给出容器运行失败或者退出的原因。当 docker run 命令以非 0 代码退出时，退出代码符合 chroot 标准。例如，如果是 Docker 守护进程本身的错误，则显示 125：

```
[root@host-a ~]# docker run --foo busybox; echo $?
unknown flag: --foo
See 'docker run --help'.
125
```

如果无法调用容器命令，则显示 126：

```
[root@host-a ~]# docker run busybox /etc; echo $?
docker: Error response from daemon: OCI runtime create failed: container_linux.go:344:
starting container process caused "exec: \"/etc\": permission denied": unknown.
ERRO[0000] error waiting for container: context canceled
126
```

如果容器命令不存在，则显示 127：

```
[root@host-a ~]# docker run busybox foo; echo $?
docker: Error response from daemon: OCI runtime create failed: container_linux.go:344:
starting container process caused "exec: \"foo\": executable file not found in $PATH":
unknown.
ERRO[0000] error waiting for container: context canceled
127
```

其他情形的容器命令的退出码：

```
[root@host-a ~]# docker run busybox /bin/sh -c 'exit 3'; echo $?
3
```

3.2.2 启动和停止容器

创建容器之后，在其生命周期中启动和停止都是常用的操作。

1. 启动和重新启动容器

可以使用 docker start 命令启动一个或多个处于停止状态的容器，其语法如下：

```
docker start [OPTIONS] CONTAINER [CONTAINER...]
```

通过 docker create 命令创建的容器并没有运行，可以使用 docker start 命令启动运行，例如：

```
[root@host-a ~]# docker create httpd
0a44bfc22910add56ec4bb005d71a006d8fb721a45aedd5d22b82d742a36d55c
[root@host-a ~]# docker ps
CONTAINER ID      IMAGE  COMMAND             CREATED         STATUS           PORTS     NAMES
[root@host-a ~]# docker start 0a44bf
0a44bf
[root@host-a ~]# docker ps
CONTAINER ID      IMAGE  COMMAND             CREATED         STATUS           PORTS     NAMES
0a44bfc22910      httpd  "httpd-foreground"  42 seconds ago  Up 2 seconds     80/tcp    fervent
snyder
```

停止运行的容器也需要通过 docker start 命令启动。

选项--attach 或-a 用于连接到容器的标准输出和标准错误流并转发信号；选项--interactive 或-i 用于连接到容器的标准输入流。

无论容器处于停止状态，还是正在运行，都可以使用 docker restart 命令重启它，其语法如下：

```
docker restart [OPTIONS] CONTAINER [CONTAINER...]
```

该命令有一个选项--time（-t）用于设置停止容器前等待的时间，单位为秒，默认值是 10 秒。

2. 停止容器

可以使用 docker stop 命令停止一个或多个处于运行状态的容器，其基本用法如下：

```
docker stop [OPTIONS] CONTAINER [CONTAINER...]
```

它也有一个选项--time（-t）指定在终止容器之前等待的时间，单位为秒，默认值是 10 秒。

例如，停止前面已启动的容器：

```
[root@host-a ~]# docker stop 0a44bf
0a44bf
```

还可以使用 docker kill 命令杀死（强制停止）一个或多个容器：

```
docker kill [OPTIONS] CONTAINER [CONTAINER...]
```

例如，以下命令强制停止一个正在运行的容器：

```
docker kill my_container
```

该命令有一个选项--signal（-s）用于指定向容器发送的信号，默认值为 KILL。可以使用该选项向容器发送一个指定的信号，例如 SIGHUP（表示挂起，也可写为 HUP）：

```
docker kill --signal=SIGHUP  my_container
```

除了使用信号名称外，还可以使用信号的编号。

提示：运行中的容器本身就是一个进程，由于 docker kill 命令默认使用的是 KILL 信号，它对应的信号编号为 9，表示立即强制终止正在运行的容器进程，这使得该进程无法处理终止过程，可能导致某些 PID 之类的文件残留在文件系统中，从而影响容器再次启动。稳妥起见，应使用 docker stop 命令来停止容器，该命令发送的是 SIGTERM 信号。

3. 暂停和恢复容器中所有进程

可以使用 docker pause 命令暂停容器中所有的进程。如果要恢复容器中被暂停的所有进程，则使用 docker unpause 命令。

例如，以下命令暂停容器 myweb 提供 Web 服务：

```
docker pause myweb
```

以下命令恢复容器 myweb 提供 Web 服务：

```
docker unpause myweb
```

4. 阻塞容器运行

可以使用 docker wait 命令阻塞一个或多个容器的运行，待容器停止运行时输出它的退出代码，其语法如下：

```
docker wait CONTAINER [CONTAINER...]
```

下面的示例示范了该命令的使用过程。

（1）执行以下命令，以后台模式启动一个容器：

```
[root@host-a ~]# docker run -dit --name=my_container ubuntu bash
c200f81e5edc7bf39fac344e3979e7eabd2a00a590e730a5aa7e9f55481a9899
```

（2）执行以下命令，阻塞直至该容器退出。

```
[root@host-a ~]# docker wait my_container
```

（3）执行以下命令，在另一个终端窗口中停止该容器：

```
[root@host-a ~]# docker stop my_container
my_container
```

（4）切回到之前的终端窗口，发现上述 docker wait 命令返回一个退出代码：

```
[root@host-a ~]# docker wait my_container
0
```

该容器现在退出了，并返回一个 0。

3.2.3　查看容器信息

可以通过查看容器来了解现有容器的基本信息。

1. 显示容器列表

使用 docker ps 命令显示容器列表，其基本用法如下：

```
docker ps [OPTIONS]
```

docker ps 命令的选项说明如下。

--all（-a）：显示所有的容器，包括未运行的容器。

--filter（-f）：根据条件过滤显示的容器。

--format：按自定义的格式输出结果。

--latest（-l）：显示最近创建的容器。

--last（-n）：列出最近创建的 *n* 个容器。

--no-trunc：不截断输出，显示完整的容器信息。

--quiet（-q）：采用静默模式输出，只显示容器 ID。

--size（-s）：显示总的文件大小。

不带任何选项执行该命令会列出所有正在运行的容器信息。可以使用--all（-a）选项列出所有的容器，例如：

```
[root@host-a ~]# docker ps --all
CONTAINER ID  IMAGE                     COMMAND              CREATED        STATUS                   PORTS    NAMES
7c5b847e1987  busybox                   "sh"                 24 minutes ago Exited (0) 23 minutes ago         nostalgic_Leavitt
0a44bfc22910  httpd                     "httpd-foreground"   35 minutes ago Exited (0) 20 minutes ago         fervent_snyder
d0ab0be920b6  busybox                   "/bin/sh -c 'exit 3'" 12 hours ago  Exited (3) 12 hours ago           festive_joliot
2a76548fc924  busybox                   "foo"                12 hours ago   Created                           trusting_poitras
4aac0916c3a4  busybox                   "/etc"               12 hours ago   Created                           quirky_gauss
dd816a7c19e3  httpd                     "httpd-foreground"   12 hours ago   Exited (0) 12 hours ago           myweb
00123d41fac6  acme/my-final-image:1.0   "bash"               13 hours ago   Exited (0) 12 hours ago           my_container_5
```

其中 STATUS 列显示容器的当前状态。

选项--filter（-f）可以通过多种条件来过滤容器。容器的属性比前面介绍的镜像多，可用于过滤的属性列举如下。

- id：容器 ID。
- name：容器名称。
- label：标记，由键值对定义的元数据。
- status：状态，可用值有 created、restarting、running、removing、paused、exited 或 dead。
- exited：退出码。
- ancestor："祖先"，即共享的镜像。
- before 或 since：指定容器之前或之后创建的容器。
- volume：容器挂载的卷。
- network：连接的网络。
- publish 或 expose：发布端口。
- health：健康状态，可用值有 starting、healthy、unhealthy 或 none。
- is-task：容器是否为一个服务的"任务"，可用值有 true 或 false。

下面的例子列出创建之后并未启动的容器：

```
[root@host-a ~]# docker ps --filter status=created
CONTAINER ID   IMAGE     COMMAND   CREATED        STATUS     PORTS     NAMES
2a76548fc924   busybox   "foo"     2 hours ago    Created              trusting_poitras
4aac0916c3a4   busybox   "/etc"    12 hours ago   Created              quirky_gauss
```

使用选项--format 自定义输出格式，可用的 Go 模板占位符包括.ID（容器 ID）、.Image（镜像 ID）、.Command（引用命令）、.CreatedAt（创建时间）、.RunningFor（启动时长）、.Ports（暴露的端口）、.Status（容器状态）、.Size（所占磁盘空间）、.Names（容器名称）、.Labels（容器的所有标记）、.Label

（容器的指定标记）、.Mounts（挂载卷的名称）和.Networks（所连接网络的名称）。例如：

```
[root@host-a ~]# docker ps  --format 'table {{.ID}}\t{{.Image}}\t{{.Command}}\t{{.Status}}'
CONTAINER ID       IMAGE          COMMAND                     STATUS
0a44bfc22910       httpd          "httpd-foreground"          Up 2 seconds
```

通过 shell 命令替换使用 docker ps 命令可以解决容器的批量操作。例如，以下命令暂停正在运行的所有容器：

```
docker  pause $(docker ps -f status=running -q)
```

命令替换也可用反引号来表示，以上命令可改写为：

```
docker  pause `docker ps -f status=running -q`
```

2. 查看容器详细信息

使用 docker inspect 命令来查看容器的详细信息，也就是元数据。在默认情况下，以 JSON 数组格式输出所有结果。如果只需要其中的特定内容时，可以使用-f（--format）选项来指定。例如，获取容器 0a44 的名称：

```
[root@host-a ~]# docker inspect --format='{{.Name}}' 0a44
/fervent_snyder
```

又比如，获取 JSON 格式的子节 State 以显示容器的状态元数据，采用容器名称来指定容器：

```
[root@host-a ~]# docker inspect --format='{{json .State }}' /fervent_snyder
{"Status":"running","Running":true,"Paused":false,"Restarting":false,"OOMKilled":false,
"Dead":false,"Pid":12359,"ExitCode":0,"Error":"","StartedAt":"2019-04-03T10:17:35.1450704
33Z","FinishedAt":"2019-04-03T09:13:55.365992705Z"}
```

3.2.4　进入容器执行操作

对于正在运行的容器，用户要进入容器进行交互操作，主要有两种操作方法。

1. 使用 docker attach 命令连接到正在运行的容器

docker attach 命令的语法格式如下：

```
docker attach [OPTIONS] CONTAINER
```

这实际上是将本地的标准输入、标准输出和标准错误连接到一个正在运行的容器。要连接上去的容器必须正在运行，可以从不同的会话终端同时连接到同一个容器来共享屏幕。下面的例子示范了连接到一个运行中的容器并从中退出的过程：

```
[root@host-a ~]# docker run -d --name topdemo ubuntu /usr/bin/top -b
cc796ff9a602404a151c8c25e6d97aa5aabdf293a70add9f67a6b8d37d1fa91a
[root@host-a ~]# docker attach topdemo
top - 07:50:38 up  4:49,  0 users,  load average: 0.08, 0.05, 0.05
Tasks:  1 total,  1 running,  0 sleeping,  0 stopped,  0 zombie
%Cpu(s):  3.8 us,  1.2 sy,  0.0 ni, 95.0 id,  0.0 wa,  0.0 hi,  0.0 si,  0.0 st
KiB Mem :  7992304 total, 5656828 free,  1209296 used,  1126180 buff/cache
KiB Swap:  8257532 total, 8257532 free,        0 used.  6504020 avail Mem
PID USER     PR NI   VIRT    RES   SHR S  %CPU %MEM     TIME+ COMMAND
1 root      20  0  36472   1616  1264 R  0.0  0.0   0:00.03 top^C
[root@host-a ~]# docker ps -a | grep topdemo
cc796ff9a602  ubuntu  "/usr/bin/top -b" 3 minutes ago  Exited (0)  2 minutes ago  topdemo
```

连接到容器后，按组合键 CTRL+C 不仅从容器退出（脱离容器），而且导致容器停止了。要使容器依然运行,就需要加上选项--sig-proxy=false 来确保按组合键 CTRL+C 或组合键 CTRL+D 不会停止容器，例如：

```
docker attach --sig-proxy=false topdemo
```

另外，当多个终端窗口同时使用 docker attach 命令连接到同一个容器时，所有窗口都会同步显示，一旦某个窗口因执行命令而发生阻塞就会导致其他窗口也无法操作。

2. 使用 docker exec 命令在正在运行的容器中执行命令

docker exec 命令直接进入容器内执行命令，其语法格式如下：

```
docker exec [OPTIONS] CONTAINER COMMAND [ARG...]
```

docker exec 命令的主要选项如下。

--detach（-d）：表示分离模式，在后台运行命令。

--env（-e）：设置容器的环境变量。

--interactive（-i）：即使没有连接上也保持标准输入处于打开状态，是一种交互模式。

--privileged：以特权模式执行命令。

--tty（-t）：用于分配一个伪终端。

--workdir（-w）：设置容器的工作目录。

参数 COMMAND 定义的命令应是可执行的。链式或带引号的命令不会工作，例如：

```
docker exec -ti my_container "echo a && echo b"
```

但是下面的命令可以正常工作：

```
docker exec -ti my_container sh -c "echo a && echo b"
```

使用 docker exec 命令启动的命令只有当容器的主进程（PID 1）运行时才能运行，如果容器重启，该命令不会再重启。

下面示范如何对一个运行中的容器使用 docker exec 执行命令。

（1）首先执行以下命令启动一个容器：

```
[root@host-a ~]# docker run --name ubuntu_bash --rm -i -t ubuntu bash
root@f2b1cdb737cf:/#
```

这将创建一个名为 ubuntu_bash 的容器并启动一个 Bash 会话。

（2）打开另一个终端，执行以下命令：

```
[root@host-a ~]# docker exec -d ubuntu_bash touch /tmp/execWorks
```

这将以后台方式在运行中的容器 ubuntu_bash 中创建一个新文件/tmp/execWorks。

（3）通过以下命令在该容器上执行一个交互式 shell 命令 bash：

```
[root@host-a ~]# docker exec -it ubuntu_bash bash
root@f2b1cdb737cf:/#
```

这将在容器 ubuntu_bash 中启动一个新的 bash 会话。

（4）打开另一个终端，执行以下命令：

```
[root@host-a ~]# docker exec -it -w /root ubuntu_bash pwd
/root
```

这将设置一个工作目录，执行 pwd 命令显示当前工作目录。

可见，与 docker attach 命令不同，每次执行的 docker exec 命令都是彼此独立的。对于以后台方式启动的容器，通过 docker exec -it 进入容器排查问题是很方便的。

对一个暂停中的容器执行 docker exec 命令会出错。

提示：docker attach 命令直接连接到容器启动命令的终端，不会在容器中启动新的进程。而 docker exec 则是到容器中打开新的终端，并且可以启动新的进程。要直接在 docker 主机终端中单纯查看启动命令的输出，要使用 docker attach 进入容器执行命令，则要使用 docker exec。受习惯思维影响，许多人希望使用 SSH 进入容器执行命令，方法是制作镜像时安装 SSH Server。但是 Docker 不建议使用 SSH 进入 Docker 容器内，除非容器运行的就是一个 SSH 服务器。SSH 存在进程开销和增加被攻击风险的问题，而且违背 Docker 所倡导的一个容器一个进程的原则。

3.2.5　删除容器

1. 使用 docker rm 命令删除容器

可以使用 docker rm 命令删除一个或多个容器，其基本用法如下：

```
docker rm [OPTIONS] CONTAINER [CONTAINER...]
```

在默认情况下，只能删除没有正在运行的容器。要删除正在运行的容器，需要使用选项-f(--force) 通过 SIGKILL 信号强制删除，例如：

```
[root@host-a ~]# docker rm -f topdemo1
topdemo1
```

还有两个选项与网络连接和数据卷有关：一个选项-l (--link) 设置是否删除容器的网络连接，而保留容器本身；另一个选项-v (--volumes) 设置是否删除与容器关联的卷。

Docker 本身没有提供批量删除操作，但是可以通过 shell 命令替换变通实现，例如，执行以下命令后删除所有容器（慎用，仅用于示范）：

```
docker  rm -f $(docker ps -a -q)
```

-a 标志列出所有容器，-q 标志只列出容器的 ID，然后传递给 docker rm 命令，依次删除容器。

2. 使用 docker container prune 命令清除所有停止的容器

对于不再使用的对象，如镜像、容器、卷及网络，Docker 采取的是被动清理机制，除非使用命令手动进行清理，否则它们一般是不会被清除的。这些不再使用的对象仍然会占用宝贵的磁盘空间。

如果容器启动时没有指定--rm 选项，容器停止时是不能自动被清除的。执行 docker ps -a 命令可能会发现有很多容器停止了，这在开发环境中是尤为常见的。即使容器已经停止了，也会占用存储空间，可以使用 docker container prune 命令来一次性清除这些容器。

在默认情况下，docker container prune 命令会清除所有处于停止（stopped）状态的容器，并提示用户进行确认：

```
[root@host-a ~]# docker container prune
WARNING! This will remove all stopped containers.
Are you sure you want to continue? [y/N]
```

如果不需要进行确认，使用选项--force 或 -f 即可。

如果不希望将所有停止的容器都清除，可以使用--filter 选项来过滤出要清除的容器。

例如，下面的例子仅清除 24h 之前创建的且已停止的容器：

```
docker container prune --filter "until=24h"
```

还可以通过定义键值标签条件来过滤要清除的容器。以下格式的过滤条件表示清除符合指定键值条件的容器：

```
--filter label=<key>, label=<key>=<value>
```

以下格式的过滤条件表示清除时排除符合指定键值条件的容器：

```
--filter label!=<key>, label!=<key>=<value>
```

3.2.6　导出与导入容器

要将容器从一个主机迁移到另一个主机，可以考虑使用容器的导出导入功能。

1. 导出容器

使用 docker export 命令可以将容器的文件系统作为一个 Tar 归档文件导出，其语法如下：

```
docker export [OPTIONS] CONTAINER
```

默认导出的内容直接输出到标准输出，这显然没有什么意义，通常使用选项-o（--output）指定写入的归档文件，例如：

```
docker export -o httpd.tar 0a44
```

或者使用重定向功能来指定导出到的文件，以下命令功能同上：

```
docker export 0a44 >httpd.tar
```

导出成功后会有一个名为 httpd.tar 的容器快照文件。容器快照会丢失所有元数据和历史记录，仅保存容器当时的状态，相当于传统的虚拟机快照。

为便于识别归档文件，可以为 Tar 归档文件名加上日期，例如：

```
docker export -o mywebbak-`date +%Y%m%d`.tar 0a44
```

之后可以将导出的 Tar 归档文件复制到其他主机上，再使用导入命令实现容器的迁移。

docker export 命令不能导出与容器关联的数据卷的内容。

2. 导入归档文件并创建文件系统镜像

使用 docker import 命令可以导入容器归档文件并创建一个文件系统镜像，其语法格式如下：

```
docker import [OPTIONS] file|URL|- [REPOSITORY[:TAG]]
```

容器归档文件实际上是一个容器快照。可以使用 URL 来引用归档文件，URL 可以指向一个包含文件系统的归档文件（.tar、.tar.gz、.tgz、.bzip、.tar.xz 或.txz），或者 Docker 主机上的单个文件。如果使用归档文件，Docker 将在容器中相对于根目录中解压缩。如果指定单个文件，必须指定主机上的完全路径。从远程导入要以 http://或 https://开头，例如：

```
docker import http://example.com/exampleimage.tgz
```

可以使用 "-" 连接符号从标准输入获取归档数据，这要用到管道操作，例如：

```
cat exampleimage.tgz | docker import - exampleimagelocal:new
```

导入时会生成镜像，可以使用 REPOSITORY[:TAG]参数重新指定镜像标签。

该命令还提供了两个选项：一个选项是--change（-c），用于将 Dockerfile 指令（CMD、ENTRYPOINT、ENV、EXPOSE、ONBUILD、USER 或 VOLUME）应用到所生成的镜像；另一个选项是--message（-m），用于为被导入的镜像设置提交信息，例如：

```
cat exampleimage.tgz | docker import --message "New image imported from tarball" - exampleimagelocal:new
```

再来看一个实例，将上述 httpd.tar 归档文件导入，并查看所生成的镜像信息：

```
[root@host-a ~]# docker import  httpd.tar httpd:new
sha256:de9e4f00867acb3e9777fbe88aa33c7ad0cf5021f06958ec1b5e567eb8db4dc9
[root@host-a ~]# docker images httpd
REPOSITORY          TAG            IMAGE ID           CREATED           SIZE
httpd               new            de9e4f00867a       18 seconds ago    128MB
httpd               latest         5eace252f2f2       7 days ago        132MB
```

实际上 docker import 命令导入容器快照后生成一个本地镜像，再基于该镜像创建一个容器即可完成容器的迁移。

3.2.7　基于容器创建镜像

Docker 支持将现有容器转化为镜像。容器启动后是可写的，所有写操作都保存在最顶层的可写层。可以通过 docker commit 命令提交现有的容器生成新的镜像。

1. 基于容器生成镜像的实现原理

基于容器生成镜像的具体的实现原理是通过对可写层的修改来生成新的镜像，如图 3-4 所示。这种方法实现的是传统的镜像分层结构。

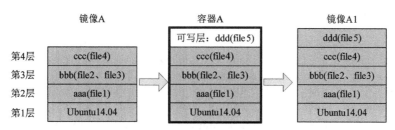

图 3-4　基于容器生成镜像

2. docker commit 命令

docker commit 命令用于从容器创建一个新的镜像，其语法格式如下：

```
docker commit [OPTIONS] CONTAINER [REPOSITORY[:TAG]]
```

选项--author（-a）指定提交的镜像作者；--change（-c）表示将 Dockerfile 指令应用到创建的镜像；--message（-m）用于指定提交信息；--pause（-p）表示在执行提交命令 commit 时将容器暂停，默认值为 true。

3. 基于容器生成镜像的示例

使用这种方法的基本步骤是：运行容器→修改容器→将容器保存为新的镜像。下面以在 centos 容器中安装 Nginx 服务器软件并生成新的镜像为例进行示范。

（1）以交互方式启动 centos 容器，执行如下命令：

```
[root@host-a ~]# docker run -it centos /bin/bash
Unable to find image 'centos:latest' locally
latest: Pulling from library/centos
8ba884070f61: Pull complete
Digest: sha256:8d487d68857f5bc9595793279b33d082b03713341ddec91054382641d14db861
Status: Downloaded newer image for centos:latest
[root@e49383f2baf2 /]#
```

（2）在该容器执行以下命令编辑用于 Nginx 软件包安装的 yum 源定义文件：

```
[root@44d3c4f7fbc8 /]#vi /etc/yum.repos.d/nginx.repo
```

该文件的内容如下：

```
[nginx]
name=nginx repo
baseurl=http://nginx.org/packages/centos/$releasever/$basearch/
gpgcheck=0
enabled=1
```

保存该文件并退出，然后执行以下安装命令：

```
[root@e49383f2baf2 /]# yum install -y nginx
Loaded plugins: fastestmirror, ovl
（此处省略）
Installed:
  nginx.x86_64 1:1.14.2-1.el7_4.ngx
Dependency Installed:
  make.x86_64 1:3.82-23.el7     openssl.x86_64 1:1.0.2k-16.el7_6.1
Dependency Updated:
  openssl-libs.x86_64 1:1.0.2k-16.el7_6.1
Complete!
```

（3）基于该容器生成新的镜像。

先退出容器，再执行 docker commit 命令将该容器提交并在本地生成新的镜像，然后查看该镜像的基本信息，示例如下：

```
[root@e49383f2baf2 /]# exit
exit
[root@host-a ~]# docker commit e49383f2baf2 centos-with-nginx
sha256:a4d97408d3c13f3b12418fb6fc89f1b26580e688dd369d5ba118f16dbbc87eae
[root@host-a ~]# docker images centos-with-nginx
REPOSITORY            TAG        IMAGE ID        CREATED            SIZE
centos-with-nginx     latest     a4d97408d3c1    29 seconds ago     292MB
```

docker commit 命令类似于 Git 工具的 commit 命令，只提交变化的部分。这样将修改后的容器转化为镜像。

这是创建新镜像最直观的方法，可以通过 docker history 命令进一步验证镜像的构建过程和镜像的分层结构（将两个镜像的历史信息进行比较），例如：

```
[root@host-a ~]# docker history centos
IMAGE          CREATED        CREATED BY                                     SIZE       COMMENT
9f38484d220f   2 weeks ago    /bin/sh -c #(nop)  CMD ["/bin/bash"]           0B
<missing>      2 weeks ago    /bin/sh -c #(nop)  LABEL org.label-schema.sc…  0B
<missing>      2 weeks ago    /bin/sh -c #(nop) ADD file:074f2c974463ab38c…  202MB
[root@host-a ~]# docker history centos-with-nginx
IMAGE          CREATED        CREATED BY                                     SIZE       COMMENT
a4d97408d3c1   1 minute ago   /bin/bash                                      90.5MB
9f38484d220f   2 weeks ago    /bin/sh -c #(nop)  CMD ["/bin/bash"]           0B
<missing>      2 weeks ago    /bin/sh -c #(nop)  LABEL org.label-schema.sc…  0B
<missing>      2 weeks ago    /bin/sh -c #(nop) ADD file:074f2c974463ab38c…  202MB
```

（4）基于新的镜像启动新容器。

以交互方式启动容器之后，在容器中执行 nginx 命令启动 Nginx 服务，然后使用 ps -aux 命令查看相关的进程，结果表明已成功运行 Nginx 服务。

```
[root@host-a ~]# docker run -it centos-with-nginx /bin/bash
[root@e70a8bd92521 /]# nginx
[root@e70a8bd92521 /]# ps -aux
USER     PID %CPU %MEM    VSZ   RSS TTY        STAT START    TIME COMMAND
root       1  0.0  0.0  11828  2952 pts/0      Ss   14:31    0:00 /bin/bash
root      15  0.0  0.0  46428   984 ?          Ss   14:32    0:00 nginx: master process nginx
nginx     16  0.0  0.0  46864  3676 ?          S    14:32    0:00 nginx: worker process
root      17  0.0  0.0  51748  3484 pts/0      R+   14:32    0:00 ps -aux
```

（5）根据需要将镜像推送到 Docker Hub 或其他 Docker 注册中心。

3.3　限制容器运行的资源

一个 Docker 主机上会同时运行若干个容器，每个容器都需要使用 CPU、内存和磁盘 I/O 资源。在默认情况下，容器没有什么资源限制，可以使用主机内核调度程序所允许的资源，但是这可能导致某个容器因占用太多资源而影响其他容器乃至整个主机的性能。可以通过设置 docker run（或 docker create）命令的运行时配置选项来限制容器使用资源。其中有些功能需要内核支持 Linux 功能，通过 docker info 命令可以检查是否支持这个功能，例如，内核中禁用交换空间限制，则可能会给出像 "WARNING: No swap limit support" 这样的警告信息。

3.3.1　限制容器的内存使用

与操作系统类似，容器可使用的内存包括两部分：物理内存和交换空间（Swap）。可以使用相关选项控制容器的内存使用。Docker 对内存可以实施硬限制，允许容器使用不超过给定数量的用户内存或系统内存；也可以实施软限制，允许容器按需使用尽可能多的内存，除非满足某些条件，如内核检测到内存不足或主机上的内存争用。其中一些选项在单独使用或同时设置多个选项时会有不同的效果。大多数选项都是正整数后跟一个容量单位后缀，B、KB、MB 和 GB 分别表示字节、千字节、兆字节和千兆字节。

1. 用户内存限制

默认没有设置内存限制，容器进程可以根据需要使用尽可能多的内存和交换空间。Docker 提供 4 种方式来设置用户内存使用，这涉及以下两个选项。

-m, --memory：容器可用的最大内存。该值最低为 4MB。

--memory-swap：允许容器置入磁盘交换空间中的内存数量。

Docker 设置用户内存使用的 4 种方式如下。

（1）对容器内存使用无限制

两个选项都不用，容器可以根据需要使用尽可能多的内存。

（2）设置内存限制并取消交换空间内存限制

下面的命令意味着容器中的进程可以使用 300MB 内存，并且按需使用尽可能多的交换空间（前提是主机支持交换空间）：

```
docker run -it -m 300M --memory-swap -1 ubuntu /bin/bash
```

（3）只设置内存限制

容器进程可以使用 300MB 内存和 300MB 交换空间，在默认情况下，虚拟内存总量（--memory-swap）将设置为内存大小的两倍，这样内存和交换空间之和为 2×300MB，因此容器进程能使用 300MB 的交换空间。

```
docker run -it -m 300M ubuntu /bin/bash
```

（4）同时设置内存和交换空间

下面的例子意味着容器进程能使用 300MB 内存和 700MB 交换空间。

```
docker run -it -m 300M --memory-swap 1G ubuntu /bin/bash
```

2. 内核内存限制

不同于用户内存，内核内存不能交换到硬盘。内核内存无法使用交换空间，容器消耗过多的内核内存可能导致其阻塞系统服务。限制内核内存后，当使用内核内存过多时，将阻止新进程的创建。内核内存不会完全独立于用户内存，而是在用户内存限制的上下文中限制内核内存。

在以下命令中，设置了用户内存和内核内存，所以容器进程可以使用共 500MB 的内存。在 500MB 内存中，可以使用最高 50MB 内核内存。

```
docker run -it -m 500M --kernel-memory 50M ubuntu /bin/bash
```

再来看一个例子：

```
docker run -it --kernel-memory 50M ubuntu /bin/bash
```

这里只设置内核内存限制，所以容器进程可以使用尽可能多的内存，不过只可以使用 50MB 的内核内存。

3. 设置内存预留实现软限制

使用--memory-reservation 选项设置内存预留（memory reservation）。它是一种内存软限制，允许更大的内存共享。在正常情况下，容器可以根据需要使用尽可能多的内存，且只能被由-m/--memory 选项所设置的硬限制所约束。设置内存预留后，当 Docker 检测到内存争用或内存不足时，强制容器将其内存消耗限制为预留值。

内存预留值应当始终低于硬限制，否则硬限制会优先触发。将内存预留值设置为 0 表示不作限制。默认没有设置预留，内存预留与内存硬限制一样。

作为一个软限制功能，内存预留并不能保证不会超过限制。它主要的目的是确保当内存争用严重时，内存就按预留设置进行分配。

以下示例限制内存为 500MB，内存预留值为 200MB：

```
docker run -it -m 500M --memory-reservation 200M ubuntu /bin/bash
```

按照此配置，当容器消耗内存超过 200MB 而小于 500MB 时，下一次系统内存回收将尝试将容器内存缩减到 200MB 以下。

下面的示例设置内存软限制为 1GB，没有设置内存硬限制：

```
docker run -it --memory-reservation 1G ubuntu /bin/bash
```

设置内存软限制只是为了确保容器不会长时间消耗过多内存，因为每次内存回收就会缩减容器内存消耗到软限制。

4. 禁止杀死容器的进程

在默认情况下，如果发生内存溢出错误，内核会杀死容器中的进程。使用--oom-kill-disable 选项可以更改此行为。注意只能在同时设置了-m 选项的容器上使用此选项，因为如果未设置-m 选项可能会耗尽主机的内存，导致内核需要杀死主机系统的进程以释放内存。

以下示例限制内存为 100MB，并禁止杀死容器的进程：

```
docker run -it -m 100M --oom-kill-disable ubuntu /bin/bash
```

执行以下命令会导致风险：

```
docker run -it --oom-kill-disable ubuntu /bin/bash
```

创建的容器可以无限制地使用内存，这会导致主机消耗完内存，然后需要杀掉系统进程来释放内存。可以使用--oom-score-adj 选项设置当系统内存不足时，容器的进程将被杀死的优先级，数字越大越容易被杀死。

5. swappiness 限制

在 Linux 系统中，swappiness 参数的值（百分比）越大，表示越积极使用交换空间，越小表示越积极使用物理内存。swappiness 参数值为 0 时，最大限度使用物理内存，然后才是交换空间；swappiness 参数值为 100 时，积极使用交换空间，并且把内存上的数据及时搬到交换空间。对于容器，也可以使用选项--memory-swappiness 来设置这个参数，范围也为 0~100。如果没有设置该选项，内存 swappiness 值将从父级继承。

下面的例子关闭内存页面交换：

```
docker run -it --memory-swappiness=0 ubuntu /bin/bash
```

要保留容器的工作设置并避免内存交换的性能损失，设置--memory-swappiness 选项非常有用。

3.3.2 限制容器的 CPU 使用

在默认设置下，所有容器都可以平等地使用主机的 CPU 资源并且没有限制。可以通过选项设置来限制容器使用主机的 CPU 资源。

1. CPU 份额限制

在默认情况下，所有的容器都能得到相同比例的 CPU 周期。可以更改这个比例，设置一个容器相对于所有其他正在运行的容器的 CPU 份额权重。

使用-c 或--cpu-shares 选项将 CPU 份额权重设置为更高的值。默认值为 1024，如果设置为 0，系统将忽略该值并使用默认值 1024。

只在运行 CPU 密集型进程时才会应用 CPU 份额权重。当一个容器的任务空闲时，其他容器可使用其剩余 CPU 时间。实际的 CPU 时间总数会根据系统上运行的容器数量变化。例如，有 3 个容器，一个容器的 CPU 份额权重为 1024，另外两个容器的为 512。当所有 3 个容器中的进程尝试使用 100%的 CPU 时，第 1 个容器将得到 50%的 CPU 时间。如果再添加第 4 个容器并将其 CPU 份额权重设置为 1024，则第 1 个容器就只能得到 33%的 CPU，其余的容器分别得到 16.5%、16.5%和 33%的 CPU 时间。

在一个多核系统，CPU 时间的份额分布在所有 CPU 核心上。即使一个容器被设置只可以使用低于 100%的 CPU，它也能使用每个单独 CPU 核心的 100%时间。例如，有一个超过 3 核的系统。如果使用选项-c=512 启动一个容器 C0，只运行一个进程，使用-c=1024 启动另一个容器 C1 并运行两个进程，这会导致 CPU 份额分配如下：

```
PID     container     CPU CPU share
100     {C0}        0     100% of CPU0
101     {C1}        1     100% of CPU1
102     {C1}        2     100% of CPU2
```

2. 可用 CPU 资源限制

可以使用--cpus 选项指定容器可以使用的可用 CPU 资源。其值是一个浮点数，默认值为 0.000，表示不受限制。例如，如果主机有两个 CPU，并且设置了--cpus=1.5，则该容器最多可以使用一个半 CPU：

```
docker run -it --cpus=1.5 ubuntu /bin/bash
```

这个选项只能用于 Docker 1.13 或更高版本。更低的 Docker 版本实现起来要复杂一些，需要使用--cpu-period 和--cpu-quota 选项分别设置 CPU 周期限制和 CPU 份额限制，以上命令的效果等同于以下命令：

```
docker run -it --cpu-period=100000 --cpu-quota=150000 ubuntu /bin/bash
```

使用选项--cpu-period 设置 CPU 周期以限制容器 CPU 的使用。默认的 CPU CFS（完全公平调度器）周期为 100ms。

使用选项--cpu-quota 限制容器的 CPU 使用配额。默认值 0 表示容器占用 100%的 CPU 资源（1 个 CPU）。CFS 处理进程执行的资源分配，是由内核使用的默认 Linux 调度程序。将此值设置为 50000 意味着将限制容器至多使用 CPU 资源的 50%。对于多个 CPU，调整--cpu-quota 是必要的。

通常将选项--cpu-period 与--cpu-quota 配合使用。下面的例子说明，如果只有 1 个 CPU，则容器可以每 50ms 获得 50%的 CPU 运行时间：

```
docker run -it --cpu-period=50000 --cpu-quota=25000 ubuntu /bin/bash
```

这个命令改用--cpus 选项，等效的命令如下：

```
docker run -it --cpus=0.5 ubuntu /bin/bash
```

3. 为容器指定 CPU 或核心

可以使用选项--cpuset-cpus 限制容器可以使用的特定 CPU 或核心，即允许容器在该 CPU 或核心上执行。如果有多个 CPU，可以使用逗号分隔的 CPU 列表或连字符分隔的 CPU 范围。

下面的例子表示容器可以在 cpu 1 和 cpu 3 上执行：

```
docker run -it --cpuset-cpus="1,3" ubuntu /bin/bash
```

下面的例子表示容器可以在 cpu 0、cpu 1 和 cpu 2 上执行：

```
docker run -it --cpuset-cpus="0-2" ubuntu /bin/bash
```

3.3.3　块 IO 带宽限制

块 IO（即 Block IO 或 Blkio）带宽是另一种可以限制容器使用的资源。块 IO 指的是磁盘的读写。

Docker 可通过设置权重、限制 bit/s（每秒读写的字节数）和 io/s（每秒 IO 的次数）的方式控制容器读写磁盘的带宽。下面分别介绍。

1. 设置块 IO 权重

默认情况下，所有的容器都能获得相同比例的块 IO 带宽。可以使用--bokio-weight 选项设置一个容器相对于所有其他正在运行的容器的块 IO 带宽权重，其默认值为 500。目前块 IO 带宽权重只支持直接 IO，不支持缓冲 IO。

可设置的块 IO 带宽权重范围为 10～1000。例如，下面的命令创建两个不同块 IO 带宽权重的容器：

```
docker run -it --name c1 --blkio-weight 300 ubuntu /bin/bash
docker run -it --name c2 --blkio-weight 600 ubuntu /bin/bash
```

同时在这两个容器执行块 IO 操作，例如：

```
time dd if=/mnt/zerofile of=test.out bs=1M count=1024 oflag=direct
```

会发现这两个容器执行块操作所需的时间的比例与块 IO 带宽权重的比例一样。

可以使用以下选项为一个指定的设备设置块 IO 带宽权重：

```
--blkio-weight-device="DEVICE_NAME:WEIGHT"
```

其中 DEVICE_NAME:WEIGHT 是一个包含设备名称与权重，用 "：" 分隔的字符串。例如，要将/dev/sda 设备的权重设置为 200：

```
docker run -it --blkio-weight-device "/dev/sda:200" ubuntu
```

如果设置了--bokio-weight 和--bokio-weight-device 这两个选项，则 Docker 使用前者作为默认权重，使用后者为指定设备设置的新权重可覆盖该默认值。下面的示例默认权重值为 300，针对/dev/sda 设备的权重值为 200：

```
docker run -it --blkio-weight 300 --blkio-weight-device "/dev/sda:200" ubuntu
```

2. 限制设备读写速率

Docker 限制容器的设备读写速率有两类指标：一类是每秒读写的字节数（bit/s），另一类是每秒 IO 的次数（iops）。

（1）限制每秒读写的字节数

使用选项--device-read-bps 限制指定设备的读取速率，即每秒读取的字节数。例如，以下命令创建一个容器，并限制对/dev/sda 设备的读取速率为 1MB/s：

```
docker run -it --device-read-bps /dev/sda:1mb ubuntu
```

类似地，可使用--device-write-bps 选项限制指定设备的写入速率。例如，以下命令创建一个容器并限制对/dev/sda 设备的写入速率为 1MB/s：

```
docker run -it --device-write-bps /dev/sda:1mb ubuntu
```

读取和写入速率必须是一个正整数，可以在定义速率时使用 KB、MB 或 GB 作为单位。选项--device-read-bps 和--device-write-bps 都采用以下格式：

```
<设备>:<速率值>[单位]
```

（2）限制每秒 IO 的次数

与限制每秒读写的字节数类似，Docker 分别使用--device-read-iops 和--device-write-iops 选项限制指定设备的读取和写入速率，用每秒 IO 的次数表示。例如，以下命令创建一个容器，限制它对/dev/sda 的读取速率为每秒 IO 的次数为 1000：

```
docker run -ti --device-read-iops /dev/sda:1000 ubuntu
```

以下命令创建一个容器并限制它对/dev/sda 的写入速率为每秒 IO 的次数为 1000：

```
docker run -ti --device-write-iops /dev/sda:1000 ubuntu
```

这两个选项的格式中都不需要单位，读取和写入速率必须是一个正整数。

3.3.4　资源限制的实现机制 —— 控制组

对容器使用的内存、CPU 和块 IO 资源的限制具体是由控制组（Cgroup）的相应子系统来实现的。例如，memory 子系统设定控制组中任务所使用的内存限制；cpu 子系统使用调度程序提供对 CPU 的控制组任务访问；blkio 子系统为块设备（如磁盘、固态硬盘、USB 等）设定输入/输出限制。在 docker run 命令中使用--cpu-shares、--memory、--device-read-bps 这样的选项实际上就是在配置控制组，相关的配置保存在/sys/fs/cgroup 目录中。这里通过实验来进行验证分析。

启动一个容器，设置内存限额 300MB，CPU 权重 512：

```
[root@host-a ~]# docker run -it -m 300M --cpu-shares=512 ubuntu /bin/bash
root@7c0cbaf53636:/#
```

打开另一个终端，获取该容器的完整 ID（其中第 1 个是刚创建启动的容器）：

```
[root@host-a ~]# docker ps -q --no-trunc
7c0cbaf536364c6f04a3978df4fdf9b8444140730d73e28d0ebe557f1bbac51a
807d8b90045910172dee1194b6591fb55b74390e46441e25fc99d814a1d524d1
```

在/sys/fs/cgroup/cpu/docker 目录中，Linux 会为每个正在运行的容器创建一个 Cgroup 目录，以容器长 ID 命名：

```
[root@host-a ~]# ls /sys/fs/cgroup/cpu/docker
7c0cbaf536364c6f04a3978df4fdf9b8444140730d73e28d0ebe557f1bbac51a  cgroup.clone_children
cgroup.procs  cpuacct.usage          cpu.cfs_period_us  cpu.rt_period_us    cpu.shares  notify_
on_release
807d8b90045910172dee1194b6591fb55b74390e46441e25fc99d814a1d524d1  cgroup.event_control
cpuacct.stat  cpuacct.usage_percpu  cpu.cfs_quota_us   cpu.rt_runtime_us   cpu.stat    tasks
```

每个容器子目录中包含所有与 CPU 相关的 Cgroup 配置：

```
[root@host-a ~]# ls /sys/fs/cgroup/cpu/docker/7c0cbaf536364c6f04a3978df4fdf9b84441407
30d73e28d0ebe557f1bbac51a
  cgroup.clone_children  cgroup.event_control  cgroup.procs  cpuacct.stat  cpuacct.usage
cpuacct.usage_percpu  cpu.cfs_period_us  cpu.cfs_quota_us  cpu.rt_period_us  cpu.rt_runtime_us
cpu.shares  cpu.stat  notify_on_release  tasks
```

其中文件 cpu.shares 保存的就是选项--cpu-shares 的配置，值为 512：

```
[root@host-a ~]# cat /sys/fs/cgroup/cpu/docker/7c0cbaf536364c6f04a3978df4fdf9b8444140
730d73e28d0ebe557f1bbac51a/cpu.shares
  512
```

类似地，在/sys/fs/cgroup/memory/docker 和/sys/fs/cgroup/blkio/docker 目录中保存的是运行中的容器的内存和块 IO 的 Cgroup 配置。

3.3.5　动态更改容器的配置

使用 docker run 或 docker create 命令创建的容器一旦生成，就没有一个 docker 命令可以直接修改。通常间接的解决办法是，将容器提交为镜像，再基于该镜像启动一个新的容器，在启动容器时重新配置。Docker 提供 docker update 命令动态地更新容器配置，主要目的是防止容器在 Docker 主机上使用太多的资源，也就是说修改的是容器的运行时资源限制。该命令的语法如下：

```
docker update [OPTIONS] CONTAINER [CONTAINER...]
```

其选项包括--blkio-weight、--cpu-period、--cpu-quota、--cpu-rt-period（以微秒为单位限制 CPU 实时周期）、--cpu-rt-runtime（以微秒为单位限制 CPU 实时运行时间）、--cpu-shares、--cpuset-cpus、--cpuset-mems、--kernel-memory、--memory(-m)、--memory-reservation、--memory-swap 和--restart。

这些选项基本与前面资源限制的选项相同，前面也介绍过--restart 选项用于容器重启策略。除了
--kernel-memory 选项，其他的选项都可以应用于正在运行或已经停止的容器并立即生效。
--kernel-memory 只可以应用于已停止的容器。当使用 docker update 命令操作已停止的容器时，更新
的配置将在下一次重启容器时生效。执行 docker update 命名通过--restart 选项动态更改重启策略之后，
新的重启策略将立即生效。

例如，将一个容器的 CPU 份额权重改为 512：

```
docker update --cpu-shares 512 abebf7571666
```

又比如，更改某容器的重启策略：

```
docker update --restart=on-failure:3 abebf7571666
```

3.4 容器监控

在生产环境中往往会有大量的业务软件在容器中运行，因此对 Docker 容器的监控越来越重要。
监控的指标主要是容器本身和容器所在主机的资源使用情况和性能，具体涉及 CPU、内存、网络和
磁盘等。最简单的方法是使用 Docker 自带的监控命令，但是要高效率地进行监控，还需要使用第三
方工具，这里介绍开源的容器监控工具 cAdvisor。它可以提供数据的可视化界面，并且可监控容器
所在主机中的资源使用情况。

3.4.1 Docker 容器监控命令

Docker 自带的监控命令 ps、top 和 stats 运行方便，很适合需要快速了解容器运行状态的场景，
只是输出的数据有限，而且都是实时数据，无法反映历史变化和趋势。docker ps 命令用于查看容器
列表，前面已经详细介绍过，此处不再赘述。

1. 查看容器中运行的进程信息

可以使用 docker top 命令查看容器中正在运行的进程信息，其语法格式如下：

```
docker top CONTAINER [ps OPTIONS]
```

容器运行时不一定提供/bin/bash 终端来交互执行 top 命令，而且容器中有可能没有 top 命令，而
使用 docker top 命令就可以查看容器中正在运行的进程。例如：

```
[root@host-a ~]# docker top registry
UID  PID  PPID  C  STIME  TTY  TIME     CMD
root 1889 1870  0  14:39  ?    00:00:00  registry serve /etc/docker/registry/config.yml
```

docker top 命令语法格式中，后面的 OPTIONS 是指 Linux 操作系统 ps 命令的选项，这可用于显
示特定的信息，比如：

```
docker top registry aux
```

可以运行以下命令行脚本来查看所有正在运行的容器中的进程信息：

```
for i in `docker ps |grep Up|awk '{print $1}'`;do echo \ &&docker top $i; done
```

2. 查看容器的系统资源使用情况

及时掌握容器的系统资源使用情况，无论对开发还是运维工作都是非常有益的。可以使用 docker
stats 命令来实时查看容器使用系统资源的情况，其语法格式如下：

```
docker stats [OPTIONS] [CONTAINER...]
```

docker stats 命令的选项说明如下。

--all（-a）：显示所有的容器，包括未运行的，默认值为显示正在运行的容器。

--format：根据指定格式显示内容。

--no-stream：仅显示第一条记录（只输出当前的状态）。

--no-trunc：不截断输出，显示完整的容器信息。

例如，执行 docker stats 命令显示正在运行的容器的资源使用，结果如下：

```
CONTAINER ID   NAME       CPU %   MEM USAGE/LIMIT   MEM%    NET I/O    BLOCK I/O   PIDS
cc796ff9a602   topdemo    0.23%   92KiB / 7.622GiB  0.00%   648B/0B    4.33MB/0B   1
807d8b900459   registry   0.00%   3.004MiB/7.622GiB 0.04%   3.81kB/0B  13.6MB/0B   9
```

在默认情况下，该命令会每隔 1 秒刷新一次输出的内容，直到按下组合键 Ctrl+C 退出。显示的 8 列数据依次为短格式容器 ID、容器名称、CPU 使用百分比、使用的内存与最大可用内存、内存使用百分比、网络 I/O 数据、磁盘 I/O 数据和进程 ID。

如果不想持续监控容器使用资源的情况，可以通过--no-stream 选项只输出当前的状态：

```
docker stats --no-stream
```

可以提供容器名称或容器 ID 参数查看指定容器的资源使用情况：

```
docker stats --no-stream topdemo
```

可以通过--format 选项自定义输出的内容和格式，例如，下面的命令仅显示容器名称（.Name）、CPU 使用率和内存使用量：

```
docker stats --format "table {{.Name}}\t{{.CPUPerc}}\t{{.MemUsage}}"
```

3.4.2　使用 cAdvisor 监控容器

Google 提供的 cAdvisor 可以用于分析正在运行的容器的资源占用情况和性能指标，是具有图形界面、易于入门的 Docker 容器监控工具。它是一个开源软件，可从 GitHub 网站上获取。

cAdvisor 是一个运行时的守护进程，负责收集、聚合、处理和输出正在运行的容器的数据，可以监测到资源隔离参数、历史资源使用和网络统计数据。cAdvisor 可以在主机上原生安装，也可以作为 Docker 容器运行，这里以后一种方式为例讲解。

1. 创建并启动 cAdvisor 容器

使用以下命令在 Docker 主机上创建并启动 cAdvisor 容器：

```
docker run --privileged \
--volume=/:/rootfs:ro  --volume=/var/run:/var/run:rw \
--volume=/sys:/sys:ro  --volume=/var/lib/docker/:/var/lib/docker:ro \
--publish=8080:8080  --detach  --name=cadvisor  google/cadvisor:latest
```

其中 4 个--volume 选项所定义的挂载都不能缺少，否则无法连接到 Docker 守护进程；--publish=8080:8080 表示对外暴露端口为 8080 以提供服务；--detach 表示容器创建以后以分离方式在后台运行，让其自动完成监视功能。

对于 CentOS 或 RHEL 操作系统的主机，应当设置选项--privileged=true。只有这样，容器中的 root 账户才会拥有真正的 root 权限，可以监测到主机上的设备，并且可以执行挂载操作，否则容器内的 root 账户只具备容器外部的一个普通用户权限。

2. 访问 cAdvisor 监控服务

cAdvisor 容器成功运行后，即可通过网址 http://[主机_IP]:8080 访问 cAdvisor 监控服务。

首页显示当前的主机监控信息，包括 CPU、内存（Memory）、网络（Network）、文件系统（Filesystem）和进程（Processes）等，如图 3-5 所示。

单击"Docker Containers"链接进入相应界面，显示容器列表和 Docker 信息（相当于 docker info 命令的输出），如图 3-6 所示。

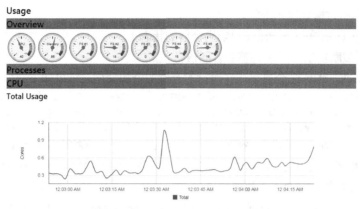

图 3-5 显示主机监控信息（部分界面）

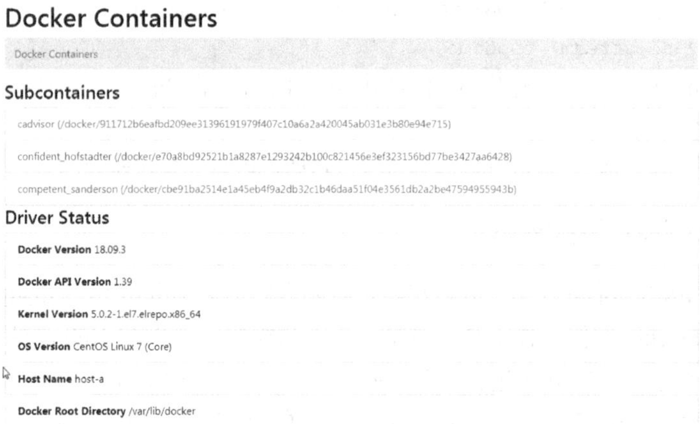

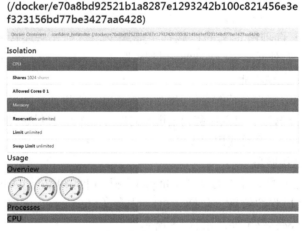

图 3-6 "Docker Containers"界面（部分）

其中"Subcontainers"下面显示当前正在运行的容器列表，单击某个容器，进入该容器的监控页面，如图 3-7 所示，提供的是容器的 CPU、进程、内存、网络和文件系统资源使用情况。

图 3-7 某容器的监控信息（部分界面）

以上展示的是主机和容器两个层次的实时监控数据以及历史变化数据。

3. cAdvisor 配置

cAdvisor 还提供一些运行时选项供用户配置使用，下面列举部分选项。

--storage_duration：历史数据保存的时间，默认为 2min，即只保存最近 2min 的数据。

--allow_dynamic_housekeeping：控制 cAdvisor 如何和何时执行周期性的容器状态收集工作。

--global_housekeeping_interval：设置检测是否有新容器的时间周期。

--housekeeping_interval：统计每个容器数据的时间周期，默认每 1s 取一次数据，取统计到的最近的 60 个数据。

cAdvisor 的数据可以直接导出到本地文件，存储驱动可以设置为 stdout，将容器运行于前台，到输出导入指定文件即可：

```
docker run --volume=/:/rootfs:ro --volume=/var/run:/var/run:rw --volume=/sys:/sys:ro
--volume=/var/lib/docker/:/var/lib/docker:ro --publish=8080:8080 --detach=false --name=
cadvisor-stdout google/cadvisor:latest --storage_driver=stdout>> data
```

当然还可以导出到数据库，需要设置相应的存储驱动以及配置参数。cAdvisor 只能监控一个主机，且数据展示功能是有限的，但是它可以将监控数据导出给第三方工具，是一个优秀的容器监控数据收集器。

3.5　容器的日志管理

日志管理对保持生产系统持续稳定地运行，以及排查问题是至关重要的。容器具有数量多、变化快的特性，容器的生命周期往往短暂且不固定，记录日志就显得非常必要，尤其是在生产环境中，日志是不可或缺的组成部分。

3.5.1　使用 docker logs 命令查看容器日志

对于一个运行中的容器，Docker 会将日志发送到容器的标准输出设备（STDOUT）和标准错误设备（STDERR）上，可以将标准输出设备和标准错误设备视为容器的控制台终端。如果容器以前台方式运行，日志会直接输出在当前的终端窗口中。如果以后台方式运行容器，则不能直接看到输出的日志。对于这种情形，可以使用 docker attach 命令连接到后台容器的控制台终端，查看输出的日志。不过这种方法仅用于查看容器日志就没有必要了，因为 Docker 自带的 docker logs 命令专门用于查看容器的日志，其语法格式如下：

```
docker logs [OPTIONS] CONTAINER
```

docker logs 命令的选项说明如下。

--details：显示更为详细的日志信息。

--follow（-f）：跟踪日志输出。

--since：显示自某个开始时间的所有日志。

--tail：仅列出最新的 N 条容器日志。

--timestamps（-t）：显示时间戳。

--until：显示到某个截止时间的所有日志。

默认输出自容器启动以来完整的日志，加上 -f 选项可以继续显示新产生的日志，效果上与 Linux 命令 tail -f 一样，例如：

```
[root@host-a ~]# docker logs -f cbe
AH00558: httpd: Could not reliably determine the server's fully qualified domain name,
```

```
using 172.17.0.2. Set the 'ServerName' directive globally to suppress this message
    AH00558: httpd: Could not reliably determine the server's fully qualified domain name,
using 172.17.0.2. Set the 'ServerName' directive globally to suppress this message
    [Wed Apr 03 11:03:23.523985 2019] [mpm_event:notice] [pid 1:tid 140204591673408] AH00489:
Apache/2.4.38 (Unix) configured -- resuming normal operations
    [Wed Apr 03 11:03:23.524110 2019] [core:notice] [pid 1:tid 140204591673408] AH00094:
Command line: 'httpd -D FOREGROUND'
    (以下省略)
```

查看容器 registry 从 2019 年 4 月 3 日开始以来的最新 2 条日志：

```
[root@host-a ~]# docker logs --since="2019-04-03" --tail=2 cbe
    [Wed Apr 03 16:03:26.676314 2019] [mpm_event:notice] [pid 1:tid 140520574267456] AH00489:
Apache/2.4.38 (Unix) configured -- resuming normal operations
    [Wed Apr 03 16:03:26.686163 2019] [core:notice] [pid 1:tid 140520574267456] AH00094:
Command line: 'httpd -D FOREGROUND'
```

3.5.2　配置日志驱动重定向容器的日志记录

将容器日志发送到标准输出设备和标准错误设备是 Docker 默认的日志行为。实际上，Docker 提供了多种日志机制帮助用户从运行的容器中提取日志信息。这些机制被称为日志驱动（logging driver）。Docker 默认的日志驱动是 json-file。

1.　配置容器的日志驱动

在启动容器时，可以通过 --log-driver 选项将其配置为使用与 Docker 守护进程不同的日志驱动。常用的 Docker 日志驱动选项见表 3-2。

表 3-2　常用的 Docker 日志驱动选项

选　　项	说　　明
none	禁用容器日志，docker logs 命令什么都不会返回
json-file	Docker 默认的日志驱动程序。将日志保存在 json 文件中，Docker 负责格式化其内容并输出到标准输出设备和标准错误设备
syslog	将日志消息写入 syslog 工具。syslog 守护进程必须在主机上运行
journald	将日志消息写入 journald。journald 守护进程必须在主机上运行
gelf	将日志消息写入像 Graylog 或 Logstash 这样的 GELF（Graylog Extended Log Format）终端
fluentd	将日志消息写入 fluentd（forward input）。fluentd 守护进程必须在主机上运行
splunk	将日志消息写入使用时间 HTTP 搜集器的 splunk

注意在使用 json-file 和 journald 之外的日志驱动时，docker logs 命令不可用。

如果日志驱动有可配置选项，可通过一个或多个选项 --log-opt <NAME>=<VALUE> 来设置。即使容器使用的是默认的日志驱动程序，也可以使用不同的配置选项。

下面的例子启动了一个使用 none 日志驱动程序的 alpine 容器：

```
docker run -it --log-driver none alpine ash1
```

可以通过 docker inspect 命令找出某容器当前使用的日志驱动，例如：

```
[root@host-a ~]# docker inspect -f '{{.HostConfig.LogConfig.Type}}' cbe
json-file
```

2.　配置日志驱动将容器的日志重定向到 Linux 日志系统

在运行 Linux 平台的 Docker 主机上，可以通过配置日志驱动将容器的日志重定向到 Linux 日志系统。

（1）将容器日志记录到 syslog

一直以来，syslog 都是 Linux 标配的日志记录工具，rsyslog 是 syslog 的多线程增强版，也是 CentOS 7

中默认的日志系统。它主要用来收集系统产生的各种日志，日志文件默认放在/var/log/目录下。选择 syslog 作为日志驱动可将日志输出定向到 syslog 日志系统，前提是 syslog 守护进程必须在容器宿主机上运行。例如：

```
docker run -it --log-driver syslog ubuntu /bin/bash
```

这会将该容器的日志记录到 syslog 文件（CentOS 7 中是/var/log/messages）。

（2）将容器日志记录到 journald

journald 是一个收集并存储日志数据的 systemd 日志系统服务。它将日志数据存储在带有索引的结构化二进制文件中，便于集中查看和管理，可以使用 journalctl 命令查看。

选择 journald 作为日志驱动可将日志输出定向到 systemd 日志系统，例如：

```
docker run -it --log-driver journald ubuntu /bin/bash
```

本章主要讲解 Docker 容器的基本管理，主要针对的是单个容器。就容器的运维而言，也仅限于基本的操作，像监控和日志管理方面涉及的内容都非常简单，后续章节中会进一步讲解跨主机和容器集群的解决方案。在实际应用中，创建和运行容器需要配置网络连接和数据存储，接下来的章节中将介绍这方面的内容。

3.6 习题

1. 解释容器的概念。
2. Docker 使用哪几种方式来标识容器？
3. 什么是容器层？它有什么特点？
4. "写时拷贝"有什么作用？
5. 为什么 docker run 命令非常重要？
6. 容器有哪几种重启策略？
7. 以特权模式运行容器有什么特点？
8. 可以限制容器使用哪几种资源？它依赖的是什么底层技术？
9. 为什么要监控容器？容器的日志管理为什么重要？
10. 熟悉 docker run 命令的基本用法。
11. 使用 docker run 命令创建一个后台型容器并进行测试。
12. 使用 docker run 命令创建一个前台型容器并进行测试。
13. 熟悉容器的启动、停止、暂停和恢复操作。
14. 使用 docker exec 命令在运行中的容器内执行命令。
15. 通过容器的导出与导入操作实现容器的简单迁移。
16. 参照 3.2.7 节的示例，基于容器生成一个镜像并进行验证。
17. 创建并启动 cAdvisor 容器以执行容器监控。
18. 将某容器的日志记录到 syslog 日志系统并进行测试。

04

第4章 Docker网络

多个 Docker 容器可以连接到一起，或者将它们连接到非 Docker 工作负载，这都是通过 Docker 网络配置来实现的。网络可以说是虚拟化技术最复杂的部分之一，也是 Docker 应用中最重要的环节之一。Docker 网络配置主要解决容器的网络连接和容器之间、容器与外部网络之间的通信问题。Docker 网络从覆盖范围上可分为单主机上的容器网络和跨主机的容器网络，本章重点讲解前一种，这也是 Docker 最基础的网络配置，涉及容器的网络模式、网络名称空间、IP 地址与端口分配、主机名、DNS 解析、端口映射，以及自定义桥接网络等内容。至于更为复杂的多主机容器网络，将在后面章节专门介绍。

4.1　Docker 网络基础

Docker 网络配置的实现目标是提供可扩展、可移植的容器网络，解决容器的联网问题。当容器要与外界通信时，就要配置好网络连接，同时要兼顾到容器的维护性、服务发现、负载均衡、安全、性能和可扩展性等功能。

4.1.1　Docker 容器网络模型

从 Docker 1.7.0 版开始，Docker 将网络功能以插件化的形式剥离出来，目的是让用户通过指令选择不同的后端实现。剥离出来的独立的容器网络项目被称为 libnetwork，旨在为不同容器定义统一规范的网络层标准。

在 libnetwork 项目中，Docker 网络架构基于一套称为容器网络模型（Container Networking Model，CNM）的接口。CNM 的理念就是为应用提供跨不同网络基础架构的可移植性。该模型平衡了应用的可移植性，同时利用了基础架构特有的特性和功能，当然，也让在高层使用网络的容器尽可能少地关心底层的具体实现。CNM 如图 4-1 所示。

1. CNM 高层架构

CNM 高层架构中包括以下组成部分。它们与底层操作系统和基础架构的实现无关，无论在哪种基础架构上都能提供一致的体验。

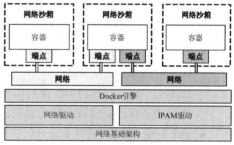

图 4-1　CNM

- 沙箱（SandBox）：又称沙盒，它包含容器的网络栈配置，涉及容器的接口、路由表和 DNS 设置的管理。沙箱可以通过 Linux 网络名称空间、FreeBSD Jail（一种操作系统层虚拟化技术）或其他类似的机制来实现。一个沙箱可以包含多个来自不同网络的端点。

- 端点（Endpoint）：又称接入点，用来将沙箱连接到网络。端点架构将与网络的实际连接从应用中抽象出来，这样有助于维护应用的可移值性，让服务无须关心如何连接网络就可以使用不同类型的网络驱动。

- 网络（Network）：CNM 并没有定义 OSI 模型中的网络层，这里的网络可以由 Linux 网桥、虚拟局域网（Virtual Local Area Network，VLAN）等来实现。网络是相互连接的端点的集合，那些没有连接到网络的端点将无法通信。

2. CNM 驱动接口

CNM 提供了两个可拔插且开放的接口供用户、社区和供应商使用。CNM 驱动接口如图 4-2 所示，涉及以下两种驱动。

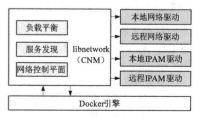

图 4-2　CNM 驱动接口

- 网络驱动（Network Drivers）：Docker 网络驱动提供网络运行的具体实现。它们是可插拔的，很容易支持不同的用户使用场合。多个网络驱动可同时用于指定的 Docker 引擎和集群，但是每个 Docker 网络只能通过一个网络驱动来实现。CNM 网络驱动又可分为两大类型：一类是本地网络驱动（Native Network Drivers），由 Docker 引擎本身实现，并随 Docker 提供，这类驱动又有多种驱动可供选择，以支持不同的功能，如 overlay 网络和本地 bridge

网络；另一类是远程网络驱动（Remote Network Drivers），由社区或其他供应商提供的网络驱动，这些驱动可用于与现有的软件或硬件环境进行集成。用户也可以创建自己的网络驱动来满足各种特殊需求。

- IPAM（IP 地址管理）驱动：Docker 有一个内置的 IP 地址管理驱动，如果没有明确指定，它会为网络和端点提供默认的子网或 IP 地址，IP 地址也可通过网络、容器和服务创建指令来手动指派。远程 IPAM 驱动还可提供现有 IPAM 工具的整合。

3. Docker 本地网络驱动

Docker 本地网络驱动作为 Docker 引擎的一部分，不需要任何额外模块，就可以通过 docker network 命令来调用。Docker 本地网络驱动列举如下。

- bridge：桥接网络，这是默认的网络驱动程序，创建容器时若不指定驱动程序就会使用这种网络类型。该驱动在 Docker 主机上创建 Linux 网桥。默认情况下，在同一个网桥上的容器都可以相互通信，从外部访问容器也可以通过该驱动来设置。当应用程序在需要与之通信的独立容器中运行时，通常会使用桥接网络。
- host：主机网络，通过该驱动容器可以使用主机的网络栈。由于没有名称空间隔离，主机上的所有接口都可以直接被容器使用。独立容器由于移除容器和 Docker 主机之间的网络隔离，可以直接使用主机的网络。在 Docker 17.06 或更高版本上运行的 Swarm 集群服务也可以使用这种驱动。
- overlay：该驱动组合使用本地 Linux 桥接网络和 VxLAN（Virtual Extensible LAN）技术，在物理网络架构之上叠加一个容器之间的通信连接。它将多个 Docker 守护进程（Docker 主机）连接在一起，并使 Swarm 集群服务之间能够相互通信。还可以使用 overlay 网络来实现 Swarm 集群服务和独立容器之间的通信，或者不同 Docker 守护进程上的两个独立容器之间的通信。
- macvlan：该驱动使用 macvlan 桥接模式建立容器接口和主机接口之间的连接，为容器提供在物理网络中可路由的 IP 地址。传统应用程序要直接连接到物理网络时，macvlan 有时是最佳选择，因为不用通过 Docker 主机的网络栈进行路由。
- none：表示关闭容器的所有网络连接。该驱动让容器具有属于自己的网络栈和网络名称空间，但不在容器中配置网络接口。若没有额外的设置，则容器与主机的网络栈完全隔离。通常与自定义网络驱动一起使用。none 不适用于 Swarm 集群服务。

4. 网络作用域

从 docker network ls 命令的输出结果可以发现，Docker 网络驱动涉及作用域（scope）的概念。网络作用域可以是 local（本地）或 swarm（集群）。local 作用域仅在 Docker 主机范围内提供连接和网络服务（如 DNS 和 IPAM）。swarm 作用域则提供跨 Swarm 集群的连接和网络服务。swarm 作用域网络在整个集群中有同一个网络 ID，而 local 作用域网络则在每个 Docker 主机上具有各自唯一的网络 ID。docker network ls 命令及输出结果如下：

```
$ docker network ls
NETWORK ID        NAME               DRIVER        SCOPE
1475f03fbecb      bridge             bridge        local
e2d8a4bd86cb      docker_gwbridge    bridge        local
407c477060e7      host               host          local
f4zr3zrswlyg      ingress            overlay       swarm
c97909a4b198      none               null          local
```

5. Docker 远程网络驱动

由社区和供应商提供的远程网络驱动（即第三方网络插件），与 CNM 兼容，每个驱动为容器提供独特的功能和网络服务。此类驱动常用的有 contiv、weave、calico、kuryr 等，具体介绍请参见第 9 章。

6. Docker 网络驱动选择的原则

- 同一个 Docker 主机上运行的多个容器需要通信时，最好选择用户自定义的桥接网络。
- 当网络栈不能与 Docker 主机隔离，而容器的其他方面需要被隔离时，最好选择主机网络（host 模式）。
- 不同 Docker 主机上运行的容器需要通信，或者多个应用通过 Swarm 集群服务一起工作时，overlay 网络是最佳选择。
- 从虚拟机迁移过来，或者像网络上的物理机一样，每个容器都需要有一个独立的 MAC 地址时，macvlan 网络是最佳选择。
- 第三方网络插件适用于将 Docker 与专用网络栈进行集成。

4.1.2　Linux 网络基础

Docker 网络是作为低层原始类型的 Linux 内核网络栈建立高层网络驱动的。可以这样说，Docker 网络本身就是 Linux 网络。

这种基于现有 Linux 内核特性的实现确保了高性能和健壮性。更重要的是，它提供了不同发行版本之间的可移植性，从而加强了应用的可移植性。

Docker 用于实现本地 CNM 网络驱动的 Linux 网络模块，包括 Linux 网桥（Linux Bridge）、网络名称空间、veth 对和 iptables，这些工具的组合实现了 Docker 网络驱动，并提供转发规则、网络分段和复杂网络策略的管理工具。

1. Linux 网桥

网桥是一种在网段之间转发流量的链路层设备，可以是硬件设备，也可以是在主机内核中运行的软件设备。Linux 网桥是 Linux 内核中用于物理交换机的虚拟化实现的二层网络设备。它通过 MAC 地址来转发流量。Linux 网桥接被广泛应用于许多 Docker 网络驱动。不要将 Linux 网桥和 Docker 的 bridge 模式相混淆，bridge 作为 Docker 网络驱动是 Linux 网桥的高层实现。

2. 网络名称空间

Linux 网络名称空间是内核中一个被隔离的网络栈，拥有自己的网络接口、路由和防火墙规则。作为容器和 Linux 安全的一部分，它用于隔离容器。就网络术语而言，网络名称空间类似于虚拟路由转发（VRF），VRF 用于主机内的网络和数据平面的分段。

网络名称空间可以确保在同一主机上的两个容器之间不能相互通信，甚至与主机本身也不能通信，除非配置为通过 Docker 网络进行连接。通常 CNM 网络驱动实现了每个容器的名称空间分隔。当然，容器也可以共享相同的网络名称空间，或成为主机的网络名称空间的一部分。主机网络名称空间包括主机接口和主机路由表，这种网络名称空间被称为全局的网络名称空间。

3. veth 对

要实现网络通信，至少需要一个网络接口来收发数据包。在 Docker 中，网络接口默认都是虚拟接口，虚拟接口的一个优势是转发效率高。Linux 通过在内核中进行数据复制来实现虚拟接口之间的数据转发，发送接口的发送缓存中的数据包被直接复制到接收接口的接收缓存中。对于本地系统和容器内的系统来说，虚拟接口就像是一个普通的以太网卡，只是它不需要真正同外部网络设备通信，因而速度要快很多。Docker 容器网络正是利用了这项技术，它在本地主机和容器内分别创建一个虚拟接口，并让它们彼此连通，这样的一对接口称为 veth 对（veth pair），也可以用全大写的 VETH 表示。

veth 又称为虚拟以太网设备，是用于连接两个网络名称空间的 Linux 网络接口。veth 是一个全双工的连接，在每个名称空间里都有一个接口。流量从一个接口直接传输到另一个接口。创建 Docker 网络时，Docker 网络驱动利用 veth 提供名称空间之间的显式连接。当一个容器被连接到一个 Docker 网络时，veth 的一端就会位于容器的内部（通常显示为 ethX 接口），而另一端则连接到 Docker 网络。

4. iptables

iptables 是 Linux 内置的包过滤系统，它提供丰富的 3 层和 4 层防火墙功能，如数据包标记规则链、数据包伪装和数据包丢弃。Docker 本地网络驱动广泛使用 iptables 对网络流量进行分段，提供主机端口映射，为负载平衡决策标记流量。

4.1.3 单主机与多主机的 Docker 网络

从覆盖范围上，可以将 Docker 网络划分为单主机的网络和跨主机的网络。Docker 无论是在单主机上进行部署，还是在多主机的集群上部署，都需要和网络打交道。

对于大多数单主机部署来说，可以使用网络在容器之间和容器与主机之间进行数据交换。还可以使用共享卷进行数据交换，共享卷这种方式的优势是容易使用而且速度很快，但是耦合度高，很难将单主机部署转化为多主机部署。

由于单主机的能力有限，实际应用中多主机部署通常是很有必要的。在多主机部署中，除了需要考虑单主机上的容器之间的通信，更重要的是要解决多主机之间的通信，这涉及性能和安全两个方面。

4.1.4 docker run 命令的网络配置用法

通常使用 docker run 或 docker create 命令的相关选项来设置容器的网络配置，包括网络连接、IP 地址与主机名、DNS 设置，以及端口映射。

1. 设置容器的网络连接

使用选项--network 设置 Docker 容器要连接的网络，可以使用以下参数。选项--net 也有同样的功能。

- none：不使用任何网络连接。
- bridge：通过 veth 接口连接容器到网桥，这是默认设置。
- host：在容器内使用主机的网络栈。
- container：使用其他容器的网络栈，需要通过 name 或 id 参数指定。
- <network-name>|<network-id>：这个参数可以是网络名称，也可以是网络 ID，用于指定容器要连接的用户自定义网络（需要使用 docker network create 命令创建）。

容器启动时，只能连接到单个网络。默认情况下，所有容器都启用了网络连接并且能够访问外部网络。使用 docker run --network none 命令能够完全禁用网络连接，这将禁止所有的入站连接和出站连接。在这种情形下，只能通过文件、标准输入或标准输出完成 I/O 通信。

选项--network-alias 或--net-alias 用于为容器添加网络别名。

2. 设置容器的 IP 地址

默认情况下，Docker 守护进程会为容器连接的每个 Docker 网络分配一个 IP 地址。IP 地址是从分配给网络的地址池中分配的，因此 Docker 守护进程可以有效地充当每个容器的 DHCP 服务器。每个网络也都有一个默认的子网掩码和网关。

通过选项--network 启动容器时，可以使用--ip 或--ip6 选项明确指定分配给容器的 IP 地址；--link-local-ip 选项可用来设置一个或多个容器的网络接口的链接本地（link local）IPv4/IPv6 地址。

当通过 docker network connect 命令将现有的容器连接到另一个不同的网络时，可以使用--ip 或--ip6 选项指定容器在该网络上的 IP 地址。

3. 设置容器的网络接口 MAC 地址

默认情况下，容器的 MAC 地址是基于其 IP 地址生成的。可以通过--mac-address 选项（格式如 12:34:56:78:9a:bc）为容器指定一个 MAC 地址。需要注意的是，如果手动指定 MAC 地址，Docker 并不会检查地址的唯一性。

4. 设置容器的 DNS 与主机名

默认情况下，容器继承 Docker 守护进程的 DNS 设置，包括/etc/hosts 和/etc/resolv.conf 配置文件。可以使用以下选项为每个容器设置 DNS，以覆盖这些默认设置。

--dns：为容器设置 DNS 服务器的 IP 地址。可以使用多个--dns 选项为一个容器指定多个 DNS 服务器。如果容器无法连接到所指定的 DNS 服务器的 IP 地址，则会自动使用 Google 公司提供的公共 DNS 服务器 8.8.8.8，让容器能够解析 Internet 域名。

--dns-search：为容器指定一个 DNS 搜索域，用于搜索非全称主机名。要指定多个 DNS 搜索前缀，可以使用多个--dns-search 选项。

--dns-opt：为容器设置表示 DNS 选项及其值的键值对。可以参考操作系统的 resolv.conf 文件来确定这些选项。

--hostname：为容器指定自定义的主机名。如果未指定，则主机名默认为容器的名称。

容器将会在其/etc/hosts 文件中添加它自身的主机名条目、localhost 和其他一些常见的条目。使用选项--add-host 则可以在/etc/hosts 文件中添加额外的条目。

如果一个容器连接到默认的桥接网络且连接到其他容器，那么这个容器的/etc/hosts 文件会进行更新，并自动添加被连接容器的名称条目。

如果容器连接到用户自定义的网络，容器的/etc/hosts 文件中将添加在这个网络的所有其他容器的名称条目。因为 Docker 会实时更新容器的/etc/hosts 文件，可能会出现当容器内的进程读取到空的或不完整的/etc/hosts 文件的情况。大多数情况下，尝试重新读取能解决这个问题。

5. 设置容器的发布端口和连接

发布端口和连接其他容器只在默认的桥接模式下工作。通过 docker run 命令创建容器时使用选项-p（--publish）或-P（--publish-all）来设置对外发布的端口。

容器连接是传统的功能，以后可能会被弃用。通过 docker run 命令创建容器时使用--link 选项建立容器连接。目前应尽可能使用 Docker 网络驱动，而不要使用这种连接功能。

4.1.5　docker network 命令的网络配置用法

上述使用 docker run 命令启动容器时只可以连接单个网络，因为 docker run 命令的--network 选项只能有一个，如果使用多个--network 选项，最后一个会覆盖之前的。不过容器运行之后，可以使用 docker network connect 命令将正在运行的容器连接到多个网络。使用 docker network connect 命令连接到一个已有网络时，还可以使用--alias 选项为容器指定该网络的网络别名。docker network 是 Docker 网络管理命令，其基本用法如下：

```
docker network COMMAND
```

其中，COMMAND 是子命令，用于完成具体的网络管理任务。常用的 docker network 命令列举如下。

- docker network connect：将容器连接到指定的网络。
- docker network create：创建一个网络。
- docker network disconnect：断开容器与指定网络的连接。
- docker network inspect：显示一个或多个网络的详细信息。
- docker network ls：显示网络列表。
- docker network prune：删除所有未使用的网络。
- docker network rm：删除一个或多个网络。

4.2 配置容器的网络连接

本节主要讲解单主机上的 Docker 容器（即独立的 Docker 容器）的网络连接配置，主要涉及容器使用的几种网络模式，以及用户自定义的桥接网络。每一种网络模式都需要相应的 Docker 网络驱动。

4.2.1 使用默认桥接网络

启动 Docker 时，会自动创建默认的桥接网络。除非明确定义，新创建的容器默认会连接到该网络。也可以创建用户自定义的桥接网络，而且用户自定义的桥接网络比默认的优先级要高，这里讲解默认的桥接网络，它使用的是 Docker 的默认网络模式 bridge，使用 docker run 或 docker create 命令不显式提供选项--network 或--net 的定义，默认表示的就是这种网络模式。

1. 概述

在 Docker 中，桥接网络通过软件网桥让连接到同一桥接网络的容器之间可以相互通信，同时隔离那些没有连接到该桥接网络的容器。bridge 驱动会自动在主机中安装相应规则，让不同桥接网络上的容器之间不能直接相互通信。

桥接网络用于运行在同一 Docker 主机上的容器之间的通信。对于运行在不同 Docker 主机上的容器，可以在操作系统层级管理路由，或使用 overlay 网络来实现通信。

Docker 默认桥接网络的工作原理如图 4-3 所示。

当 Docker 守护进程启动时，会自动在 Docker 主机上创建一个名为 docker0 的 Linux 虚拟网桥，此主机上创建的 Docker 容器如果没有明确定义，则会自动连接到这个虚拟网桥上。虚拟网桥的工作方式和物理交换机类似，主机上的所有容器通过它连接在同一个二层网络中。

Docker 守护进程为每个启动的容器创建一个 veth 对设备。这是直接相连的一对虚拟网络接口，其中一个接口设置为新创建容器的接口（命名为

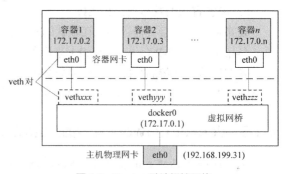

图 4-3 Docker 默认桥接网络

eth0@xxx），位于容器的网络名称空间中；另一个接口连接到虚拟网桥 docker0，位于 Docker 的网络名称空间中，以 vethxxx 形式命名。发送到 veth 对一端的数据包由另一端接收，这样容器就能连接到虚拟网桥上。

同时，Docker 守护进程还会从网桥的私有地址空间中分配一个 IP 地址和子网给该容器。连接到同一网桥的容器之间可以相互通信。

2. 应用场合

bridge 是 Docker 的默认网络模式，在该模式中，Docker 容器拥有独立、隔离的网络栈。容器不具有一个公有 IP，因为主机的 IP 地址与 veth 对的 IP 地址不在同一个网段内。

Docker 采用网络地址转移（Network Address Transiation，NAT）方式将容器内部服务监听的端口与主机的某一个端口进行绑定，使得主机以外的节点可以将包发送至容器内部。NAT 是在三层网络上的实现，肯定会影响网络的传输效率。外界访问容器内的服务时，需要访问主机的 IP 地址以及主机的端口。

默认桥接网络作为 Docker 传统方案将来可能会被弃用，只适合一些演示或实验场合，不建议用于生产用途。配置默认网桥需要手动操作，并且 bridge 还存在一些技术短板。

3. 配置示例

默认情况下，容器被连接到默认桥接网络，这些容器之间可以进行通信，但只能通过容器 IP 地址进行通信。容器之间如果要通过容器名称进行通信，需要使用传统的选项--link 进行连接。

下面演示如何使用 Docker 自动设置的默认桥接网络，并对其进行验证分析。例中在同一 Docker 主机上启动两个不同的 alpine 容器，并进行一些测试以理解它们之间是如何相互通信的。Alpine 操作系统是一个面向安全的轻型 Linux 发行版。

提示：在每一个新的 Docker 网络实验之前，最好先删除正在运行的容器，可执行以下命令来强制删除正在运行的容器：

```
docker  rm -f $(docker ps -f status=running -q)
```

（1）打开一个终端窗口，先执行以下命令列出当前已有的网络：

```
[root@host-a ~]# docker network ls
NETWORK ID          NAME            DRIVER              SCOPE
2b276572017e        bridge          bridge              local
a05b17b3489d        host            host                local
9f1450019019        none            null                local
```

这些网络有不同的 ID 和名称，其中有默认桥接网络（名称为 bridge）、主机网络（名称为 host）和 none 模式的网络（名称为 none）。这里要将两个容器连接到默认桥接网络。

（2）启动两个运行 ash 的 alpine 容器，ash 是 Alpine 操作系统的默认 shell，其选项表示以分离模式启动容器（后台运行）、交互式（可以交互操作）和伪终端 TTY（可以查看输入和输出）。由于以分离模式启动，不能立即连接到容器，只会在命令行输出容器 ID。因为没有提供任何--network 选项，容器会连接默认桥接网络。

```
[root@host-a ~]# docker run -dit --name alpine1 alpine ash
48a1ff80d3e1adfeca919114dc7126de70442b42662f4413e09cb60186b01c02
[root@host-a ~]# docker run -dit --name alpine2 alpine ash
d6e3fb7642e2d9f3d4dd4d9751403efc7b7eae888ca4430b0764f7554884e6bc
```

执行如下命令，检查两个容器是否已经启动：

```
[root@host-a ~]# docker container ls
CONTAINER ID   IMAGE    COMMAND    CREATED        STATUS         PORTS          NAMES
d6e3fb7642e2   alpine   "ash"      6 minutes ago  Up 6 minutes                  alpine2
48a1ff80d3e1   alpine   "ash"      6 minutes ago  Up 6 minutes                  alpine1
```

（3）执行如下命令，查看 bridge 网络详细信息：

```
[root@host-a ~]# docker network inspect bridge
[
    {
        "Name": "bridge",
        "Id": "2b276572017ed34033f7a58cefbf5c917c46f45b473512cd09f85c14516e6a13",
```

```
        "Created": "2018-10-25T10:25:22.923118696+08:00",
        "Scope": "local",
        "Driver": "bridge",
        "EnableIPv6": false,
        "IPAM": {
            "Driver": "default",
            "Options": null,
            "Config": [
                {
                    "Subnet": "172.17.0.0/16",
                    "Gateway": "172.17.0.1"
                }
            ]
        },
        "Internal": false,
        "Attachable": false,
        "Ingress": false,
        "ConfigFrom": {
            "Network": ""
        },
        "ConfigOnly": false,
        "Containers": {
            "48a1ff80d3e1adfeca919114dc7126de70442b42662f4413e09cb60186b01c02": {
                "Name": "alpine1",
                "EndpointID": "3782f0b4a43db90ba2f066c176dd0216e147bcb8e49c2e3d1398e8062
3524845",
                "MacAddress": "02:42:ac:11:00:04",
                "IPv4Address": "172.17.0.2/16",
                "IPv6Address": ""
            },
            "d6e3fb7642e2d9f3d4dd4d9751403efc7b7eae888ca4430b0764f7554884e6bc": {
                "Name": "alpine2",
                "EndpointID": "09e5f41ed0076dd8682b8c37f9f6df5d46291ca962e9743d397112584
4832a0b",
                "MacAddress": "02:42:ac:11:00:05",
                "IPv4Address": "172.17.0.3/16",
                "IPv6Address": ""
            }
        },
        "Options": {
            "com.docker.network.bridge.default_bridge": "true",
            "com.docker.network.bridge.enable_icc": "true",
            "com.docker.network.bridge.enable_ip_masquerade": "true",
            "com.docker.network.bridge.host_binding_ipv4": "0.0.0.0",
            "com.docker.network.bridge.name": "docker0",
            "com.docker.network.driver.mtu": "1500"
        },
        "Labels": {}
    }
]
```

前面的信息是关于 bridge 网络的，包括 Docker 主机和 bridge 网络之间的网关的 IP 地址（172.17.0.1）。Containers 键中列出每个已经连接的容器，其中有它们的 IP 地址（例中两个容器的 IP 地址分别为 172.17.0.2 和 172.17.0.3）。

（4）由于容器在后台运行，可以使用 docker attach 命令连接到 alpine1 容器：

```
[root@host-a ~]# docker attach alpine1
/ #
```

提示符"#"说明当前在容器中以 root 用户身份登录。使用 ip addr show 命令显示 alpine1 容器的网络接口，结果如下：

```
/ # ip addr show
1: lo: <LOOPBACK,UP,LOWER_UP> mtu 65536 qdisc noqueue state UNKNOWN qlen 1000
   link/loopback 00:00:00:00:00:00 brd 00:00:00:00:00:00
   inet 127.0.0.1/8 scope host lo
      valid_lft forever preferred_lft forever
22: eth0@if23: <BROADCAST,MULTICAST,UP,LOWER_UP,M-DOWN> mtu 1500 qdisc noqueue state UP
   link/ether 02:42:ac:11:00:04 brd ff:ff:ff:ff:ff:ff
   inet 172.17.0.2/16 brd 172.17.255.255 scope global eth0
      valid_lft forever preferred_lft forever
```

第 1 个接口是回环（loopback）设备。注意第 2 个接口有一个 IP 地址 172.17.0.2，这与步骤（3）中显示的 alpine1 容器的 IP 地址相同。

（5）在 alpine1 容器内确认能够通过 ping 一个 Internet 网址来证明是否可以连接到外网。选项 -c 2 限制 ping 命令仅尝试两次。ping 命令及测试结果如下：

```
/ # ping -c 2 baidu.com
PING baidu.com (123.125.115.110): 56 data bytes
64 bytes from 123.125.115.110: seq=0 ttl=54 time=29.817 ms
64 bytes from 123.125.115.110: seq=1 ttl=54 time=14.372 ms

--- baidu.com ping statistics ---
2 packets transmitted, 2 packets received, 0% packet loss
round-trip min/avg/max = 14.372/22.094/29.817 ms
```

（6）尝试 ping 第 2 个容器。首先 ping 它的 IP 地址 172.17.0.3，结果如下：

```
/ # ping -c 2 172.17.0.3
PING 172.17.0.3 (172.17.0.3): 56 data bytes
64 bytes from 172.17.0.3: seq=0 ttl=64 time=0.314 ms
64 bytes from 172.17.0.3: seq=1 ttl=64 time=0.213 ms
--- 172.17.0.3 ping statistics ---
2 packets transmitted, 2 packets received, 0% packet loss
round-trip min/avg/max = 0.213/0.263/0.314 ms
```

说明可连通。接着通过容器名称来 ping 容器 alpine2，结果如下，可见失败了：

```
/ # ping -c 2 alpine2
PING alpine2 (123.129.254.12): 56 data bytes
--- alpine2 ping statistics ---
2 packets transmitted, 0 packets received, 100% packet loss
```

（7）脱离 alpine1 容器连接而不停止它，这需要使用组合键 Ctrl+P+Q。

可以尝试连接到 alpine2 容器，参照步骤（4）~步骤（6），用容器 alpine2 替换 alpine1 进行测试。

（8）依次执行以下命令，停止并删除这两个容器：

```
docker container stop alpine1 alpine2
docker container rm alpine1 alpine2
```

4. 通过默认网桥使用 IPv6

如果 Docker 本身被配置为支持 IPv6（Internet Protocol Version 6，互联网协议第 6 版），则默认网桥会被自动配置为支持 IPv6。不像用户自定义网桥，不能在默认网桥中选择性地关闭 IPv6。

5. 自定义默认网桥

可以根据需要对默认网桥进行自定义，具体方法是在/etc/docker/daemon.json 配置文件中指定选项。下面的例子声明了几个选项，只需要在文件中指定需要自定义的设置即可：

```
{
  "bip": "192.168.1.5/24",
```

```
    "fixed-cidr": "192.168.1.5/25",
    "fixed-cidr-v6": "2001:db8::/64",
    "mtu": 1500,
    "default-gateway": "10.20.1.1",
    "default-gateway-v6": "2001:db8:abcd::89",
    "dns": ["10.20.1.2","10.20.1.3"]
}
```

重启 Docker 使变更生效。

4.2.2 使用主机网络

主机网络用于启动直接连接到 Docker 主机网络栈的容器，使用的是 host 网络模式，实质上是关闭 Docker 网络，而让容器直接使用主机网络。

1. 概述

与 bridge 模式不同，host 模式没有为容器创建一个隔离的网络环境，如图 4-4 所示。

这种模式下的容器没有隔离的网络名称空间，不会获得一个独立的网络名称空间，而是和 Docker 主机共用一个网络名称空间。

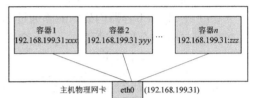

图 4-4 Docker 主机网络（host 模式）

Docker 容器可以和主机一样使用主机的物理网卡 eth0，实现与外界的通信。容器不会虚拟自己的网卡和配置自己的 IP 地址等，而是直接使用主机的 IP 地址和端口，其 IP 地址即为主机物理网卡的 IP 地址，其主机名与主机系统上的主机名一样。由于容器都使用相同的主机接口，所以在同一主机上的容器在绑定端口时必须要相互协调，避免与已经使用的端口号相冲突。主机上的各容器是通过容器发布的端口号来区分的，如果容器或服务没有发布端口，则主机网络不起作用。

另外，容器的其他方面如文件系统、进程列表等与主机是隔离的。

2. 应用场合

与默认的 bridge 模式对比，host 模式有更好的网络性能，因为它使用了主机的本地网络栈，而 bridge 必须通过 Docker 守护进程进行虚拟化。当网络性能要求非常高时，推荐使用这种模式运行容器，例如，生产环境的负载均衡或高性能 Web 服务器。其缺点就是要牺牲一些灵活性，如要考虑端口冲突问题，即不能再使用 Docker 主机上已经使用的端口。

host 模式能够与其他模式共存，容器可以直接配置主机网络，如某些跨主机的网络解决方案，也采用以容器方式运行。这些方案需要对网络进行配置，如管理 iptables。

容器对本地系统服务具有全部的访问权限，如 D-bus，因此 host 模式式被认为是不安全的；还有，容器共享了主机的网络名称空间，并直接暴露在公共网络中，这是有安全隐患的。另外，需要通过端口映射（port mapping）进行协调。

还应注意，主机网络只能在 Linux 主机上工作，并不支持 Mac OS 主机和 Windows 主机。

3. 配置示例

这里以启动一个直接绑定到 Docker 主机的 80 端口的 nginx 容器为例进行示范。从网络角度看，这与 nginx 进程直接在 Docker 主机上而不是容器中直接运行具有相同的隔离级别。然而，其他方面，比如存储、进程名称空间和用户名称空间，nginx 还是和主机隔离的。在操作之前，要先确认端口 80 在 Docker 主机上未被占用。

（1）执行如下命令，以分离模式创建 nginx 容器，使之作为后台进程运行，其中，选项--rm 表示该容器退出或停止时会被自动删除。

```
[root@host-a ~]# docker run --rm -d --network host --name my_nginx nginx
a203ad66b61b447ae6a4d331d516059218a8c9fdf204bdbb9a9937679570e269
```

（2）使用以下命令测试 Nginx 服务的访问：

```
[root@host-a ~]# curl  http://localhost:80/
<!DOCTYPE html>
<html>
（此处省略）
</html>
```

返回的结果表明可以通过主机的 80 端口直接访问该容器。

（3）检查网络栈。

首先执行 ip addr show 命令检查所有网络接口，可以发现并没有新的网络接口创建。然后执行以下命令查看绑定到 80 端口的是哪个进程：

```
[root@host-a ~]# netstat -tulpn | grep :80
tcp    0   0 0.0.0.0:80       0.0.0.0:*          LISTEN    4523/nginx: master
```

结果表明当前主机上侦听 80 端口的正是 nginx 容器。

（4）执行以下命令，停止容器。由于在容器创建时使用了--rm 选项，容器会在停止时自动删除。

```
docker container stop my_nginx
```

4. 相关的网络配置

采用 host 模式，容器将共享主机的网络栈，主机的所有接口将对容器可用。容器的主机名将与主机系统上的主机名匹配。注意选项--mac-address 在 host 模式时无效。

甚至在 host 模式下，容器默认有它自己的 UTS（UNIX Time-sharing System）名称空间。这种名称空间提供了主机名和域名的隔离，这一特性在 Docker 容器技术中被用到，使得 Docker 容器在网络上被视作一个独立的节点，而不仅仅是主机上的一个进程。Docker 利用 UTS，让每个镜像可以以本身所提供的服务名称来命名镜像的主机名，且不会对 Docker 主机产生任何影响，由此达到主机名和域名的隔离效果，因此在主机网络中可以使用--hostname 选项在容器中更改主机。与--hostname 类似的--add-host、--dns、--dns-search 和--dns-opt 选项也可用于 host 模式中。这些选项将更新容器中的/etc/hosts 或/etc/resolv.conf 文件，但是不会更改主机中的/etc/hosts 和/etc/resolv.conf 文件。

4.2.3　使用 none 网络模式

将网络设置为 none 模式，容器将无法与外部通信。容器仍然会有一个回环接口，不过没有外部流量的路由。这种网络模式可用于启动没有任何网络设备的容器。

1. 概述

顾名思义，none 就是什么都没有。使用 none 模式，Docker 容器拥有自己的网络名称空间，但是并不会为 Docker 容器进行任何网络配置，构造任何网络环境，如图 4-5 所示。

Docker 容器内部只能使用回环网络接口（Linux 中名为 lo），即使用 IP 地址为 127.0.0.1 的本机网络，也不会再有网卡、IP 地址、路由等其他网络资源。当然管理员自己可以为 Docker 容器添加网卡、配置 IP 地址等。

这种模式将容器放置在它自己的网络栈中，但是并不进行任何配置，实际上是关闭了容器的网络功能。

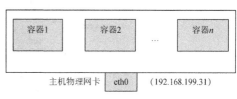

图 4-5　none 网络模式

2. 应用场合

none 网络模式还是有应用场合的。有些容器并不需要网络，如只需要写磁盘卷的批处理任务，还有自定义网络的情形有时也可以选择这种模式。

封闭意味着隔离，一些对安全性要求高并且不需要联网的应用可以使用 none 网络模式。比如某个容器的唯一用途是生成随机密码，就可以放到 none 网络中，可避免密码被窃取。

3. 配置示例

如果要完全关闭容器中的网络栈，可以在创建容器时使用选项 --network none 来指定该容器使用 none 网络，这种情形在容器中只会创建回环设备。下面的例子演示了这一点。

（1）使用如下命令，创建容器：

```
docker run --rm -dit  --network none  --name no-net-alpine  alpine:latest ash
```

（2）通过在容器内执行常见的网络命令查看容器的网络栈：

```
[root@host-a ~]# docker exec no-net-alpine ip link show
1: lo: <LOOPBACK,UP,LOWER_UP> mtu 65536 qdisc noqueue state UNKNOWN qlen 1000
    link/loopback 00:00:00:00:00:00 brd 00:00:00:00:00:00 00:00:00:00:00:00:00:00:0
0:00:00:00:00:00:00
```

这表明只有一个 lo 接口，没有创建 eth0。

```
[root@host-a ~]# docker exec no-net-alpine ip route
```

返回的结果为空，这表明没有路由表。

（3）停止容器。因为在容器创建时使用了 --rm 选项，容器会在停止时自动删除。

```
docker stop no-net-alpine
```

4.2.4　使用 container 网络模式

这种模式会重用另一个容器的网络名称空间。通常来说，当要自定义网络栈时，该模式是很有用的。实际上，该模式也是 Kubernetes（一个开源的、用于管理云平台中多个主机上的容器化的应用）所使用的网络模式。

1. 概述

container 是 Docker 中一种较为特别的网络模式。采用此模式的 Docker 容器会共享其他容器的网络环境，因此，至少这两个容器之间不存在网络隔离，而这两个容器又与主机以及除此之外其他的容器存在网络隔离。

如图 4-6 所示，该模式指定新创建的容器和已经存在的一个容器共享同一个网络名称空间。新创建的容器不会创建自己的网卡、配置自己的 IP 地址，而是和一个指定的容器共享 IP 地址、端口范围等。同样，两个容器除了在网络方面，其他方面如文件系统、进程列表等还是相互隔离的。两个容器的进程可以通过回环网卡设备（lo）进行通信。

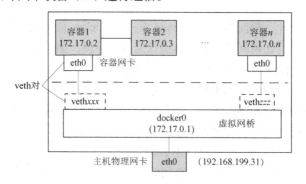

图 4-6　container 网络模式

这种网络模式主要用于容器和容器之间频繁交流的情况。

2. 配置示例

下面的示例演示容器如何使用 container 网络模式。

首先启动一个 redis 容器,绑定在 localhost 接口,执行如下命令:

```
[root@host-a ~]# docker run -d --name redis redis --bind 127.0.0.1
```

然后运行另一个容器,执行 redis-cli 命令,通过 localhost 接口连接 redis 服务器:

```
[root@host-a ~]# docker run --rm -it --network container:redis pataquets/redis-cli -h
127.0.0.1
127.0.0.1:6379>
```

这将使用 redis 容器的网络栈来访问 localhost。可以通过以下命令查看 redis 容器的网络栈进行验证:

```
[root@host-a ~]# docker inspect --format='{{json .NetworkSettings }}' redis
{"Bridge":"","SandboxID":"57c741de0e273fcb3b55166ea95659b09a62a22082c5ef6a22795496626
98429","HairpinMode":false,"LinkLocalIPv6Address":"","LinkLocalIPv6PrefixLen":0,"Ports":{
"6379/tcp":null},"SandboxKey":"/var/run/docker/netns/57c741de0e27","SecondaryIPAddresses":
null,"SecondaryIPv6Addresses":null,"EndpointID":"408cb7b547b915c8605bac4cfbbe8c0b2df14742
6367891a8fe0f18d75d4c1f2","Gateway":"172.17.0.1","GlobalIPv6Address":"","GlobalIPv6Prefix
Len":0,"IPAddress":"172.17.0.3","IPPrefixLen":16,"IPv6Gateway":"","MacAddress":"02:42:ac:
11:00:03","Networks":{"bridge":{"IPAMConfig":null,"Links":null,"Aliases":null,"NetworkID":
"2b276572017ed34033f7a58cefbf5c917c46f45b473512cd09f85c14516e6a13","EndpointID":"408cb7b5
47b915c8605bac4cfbbe8c0b2df147426367891a8fe0f18d75d4c1f2","Gateway":"172.17.0.1","IPAddre
ss":"172.17.0.3","IPPrefixLen":16,"IPv6Gateway":"","GlobalIPv6Address":"","GlobalIPv6Pref
ixLen":0,"MacAddress":"02:42:ac:11:00:03","DriverOpts":null}}}
```

结果显示,第 2 个容器使用了 container 网络模式,因此和第 1 个容器具有相同的 IP 地址 172.17.0.3。

3. 相关的网络配置

采用 container 网络模式时,容器将共享另一个容器的网络栈。需要以--network container:的格式提供另一个容器的名称。选项--add-host、--hostname、--dns、--dns-search、--dns-opt 和--mac-address 在 container 网络模式中是无效的,选项--publish、--publish-all 和--expose 在 container 网络模式下同样是无效的。

4.2.5 用户自定义桥接网络

管理员可以使用 Docker 网络驱动或外部网络驱动插件创建一个自定义的网络,然后将多个容器连接到同一个自定义网络中。连接到用户自定义网络的容器之间只需要使用对方的 IP 地址或名称就能相互通信。

Docker 本身内置 bridge 网络驱动,可以用来创建自定义桥接网络。生产环境中应使用用户自定义桥接网络,不推荐使用默认桥接网络。

1. 用户自定义桥接网络和默认桥接网络的区别

(1)用户自定义桥接网络提供了容器化应用之间更好的隔离和互操作性

连接到同一个用户自定义桥接网络的容器会自动互相暴露所有端口,并且不会将端口暴露到外部。这让容器化应用之间的相互通信更容易,而不会意外地对外部开放访问。

假设一个应用包含 Web 前端和数据库后端。外部网络需要访问 Web 前端(可能是 80 端口),但是只有后端本身需要访问数据库主机和端口。使用用户自定义桥接网络,只需要开放前端的 Web 端口,数据库应用不需要开启任何端口,因为 Web 前端可以通过用户自定义桥接网络直接访问它。

如果在默认桥接网络上运行同一个应用栈,需要同时打开 Web 前端和数据库后端的端口,每个容器都需要使用-p 或--publish 选项定义端口。这意味着 Docker 主机需要通过其他方式来限制对数据库后端端口的访问。

（2）用户自定义桥接网络提供了容器间自动 DNS 解析

默认桥接网络上的容器只能通过 IP 地址互相访问，除非使用--link 选项建立容器连接，这是可能要被弃用的传统方式。在用户自定义桥接网络中，容器之间可以通过容器名称或别名互相访问。

这里还是沿用上面的例子进行分析。假使容器名称分别为 web 和 db，不管这个应用栈在哪个 Docker 主机上运行，web 容器都可以通过 db 这个名称连接到 db 容器。

如果在默认桥接网络上运行相同的应用栈，则需要手工创建容器之间的连接（使用传统--link 选项）。这些连接需要双向创建，所以当需要通信的容器数超过 2 时复杂度会增加。还有一种方案是编辑容器内的/etc/hosts 配置文件，但这会带来难以调试的问题。

（3）容器可以在运行时与用户自定义桥接网络连接或断开

在一个容器的生命周期中，可以在容器运行时将容器与用户自定义桥接网络连接或断开。容器要断开与默认桥接网络的连接，需要停止容器并使用不同的网络选项重新创建该容器。

（4）可为每个用户自定义桥接网络创建一个可配置的网桥

如果容器使用默认桥接网络，可以对它进行配置，但是所有容器都使用了相同设置，例如最大传输单元（Maximum Transmission Unit，MTU）和 iptables 规则。此外，对默认桥接网络进行配置是通过配置文件实现的，并不是由 Docker 本身进行的，需要重启 Docker 守护进程。

用户自定义桥接网络是通过 docker network create 命令创建和配置的。如果应用程序的不同分组有不同的网络需求，可单独为每个用户配置自定义网桥，就像单独创建网桥一样。

（5）默认桥接网络中连接的容器可以共享环境变量

起初在两个容器之间共享环境变量的唯一方法是使用--link 选项建立容器连接，在用户自定义桥接网络中这类共享方式是无法使用的，不过共享环境变量还有以下几种更好的方式。

- 多个容器使用 Docker 卷挂载包含共享信息的一个文件或目录。
- 通过 docker-compose 命令同时启动多个容器，由 Compose 文件定义共享变量。
- 使用 Swarm 集群服务代替单个容器，共享机密数据和配置数据。

连接到同一个用户自定义桥接网络的容器可以有效地将所有端口暴露给对方。要让不同网络上的容器或非 Docker 主机访问到容器的某端口，该端口必须使用-p 或--publish 选项对外进行发布。

2. 管理用户自定义桥接网络

通过 docker network create 命令创建用户自定义桥接网络，命令如下：

```
docker network create my-net
```

可以指定子网、IP 地址范围、网关和其他选项。

通过 docker network rm 命令删除用户自定义桥接网络，命令如下：

```
docker network rm my-net
```

如果容器仍然连接到该网络，需要先断开连接。

当创建或删除用户自定义桥接网络，或将容器从用户自定义桥接网络连接或断开，Docker 使用特定于操作系统的工具来管理底层网络架构（例如，增删网桥设备或配置 Linux 上的 iptables 规则）。这些细节应在具体实现时加以考虑，而 Docker 本身就能管理好用户自定义桥接网络。

3. 将容器连接到用户自定义桥接网络

创建新容器时可以通过--network 选项来指定要连接的用户自定义桥接网络。下面的例子将 nginx 容器连接到 my-net 网络，同时还将容器的 80 端口发布到 Docker 主机的 8080 端口，这样外部的客户端就可以访问这个端口了。连接到 my-net 网络的任何其他容器都可以访问 my-nginx 容器的所有端口，反之亦然。

```
docker create --name my-nginx  --network my-net  --publish 8080:80  nginx:latest
```

使用 docker network connect 命令将正在运行的容器连接到已经存在的用户自定义桥接网络。下面的命令将运行中的 my-nginx 容器连接到已经存在的 my-net 网络：

```
docker network connect my-net my-nginx
```

4. 断开容器到用户自定义桥接网络的连接

使用 docker network disconnect 命令断开正在运行的容器到一个用户自定义桥接网络的连接。下面的命令将会断开 my-nginx 容器到 my-net 网络的连接：

```
docker network disconnect my-net my-nginx
```

5. 通过示例验证分析用户自定义桥接网络的使用

例中在同一 Docker 主机上启动两个不同的 alpine 容器，但是要连接到一个已经创建的用户自定义桥接网络（这里名为 alpine-net），而不连接到默认桥接网络。然后启动第 3 个 alpine 容器并连接到默认桥接网络（默认名为 bridge）而不是 alpine-net，再启动第 4 个 alpine 容器并同时连接到这两个网络。

（1）使用如下命令创建用户自定义的 alpine-net 网络：

```
docker network create --driver bridge alpine-net
```

这里可以不用选项 --driver bridge 设置 bridge 驱动，因为它是 Docker 默认的网络驱动。

（2）使用如下命令，列出 Docker 主机上的网络：

```
[root@host-a ~]# docker network ls
NETWORK ID          NAME                DRIVER              SCOPE
b7e04aa142dc        alpine-net          bridge              local
2b276572017e        bridge              bridge              local
a05b17b3489d        host                host                local
9f1450019019        none                null                local
```

使用如下命令，查看 alpine-net 网络的详细信息，显示其 IP 地址，可以看出目前没有任何容器连接到它：

```
[root@host-a ~]# docker network inspect alpine-net
[
    {
        "Name": "alpine-net",
        "Id": "b7e04aa142dc1e175511d162f4e1b6c42ba694456629141304d8e7021b134cd1",
        "Created": "2018-10-25T16:55:58.958207634+08:00",
        "Scope": "local",
        "Driver": "bridge",
        "EnableIPv6": false,
        "IPAM": {
            "Driver": "default",
            "Options": {},
            "Config": [
                {
                    "Subnet": "172.18.0.0/16",
                    "Gateway": "172.18.0.1"
                }
            ]
        },
        "Internal": false,
        "Attachable": false,
        "Ingress": false,
        "ConfigFrom": {
```

```
        "Network": ""
    },
    "ConfigOnly": false,
    "Containers": {},
    "Options": {},
    "Labels": {}
    }
]
```

注意这个网络的网关是 172.18.0.1（在不同的网络环境该 IP 地址有所不同），而默认桥接网络 bridge 的网关是 172.17.0.1。

（3）分别创建 4 个 alpine 容器。注意命令中选项--network 的使用。在 docker run 命令中仅能连接一个网络，因此需要随后使用 docker network connect 命令将 alpine4 容器连接到默认桥接网络，创建 4 个 alpine 容器的命令如下：

```
[root@host-a ~]# docker run -dit --name alpine1 --network alpine-net alpine ash
7db011fe06046142ad359cbd323f1ffd17632f7bc649438f2ab7526e6fa8ea66
[root@host-a ~]# docker run -dit --name alpine2 --network alpine-net alpine ash
6f8b7570ef2771965e0eb4fe301c63122010a9aaa52b97e295fbdaf8edb67403
[root@host-a ~]# docker run -dit --name alpine3 alpine ash
c22302890a02d3c2a9c8c59891f9178342ac65d0e764c8efd3a7dd9614a0ceb6
[root@host-a ~]# docker run -dit --name alpine4 --network alpine-net alpine ash
c161363c3111ccd0f2ad0cbb5b90b536f1afe503918cf8187d75900ccaf0c50e
[root@host-a ~]# docker network connect bridge alpine4
```

使用如下命令查看所有正在运行的容器：

```
[root@host-a ~]# docker container ls
CONTAINER ID   IMAGE    COMMAND    CREATED            STATUS             PORTS      NAMES
c161363c3111   alpine   "ash"      About a minute ago Up About a minute             alpine4
c22302890a02   alpine   "ash"      About a minute ago Up About a minute             alpine3
6f8b7570ef27   alpine   "ash"      About a minute ago Up About a minute             alpine2
7db011fe0604   alpine   "ash"      About a minute ago Up About a minute             alpine1
```

（4）分别查看 bridge 网络和 alpine-net 网络的详细信息。

查看 bridge 网络的详细信息的命令及结果如下：

```
[root@host-a ~]# docker network inspect bridge
[
    {
        "Name": "bridge",
        "Id": "2b276572017ed34033f7a58cefbf5c917c46f45b473512cd09f85c14516e6a13",
        "Created": "2018-10-25T10:25:22.923118696+08:00",
        "Scope": "local",
        "Driver": "bridge",
        "EnableIPv6": false,
        "IPAM": {
            "Driver": "default",
            "Options": null,
            "Config": [
                {
                    "Subnet": "172.17.0.0/16",
                    "Gateway": "172.17.0.1"
                }
            ]
        },
        "Internal": false,
        "Attachable": false,
        "Ingress": false,
```

```
        "ConfigFrom": {
            "Network": ""
        },
        "ConfigOnly": false,
        "Containers": {
            "c161363c3111ccd0f2ad0cbb5b90b536f1afe503918cf8187d75900ccaf0c50e": {
                "Name": "alpine4",
                "EndpointID": "21c566bc55df013bfc998b9c725adeae3e522b72ef72b1418b3e28895
ce95fba",
                "MacAddress": "02:42:ac:11:00:03",
                "IPv4Address": "172.17.0.3/16",
                "IPv6Address": ""
            },
            "c22302890a02d3c2a9c8c59891f9178342ac65d0e764c8efd3a7dd9614a0ceb6": {
                "Name": "alpine3",
                "EndpointID": "be4cdab576ac2d79c0f984645f7609d988578b62c65b58a836ed3146a
d9fb8c9",
                "MacAddress": "02:42:ac:11:00:02",
                "IPv4Address": "172.17.0.2/16",
                "IPv6Address": ""
            }
        },
        "Options": {
            "com.docker.network.bridge.default_bridge": "true",
            "com.docker.network.bridge.enable_icc": "true",
            "com.docker.network.bridge.enable_ip_masquerade": "true",
            "com.docker.network.bridge.host_binding_ipv4": "0.0.0.0",
            "com.docker.network.bridge.name": "docker0",
            "com.docker.network.driver.mtu": "1500"
        },
        "Labels": {}
    }
]
```

这说明容器 alpine3 和容器 alpine4 连接到了 bridge 网络。

查看 alpine-net 网络的详细信息的命令及结果如下：

```
[root@host-a ~]# docker network inspect alpine-net
[
    {
        "Name": "alpine-net",
        "Id": "b7e04aa142dc1e175511d162f4e1b6c42ba694456629141304d8e7021b134cd1",
        "Created": "2018-10-25T16:55:58.958207634+08:00",
        "Scope": "local",
        "Driver": "bridge",
        "EnableIPv6": false,
        "IPAM": {
            "Driver": "default",
            "Options": {},
            "Config": [
                {
                    "Subnet": "172.18.0.0/16",
                    "Gateway": "172.18.0.1"
                }
            ]
        },
        "Internal": false,
```

```
            "Attachable": false,
            "Ingress": false,
            "ConfigFrom": {
                "Network": ""
            },
            "ConfigOnly": false,
            "Containers": {
                "6f8b7570ef2771965e0eb4fe301c63122010a9aaa52b97e295fbdaf8edb67403": {
                    "Name": "alpine2",
                    "EndpointID": "1b79c4db63e92175e9f9d7df6433fcad161101ae673686adf0bcecfe9
8f024a6",
                    "MacAddress": "02:42:ac:12:00:03",
                    "IPv4Address": "172.18.0.3/16",
                    "IPv6Address": ""
                },
                "7db011fe06046142ad359cbd323f1ffd17632f7bc649438f2ab7526e6fa8ea66": {
                    "Name": "alpine1",
                    "EndpointID": "9ed8beb90115a2c08db9efb560e508532bff984b854c3a74f96e97976
86e766c",
                    "MacAddress": "02:42:ac:12:00:02",
                    "IPv4Address": "172.18.0.2/16",
                    "IPv6Address": ""
                },
                "c161363c3111ccd0f2ad0cbb5b90b536f1afe503918cf8187d75900ccaf0c50e": {
                    "Name": "alpine4",
                    "EndpointID": "caa33e406a9e6a18c7de3119d9ae650002f45a81aa90d22e705c21587
2daf2fb",
                    "MacAddress": "02:42:ac:12:00:04",
                    "IPv4Address": "172.18.0.4/16",
                    "IPv6Address": ""
                }
            },
            "Options": {},
            "Labels": {}
        }
    ]
```

这说明容器 alpine1、alpine2 和 alpine4 连接到了 alpine-net 网络。

（5）在自定义网络中，容器不仅能通过 IP 地址进行通信，而且能将容器名解析到 IP 地址。这种功能称为自动服务发现（automatic service discovery）。接下来连接到 alpine1 容器测试此功能，例子中 alpine1 应能将 alpine2、alpine4 以及 alpine1 自己解析到 IP 地址，结果如下：

```
[root@host-a ~]# docker container attach alpine1
/ # ping -c 2 alpine2
PING alpine2 (172.18.0.3): 56 data bytes
64 bytes from 172.18.0.3: seq=0 ttl=64 time=0.388 ms
64 bytes from 172.18.0.3: seq=1 ttl=64 time=0.166 ms

--- alpine2 ping statistics ---
2 packets transmitted, 2 packets received, 0% packet loss
round-trip min/avg/max = 0.166/0.277/0.388 ms
/ # ping -c 2 alpine4
PING alpine4 (172.18.0.4): 56 data bytes
64 bytes from 172.18.0.4: seq=0 ttl=64 time=0.076 ms
64 bytes from 172.18.0.4: seq=1 ttl=64 time=0.232 ms

--- alpine4 ping statistics ---
```

```
2 packets transmitted, 2 packets received, 0% packet loss
round-trip min/avg/max = 0.076/0.154/0.232 ms
/ # ping -c 2 alpine1
PING alpine1 (172.18.0.2): 56 data bytes
64 bytes from 172.18.0.2: seq=0 ttl=64 time=0.143 ms
64 bytes from 172.18.0.2: seq=1 ttl=64 time=0.173 ms

--- alpine1 ping statistics ---
2 packets transmitted, 2 packets received, 0% packet loss
round-trip min/avg/max = 0.143/0.158/0.173 ms
```

（6）从 alpine1 容器不能连通 alpine3 容器，这是因为 alpine3 容器不在 alpine-net 网络中，结果如下：

```
/ # ping -c 2 alpine3
PING alpine3 (123.129.254.12): 56 data bytes

--- alpine3 ping statistics ---
2 packets transmitted, 0 packets received, 100% packet loss
```

不仅如此，也不能通过 IP 地址从 alpine1 容器连通 alpine3。查看之前显示的 bridge 网络详细信息，就会发现 alpine3 的 IP 地址是 172.17.0.2，尝试 ping 该 IP 地址：

```
/ # ping -c 2 172.17.0.2
PING 172.17.0.2 (172.17.0.2): 56 data bytes

--- 172.17.0.2 ping statistics ---
2 packets transmitted, 0 packets received, 100% packet loss
```

离开 alpine1 容器而不停止它，方法是按下组合键 Ctrl+P+Q。

（7）注意容器 alpine4 同时连接到默认的 bridge 网络和自定义的 alpine-net 网络。它可以访问所有其他容器，只是访问 alpine3 需要通过它的 IP 地址。连接到 alpine4 并进行下列测试：

```
[root@host-a ~]# docker container attach alpine4
/ # ping -c 2 alpine1
PING alpine1 (172.18.0.2): 56 data bytes
64 bytes from 172.18.0.2: seq=0 ttl=64 time=0.411 ms
64 bytes from 172.18.0.2: seq=1 ttl=64 time=0.224 ms

--- alpine1 ping statistics ---
2 packets transmitted, 2 packets received, 0% packet loss
round-trip min/avg/max = 0.224/0.317/0.411 ms
/ # ping -c 2 alpine2
PING alpine2 (172.18.0.3): 56 data bytes
64 bytes from 172.18.0.3: seq=0 ttl=64 time=0.290 ms
64 bytes from 172.18.0.3: seq=1 ttl=64 time=0.218 ms

--- alpine2 ping statistics ---
2 packets transmitted, 2 packets received, 0% packet loss
round-trip min/avg/max = 0.218/0.254/0.290 ms
/ # ping -c 2 alpine3
PING alpine3 (123.129.254.12): 56 data bytes

--- alpine3 ping statistics ---
2 packets transmitted, 0 packets received, 100% packet loss
/ # ping -c 2 172.17.0.2
PING 172.17.0.2 (172.17.0.2): 56 data bytes
64 bytes from 172.17.0.2: seq=0 ttl=64 time=0.439 ms
64 bytes from 172.17.0.2: seq=1 ttl=64 time=0.260 ms
```

```
--- 172.17.0.2 ping statistics ---
2 packets transmitted, 2 packets received, 0% packet loss
round-trip min/avg/max = 0.260/0.349/0.439 ms
/ # ping -c 2 alpine4
PING alpine4 (172.18.0.4): 56 data bytes
64 bytes from 172.18.0.4: seq=0 ttl=64 time=0.143 ms
64 bytes from 172.18.0.4: seq=1 ttl=64 time=0.058 ms

--- alpine4 ping statistics ---
2 packets transmitted, 2 packets received, 0% packet loss
round-trip min/avg/max = 0.058/0.100/0.143 ms
/ #
```

（8）最后通过 ping 一个 Internet 网址以证明可以连接到外网。由于已经连接到 alpine4 容器，可以从它开始测试，然后离开 alpine4 容器再连接到 alpine3 容器（仅连接到 bridge 网络）进行尝试。最后连接到 alpine1 容器（仅连接 alpine-net 网络）测试，测试过程及结果如下：

```
/ # ping -c 2 baidu.com
PING baidu.com (220.181.57.216): 56 data bytes
64 bytes from 220.181.57.216: seq=0 ttl=50 time=30.332 ms
64 bytes from 220.181.57.216: seq=1 ttl=50 time=30.182 ms

--- baidu.com ping statistics ---
2 packets transmitted, 2 packets received, 0% packet loss
round-trip min/avg/max = 30.182/30.257/30.332 ms
按组合键 Ctrl+P+Q
/ # read escape sequence
[root@host-a ~]# docker container attach alpine3
/ # ping -c 2 baidu.com
PING baidu.com (123.125.115.110): 56 data bytes
64 bytes from 123.125.115.110: seq=0 ttl=54 time=16.011 ms
64 bytes from 123.125.115.110: seq=1 ttl=54 time=14.901 ms

--- baidu.com ping statistics ---
2 packets transmitted, 2 packets received, 0% packet loss
round-trip min/avg/max = 14.901/15.456/16.011 ms
按组合键 Ctrl+P+Q
/ # read escape sequence
[root@host-a ~]# docker container attach alpine1
/ # ping -c 2 baidu.com
PING baidu.com (123.125.115.110): 56 data bytes
64 bytes from 123.125.115.110: seq=0 ttl=54 time=15.598 ms
64 bytes from 123.125.115.110: seq=1 ttl=54 time=15.141 ms

--- baidu.com ping statistics ---
2 packets transmitted, 2 packets received, 0% packet loss
round-trip min/avg/max = 15.141/15.369/15.598 ms
按组合键 Ctrl+P+Q
/ # read escape sequence
```

（9）停止并删除上述所有容器和 alpine-net 网络，完成实验环境的清理，执行如下命令：

```
docker container stop alpine1 alpine2 alpine3 alpine4
docker container rm alpine1 alpine2 alpine3 alpine4
docker network rm alpine-net
```

4.3 容器与外部的网络通信

默认情况下，容器可以主动访问外部网络，但是从外部网络无法访问容器。可以根据情况来调整配置，实现容器与外部的网络通信。

4.3.1 容器访问外部网络

1. 启用容器到外部的访问

容器访问外部网络，需要将流量转发到外部，首先要保证 Docker 主机系统已开启容器到外部的访问，这涉及以下两个设置（在 Linux 系统上安装 Docker 时默认已设置好）。

（1）配置 Linux 内核以允许 IP 转发。

执行以下命令在 Linux 系统中检查 net.ipv4.conf.all.forwarding 系统参数：

```
[root@host-a ~]# sysctl net.ipv4.conf.all.forwarding
net.ipv4.conf.all.forwarding = 1
```

值为 1 时说明已经启用内核 IP 转发，值为 0 时说明未启用该功能，可通过以下命令更改：

```
sysctl -w net.ipv4.conf.all.forwarding=1
```

当然也可以在启动 Docker 服务时，通过提供设置选项--ip-forward=true 来启用 IP 转发；还可以编辑/etc/default/docker 配置文件，在 DOCKER_OPTS 选项中设置。

（2）确认 iptables 默认的 FORWARD 策略设置为"ACCEPT"，执行以下命令：

```
iptables -L FORWARD
```

如果返回的结果包含"Chain FORWARD (policy ACCEPT)"，则说明已经设置好，否则需要更改设置，可执行以下命令来实现：

```
iptables -P FORWARD ACCEPT
service iptables save
```

2. 通过 NAT 实现容器到外部的访问

使用默认桥接网络的容器通过 NAT 方式实现到外部的访问，具体是通过 iptables 的源地址伪装操作实现的。

可以通过查看 Docker 主机的 nat 表上 POSTROUTING 链的规则进行验证，结果如下：

```
[root@host-a ~]# iptables -t nat -S  POSTROUTING
-P POSTROUTING ACCEPT
-A POSTROUTING -s 172.17.0.0/16 ! -o docker0 -j MASQUERADE
-A POSTROUTING -s 192.168.122.0/24 -d 224.0.0.0/24 -j RETURN
-A POSTROUTING -s 192.168.122.0/24 -d 255.255.255.255/32 -j RETURN
-A POSTROUTING -s 192.168.122.0/24 ! -d 192.168.122.0/24 -p tcp -j MASQUERADE --to-ports
1024-65535
```

POSTROUTING 链包含的是路由后的规则，负责包在离开防火墙主机之前改写其源地址。以上结果中第 2 条规则就是规定通过默认网桥 docker0 转发到外部的流量的 NAT 规则：将所有源地址在 172.17.0.0/16 网段，目标地址是外网（!-o docker0）的流量交由 MASQUERADE（动态伪装）处理，MASQUERADE 将包的源地址替换成 Docker 主机的 IP 地址再发送出去，从而实现网络地址转换。与传统的源地址转换（Source NAT，SNAT）相比，MASQUERADE 能从网络接口动态获取地址。

Docker 主机上 NAT 转换过程如图 4-7 所示。

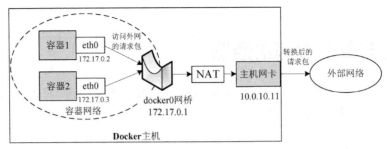

图 4-7　Docker 主机上 NAT 转换过程

下面来看一下自定义网桥的情况。创建一个自定义的网桥后，查看 Docker 主机 nat 表上 POSTROUTING 链的规则进行验证，结果如下：

```
[root@host-a ~]# iptables -t nat -S  POSTROUTING
-P POSTROUTING ACCEPT
-A POSTROUTING -s 172.18.0.0/16 ! -o br-a80e7c80b319 -j MASQUERADE
-A POSTROUTING -s 172.17.0.0/16 ! -o docker0 -j MASQUERADE
（以下省略）
```

可以发现，Docker 也为通过自定义网桥转发到外部的流量提供了 NAT 规则。

注意：由于 NAT 模式是三层网络上的实现手段，因此会影响网络的传输效率。

4.3.2　从外部网络访问容器

不同容器网络之间的流量和从 Docker 主机进入容器的流量都要经过防火墙，这是 Docker 的一个基本安全措施，旨在保护容器免受来自外部网络和其他容器的威胁。默认情况下，创建的容器不会将其任何端口对外发布，从容器外部是无法访问容器内部的网络应用和服务的。要从外部访问容器内的应用必须要有明确的授权，是通过内部端口映射来实现的。要让容器能够被外部网络（Docker 主机外部）或者那些未连接到该容器的网络上的 Docker 主机访问，就要在通过 docker run 命令创建容器时使用选项-p（--publish）或-P（--publish-all）进行设置，将会创建一个 iptables 防火墙规则，将容器的一个端口映射到 Docker 主机上的一个端口，允许外部网络通过该端口访问容器。这种端口映射也是一种 NAT 实现。

1. 使用选项-p 发布特定端口

通过 docker run 命令创建容器时使用选项-p 将一个或多个特定的容器端口绑定到 Docker 主机上。可以多次使用选项-p 进行任意数量的端口映射。该选项有多种形式的参数，可实现不同的端口映射。

（1）映射主机上所有网络接口的地址

采用以下形式的参数，会将容器端口映射到主机上所有网络接口的所有 IP 地址的端口（参数中的主机端口）：

```
-p 主机端口:容器端口
```

例如，-p 8080:80 会将容器的 80 端口映射到 Docker 主机上所有 IP 地址的 8080 端口。

（2）映射指定地址的指定端口

采用以下形式的参数，会将端口映射到特定的主机 IP 地址：

```
-p 主机 IP 地址:主机端口:容器端口
```

例如-p 192.168.1.100:80:5000 会将容器的 5000 端口映射到主机上 IP 地址为 192.168.1.100 的 80 端口。

（3）映射指定地址的任一端口

采用以下形式的参数，会将容器的端口映射到主机特定 IP 地址的任意端口：

```
-p 主机 IP 地址: :容器端口
```

例如,-p 127.0.0.1::5000 将容器的 5000 端口映射到主机上地址为 127.0.0.1 的任意端口(由 Docker 守护进程自动分配)。

（4）自动分配主机端口

选项-p 的参数中可以忽略主机 IP 地址或主机端口，但是必须要指定需要发布的容器端口，也就是说，可以采用以下形式将容器的端口映射到主机任意 IP 地址的任意端口：

```
-p 容器端口
```

这种方式没有显式指定主机端口， Docker 会自动选择一个主机端口，对于一台 Docker 主机上要发布很多容器的情形，可以有效地避免主机上的端口冲突。

（5）发布 UDP 端口

默认发布的都是 TCP 端口。如果需要发布 UDP 端口，需要在选项-p 的参数的末尾部分加上 "/udp"。例如，-p 8080:80/udp 将容器的 UDP 80 端口映射到 Docker 主机的 UDP 8080 端口。

当然还可以同时发布 TCP 和 UDP 端口。例如，-p 8080:80/tcp -p 8080:80/udp 将容器的 TCP 80 端口和 UDP 80 端口映射到 Docker 主机的 TCP 8080 端口和 UDP 8080 端口，其中 "/tcp"是可选的。

2. 验证端口映射的 NAT 过程

先来执行以下命令创建一个通过端口映射发布 http 服务的容器：

```
docker run --rm -d -p 8080:80 httpd
```

容器启动后，可通过 docker ps 命令查看到映射的端口。其中 httpd 容器的 80 端口被映射到主机上的 8080 端口，这样就可以通过 <主机 IP>:<8080> 访问容器的 Web 服务了。

```
[root@host-a ~]# docker ps
CONTAINER ID  IMAGE  COMMAND             CREATED        STATUS        PORTS                   NAMES
61b66f073462  httpd  "httpd-foreground"  6 seconds ago  Up 5 seconds  0.0.0.0:8080->80/tcp heuri
stic_swirles
```

对外发布端口其实也是在 Docker 主机的 iptables 的 nat 表中添加相应的规则，将访问外部 IP 地址的包进行目标地址转换（Destination NAT，DNAT），将目标地址修改为容器的 IP 地址。执行以下命令查看相应的 iptables 规则：

```
iptables -t nat -S
```

例中结果如下（仅列出相关的）：

```
-A PREROUTING -m addrtype --dst-type LOCAL -j DOCKER
-A POSTROUTING -s 172.17.0.2/32 -d 172.17.0.2/32 -p tcp -m tcp --dport 80 -j MASQUERADE
-A DOCKER ! -i docker0 -p tcp -m tcp --dport 8080 -j DNAT --to-destination 172.17.0.2:80
```

可以看到，nat 表中目标地址转换涉及两个链，PREROUTING 链负责包到达网络接口时改写其目的地址，例中，规则将所有流量都转到 DOCKER 链。而 DOCKER 链中的 "! -i docker0"表示所有不是从 docker0 进来的包(意味着不是本地主机产生的)，这些目标端口为 8080 的包将被修改为目标地址为 172.17.0.2 和目标端口为 80 的包。

nat 表中还有一个 POSTROUTING 链中的规则，用于将容器对外部访问返回的结果传回外部网络。

另外，对于每一个映射的端口，Docker 主机都会启动一个 docker-proxy 进程来处理访问容器的流量，查看以下验证结果：

```
[root@host-a ~]# ps -ef | grep docker-proxy
root      4049   1077  0 16:19 ?        00:00:00 /usr/bin/docker-proxy -proto tcp -host-
ip 0.0.0.0 -host-port 8080 -container-ip 172.17.0.2 -container-port 80
root      4294   2866  0 16:47 pts/0    00:00:00 grep --color=auto docker-proxy
```

端口映射的包转换过程如图 4-8 所示。

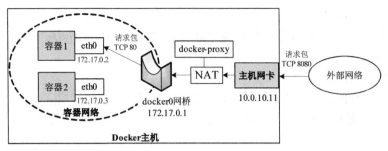

图 4-8　端口映射的包转换过程

3. 查看端口映射配置

docker port 是专门的端口映射查看命令，可以列出容器当前所有的端口映射或指定的映射，其用法如下：

```
docker port CONTAINER [PRIVATE_PORT[/PROTO]]
```

必须通过参数 CONTAINER 指定要查看端口映射的容器。参数 PRIVATE_PORT 用于指定容器发布的端口号，PROTO 用于指定端口类型（如 tcp 或 udp），这两个参数是可选的，如果不提供将列出该容器的所有端口映射，如下例所示：

```
[root@host-a ~]# docker port 61b66f073462
80/tcp -> 0.0.0.0:8080
```

结果中 80/tcp 是容器发布的端口，0.0.0.0:8080 是映射到主机上的 IP 地址和端口。

指定端口和类型后，如果没有相应的映射设置，将报错，示例如下：

```
[root@host-a ~]# docker port 61b66f073462 80/udp
Error: No public port '80/udp' published for 61b66f073462
```

当然也可通过 docker ps 命令查看映射的端口，还可以使用 docker inspect 命令查看容器的详细网络信息，这些信息位于 Config、HostConfig 和 NetworkSettings 部分。

完成上述测试后，需执行以下命令停止并删除该容器：

```
docker stop 61b66f073462
```

4. 使用选项-P 发布所有暴露的端口

通过 docker run 命令创建容器时使用选项-P 会将容器中所有暴露的端口发布到 Docker 主机上的随机的高端地址端口。

采用这种发布方式有个前提，容器中要发布的端口必须暴露出来。有两种方式可以用来暴露端口，一种是在 Dockerfile 中使用 EXPOSE 指令定义，另一种是执行 docker run 命令创建容器时使用选项--expose 指定。这两种方式作用相同，但是，运行时的--expose 选项可以接受端口范围作为参数，比如--expose=3000-3050。EXPOSE 指令和--expose 选项并不会发布端口，只是起到一种声明作用，通知 Docker 该容器可以暴露哪些端口，只需要在运行 docker run 命令时加上-P 选项，Docker 会自动创建端口映射规则将所有暴露的端口映射到 Docker 主机上的随机分配的高端地址端口，从而实现端口发布，这样还能避免端口映射的冲突。

这里创建一个使用选项-P 发布 http 服务的容器，并查看发布的端口，示例如下：

```
[root@host-a ~]# docker run --rm -d -P httpd
a35a0dc77bdaad5a6bc595e70408607b53759e5ac7dcd0dec6db5147cff36428
[root@host-a ~]# docker port a35
80/tcp -> 0.0.0.0:32769
```

以上命令中 httpd 镜像通过 EXPOSE 指令暴露了 80 端口，可以使用选项-P 发布它，上例中 Docker 自动映射的端口是 32769。再使用 docker inspect 命令查看该容器的详细信息，就会发现 Config 节给出了暴露的端口信息：

```
            "ExposedPorts": {
                "80/tcp": {}
            },
```

NetworkSettings 节会给出端口映射信息：

```
            "Ports": {
                "80/tcp": [
                    {
                        "HostIp": "0.0.0.0",
                        "HostPort": "32769"
                    }
                ]
            },
```

至于前面所讲的使用-p 选项发布特定端口，即使该端口没有用 EXPOSE 指令或--expose 选项声明暴露，Docker 也会隐式暴露这些已经发布的端口。

5．限制外部网络访问

默认情况下，所有外部源 IP 都被允许连接到 Docker 守护进程。若仅允许特定的 IP 或网络访问容器，可以在 DOCKER 过滤器链的顶部插入否定规则。例如，以下规则只允许外部 IP 地址为 192.168.0.1 的主机访问容器（ext_if 表示传入包的网络接口，下同）：

```
iptables -I DOCKER-USER -i ext_if ! -s 192.168.0.1 -j DROP
```

也可以改为允许来自子网的连接。以下规则仅允许从子网 192.168.0.0/24 进行访问：

```
iptables -I DOCKER-USER -i ext_if ! -s 192.168.0.0/24 -j DROP
```

还可以通过--src-range 选项指定 IP 地址范围（注意，在使用--src-range 选项或--dst-range 选项时需要添加-m 选项）：

```
iptables -I DOCKER-USER -m iprange -i ext_if ! --src-range 192.168.0.1-192.168.0.3 -j
DROP
```

在 Linux 上，Docker 通过 iptables 规则提供网络隔离。Docker 的所有 iptables 规则都被添加到 DOCKER 链中，不要手动修改此链表。如果需要添加在 Docker 规则之前加载的规则，则应将它们添加到 DOCKER-USER 链中，这些规则会在 Docker 自动创建任何规则之前加载。

4.4　容器之间的网络通信

容器之间的网络通信涉及多种情形，这里先简单列举几种解决方案，然后重点讲解传统的容器连接方式。

4.4.1　容器之间的网络通信的解决方案

容器之间的网络通信涉及以下几种情形。
- 默认情况下，在同一个 Docker 网络上的所有容器在所有端口上都可以相互连接。
- host 模式让所有容器都位于同一个主机网络空间，并共用主机的 IP 地址栈，该主机上的所有容器都可以通过主机的接口相互通信。
- 在用户自定义桥接网络中，容器之间可以通过名称或别名互相访问。
- 默认桥接网络（bridge 模式）不支持基于名称的服务发现和用户指定的 IP 地址，所连接的容器只能通过 IP 地址互相访问，除非创建容器时使用--link 选项建立容器连接。

- 容器之间可以通过挂载主机目录实现相互通信，这一点将在第 5 章专门讲解。
- 容器通过端口映射对外提供连接。容器本身由内部网络分配 IP 地址，创建容器时可以使用选项-P 或-p 指定要映射（对外发部）的端口。
- container 网络模式让容器共用一个 IP 网络，两个容器之间可以通过 localhost 相互通信。

创建容器时使用选项--link 是 Docker 传统的容器互联解决方案，可能会被弃用。应尽可能通过用户自定义网络实现容器之间的通信，而不要使用这种传统连接方式。值得注意的是，用户自定义网络并不支持使用--link 选项在容器之间共享环境变量，不过可以使用像卷这样的其他机制以更可控的方式在容器之间共享环境变量。

4.4.2 以传统方式建立容器连接

端口映射不是 Docker 容器之间通信的唯一方式，Docker 还提供一种连接系统，用来将多个容器连接在一起，并在容器之间发送连接信息。当容器被连接时，源容器的信息能够被发送到接收容器（也就是目的容器），让接收容器可以访问源容器所指定的数据。本节讲解 Docker 默认桥接网络中的传统容器连接方式。

1. 容器的名称信息

要以传统方式建立容器连接，Docker 需要依赖容器的名称信息。每个容器创建时会默认分配一个名称，但是为容器设置自定义名称可提供以下两个重要功能。

- 为容器自定义表示特定用途的名称更容易判断容器的功能等，如将一个 Web 应用的容器命名为 web。
- 便于 Docker 引用其他容器，例如，可以指定将容器 web 连接到容器 db。

下面是一个使用--name 选项为容器命名的例子：

```
docker run -d -P --name web training/webapp python app.py
```

这将启动一个新的容器，并使用选项--name 将容器命名为 web。可以使用 docker ps 命令查看该容器的名称信息：

```
[root@host-a ~]# docker ps -l
CONTAINER ID  IMAGE           COMMAND        CREATED      STATUS         PORTS    NAMES
aed84ee21bde  training/webapp:latest python app.py 12 hours ago  Up 2 seconds 0.0.0.
0:49154->5000/tcp  web
```

也可以使用 docker inspect 命令来查看容器的名称。

2. 通过容器连接进行通信

容器连接可以在源容器和接收容器之间建立一个安全通道，接收容器可访问源容器的数据。创建容器连接需要使用--link 选项。首先执行以下命令创建一个新的容器，这里创建一个包含数据库的容器：

```
docker run -d --name db training/postgres
```

上例将基于 training/postgres 镜像创建一个名为 db 的容器，它包含 PostgreSQL 数据库。

然后执行如下命令创建一个 web 容器并将它连接到 db 容器：

```
docker run -d -P --name web --link db:db training/webapp python app.py
```

--link 选项的基本用法如下：

```
--link <name or id>:alias
```

其中，参数 name 或 id 是源容器的名称或 ID，alias 参数是这个连接名称的别名。

--link 选项也可采用以下格式：

```
--link <name or id>
```

这种用法的连接别名与连接名称相同。上述例子可改写为：

```
docker run -d -P --name web --link db training/webapp python app.py
```

接下来使用 docker inspect 命令查看被连接的容器的详细信息：

```
[root@host-a ~]# docker inspect -f "{{ .HostConfig.Links }}" web
[/db:/web/db]
```

可以发现 web 容器现已被连接到 db 容器（web/db），它可以访问 db 容器的信息。

容器连接让一个源容器将它自身的信息提供给接收容器。例中接收容器 web 可以获取源容器 db 的信息。要实现这一点，Docker 需要在容器之间建立一个安全隧道，并且不用对外暴露任何端口。启动 db 容器时也不用使用-P 或-p 选项。这就是容器连接最大的好处，不必将源容器（例中是 PostgreSQL）暴露在网络上。

Docker 通过以下两种方式将源容器的连接信息暴露给接收容器。

- 环境变量（Environment Variables）。
- 更新/etc/hosts 文件。

3. 环境变量

连接容器时 Docker 会根据--link 选项的参数在接收容器中创建环境变量，这些环境变量的来源如下。

- 源容器的 Dockerfile 中的 ENV 指令。
- 源容器启动时 docker run 命令的-e、--env 和--env-file 选项。

这些环境变量支持通过编程从接收容器中发现与源容器相关的信息。

提示：在容器中源自 Docker 的所有环境变量对连接到它的任何容器都是可用的，理解这一点很重要。如果这些环境变量带有敏感数据，则会有严重的安全问题。

Docker 为--link 参数中列出的每个接收容器设置一个名为 "<alias>_NAME" 的环境变量。例如，一个名为 web 的新容器通过--link db:webdb 连接到容器 db 时，则 Docker 在 web 容器中创建一个变量：WEBDB_NAME=/web/webdb。

Docker 也为由源容器暴露的每个端口定义一组环境变量。每个变量有唯一的前缀，格式如下：

```
<name>_PORT_<port>_<protocol>
```

前缀中的组成部分说明如下。

- <name>是--link 参数中定义的别名，如 webdb。
- <port>是暴露的端口号。
- <protocol>是指协议类型（TCP 或 UDP）。

Docker 使用这个前缀格式来定义以下 3 个不同的环境变量。

- prefix_ADDR：地址前缀，包含来自 URL 的 IP 地址，如 WEBDB_PORT_5432_TCP_ADDR= 172.17.0.82。
- prefix_PORT：端口前缀，包含来自 URL 的端口号，如 WEBDB_PORT_5432_TCP_PORT=5432。
- prefix_PROTO：协议前缀，包括来自 URL 的协议类型，如 WEBDB_PORT_5432_TCP_PROTO=tcp。

如果容器暴露多个端口，则为每个端口定义 3 个环境变量。这就意味着，假如一个容器暴露 4 个端口，Docker 将创建 12 个环境变量。

另外，Docker 会创建一个名为 "<alias>_PORT" 的环境变量。这个变量包含源容器暴露的第 1 个端口的 URL。第 1 个端口定义为暴露端口的最低值。例如，对于变量 WEBDB_PORT=tcp://172.17.0. 82:5432，如果端口用于 tcp 和 udp，则指定 tcp。

Docker 也将来自源容器的每个 Docker 环境变量作为接收容器的环境变量。对于每个变量，Docker

在接收容器中创建一个名为"<alias>_ENV_<name>"的变量，变量值设置为启动源容器时 Docker 所用的值。

下面来看一个数据库容器实例，运行 env 命令列出指定容器的环境变量，如下所示：

```
[root@host-a ~]# docker run --rm --name web2 --link db:db training/webapp env
PATH=/usr/local/sbin:/usr/local/bin:/usr/sbin:/usr/bin:/sbin:/bin
HOSTNAME=238b3e566359
DB_PORT=tcp://172.17.0.2:5432
DB_PORT_5432_TCP=tcp://172.17.0.2:5432
DB_PORT_5432_TCP_ADDR=172.17.0.2
DB_PORT_5432_TCP_PORT=5432
DB_PORT_5432_TCP_PROTO=tcp
DB_NAME=/web2/db
DB_ENV_PG_VERSION=9.3
HOME=/root
```

可以发现，Docker 已经创建了一系列环境变量以提供关于源容器 db 的有用信息。每个变量以 DB_ 为前缀，这来自于所定义的别名。如果别名为 db1，则前缀为 DB1_。可以使用这些环境变量来配置应用程序连接到容器 db 上的数据库。连接是安全的和专用的，只有被连接的 web 容器能够与 db 容器通信。

如果重启源容器，环境变量中存储的 IP 地址不会自动更新。建议使用/etc/hosts 文件中的主机条目来解析接收容器的 IP 地址。这些变量只能在容器中的第 1 个进程中设置，一些守护进程，如 sshd，当连接产生大量 shell 时会清除它们。

4. 更新/etc/hosts 文件

除环境变量之外，Docker 还将源容器的主机条目添加到/etc/hosts 文件。下面是 Web 容器的主机条目示例：

```
[root@host-a ~]# docker run -t -i --rm --link db:webdb training/webapp /bin/bash
root@8e196132785f:/opt/webapp# cat /etc/hosts
......
172.17.0.2    webdb ed03bdc50196 db
172.17.0.3    8e196132785f
```

可以发现有两个相关的主机条目。第 1 个表示将连接别名解析到 db 容器的 IP 地址，第 2 个表示 Web 容器使用容器 ID 作为主机名。除了提供的别名之外，如果接收容器的名称不同于--link 参数中的别名，则接收容器的主机名也被添加到/etc/hosts 文件，并解析到该容器的 IP 地址。可以通过这些条目使用 ping 命令测试该主机的连通性：

```
root@8e196132785f:/opt/webapp# apt-get install -yqq inetutils-ping
root@8e196132785f:/opt/webapp# ping -c 2 webdb
PING webdb (172.17.0.2): 56 data bytes
64 bytes from 172.17.0.2: icmp_seq=0 ttl=64 time=0.205 ms
64 bytes from 172.17.0.2: icmp_seq=1 ttl=64 time=0.193 ms
--- webdb ping statistics ---
2 packets transmitted, 2 packets received, 0% packet loss
round-trip min/avg/max/stddev = 0.193/0.199/0.205/0.000 ms
```

注意本例中必须安装 ping 软件，因为容器中没有该软件。

这里使用 ping 命令通过 db 容器的主机条目来 ping 该容器，会解析到 172.17.0.2。可以使用这个主机条目配置应用程序来使用 db 容器。

还要注意，可以将多个接收容器连接到同一个源容器。例如，可以连接多个 web 容器（使用不同的命名）到 db 容器上。

如果重启源容器，接收容器上的/etc/hosts 文件会使用源容器的新 IP 地址自动更新，以便让与容器连接的通信继续下去。请看下面的示例：

```
[root@host-a ~]# docker restart db
db
[root@host-a ~]# docker run -t -i --rm --link db:db training/webapp /bin/bash
root@3fd1af5858d5:/opt/webapp# cat /etc/hosts
......
172.17.0.2    db ed03bdc50196
172.17.0.4    3fd1af5858d5
```

这将启动一个新的容器，并使用--name 选项命名容器 web。可以通过 docker ps 命令查看容器名称。

注意：容器名称必须唯一，这就意味着只能将一个容器命名为 web。如果要重用一个容器名称，在使用该名称创建一个新的容器之前必须先删除使用该名称的容器（可使用 docker container rm 命令完成这个任务）。当然也可以在执行 docker run 命令时使用--rm 选项，这会在停止容器时一并删除该容器。

本章主要讲解了独立的 Docker 容器的网络配置与管理，主要针对的是单主机环境。后续章节中会进一步讲解跨主机和基于容器集群的更完善的网络解决方案。创建和运行容器除了需要配置网络连接外，还需要解决数据存储，接下来将介绍这方面的内容。

4.5　习题

1. 什么是容器网络模型，其高层架构包括哪几个部分？
2. Docker 本地网络驱动有哪几种？
3. 简述 Docker 网络驱动选择的原则。
4. Linux 网络名称空间对容器有什么用？
5. 什么是 veth？
6. 简述用户自定义桥接网络和默认桥接网络的区别。
7. 为什么生产环境不建议使用默认桥接网络？
8. host 网络模式和 none 网络模式分别适用于哪些应用场合？
9. 简述容器到外部访问的实现机制。
10. 如何让容器能被外部网络访问？
11. 简介容器之间通信的解决方案。
12. 解释传统容器连接的实现机制。
13. 参照 4.2.1 节的配置示例，使用默认桥接网络连接容器并对其进行验证分析。
14. 使用 docker network create 命令创建用户自定义桥接网络并进行测试。
15. 参照 4.3.1 节的有关讲解，考察通过 NAT 实现容器到外部的访问过程。
16. 参照 4.3.2 节的有关讲解，验证容器端口映射的 NAT 过程。
17. 参照 4.4.2 节的有关讲解，使用 docker run 命令通过--link 选项建立容器连接。

05 第5章 Docker存储

　　Docker 容器有两类存储方案，一类是由存储驱动（Storage Driver）实现的联合文件系统，另一类是以外部挂载的卷（Volume）为代表的持久存储。Docker 存储驱动为容器本身提供文件系统，用于管理容器的镜像层和容器层，其分层结构便于镜像和容器的创建、共享和分发，实现了多层数据的叠加，并对外提供单一的统一视图。Docker 镜像是一个只读的文件系统，容器是镜像的运行环境，即在镜像的基础上再加一个可写层，因此默认情况下，所有数据写入时均写到容器的可写层中，只是这些数据会随着容器的停止而消失。为确保可以持久地存储容器的数据，Docker 引入了卷存储。卷又称为数据卷（Data Volume），本身是 Docker 主机上文件系统中的目录或文件，能够直接被挂载到容器的文件系统中。容器可以读写卷中的数据，卷中的数据可以被持久保存，不受容器当前状态的影响。从某种程度上看，存储驱动实现的是容器的内部存储，适合存储容器中的应用程序本身，这部分内容是无状态的，应该作为镜像的一部分；卷实现的是容器的外部存储，适合存储容器中应用程序产生的数据，这部分数据是需要持久化的，应该与镜像分开存放。除了卷以外，绑定挂载也基于主机文件系统为容器提供另一种持久存储的解决方案。应用程序需要写入大量非持久状态数据时还可以使用 tmpfs 挂载。本章主要讲解存储驱动、卷、绑定挂载、tmpfs 挂载这几类存储方案，还涉及卷容器，以及通过卷实现容器之间共享数据的方法。

5.1　Docker 存储驱动及其选择

在前面的章节中介绍过 Docker 镜像和容器的分层结构。容器由顶部的一个可写的容器层和若干个只读的镜像层组成，容器本身的数据就存放在这些层中。这种分层结构正是由 Docker 存储驱动来实现的。

5.1.1　概述

理想情况下，只有很少的数据需要写入容器的可写层，更多的情形是要使用 Docker 卷来写入数据。但是，有些工作负载要求写入容器的可写层，这就需要使用存储驱动。存储驱动控制镜像和容器在 Docker 主机上的存储和管理方式。Docker 通过插件机制支持以下几种不同的存储驱动。

1. Docker 存储驱动与联合文件系统

联合文件系统（Union file systems 或 UnionFS）是一种为 Linux、FreeBSD 和 NetBSD 操作系统设计的，将其他文件系统合并到一个联合挂载点的文件系统。作为 Docker 重要的底层技术之一，它通过创建层进行操作，非常轻巧和快速。Docker 引擎使用它为容器提供内部存储。Docker 引擎可以使用联合文件系统的多种变体，包括 AUFS、OverlayFS、Btrfs、BFS 和 DeviceMapper 等。

这些联合文件系统实际上是由存储驱动实现的，相应的存储驱动有 aufs、overlay、overlay2、devicemapper、btrfs、zfs、vfs 等。

提示：存储驱动名称通常用小写，也有用大写的。联合文件系统名称往往用大写，例如，aufs 存储驱动实现的是 AUFS 文件系统，overlay 存储驱动和 overlay2 存储驱动实现的是 OverlayFS 文件系统。在提到相关的架构时，也往往用大写。

2. 选择 Docker 存储驱动的总体原则

各种 Docker 存储驱动都能实现分层的架构，同时又有各自的特性。Docker 本身仍然处于不断发展中，没有一个存储驱动能够适应所有的情形。但是，为工作负载选择适合的存储驱动可依据以下原则。

- 在最常用的场合使用具有最佳整体性能和稳定性的存储驱动。
- 如果内核支持多个存储驱动，则 Docker 会提供要使用的存储驱动的优先级列表。存储驱动选择顺序是在 Docker 的源代码中定义的。
- 优先使用 Linux 发行版默认的存储驱动。Docker 安装时会根据当前系统的配置选择默认的存储驱动。如果没有显式配置存储驱动，则表明该存储驱动满足先决条件，这就是默认驱动。默认驱动具有较好的稳定性，已经在该发行版上经过了严格的测试。
- 一些存储驱动要求使用特定格式的底层文件系统，这可能会限制选择。
- 选择存储驱动还要取决于工作负载的特征和所需的稳定性级别。

3. 主流的 Docker 存储驱动

以下是目前主流的 Docker 存储驱动。

- 对于所有当前支持的 Linux 发行版，overlay2 存储驱动是首选，不需要任何额外配置。
- 对于 Docker 18.06 或更早的版本，aufs 存储驱动是首选。在内核 3.13 版本上运行的 Ubuntu 14.04 不支持 overlay2 存储驱动。
- devicemapper 存储驱动用于生产环境时需要配置为 direct-lvm 模式，因为 loopback-lvm 模式虽然是零配置，但性能很差。它曾经是 CentOS 和 RHEL 所推荐的存储驱动，不过 CentOS 和

RHEL 的最新版本现在已经支持 overlay2 存储驱动，并将 overlay2 作为推荐的存储驱动。

- btrfs 和 zfs 存储驱动对底层文件系统（backing filesystem）有用。这些文件系统可以使用高级选项，如创建快照，但需要更多的维护和设置。btrfs 和 zfs 存储驱动都依赖于底层文件系统的正确配置。
- vfs 存储驱动用于测试，适合那些没有"写时拷贝"的文件系统。不过其性能很差，不建议用于生成环境。

提示：存储驱动的选择可能受到 Docker 版本、操作系统内核和发行版本的限制。例如，aufs 存储驱动只支持 Ubuntu 操作系统和 Debian 操作系统，并需要安装额外的包；而 btrfs 存储驱动只支持 SLES 操作系统，而在 SLES 操作系统上只能安装 Docker EE。

5.1.2　Docker 版本所支持的存储驱动

可以使用的存储驱动部分取决于所使用的 Docker 版本。

1. Docker 引擎企业版和 Docker EE

对于 Docker 引擎企业版和 Docker EE 来说，支持存储驱动的决定性资源是产品兼容性矩阵。要获得 Docker 的商业支持，必须使用受支持的配置。

overlay 和 devicemapper 存储驱动从 Docker EE 18.09 版本开始被弃用，未来版本中将被删除。建议使用这两种驱动的用户迁移到 overlay2 存储驱动。

2. Docker CE

对于 Docker CE 来说，只有部分配置被测试过，并且操作系统的内核不可能支持每个存储驱动。通常，适用于最新版本的 Linux 发行版的存储驱动见表 5-1。

表 5-1　适用于最新版本的 Linux 发行版的存储驱动

Linux 发行版	建议使用的存储驱动	可用的其他存储驱动
Docker CE on Ubuntu	overlay2 或 aufs（Ubuntu 14.04 版本运行内核 3.13）	overlay、devicemapper、zfs、vfs
Docker CE on Debian	overlay2（Debian Stretch）、aufs 或 devicemapper（更早版本）	overlay、vfs
Docker CE on CentOS	overlay2	overlay、devicemapper、zfs、vfs
Docker CE on Fedora	overlay2	overlay、devicemapper、zfs、vfs

尽可能使用 overlay2 这种推荐的存储驱动。首次安装 Docker 时，默认情况下使用 overlay2 存储驱动。以前，默认情况下 aufs 存储驱动是可用的，但现在不再是这种情况。如果想在新安装 Docker 时使用 aufs 存储驱动，需要显式配置它，并且可能需要安装额外的软件包，比如 linux-image-extra。在使用 aufs 存储驱动的现有安装中，仍然可以使用。

最佳配置是使用带有支持 overlay2 存储驱动的内核的现代 Linux 发行版，并且对于大量的工作负载要使用 Docker 卷写入，而不是将数据写入容器的可写层。

3. Docker for Mac 和 Docker for Windows

这两个版本的 Docker 仅用于开发，而不能用于生产环境，不支持定义存储驱动。

5.1.3　Docker 存储驱动所支持的底层文件系统

底层文件系统的英文为 backing filesystem，可译为支持文件系统，而将其译为后备文件系统显然不合适。对 Docker 来说，底层文件系统就是/var/lib/docker/所在的文件系统。某些存储驱动仅适用于特定的底层文件系统，具体说明见表 5-2。

表 5-2　Docker 存储驱动所支持的底层文件系统

存储驱动	所支持的底层文件系统
overlay2、overlay	fstype=1 的 xfs、ext4
aufs	xfs、ext4
devicemapper	direct-lvm
btrfs	btrfs
zfs	zfs
vfs	任何文件系统

5.1.4　选择存储驱动需考虑的其他事项

1.　适合工作负载

每个存储驱动都有其自身的性能特征，使其更适合不同的工作负载。

- aufs、overlay 和 overlay2 存储驱动的所有操作都在文件级而不是块级。这能更有效地使用内存，但容器的可写层可能在写入繁重的工作负载中变得相当大。
- 块级存储驱动（如 devicemapper、btrfs 和 zfs 存储驱动）在写入繁重的工作负载时表现得更好。
- 写入大量的小数据，或有很多层的容器，或深层文件系统，overlay 存储驱动比 overlay2 存储驱动性能更好。
- btrfs 和 zfs 存储驱动需要更多内存。
- zfs 存储驱动是高密度工作负载（如 PaaS）的理想选择。

2.　共享存储系统

多数情况下 Docker 可以在 SAN、NAS、硬件 RAID 或其他共享存储系统上工作，但 Docker 并没有与它们紧密集成。每个 Docker 存储驱动都基于 Linux 文件系统或卷管理器。

3.　稳定性

对于某些用户来说，稳定性比性能更重要。尽管 Docker 认为所有存储驱动都是稳定的，但是实际情况是有些驱动比较新并且仍在开发中。总的来说，overlay2、aufs、overlay 和 devicemapper 存储驱动的稳定性更高。

4.　测试工作负载

在不同的存储驱动上运行工作负载时，可以测试 Docker 的性能。确保使用等效的硬件和工作负载来匹配生产条件，以便评估哪个存储驱动提供了最佳的整体性能。

5.1.5　检查当前的存储驱动

可使用 docker info 命令查看 Docker 当前使用的存储驱动，从输出的结果中查找 "Storage Driver" 部分，例如：

```
docker info
Containers: 0
Images: 0
Storage Driver: overlay2
 Backing Filesystem: xfs
```

```
Supports d_type: true
Native Overlay Diff: true
```

可以根据需要更改现有的存储驱动。某些驱动需要额外配置，包括配置到 Docker 主机上的物理或逻辑磁盘。建议在改变存储驱动之前使用 docker save 命令导出已创建的镜像，或将它们推送到 Docker Hub 或其他镜像注册中心，以免今后重建它们。

提示：更改存储驱动会使得现有的容器和镜像不可访问。这是因为它们的层不能被新的存储驱动使用。如果恢复原来的存储驱动，则可以再次访问旧的镜像和容器，但是使用新的存储驱动拉取或创建的任何镜像和容器都不能被访问。

接下来重点介绍 overlay2 存储驱动的使用。

5.2 使用 overlay2 存储驱动

OverlayFS 是一个类似于 AUFS 的现代联合文件系统，但是比 AUFS 速度更快，而且实现更为简单。从 Linux 内核 3.18 版本开始，OverlayFS 进入了 Linux 内核主线，它在内核模块中的名称就从 overlayfs 改为 overlay 了。Docker 为 OverlayFS 提供两种版本的存储驱动：最初的 overlay 和更高效、更稳定的 overlay2。严格地讲，OverlayFS 是内核提供的联合文件系统，而 overlay 和 overlay2 是 Docker 存储驱动，用于实现 OverlayFS。overlay 存储驱动利用了很多 OverlayFS 特性来构建和管理镜像与容器的磁盘结构。从 Docker 1.12 版本开始支持 overlay2 存储驱动，与 overlay 存储驱动相比，overlay2 存储驱动在索引节点（inode）优化上更加高效，但 overlay2 存储驱动只兼容 Linux 内核 4.0 以上的版本。应当首选 overlay2 存储驱动，这也是本节的重点。

5.2.1 使用 overlay2 存储驱动的要求

使用 overlay2 存储驱动必须满足以下几项要求。

1. Docker 版本要求

- Docker EE 17.06.02-ee5 或更高版本支持 overlay2 存储驱动，建议 Docker CE 使用 overlay2 存储驱动。
- 虽然 Docker CE 版本支持 overlay 存储驱动，但是并不推荐使用。

2. Linux 内核版本要求

- 4.0 或更高版本的 Linux 内核。
- RHEL 或 CentOS 可使用 3.10.0-514 或更高版本的内核。
- 如果使用更低版本的内核，则可使用 overlay 存储驱动，但不推荐这样做。

3. 底层文件系统要求

- ext4。
- xfs，但仅限于启用 d_type 的情形。

提示：d_type 是 Linux 内核的一个术语，表示目录条目类型。目录条目其实是文件系统上目录信息的一个数据结构，d_type 就是该数据结构的一个字段，用来表示文件的类型（如文件、管道、目录、套接字等）。从 Linux 内核 2.6 版本就已经支持 d_type 这个特性，不过并不是所有的文件系统都实现了 d_type，还有些文件系统需要用户用额外的参数来决定是否开启 d_type 的支持，最典型的就是 xfs 文件系统。

不论是 overlay 存储驱动，还是 overlay2 存储驱动，它们实现的文件系统都是 OverlayFS。而

OverlayFS 文件系统会通过 d_type 特性来确保文件的操作被正确处理。换句话说，如果在不支持 d_type 的 overlay 或 overlay2 存储驱动下使用 Docker，则 Docker 在操作文件时可能会遇到一些错误。在不支持 d_type 的 xfs 文件系统上运行 Docker 不会尝试使用 overlay 或 overlay2 存储驱动，现有安装将继续运行，但会产生错误，从而阻止 Docker 启动。

对于 xfs 文件系统，可以使用 xfs_info 命令来检测是否支持 d_type，例如：

```
[root@host-a ~]# xfs_info /
meta-data=/dev/mapper/centos-root isize=512      agcount=4, agsize=2333696 blks
         =                        sectsz=512    attr=2, projid32bit=1
         =                        crc=1         finobt=0 spinodes=0
data     =                        bsize=4096    blocks=9334784, imaxpct=25
         =                        sunit=0       swidth=0 blks
naming   =version 2               bsize=4096    ascii-ci=0 ftype=1
log      =internal                bsize=4096    blocks=4558, version=2
         =                        sectsz=512    sunit=0 blks, lazy-count=1
realtime =none                    extsz=4096    blocks=0, rtextents=0
```

注意其中的 ftype 值，1 表示支持 d_type，0 表示不支持。要使 xfs 文件系统支持 d_type，格式化时应使用选项-n ftype=1。

Docker 本身提供的 docker info 命令可用于检测 Docker 是否在使用 overlay 或 overlay2 存储驱动的时候正确地启用了 d_type，下面给出一个例子（仅显示相关信息）：

```
Storage Driver: overlay2       # 存储驱动为 overlay2
 Backing Filesystem: xfs       # 底层文件系统为 xfs
 Supports d_type: true         # 启用 d_type 支持
```

如果使用 overlay 或 overlay2 存储驱动时，d_type 没有开启，则会报出警告。

5.2.2　配置 Docker 使用 overlay2 存储驱动

Docker 官方强烈建议尽可能使用 overlay2 存储驱动，而不是 overlay 存储驱动，而且 overlay 存储驱动也不支持 Docker EE。

1. Docker 安装默认使用 overlay2 存储驱动的情形

这里主要介绍常用的 Ubuntu 和 CentOS 操作系统。

从 Ubuntu 14.04 版本开始支持 overlay2 存储驱动，笔者在 Ubuntu 18.04 版本中安装 Docker CE，默认使用的就是 overlay2 存储驱动，可使用 docker info 命令进行验证，相关信息显示如下：

```
Server Version: 18.06.1-ce
Storage Driver: overlay2         # 存储驱动是 overlay2
 Backing Filesystem: extfs       # 底层文件系统是 extfs
 Supports d_type: true           # 支持 d_type
 Native Overlay Diff: true
```

从 CentOS 7.4 版本开始，安装过程中建立的 xfs 文件系统开始支持 d_type，安装 Docker 默认使用的就是 overlay2 存储驱动。笔者在 CentOS 7.6 版本安装 Docker CE 之后使用 docker info 命令进行验证，相关信息显示如下：

```
Server Version: 18.09.0
Storage Driver: overlay2         # 存储驱动是 overlay2
 Backing Filesystem: xfs         # 底层文件系统是 xfs
 Supports d_type: true           # 支持 d_type
 Native Overlay Diff: true
```

此例中 docker info 命令输出的信息中还包括以下警告信息：

```
WARN:docker bridge-nf-call-iptables is disabled,
WARN:docker bridge-nf-call-ip6tables is disabled
```

解决这个问题的方法是在/etc/sysctl.conf 配置文件中加上以下设置：

```
net.bridge.bridge-nf-call-ip6tables = 1
net.bridge.bridge-nf-call-iptables = 1
net.bridge.bridge-nf-call-arptables = 1
```

然后重启系统即可。

2. 将存储驱动变更为 overlay2

对于使用其他存储驱动的 Docker 主机，确认满足使用 overlay2 存储驱动的要求之后，执行以下步骤可配置 Docker 改用 overlay2 存储驱动。

（1）执行以下命令停止 Docker：

```
systemctl stop docker
```

（2）将/var/lib/docker 的内容复制到一个临时位置，例如：

```
cp -au /var/lib/docker /var/lib/docker.bk
```

（3）如果要使用一个独立于/var/lib/所用的底层文件系统，先格式化该文件系统，然后将它挂载到/var/lib/docker。确保将该挂载设置添加到/etc/fstab，使之保存下来。

（4）编辑/etc/docker/daemon.json 文件，如果没有该文件则创建一个。假定该文件是空的，添加以下内容：

```
{
  "storage-driver": "overlay2"
}
```

注意，在 RHEL 和 CentOS 操作系统上运行 Docker EE 17.06.02-ee5 版本或 17.06.02-ee6 版本，还需要在 daemon.json 文件中添加额外的选项来屏蔽对 Linux 内核 4.0 或更高版本的检查，例如：

```
{
  "storage-driver": "overlay2",
  "storage-opts": [
    "overlay2.override_kernel_check=true"
  ]
}
```

只有 RHEL 或 CentOS 操作系统的 Docker EE 用户需要这个额外选项。

不要在内核版本低于 3.10.0-514 的 Linux 系统上使用 overlay2 存储驱动。只要 Linux 内核版本符合要求，Docker EE 17.06.02-ee7 或更高版本默认就能启用 overlay2 存储驱动支持，而且不要求"overlay2.override_kernel_check"这个额外选项。

（5）执行以下命令启动 Docker：

```
systemctl start docker
```

（6）使用 docker info 命令验证 Docker 守护进程是否正在使用 overlay2 存储驱动。

3. 在 CentOS 7 版本操作系统上使用 overlay2 存储驱动

CentOS 7 版本操作系统初始安装的内核仍是 3.X，官方基于该内核构建了 overlay 存储驱动，但是不能直接加载，否则，Docker 运行时会出现异常。这个问题直到 CentOS 7.4 版本才解决，CentOS 7.4 版本操作系统上安装的 Docker 可以直接支持 overlay2 存储驱动。这里讲解更早的 CentOS 7 版本操作系统上如何使用 overlay2 存储驱动。

为了测试，临时安装一台运行 CentOS 7.0 版本操作系统的计算机，并在其中安装 Docker CE，默认使用的是 devicemapper 存储驱动，执行以下步骤将存储驱动变更为 overlay2。

（1）如果 Docker 正在运行，则先要停止 Docker 运行。

（2）备份/var/lib/docker，通常将/var/lib/docker 的内容复制到一个临时位置，例如：

```
cp -au /var/lib/docker /var/lib/docker.bk
```

（3）升级 Linux 内核至 4.0 或更高的版本，以支持 overlay2 存储驱动。

（4）解决 xfs 文件系统的 d_type 支持问题。

CentOS 7.4 版本以下的操作系统版本安装时创建的 xfs 文件系统没有启用 d_type 支持，在安装界面中也没有提供相关的修改功能。安装完毕可以执行以下命令检查，结果中出现"ftype=0"表示未启用 d_type：

```
[root@host-a ~]# xfs_info /
meta-data=/dev/mapper/centos-root isize=256      agcount=4, agsize=3276800 blks
         =                         sectsz=512   attr=2, projid32bit=1
         =                         crc=0        finobt=0 spinodes=0
data     =                         bsize=4096   blocks=13107200, imaxpct=25
         =                         sunit=0      swidth=0 blks
naming   =version 2               bsize=4096   ascii-ci=0 ftype=0
log      =internal               bsize=4096   blocks=6400, version=2
         =                         sectsz=512   sunit=0 blks, lazy-count=1
realtime =none                   extsz=4096   blocks=0, rtextents=0
```

解决的办法是另外准备一块磁盘或磁盘分区，重新格式化为支持 d_type 的 xfs 格式。这里主要示范操作步骤，为简化起见，直接利用已有的/dev/mapper/centos-home 分区。

执行以下命令显示当前文件系统的磁盘使用情况：

```
# df -h
Filesystem                Size  Used Avail Use% Mounted on
devtmpfs                  3.9G     0  3.9G   0% /dev
tmpfs                     3.9G     0  3.9G   0% /dev/shm
tmpfs                     3.9G  9.9M  3.9G   1% /run
tmpfs                     3.9G     0  3.9G   0% /sys/fs/cgroup
/dev/mapper/centos-root    50G  4.8G   46G  10% /
/dev/sda1                 497M  145M  353M  30% /boot
/dev/mapper/centos-home   142G   37M  142G   1% /home
tmpfs                     796M   40K  796M   1% /run/user/0
```

可以发现其中的/dev/mapper/centos-home 挂载为/home 目录，而且使用的容量很小，非常适合用作 Docker 的磁盘分区。使用以下命令检查该分区，结果中出现"ftype=0"表示未启用 d_type：

```
xfs_info /home
```

现在就要让其支持 d_type。首先依次执行以下命令将现有的/home 目录迁移到根分区：

```
cp -r /home /homebak
rm -r /home
mv /homebak /home
```

然后执行以下命令卸载/dev/mapper/centos-home 分区：

```
umount /dev/mapper/centos-home
```

再执行以下命令将其重新格式化为启用 d_type 的 xfs 分区（使用选项-n ftype=1，由于该分区包含有 xfs 文件系统，还需要使用选项-f）：

```
mkfs.xfs -f -n ftype=1 /dev/mapper/centos-home
```

最后执行以下命令将该分区重新挂载到/var/lib/docker 目录：

```
mount /dev/mapper/centos-home /var/lib/docker
```

为保存该挂载，确保将该挂载设置添加到/etc/fstab。例中将/etc/fstab 中的语句：

```
/dev/mapper/centos-home /home                      xfs      defaults        0 0
```

修改为：

```
/dev/mapper/centos-home /var/lib/docker          xfs       defaults       0 0
```

保存/etc/fstab 文件。

（5）编辑/etc/docker/daemon.json 文件，添加以下内容：

```
{
    "storage-driver": "overlay2"
}
```

（6）重启 Docker。

```
systemctl restart docker
```

（7）使用 docker info 命令验证 Docker 守护进程是否正在使用 overlay2 存储驱动。例中结果如下：

```
Server Version: 18.06.1-ce
Storage Driver: overlay2
 Backing Filesystem: xfs
 Supports d_type: true
 Native Overlay Diff: true
```

这说明已经正常切换为 overlay2 存储驱动。

5.2.3　overlay2 存储驱动的工作机制

首先介绍 OverlayFS 文件系统的镜像分层与共享机制，然后对 overlay 和 overlay2 存储驱动的工作机制进行对比，最后验证分析 overlay2 存储驱动所实现的镜像层和容器层。

1. OverlayFS 的镜像分层与共享

OverlayFS 在单个 Linux 主机上分为两个代表不同层次的目录，并且对外统一呈现为单个目录。这两个目录通常被称作层，用于统一呈现目录的联合进程被称为联合挂载（Union Mount）。OverlayFS 将低层目录称为 lowerdir，高层目录称为 upperdir，对外暴露统一视图的目录称为 merged。

图 5-1 展示了 Docker 镜像和 Docker 容器是如何分层的。镜像层是 lowerdir，容器层是 upperdir。对外暴露的统一视图就是容器挂载点。该图还展示了 Docker 结构是如何映射到 OverlayFS 结构的。

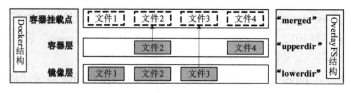

图 5-1　OverlayFS 的镜像与容器分层

当镜像层和容器层有相同的文件时，容器层的文件会掩盖镜像层中相同的文件。容器合并（merged）显示出统一的视图。

最初的 overlay 存储驱动仅仅适用两层模型工作，这意味着多层镜像无法以多个 OverlayFS 层的形式实现。每个镜像层会在/var/lib/docker/overlay 目录下创建一个子目录，子目录中存放实际层的内容。文件采用硬链接的方式链接到实际层中的文件，每一层都包含该层应拥有的所有文件，而该文件的实际存储可能是采用硬链接的方式链接到上层中的实际文件，硬链接这种方式虽然能够有效地利用空间，但是比较耗费磁盘的索引节点（inode）。

从 Docker 1.10 版本开始，镜像层的 ID 不再与/var/lib/docker 目录下的目录名称一一对应。创建容器时，overlay 存储驱动将代表镜像顶层的目录与为该容器创建的新目录联合起来。镜像的顶层就是 overlay 存储驱动中的镜像层并且是只读的，其中保存了容器初始化时的环境信息，如 hostname、hosts 文件等；而新创建的容器目录被称为容器层并且是可写的，用于记录容器的所有改动。

overlay 存储驱动只能工作在单个 OverlayFS 层之上，因而需要硬链接来实现多层镜像。也就是只挂载一层，其他层通过最顶层以硬链接形式共享。而 overlay2 存储驱动本身最多支持 128 个 OverlayFS 层，这为与层相关的 Docker 命令（如 docker buildand 或 docker commit）提供更好的性能，并且在底层文件系统上占用更少的索引节点。

overlay2 存储驱动与 overlay 存储驱动最本质的区别是镜像层之间共享数据的方法不同，overlay2 存储驱动通过每层的 lower 文件，而 overlay 存储驱动通过硬链接。为解决 overlay 存储驱动消耗索引节点过多的问题，overlay2 存储驱动采用在每层中增加 lower 文件的方式来记录所有底层的信息，类似于链表的形式。接下来对此机制进行验证分析。

2. 验证分析 overlay2 存储驱动所实现的磁盘上的镜像层

为便于验证，如果已经创建了镜像，建议执行以下命令删除所有镜像：

```
docker rmi `docker images -q`
```

通过 docker pull ubuntu 命令下载的是一个多层的镜像，然后进行考察。

（1）在/var/lib/docker/overlay2 目录中会发现多个目录。注意不要直接操作/var/lib/docker 目录中的任何文件和目录，因为这些文件和目录是由 Docker 管理的。

最好使用 tree 命令（默认没有安装，可执行命令 yum install tree 命令进行安装）来显示/var/lib/docker/overlay2 的目录层次结构，为简单起见，例中执行以下命令显示两层目录，结果如图 5-2 所示。

```
tree -L 2 /var/lib/docker/overlay2
```

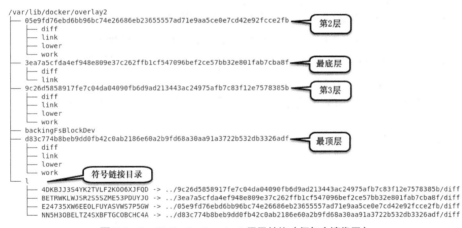

图 5-2 /var/lib/docker/overlay2 目录结构（仅包含镜像层）

（2）其中 l（小写的字母 L）目录包含的是符号链接。这些软链接都是短格式的层标识符，指向每一层中的 diff 目录，这样做的目的是避免执行 mount 操作时超出页大小限制。

（3）每一层中的 diff 目录包含该层的实际内容。例如，使用 ls 命令列出/var/lib/docker/overlay2/05e9fd76ebd6bb96bc74e26686eb23655557ad71e9aa5ce0e7cd42e92fcce2fb/diff 目录的内容如下：

```
etc  sbin  usr  var
```

（4）每一层中都有一个 link 文件，内容为 l 目录中的链接，该链接实际指向当前层目录中的 diff 目录。例如：

```
# cat /var/lib/docker/overlay2/05e9fd76ebd6bb96bc74e26686eb23655557ad71e9aa5ce0e7cd42
e92fcce2fb/link
E24735XW6EEOLFUYASVWS7P5GW
```

123

例中 E24735XW6EEOLFUYASVWS7P5GW 是短格式的层标识符，从 l 目录中的符号链接可知，它指向 05e9fd76ebd6bb96bc74e26686eb23655557ad71e9aa5ce0e7cd42e92fcce2fb/diff 目录。

（5）最底层没有 lower 文件，因此例中 3ea7a5cfda4ef948e809e37c262ffb1cf547096bef2ce57bb32e801fab7cba8f 为最底层。

（6）除最底层的目录外，其余每层包含一个 lower 文件，该文件包含了该层的所有更低层的名称和顺序（用软链接表示），可以根据该文件构建出整个镜像的层次结构。例如：

```
# cat /var/lib/docker/overlay2/05e9fd76ebd6bb96bc74e26686eb23655557ad71e9aa5ce0e7cd42
e92fcce2fb/lower
l/BETRWKLWJSR2S5SZME53PDUYJO
# cat /var/lib/docker/overlay2/9c26d5858917fe7c04da04090fb6d9ad213443ac24975afb7c83f1
2e7578385b/lower
l/E24735XW6EEOLFUYASVWS7P5GW:l/BETRWKLWJSR2S5SZME53PDUYJO
# cat /var/lib/docker/overlay2/d83c774b8beb9dd0fb42c0ab2186e60a2b9fd68a30aa91a3722b53
2db3326adf/lower
l/4DKBJJ3S4YK2TVLF2KOO6XJFQD:l/E24735XW6EEOLFUYASVWS7P5GW:l/BETRWKLWJSR2S5SZME53PDUYJO
```

结合前面分析的最底层，该 ubuntu 镜像包括以下 4 层：

最底层：3ea7a5cfda4ef948e809e37c262ffb1cf547096bef2ce57bb32e801fab7cba8f

第 2 层：05e9fd76ebd6bb96bc74e26686eb23655557ad71e9aa5ce0e7cd42e92fcce2fb

第 3 层：9c26d5858917fe7c04da04090fb6d9ad213443ac24975afb7c83f12e7578385b

最顶层：d83c774b8beb9dd0fb42c0ab2186e60a2b9fd68a30aa91a3722b532db3326adf

以上 4 层都是只读的。

（7）work 目录用于 OverlayFS 文件系统内部使用。

3. 验证分析 overlay2 存储驱动所实现的磁盘上的容器层

为便于验证，如果已经创建了容器，建议执行 docker rm 命令删除所有容器。

通过 docker run -it ubuntu:latest /bin/bash 命令启动一个容器，然后进行考察。

（1）在/var/lib/docker/overlay2 目录中会发现多出两个目录，代表容器层。打开另一个终端窗口，使用 tree 命令查看该目录层次结构（使用选项-L 2 仅显示两层目录），结果如图 5-3 所示。

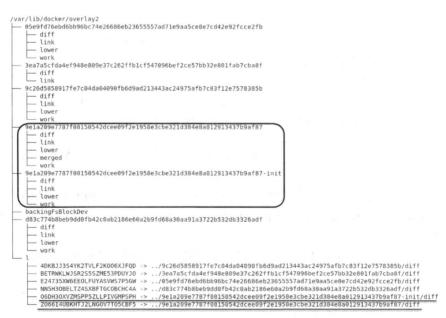

图 5-3　/var/lib/docker/overlay2 目录结构（包含容器层）

（2）其中 l（小写的字母 L）目录包含的是符号链接。这些软链接都是短格式的层标识符，指向每一层中的 diff 目录，这样做的目的是避免执行 mount 操作时超出页大小限制。

（3）例中 9e1a209e7787f08150542dcee09f2e1958e3cbe321d384e8a012913437b9af87-init 用于存放容器初始化时的信息，使用 tree 命令可以更直观地查看其目录结构（显示所有层次），结果如图 5-4 所示。

```
/var/lib/docker/overlay2/9e1a209e7787f08150542dcee09f2e1958e3cbe321d384e8a012913437b9af87-init
├── diff
│   ├── dev
│   │   └── console
│   └── etc
│       ├── hostname
│       ├── hosts
│       ├── mtab -> /proc/mounts
│       └── resolv.conf
├── link
├── lower
└── work
    └── work
```

图 5-4　9e1a209e7787f08150542dcee09f2e1958e3cbe321d384e8a012913437b9af87-ini 目录结构

（4）9e1a209e7787f08150542dcee09f2e1958e3cbe321d384e8a012913437b9af87/lower 文件的内容如下：

```
l/O6DH3OXVZMSPP5ZLLPIVGMPSPH:l/NN5H3OBELTZ4SXBFTGCOBCHC4A:l/4DKBJJ3S4YK2TVLF2KOO6XJFQ
D:l/E24735XW6EEOLFUYASVWS7P5GW:l/BETRWKLWJSR2S5SZME53PDUYJO
```

可知该层为最顶层，其直接底层为上述的 init 层。可以进一步查看该层更详细的目录结构，结果如图 5-5 所示（由于内容较多，例中仅显示两层）。

```
/var/lib/docker/overlay2/9e1a209e7787f08150542dcee09f2e1958e3cbe321d384e8a012913437b9af87
├── diff
├── link
├── lower
├── merged
│   ├── bin
│   ├── boot
│   ├── dev
│   ├── etc
│   ├── home
│   ├── lib
│   ├── lib64
│   ├── media
│   ├── mnt
│   ├── opt
│   ├── proc
│   ├── root
│   ├── run
│   ├── sbin
│   ├── srv
│   ├── sys
│   ├── tmp
│   ├── usr
│   └── var
└── work
    └── work
```

图 5-5　9e1a209e7787f08150542dcee09f2e1958e3cbe321d384e8a012913437b9af87 目录结构

（5）merged 目录中内容最多，它是 overlay2 存储驱动的直接挂载点，对容器的任何修改都会反映到该目录中。例如，在容器中增加/home/hello.txt 文件，就会在 merged 目录下增加 home/hello.txt 文件。

（6）执行以下命令查看使用 Docker 的 overlay2 存储驱动时存在的挂载（此时容器正在运行）。为了可读性，下面的输出被调整：

```
# mount | grep overlay2
overlay on
/var/lib/docker/overlay2/9e1a209e7787f08150542dcee09f2e1958e3cbe321d384e8a012913437b9
af87/merged
type overlay (rw,relatime,seclabel,
lowerdir=/var/lib/docker/overlay2/l/O6DH3OXVZMSPP5ZLLPIVGMPSPH:/var/lib/docker/overla
y2/l/NN5H3OBELTZ4SXBFTGCOBCHC4A:/var/lib/docker/overlay2/l/4DKBJJ3S4YK2TVLF2KOO6XJFQD:/va
r/lib/docker/overlay2/l/E24735XW6EEOLFUYASVWS7P5GW:/var/lib/docker/overlay2/l/BETRWKLWJSR
2S5SZME53PDUYJO,
```

```
    upperdir=/var/lib/docker/overlay2/9e1a209e7787f08150542dcee09f2e1958e3cbe321d384e8a01
2913437b9af87/diff,
    workdir=/var/lib/docker/overlay2/9e1a209e7787f08150542dcee09f2e1958e3cbe321d384e8a012
913437b9af87/work)
```

其中的 rw 表示 overlay 挂载是可读写的。Docker 现在使用 overlay2 存储驱动，自动创建是 overlay2 挂载包括所需的 lowerdir、upperdir、merged 和 workdir 结构。

5.2.4　容器使用 overlay2 存储驱动的读写机制

1. 读取文件

容器打开一个文件进行读取访问共有以下 3 种情形。

- 文件不存在于容器层：如果该文件并不在容器层中，则从镜像层中读取。这种情形的性能开销会非常小。
- 文件已存在于容器层：如果该文件已存在于容器层中，而不在镜像层中，则直接从容器中读取。
- 文件同时存在于容器层和镜像层：将读取镜像层中的文件版本。容器层中的文件将掩盖镜像层中同名的文件。

2. 修改文件或目录

（1）首次写入文件

容器首次写入现有的文件，该文件不会存在于容器层（upperdir）中。overlay2 存储驱动执行一个 copy_up 操作将文件从镜像层（lowerdir）复制到容器层（upperdir）。然后容器将更改部分写入容器层中该文件的一个新复制。不过，OverlayFS 在文件级而不是块级工作，这就意味着所有的 OverlayFS 的 copy_up 操作都会复制整个文件，即使该文件非常大且只有一小部分需要修改。这可能对容器写入性能带来显著的影响。但是，有以下两点值得注意。

- copy_up 操作仅在首次写入给定文件时发生。该文件的后续写操作将只针对已经复制到容器中的文件的复制。
- OverlayFS 仅在两层上工作。这就意味着其性能应该超过 AUFS，AUFS 在具有很多层的镜像中搜索文件会产生明显的延迟。overlay 和 overlay2 存储驱动都具备这一优势。因为要查找更多的层，overlay2 存储驱动开始读取时的性能比 overlay 存储驱动略差一些，但是它能缓存查找结果，所以这个缺点不值一提。

（2）删除文件和目录

- 容器中一个文件被删除时，会在容器层中创建一个白化（whiteout）文件。在联合文件系统中，白化文件是指某一类占位符形态的特殊文件。当用户目录与系统目录的共同部分联合到一个目录时，用户可删除归属于自己的某些系统文件副本，但归属于系统级的原文件仍存留于同一个联合目录中，此时系统将产生一份所谓的白化文件，表示该文件在当前用户目录中已删除，但系统目录中仍然保留。镜像层中的文件版本不会被删除，因为镜像层是只读的。但是，白化文件能够阻止容器访问它。
- 容器中一个目录被删除时，会在容器层中创建一个不透明（opaque）目录。这与白化文件的工作方式一样，能够有效阻止容器访问它，即使它存在于镜像层中。

（3）重命名目录

只有源和目的路径都位于顶层时才能对目录进行重命名（调用 rename(2)函数），否则会返回 EXDEV 错误（"cross-device link not permitted"，可译为"不允许跨设备连接"）。应用程序需要设计处理 EXDEV 错误，并回退到 "copy and unlink"（可译为 "复制和取消连接"）策略。

5.2.5 OverlayFS 与 Docker 性能

overlay2 和 overlay 存储驱动比 aufs 和 devicemapper 存储驱动的性能更高。在某些情况下，overlay2 存储驱动也比 btrfs 存储驱动表现得更好。但是，还要注意以下细节。

- 页面缓存：OverlayFS 支持页面缓存共享。访问同一个文件的多个容器可以共享该文件的单个页面缓存条目。这使得 overlay 和 overlay2 存储驱动能高效地利用内存，为像 PaaS 这样的高密度应用提供支持。
- copy_up：与 AUFS 一样，容器首次写入文件时 OverlayFS 都会执行 copy_up 操作。这会增加写入操作的延迟，尤其是对于大型文件。不过，一旦完成文件的复制，以后对该文件的写入都会发生在上层，不再需要进一步的 copy_up 操作。OverlayFS 的 copy_up 操作比 AUFS 的要快，因为 AUFS 支持的层数多于 OverlayFS，并且如果搜索很多 AUFS 层，可能会产生更大的延迟。overlay2 存储驱动同样支持多个镜像层，但可以减少高速缓存命中的可能性。
- 索引节点限制。使用 overlay 存储驱动会导致过多的索引节点消耗，尤其是在 Docker 主机上存在大量镜像和容器时。增加文件系统可用的索引节点数量的唯一方法是重新格式化。为避免遇到此问题，强烈建议尽可能使用 overlay2 存储驱动。

为达到最佳性能，建议采取以下措施。

- 使用快速存储。固态硬盘（SSD）比机械磁盘提供更快的读取和写入速度。
- 将卷用于写入繁重的工作负载。卷为写入繁重的工作负载提供最佳的和最可预测的性能。这是因为它们绕过了存储驱动，并且不会产生由精简配置和 "写时拷贝" 导致的任何潜在开销。卷还有其他好处，例如，允许在容器之间共享数据，即使在没有正在运行的容器使用它们时也会持久存在。

5.3 迁移 Docker 根目录

Docker 根目录就是 Docker 中存放镜像和容器的目录，默认是/var/lib/docker，经过一段时间的运行，镜像和容器的数量越来越多，可能会造成 Docker 根目录所在的磁盘空间饱和。问题严重则会导致容器启动不了，例如，报出错误 "ERROR：cannot create temporary directory！"。遇到这种情形，可以查看 Docker 根目录所在挂载点的存储空间使用情况（可使用 Linux 命令 df -h）。如果空间不够，除了清理磁盘，删除停用的容器、无用的数据卷和镜像之外，还可以将 Docker 根目录迁移到更大容量的磁盘中。当然对于使用 devicemapper 存储驱动的 direct-lvm 模式，还可以通过添加物理磁盘来直接进行动态扩展。Docker 根目录迁移是更为通用的方法，适合不同的 Docker 存储驱动，下面以 CentOS 7 平台为例说明具体的操作步骤。

（1）停止 Docker。

（2）在一个可用空间足够大的磁盘或逻辑卷中创建新的 Docker 存储目录。例如，在/home 目录下面创建/home/docker/lib 目录，执行的命令是：

```
mkdir -p /home/docker/lib
```

（3）迁移/var/lib/docker 目录下面的文件到 /home/docker/lib 目录：

```
cp -R /var/lib/docker/* /home/docker/lib/
```

也可使用以下命令来完成相同的任务：

```
rsync -avz /var/lib/docker/* /home/docker/lib/
```

（4）编辑 Docker 服务单元文件/usr/lib/systemd/system/docker.service，在[Service]节中的 ExecStart 定义语句末尾增加选项--graph=/home/docker/lib。例中该语句为：

```
ExecStart=/usr/bin/dockerd -H unix:// --graph=/home/docker/lib
```

（5）执行以下命令重新加载 systemd 单元文件，使上述/usr/lib/systemd/system/docker.service 文件的配置更改生效：

```
systemctl daemon-reload
```

（6）执行以下命令重新启动 Docker：

```
systemctl restart docker
```

（7）执行 docker info 命令查看当前 Docker 的信息，可以发现 Docker Root Dir（Docker 根目录）已改为新的目录：

```
Docker Root Dir: /home/docker/lib
```

这说明 Docker 根目录迁移已经成功了，今后的镜像和容器都会存放在这个新的目录中。

5.4 Docker 存储的挂载类型

Docker 为容器在主机中存储文件提供两种解决方案：卷（volumes）和绑定挂载（bind mounts），以确保容器停止之后的文件持久化存储。如果在 Linux 平台上运行 Docker，则还可以选择使用 tmpfs 挂载。

5.4.1 Docker 卷与存储驱动

默认在容器中创建的所有文件保存在可写的容器层中，这类存储会带来以下问题。

- 此类存储只在容器的生命周期内存在，会随着容器的删除而被删除，而当容器不再运行时，数据也不会持久保存。
- 如果主机上的其他进程需要访问容器中的数据，则很难从容器中获取数据。
- 容器的可写层与运行容器的主机紧密耦合，无法轻松地将数据转移到其他地方。
- 写入容器的可写层需要 Docker 存储驱动来管理文件系统。存储驱动使用 Linux 内核提供的联合文件系统，性能不如直接写入主机文件系统的 Docker 卷。

卷有助于解决这些问题。卷又称为数据卷，本质上是 Docker 主机文件系统中的目录或文件，能够直接被挂载到容器的文件系统中。对卷的读写操作会绕过存储驱动，并以本地主机的速度运行。可以将任意数量的卷装入容器。多个容器也可以共享一个或多个卷。

Docker 卷和存储驱动的关系如图 5-6 所示。在这个示例中，一个 Docker 主机运行两个容器，每个容器都位于 Docker 主机本地存储区（/var/lib/docker/...）内各自的地址空间内，由存储驱动支持。在 Docker 主机的/data 上还有一个共享卷，这个卷被直接挂载到两个容器中。卷位于 Docker 主机本地存储区之外，不受存储驱动控制。当容器被删除时，存储在数据卷中的任何数据都会保留在 Docker 主机上。

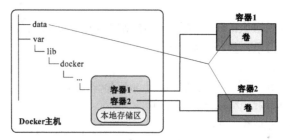

图 5-6 Docker 卷和存储驱动的关系

5.4.2　选择合适的挂载类型

无论选择哪种挂载类型，从容器的角度看，数据并没有什么不同。这些数据在容器的文件系统中都会显示为目录或文件。

卷、绑定挂载和 tmpfs 挂载这 3 种挂载类型最显著的区别是数据在主机中存放的位置不同，如图 5-7 所示。

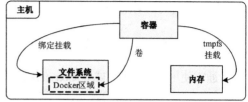

1．卷

卷存储在主机文件系统中，在 Linux 主机上默认就是/var/lib/docker/volumes 目录。这一块由 Docker 管

图 5-7　挂载类型及其在 Docker 主机上的位置

理，非 Docker 进程是不能修改的。卷是 Docker 中持久保存容器的应用数据的最佳方式。卷也支持使用卷驱动，这些卷驱动可让用户将数据存储到远程主机或云，以及其他地方。

可以以命名或匿名方式挂载卷。匿名卷（Anonymous Volumes）在首次挂载到容器中时没有指定明确的名称，因此 Docker 会为其随机指定一个在当前 Docker 主机中唯一的名称。除了名称外，命名卷（Named Volumes）和匿名卷其他特性相同。

卷由 Docker 创建并管理。作为 Docker 容器或服务中持久化数据的首选方式，卷适合以下应用场合。

- 在多个正在运行的容器之间共享数据。如果没有显式创建卷，则卷会在首次被挂载到容器上时创建。当容器停止或被删除时，卷依然会存在。多个容器可以同时挂载同一个卷，可以是读写模式，也可以是只读模式。只有显式删除卷时，卷才会被删除。
- 当 Docker 主机不能保证具有特定的目录结构时，卷有助于将 Docker 主机的配置与容器运行时解耦。
- 当需要将容器的数据存储到远程主机或云时。
- 当需要在两个 Docker 主机之间备份、恢复或迁移数据时，卷是更好的选择。可以在停止使用卷的容器之后，备份卷所在的目录（例如/var/lib/docker/volumes/<卷名>）。

2．绑定挂载

绑定挂载可以存储到主机系统的任意位置，甚至可能存放到一些重要的系统文件或目录中。Docker 主机上的非 Docker 进程和 Docker 容器都可以随时对它们进行修改。

与卷相比，绑定挂载功能要受限。绑定挂载性能高，但它们依赖于具有特定目录结构的主机文件系统。不能使用 Docker 命令直接管理绑定挂载。绑定挂载还允许访问敏感文件。

绑定挂载适合下面的应用场合。

- 在主机和容器之间共享配置文件。Docker 向容器提供 DNS 解析默认采用的就是这种方式，即将主机上的/etc/resolv.conf 文件挂载到每个容器。
- 在 Docker 主机上的开发环境和容器之间共享源代码或构建工件（Artifacts）。例如，可能挂载一个 Maven 的 target/目录到容器中，并且每次在 Docker 主机上构建 Maven 项目时，容器会访问重新构建的工件。如果以这种方式使用 Docker 进行开发，生产环境中的 Dockerfile 会直接把生产就绪的工件复制到镜像中，而不是依赖一个绑定挂载。
- 当 Docker 主机的文件或目录结构保证与容器所需的绑定挂载一致时。

3．tmpfs 挂载

tmpfs 挂载仅限于运行 Linux 操作系统的 Docker 主机使用，只存储在主机的内存中，不会被写到主机的文件系统中，因此不能持久保存容器的应用数据。在不需要将数据持久保存到主机或容器中时，tmpfs 挂载最合适。出于安全考虑或者要保证容器的性能，应用程序需要写入大量非持久状态数据时，这种挂载很适用。

如果容器产生了非持久化状态数据，可以考虑使用 tmpfs 挂载避免将数据永久存储到任何位置，并且通过避免写入容器的可写层来提高容器的性能。

5.4.3　docker run 命令的存储配置基本用法

通常使用 docker run 或 docker create 命令的相关选项来设置容器的卷或绑定挂载。

起初，-v（--volume）选项用于独立容器，而--mount 选项用于集群服务。卷和绑定挂载都可以通过这两个选项挂载到容器中，只是二者的语法存在细微差异。对于 tmpfs 挂载，可以使用--tmpfs 选项。

然而，在 Docker 17.06 或更高版本中，建议对于所有的容器或服务，绑定挂载、卷或 tmpfs 挂载都使用--mount 选项，因为其语法更清晰，定制更详细。从 Docker 17.06 版本开始，也可以将--mount 选项用于独立容器。--mount 与-v 两者最大的不同在于-v 的用法是将所有选项组合在一个字段中，而--mount 的用法是将它们分开，--mount 选项采用若干键值对的写法以支持更多的设置选项。-v 写法更加简洁，目前仍然在广泛使用。本书的一些例子会兼顾到这两个选项。

5.5　使用 Docker 卷

这里主要讲解 Docker 卷的配置和管理。Docker 主机上的卷如图 5-8 所示。卷由 Docker 创建并管理。可以通过 docker volume create 命令显式地创建一个卷，Docker 也可以在容器或服务创建期间创建卷。创建卷时，卷会存储到 Docker 主机的一个目录中。当将卷挂载到容器中时，这个目录就会挂载到容器中。

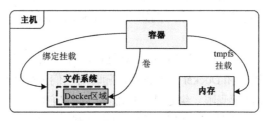

图 5-8　Docker 主机上的卷

5.5.1　卷的优势

卷是对由 Docker 容器产生和使用的数据进行持久化的首选方法。绑定挂载依赖主机本身的目录结构，而卷则完全由 Docker 管理。与绑定挂载相比，卷具有以下优势。

- 卷比绑定挂载更容易备份和迁移。
- 可以通过 Docker 命令行或 Docker API 对卷进行管理。
- 卷在 Linux 容器和 Windows 容器中都可以工作。
- 在多个容器之间共享时，卷更为安全。
- 卷驱动支持在远程主机或云端存储卷，加密卷内容，以及增加其他功能。
- 新卷的内容可以由容器预填充。

此外，与容器的可写层持久化数据相比，卷通常是更好的选择，因为使用卷不会增加容器的体积，并且卷的内容不受特定容器的生命周期的影响。

5.5.2　选择-v 或--mount 选项

初学者应尽可能使用--mount 选项。如果需要指定卷驱动器选项，则必须使用--mount 选项。卷的所有选项都可用于--mount 和-v 选项。当在 Docker 服务而不是在容器上使用卷时，仅支持--mount 选项。

1.　-v 选项

-v 选项的语法格式如下：

```
-v [host-src:]container-dest[:<options>]
```

该选项包括由 "：" 分隔的 3 个字段。这些字段必须按照正确的顺序排列。

对于命名卷，第 1 个字段是卷的名称，并且在指定主机上是唯一的。对于匿名卷，第 1 个字段被省略。

第 2 个字段 container-dest 是容器中被挂载的文件或目录的路径，必须采用绝对路径的形式。

第 3 个字段是可选的，是一个逗号分隔的选项列表，例如，ro 表示只读。

2.　--mount 选项

--mount 选项的语法格式如下：

```
--mount <key>=<value>,<key>=<value>,……
```

该选项由多个由 "，" 分隔的键值对组成，每个键值对的格式为 "<key> = <value>"。--mount 选项的语法比-v 的更冗长，但键的顺序并不重要，并且键值更易于理解。

- type：要挂载的类型，值可以是 bind、volume 或 tmpfs。这里的卷使用 volume。
- source（或 src）：要挂载的源，对于命名卷，这里是卷的名字。对于匿名卷则忽略这个字段。
- destination（或 dst、target）：要挂载的目的地，即容器中被挂载的文件或目录的路径，必须采用绝对路径的形式。
- readonly：只读选项，表示卷以只读方式挂载到容器中。
- volume-opt：卷选项，可以被多次指定，由包含选项名和值的键值对组成。

有经验的用户可能会更熟悉-v 选项的语法，但是仍然建议使用--mount 选项，因为它更加易用。

5.5.3　创建和管理卷

可以通过 docker volume 命令在任何容器之外单独创建和管理卷。下面是一个创建卷的例子：

```
docker volume create my-vol
```

使用以下命令列出当前的卷（列出卷驱动和卷名称）：

```
# docker volume ls
DRIVER          VOLUME NAME
local           27c1e8fc7daf0be84358c88096d1b99881b0513b2cc46736b9f4c2e75544c832
local           6126182a7b2771ce72ce88d542db291d946e02285afbb3f8f3c9d7a611b7b2a9
local           8957401b4fb029ab23b74c2c8e3fc28583edcc93d8bc3d77b35ece5620fa49d3
local           ad52dd82b8c2ad9680acc7172d62e92f0f088c7211abd376a7bd9712e1fa0cf0
local           my-vol
```

使用以下命令查看卷的详细信息：

```
# docker volume inspect my-vol
[
    {
```

```
            "CreatedAt": "2018-12-03T17:14:11+08:00",
            "Driver": "local",              #卷驱动
            "Labels": {},
            "Mountpoint": "/var/lib/docker/volumes/my-vol/_data",    #卷的挂载点
            "Name": "my-vol",         #卷的名称
            "Options": {},
            "Scope": "local"
        }
]
```

可以发现，创建卷会在主机上的 Docker 根目录（默认为/var/lib/docker）下的 volumes 子目录中生成一个以卷名命名的子目录（例中为 my-vol），在该子目录中再创建一个名为_data 的子目录作为卷的数据存储路径。对于不用的卷，可以执行删除命令：

```
docker volume rm my-vol
```

5.5.4　启动带有卷的容器

启动带有卷的容器时，如果卷不存在，则 Docker 会自动创建这个卷，即在 Docker 根目录下的 volumes 子目录中生成相应的目录结构；如果卷已存在，则容器可以直接使用卷中的数据。下面的例子将卷 myvol2 挂载到容器中的/app 目录。先来看使用--mount 选项的实现：

```
docker run -d --name devtest --mount source=myvol2,target=/app nginx:latest
```

例中卷 myvol2 并没有提前创建，则 Docker 会自动创建这个卷。通过 docker inspect devtest 命令验证卷被正确创建和挂载。查看其 Mounts 部分：

```
"Mounts": [
        {
            "Type": "volume",         # 挂载类型
            "Name": "myvol2",         # 卷名
            "Source": "/var/lib/docker/volumes/myvol2/_data",  # 源
            "Destination": "/app",   # 目的地
            "Driver": "local",        # 卷驱动
            "Mode": "z",              # 模式
            "RW": true,               # 读写模式
            "Propagation": ""         # 传播属性
        }
    ],
```

这表明挂载的是一个卷，显示了正确的源和目的地，并且是读写模式。

也可改用-v 选项，执行以下的命令与--mount 选项的实现产生相同的结果：

```
docker run -d --name devtest -v myvol2:/app nginx:latest
```

要注意的是，因为容器名和卷名都是唯一的，上述两个操作不能同时运行，除非在运行其中一个例子之后删除 devtest 容器和 myvol2 卷。

要停止容器并删除卷，可依次执行以下命令：

```
docker container stop devtest
docker container rm devtest
docker volume rm myvol2
```

如果启动容器时指定的卷不是空白卷，已存在内容，则容器不会将其挂载目录的数据复制到卷，而是直接使用卷的数据。此时，如果容器的挂载目录中包含文件或目录，这些文件或目录会被挂载的卷所遮盖，被遮盖的文件或目录不会被删除或更改，但在容器装入卷时不可被访问。

5.5.5 使用容器填充卷

如果启动一个创建新卷或带有空白卷的容器，而容器在要被挂载的目录中已有文件或目录（比如上述的/app/），则该目录的内容会被复制到卷中，也就是将容器在挂载目录的数据复制到卷。然后容器挂载并使用该卷，而使用该卷的其他容器也可以访问其中预先填充的内容。

为证明这一点，这里启动一个 nginx 容器，并使用容器的/usr/share/nginx/html 目录（nginx 存储其默认 HTML 内容的地方）的内容填充新卷 nginx-vol，示例如下：

```
docker run -d --name=nginxtest   --mount source=nginx-vol,destination=/usr/share/nginx/html   nginx:latest
```

查看主机上该卷所在目录的内容，可以发现容器填充了卷：

```
# ls /var/lib/docker/volumes/nginx-vol/_data
50x.html   index.html
```

请读者使用选项-v 重写完成相同任务的命令。

在运行示例之后，依次执行下面的命令来清除容器和卷：

```
docker container stop nginxtest
docker container rm nginxtest
docker volume rm nginx-vol
```

由上述实验可知，如果启动容器时指定一个不存在的卷，则自动创建一个空白卷。如果将一个空白卷挂载到容器中已包含文件或目录的目录，则这些文件或目录会被复制到卷中。

5.5.6 使用只读卷

多个容器可以挂载同一个卷，并且可以同时对其中的某些容器进行读写挂载操作，而对另一些容器进行只读挂载操作。设置只读权限后，在容器中是无法对卷进行修改的，只有 Docker 主机有权修改数据，这从某种程度上提高了安全性。下面的例子修改了上面的例子，通过在容器中挂载点后面的选项列表（默认为空）中添加只读参数来将该目录挂载为只读卷。如果存在多个选项，则用 "," 分隔。先来看使用--mount 选项的实现：

```
docker run -d  --name=nginxtest  --mount source=nginx-vol,destination=/usr/share/nginx/html,readonly   nginx:latest
```

也可改用-v 选项产生相同的结果：

```
docker run -d --name=nginxtest   -v nginx-vol:/usr/share/nginx/html:ro   nginx:latest
```

通过 docker inspect nginxtest 命令验证绑定挂载是否创建正确。查看 Mounts 部分：

```
"Mounts": [
        {
            "Type": "volume",
            "Source": "nginx-vol",
            "Target": "/usr/share/nginx/html",
            "ReadOnly": true        # 只读模式
        }
    ],
```

停止并删除 nginxtest 容器，然后删除 nginx-vol 卷。

5.5.7 删除卷

当卷没有被正在运行的容器使用时，该卷仍然可用于 Docker，并且不会自动删除。也就是说，这种情况下容器被删除之后 Docker 卷依然存在。不过，命名卷和匿名卷的删除要区别对待。

1. 删除命名卷

命名卷有自己的名称,有一个来自容器之外特定的源(位于主机上的特定路径)。可以通过 docker volume rm 命令来删除卷, 基本用法为:

```
docker volume rm [OPTIONS] VOLUME [VOLUME...]
```

参数 VOLUME 表示要删除卷的名称,可以使用卷名列表来删除多个卷。选项-f (--force) 表示强制删除卷, 包括正在使用的卷。

2. 删除匿名卷

匿名卷没有卷名称,也没有特定的源,不能使用 docker volume rm 命令删除,只有在容器被删除时才能引导 Docker 引擎去删除它们。要自动删除匿名卷,应在创建容器时使用--rm 选项。

例如,以下命令创建一个匿名的/foo 卷和一个命名的 awesome 卷,当删除容器时,Docker 引擎删除/foo 卷而不是 awesome 卷。

```
docker run --rm -v /foo -v awesome:/bar busybox top
```

3. 删除所有卷

执行以下命令删除所有未使用的本地卷并腾出空间:

```
docker volume prune
```

该命令提供两个选项,一个是-f(--force),表示删除操作时不会给出提示信息;另一个是--filter,用于定义筛选条件。

5.6 使用绑定挂载

Docker 主机上的绑定挂载如图 5-9 所示。使用绑定挂载时,主机上的一个文件或目录会被挂载到容器中,引用这些文件或目录必须使用主机上的相应路径,如果主机上没有这些文件或目录,Docker 则会按需创建。

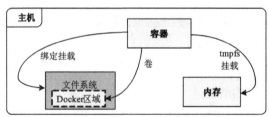

图 5-9　Docker 主机上的绑定挂载

5.6.1　绑定挂载的功能限制

Docker 早期版本就支持绑定挂载。与卷相比,绑定挂载功能比较有限。绑定挂载性能高,但它们需要指定主机文件系统的特定路径,这就限制了容器的可移植性,当需要将容器迁移到其他主机时,如果目的主机上没有要挂载的数据或者数据没有位于相同的路径时,操作就会失败。

使用绑定挂载可以通过容器中运行的进程更改主机文件系统,包括创建、修改或删除重要的系统文件或目录。这个强大的功能可能会对系统安全产生影响,包括影响主机系统上的非 Docker 进程。如果正在开发新的 Docker 应用,应考虑使用上述命名卷而不是绑定挂载。

5.6.2　选择-v 或--mount 选项

关于这两个选项,在 5.5.2 节已经介绍过。这里再补充介绍一下绑定挂载的不同之处。

对于绑定挂载来说，-v 选项第 3 个字段是可选的，除了 ro，还支持 consistent、delegated、cached、z 和 Z 等选项。这些将在后面进一步说明。

--mount 选项除了 type、source、destination 和 readonly 键之外，使用绑定挂载还涉及以下几个键。

- bind-propagation：用于改变绑定传播。值可以是 rprivate、private、rshared、shared、rslave 或 slave。
- consistency：表示一致性，值只可以是 consistent、delegated 或 cached。该键仅用于 Docker for Mac，在其他平台上无效。

--mount 选项不支持用于修改 selinux 标签的 z 和 Z 选项。

5.6.3 容器使用绑定挂载

1. 绑定挂载主机上现有的目录

可以将主机上一个已有的目录挂载到容器，该目录可以由主机上的完整路径或相对路径引用。使用--mount 选项时要指明挂载类型。例如，以下命令将主机上现有的目录/home/html 挂载到容器中的/usr/share/nginx/html 目录，用于存放 nginx 的 HTML 内容：

```
docker run -d --name nginxtest1  --mount type=bind,source=/home/html,destination=/usr/share/nginx/html   nginx:latest
```

通过 docker inspect nginxtest1 验证绑定挂载已被正确创建。查看其 Mounts 部分：

```
"Mounts": [
    {
    "Type": "bind",
    "Source": "/home/html",          # 源为主机上的目录
    "Destination": "/usr/share/nginx/html",
    "Mode": "",
    "RW": true,
    "Propagation": "rprivate"
    }
],
```

这表明挂载方式是绑定挂载，源和目的地都正确，挂载为读写模式，传播类型是 rprivate（私有的）。

提示：卷和绑定挂载默认的绑定传播类型都是 rprivate。只有在 Linux 主机上的绑定挂载才是可配置的。绑定传播所涉及的内容比较专业，多数用户不需要配置。绑定传播是指在指定的绑定挂载或命名卷中创建的挂载是否可以传播到该挂载的副本。

若改用-v 选项，则上述命令改写为：

```
docker run -d  --name nginxtest1 -v /home/html:/usr/share/nginx/html   nginx:latest
```

停止容器并加以删除：

```
docker container stop devtest
docker container rm devtest
```

2. 绑定挂载主机上现有的文件

除了绑定挂载目录外，还可以单独指定一个文件进行绑定挂载，该文件可以由主机上的完整路径或相对路径引用。使用--mount 选项时要指明挂载类型。

例如，执行以下命令会将容器中使用过的命令保存在一个外部文件：

```
docker run --rm -it --mount type=bind,source=/home/bash_history,destination=/root/.bash_history ubuntu /bin/bash
```

这样，退出容器后也能查看容器执行的命令历史。

绑定挂载文件主要用于主机与容器之间共享配置文件。许多应用程序依赖于配置文件，如果为

每个配置文件制作一个镜像，则会让简单的工作变得复杂起来，而且很不方便。将配置文件置于 Docker 主机上，挂载到容器中，可以随时修改配置，使得配置文件的管理变得简单灵活。例如，下面的操作将/etc/localtime 文字挂载到容器，可以让容器的时区设置与主机保持一致：

```
# docker run --rm -it -v /etc/localtime:/etc/localtime ubuntu /bin/bash
root@881af5bef4d1:/# date +%z          # 查看时区设置
+0800
```

3. 绑定挂载主机上不存在的目录或文件

要绑定挂载 Docker 主机中并不存在的目录或文件，选项--mount 和-v 的表现有些差异。如果使用-v 选项则会在主机上自动创建一个目录，对于不存在的文件创建的也是一个目录；但是如果改用--mount 选项，则 Docker 非但不会自动创建目录，反而会报错。

在下面的例子中，Docker 会在启动容器之前在主机上创建一个/doesnt/exist 目录：

```
docker run  --rm -v /doesnt/exist:/foo -w /foo -i -t ubuntu bash
```

4. 绑定挂载到容器中的非空目录

如果绑定挂载到容器上的非空目录，则该目录中的现有内容会被绑定挂载所遮盖。

当要测试新版本的应用而不用构建新镜像时，这可能有点用。但是，这也有点不可思议，且这种方式与 Docker 卷不同。

下面的例子比较极端，用主机上的/tmp 目录替换了容器的/usr 目录的内容。在大多数情况下，这会产生一个没有用处的容器。

```
# docker run -d -it  --name broken-container  --mount type=bind,source=/tmp,target=
/usr   nginx:latest
    83a6af1daf29e1ff5618fef0620795a8ea022875ee84f1039450d6044c860fe6
    docker: Error response from daemon: OCI runtime create failed: container_linux.go:348:
starting container process caused "exec: \"nginx\": executable file not found in $PATH":
unknown.
```

容器虽然创建了，但是无法工作。执行以下命令删除这个容器：

```
docker container rm broken-container
```

5. 在绑定挂载中使用 Linux 的命令替换来指定目录

Linux 的 shell 中命令替换可用来非常灵活方便地指定目录。先来看一个简单的例子：

```
docker  run  -v `pwd`:`pwd` -w `pwd` -i -t  ubuntu pwd
```

选项-v 的源和目的目录都使用`pwd`来分别指定为主机和容器的当前目录。选项-w 表示命令会在当前工作目录中执行，通过容器中执行 pwd 命令产生的结果来改变目录。这个组合会在当前工作目录中使用容器执行命令。

再来看一个更复杂的例子。有一个 source 目录，当构建源代码时，软件被保存到另一个目录 source/target 中。如果希望软件在容器的/app 目录中可用，并且希望容器每次在开发主机上构建源代码时都可以访问新的构建。使用以下命令将 target 目录绑定挂载到容器的/app 目录中。从 source 目录中运行此命令，$(pwd)子命令表示 Linux 或 MacOS 主机上的当前工作目录。先来看使用--mount 的实现：

```
docker run -d -it  --name devtest --mount type=bind,source="$(pwd)"/target,target=/app
nginx:latest
```

也可改用-v 选项产生相同的结果：

```
docker run -d -it  --name devtest  -v "$(pwd)"/target:/app   nginx:latest
```

例中将当前目录切换到/home/source 目录，再执行上述命令。

5.6.4 使用只读的绑定挂载

对于某些应用，容器需要写入绑定挂载，这样更改就会传回 Docker 主机。其他情形容器只需要读取绑定挂载即可。下面的例子将目录挂载为只读绑定挂载。如果存在多个选项，则用 "，" 分隔。
先来看使用--mount 选项的实现：

```
docker run -d -it   --name devtest   --mount type=bind,source="$(pwd)"/target,target=/
app,readonly   nginx:latest
```

再来看使用-v 选项的实现：

```
docker run -d -it   --name devtest   -v "$(pwd)"/target:/app :ro   nginx:latest
```

通过 docker inspect devtest 命令验证绑定挂载是否创建成功。检查 Mounts 部分：

```
"Mounts": [
    {
        "Type": "bind",
        "Source": "/home/source/target",
        "Destination": "/app",
        "Mode": "ro",            # 只读模式
        "RW": false,             # 禁止写
        "Propagation": "rprivate"
    }
],
```

停止并删除上述容器。

5.6.5 配置 SELinux 标签

如果使用 SELinux，可以添加 z 或 Z 选项来修改被挂载到容器中的主机文件或目录的 SELinux
标签。这会影响主机本身的文件或目录，并可影响 Docker 之外的范围。

- z 选项表示绑定挂载的内容可以在多个容器之间共享。
- Z 选项表示绑定挂载的内容是私有的，不能共享。

对这些选项要格外小心。使用 Z 选项绑定系统目录（如/home 或/usr）会导致主机无法操作，可
能需要手动重新标记主机文件。不过，在服务上使用绑定挂载时，SELinux 标签（:Z 和:z）和:ro 都
会被忽略。

下面的例子通过设置 z 选项使绑定挂载的内容可以在多个容器之间共享：

```
docker run -d -it --name devtest -v "$(pwd)"/target:/app:z  nginx:latest
```

注意目前无法使用--mount 选项来修改 SELinux 标签。

5.7 使用 tmpfs 挂载

tmpfs 可译为临时文件系统，是一种基于内存的文件系统，速度非常快。无论是在 Docker 主机
上还是在容器中，tmpfs 挂载都不会在磁盘上持久化存储。它可以在容器的生命周期内由容器使用，
以存储非持久状态或敏感的信息。Docker 主机上的 tmpfs 挂载如图 5-10 所示。

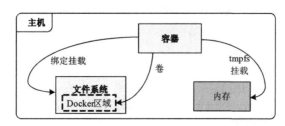

图 5-10　Docker 主机上的 tmpfs 挂载

5.7.1 tmpfs 挂载的特点

与卷和绑定挂载不同，tmpfs 挂载是临时性的，仅存储在主机的内存中，如果内存不足，则使用交换分区。当容器停止时，tmpfs 挂载会被移除，写入的文件也不会保存下来。这对临时性存储敏感性文件很有用，不用在主机或容器的可写层中保存。

tmpfs 挂载存在以下限制。

- 与卷和绑定挂载不同，tmpfs 挂载不能在容器之间共享。
- tmpfs 挂载只能用于 Linux 平台的 Docker，不支持 Windows 平台。

5.7.2 选择--tmpfs 或--mount 选项

最初--tmpfs 选项用于独立容器，而--mount 选项用于 Swarm 集群服务。但是，从 Docker 17.06 版本开始，也可以在独立容器上使用--mount 选项。

使用--tmpfs 选项设置 tmpfs 挂载时不允许指定任何配置选项，而且只能用于独立容器。--tmpfs 选项不支持任何配置选项，也不能用于 Swarm 集群服务。不需要也不能指定任何参数，可以将容器挂载到一个 tmpfs 挂载点上。

选项--mount 由多个键值对组成，以 "," 分隔，每个键值对形式为 "\<key> = \<value>"。--mount 选项的语法比--tmpfs 选项的语法更详细，也更冗长，但键的顺序并不重要，并且选项的值更易于理解。--mount 选项支持如下参数。

- type：要挂载的类型，这里使用 tmpfs 挂载。
- destination（或 dst、target）：要挂载的目的地，即容器中被挂载的文件或目录的路径，必须采用绝对路径的形式。
- tmpfs-size 和 tmpfs-mode 参数。将在 5.7.4 节中详细介绍。

Swarm 集群服务使用 tmpfs 挂载时必须使用选项--mount。

5.7.3 在容器中使用 tmpfs 挂载

有时不想将容器的数据存储在主机上，但出于性能或安全原因，或者数据是不需要持久化的状态信息，也不希望将数据写入容器的可写层，这就可以使用 tmpfs 挂载。例如，容器的应用程序根据需要创建和使用的一次性临时密码。

要在容器中使用 tmpfs 挂载，在创建容器时可使用--tmpfs 选项，也可使用--mount 选项。使用--mount 选项时需要指定 type（值为 tmpfs）和 destination 参数，tmpfs 挂载不需要 source 参数。

下面的例子示范在 nginx 容器中的/app 目录创建一个 tmpfs 挂载：

```
docker run -d -it --name tmptest --mount type=tmpfs,destination=/app nginx:latest
```

通过 docker container inspect tmptest 命令验证挂载类型是 tmpfs，查看 Mounts 部分：

```
"Tmpfs": {
    "/app": ""
},
```

改用--tmpfs 选项具有相同的结果。

```
docker run -d -it --name tmptest --tmpfs /app nginx:latest
```

完成试验后停止并删除该容器。

5.7.4　指定 tmpfs 参数

使用--mount 选项设置 tmpfs 挂载时可使用两个可选的参数配置。

- tmpfs-size：指定 tmpfs 挂载的大小，单位是字节。默认无限制。
- tmpfs-mode：指定 tmpfs 挂载的八进制文件模式。例如，700 或 0770。默认为 1777 或所有人都可写。

下面的示例将 tmpfs-mode 参数设为 1770，这样容器中就不是所有人都可写的：

```
docker run -d -it --name tmptest  --mount type=tmpfs,destination=/app,tmpfs-mode=17
70  nginx:latest
```

5.8　使用卷容器

卷容器（Volume Container）又称为数据卷容器，是一种特殊的容器，专门用来将卷（也可以是绑定挂载）提供给其他容器挂载。使用 docker run 或 docker create 命令创建容器时可通过 --volumes-from 选项基于卷容器来创建一个新的容器，并挂载卷容器提供的卷。卷容器有多种用途。

5.8.1　通过卷容器实现容器之间的数据共享

要让容器之间共享数据，可以先创建卷容器，再让其他容器挂载该卷容器来共享它提供的卷。下面给出一个示例。

执行以下命令创建一个名为 vcstore 的卷容器，为它挂载一个匿名卷，并加上一个绑定挂载：

```
docker create -v /vcdata1  -v /home/data:/vcdata2 --name vcstore busybox
```

由于卷容器只是提供数据，它本身并不需要处于运行状态，所以这里使用 docker create 命令即可。通过 docker inspect 命令可以查看到该容器挂载的两个卷：

```
"Mounts": [
    {
        "Type": "volume",
        "Name": "adf5e808a4603c1e882d534d9f4432fda4286bdb46649dbf634f5a409b965b80",
        "Source": "/home/docker/lib/volumes/adf5e808a4603c1e882d534d9f4432fda4286bdb46
649dbf634f5a409b965b80/_data",
        "Destination": "/vcdata1",
        "Driver": "local",
        "Mode": "",
        "RW": true,
        "Propagation": ""
    },
    {
        "Type": "bind",
        "Source": "/home/data",
        "Destination": "/vcdata2",
        "Mode": "",
        "RW": true,
        "Propagation": "rprivate"
    }
],
```

再执行以下命令分别启动两个容器，通过--volumes-from 选项使用上述卷容器 vcstore：

```
docker run  --rm -it  --volumes-from  vcstore --name vctest1 ubuntu bash
docker run  --rm -it  --volumes-from  vcstore --name vctest2 ubuntu bash
```

通过 docker inspect 命令分别查看这两个容器，可以发现它们都挂载了上述两个卷。

5.8.2　通过卷容器来备份、恢复和迁移数据卷

卷对备份、还原和迁移很有用，这可以通过卷容器来实现。为便于实验，先创建一个名为 dbstore 的卷容器，挂载一个匿名卷（/dbdata）：

```
docker create -v /dbdata --name dbstore busybox /bin/sh
```

下面示范操作步骤。

1.　备份卷容器

例如，以下 3 项任务。

- 启动一个新的容器并从 dbstore 容器中挂载卷。
- 将本地主机的当前目录挂载为/backup。
- 传送一个命令将 dbdata 卷的内容打包为/backup/backup.tar 文件。

想要完成上述 3 个任务需要执行以下命令：

```
docker run --rm --volumes-from dbstore -v $(pwd):/backup ubuntu tar cvf /backup/backu
p.tar /dbdata
```

命令完成后停止容器，会在主机当前目录留下一个 dbdata 卷的备份文件。

2.　从备份中恢复卷容器

创建备份之后，可以将它恢复到同一个容器，或者另一个在别处创建的容器。例如，创建一个名为 dbstore2 的新容器：

```
docker run -v /dbdata --name dbstore2 ubuntu /bin/bash
```

然后在新容器的数据卷中将备份文件解压缩：

```
docker run --rm --volumes-from dbstore2 -v $(pwd):/backup ubuntu bash -c "cd /dbdata
&& tar xvf /backup/backup.tar --strip 1"
```

--strip 命令用于去掉一些符号文件。

5.9　容器的数据共享

数据共享是卷的关键特性，在本章结束之前简单介绍一下通过卷如何在容器与主机之间、容器与容器之间共享数据。

5.9.1　容器与主机共享数据

1.　使用绑定挂载和卷共享数据

容器与主机之间共享数据比较容易，绑定挂载和卷都可以实现。

绑定挂载非常简单，直接将要共享的目录或文件挂载到容器即可。

卷位于主机上 Docker 根目录下，卷默认位于/var/lib/docker/volumes/<卷名>/_data 目录中。按照卷的路径分配规则获知其目录路径后，也可以让容器与主机共享数据。

2.　使用 docker cp 命令在容器与主机之间复制数据

docker cp 命令用于容器与主机之间的数据复制，其基本用法如下：

```
docker cp [OPTIONS] CONTAINER:SRC_PATH DEST_PATH|-
docker cp [OPTIONS] SRC_PATH|- CONTAINER:DEST_PATH
```

CONTAINER 表示容器，可以是容器 ID 或容器名称；SRC_PATH 和 DEST_PATH 分别表示源路径和目的路径。":"用作容器与容器中路径的分隔符。源路径使用 "-" 表示将标准输入作为源；目的路径使用 "-" 表示将标准输出作为目的。有以下两个可选项。

-a（--archive）：使用归档模式，复制所有的 uid/gid 信息。

-L（--follow）：保持源路径中的符号连接。

第 1 个用法用于将容器中的数据复制到主机。下面的例子将容器 websrv 的/www 目录复制到主机的/home/wwwbak 目录中：

```
docker cp  websrv:/www /home/wwwbak/
```

第 2 个用法用于将主机上的数据复制到容器。下面的例子将主机上的/www/htdocs 目录复制到容器 websrv 的/www 目录中：

```
docker cp /www/htdocs websrv:/www/
```

再举一个例子，将主机/wwwbak 目录复制到容器 websrv 中，目录重命名为 www：

```
docker cp /wwwbak 96f7f14e99ab:/www
```

5.9.2　容器之间共享数据

绑定挂载和卷都可用于容器之间共享数据。将共享数据放在主机的目录中，然后以绑定挂载的方式将其挂载到多个容器，即可实现容器之间的数据共享。多个容器可以挂载同一个卷，并且可以同时对它们中的某些容器进行读写挂载，这样也方便地实现容器之间的数据共享。

本章主要讲解 Docker 容器（后续章节还会涉及 Docker 服务）的存储配置与管理。容器自身存储必须依赖联合文件系统，联合文件系统是由存储驱动实现的，存储驱动有很多种，应首选 overlay2 存储驱动。Docker 提供的卷和绑定挂载可将主机上的目录或文件挂载到容器中，它们是对由容器产生和使用的数据进行持久存储的解决方案。卷存储于 Docker 根目录中，并且 Docker 会管理该目录中的内容，而绑定挂载依赖于主机的特定目录结构，不便于移植，应当首选卷。在不需要将数据持久保存到主机或容器中时，tmpfs 挂载最合适，例如，在 Docker 内部，Swarm 服务使用 tmpfs 挂载来将机密数据挂载到服务的容器中。

5.10　习题

1. 简述 Docker 存储驱动与联合文件系统之间的关系。
2. Docker 存储驱动有哪几种？
3. 在 OverlayFS 文件系统中，Docker 镜像和 Docker 容器是如何分层的？
4. 容器使用 overlay2 存储驱动如何读取文件？
5. 容器使用 overlay2 存储驱动如何删除文件和目录？
6. 何时需要迁移 Docker 根目录？
7. 请比较 Docker 卷与存储驱动的异同。
8. Docker 存储有哪几种挂载类型？各自适合哪些应用场合？
9. 什么情形下容器会填充卷？
10. 什么情形下容器挂载目录中的数据会被遮盖？

11. 简述 tmpfs 挂载的特点。

12. 检查当前的存储驱动。

13. 参照 5.2.3 节的示范，验证分析 overlay2 存储驱动所实现的磁盘上的镜像层和容器层。

14. 创建一个卷，然后创建一个使用该卷的容器并进行测试。

15. 创建一个容器，绑定挂载主机上现有的目录并进行测试。

16. 创建一个卷容器，再基于该卷容器启动两个容器，验证卷容器在容器之间的数据共享功能。

06 第6章 开发基于Docker的 应用程序

Docker 的最终目的是部署和运行应用程序，这是由 Docker 容器来实现的。镜像处于应用程序生命周期的构建和打包阶段，而容器处于应用程序生命周期的启动和运行阶段。对于 Docker 用户来说，如果有可能最好使用现成的镜像。如果找不到合适的现成镜像，或者需要在现有镜像中加入特定的功能，则需要自己构建镜像。当然，对于自己开发的应用程序，要以 Docker 容器的方式部署运行，必须构建镜像，这就是应用程序的 Docker 化。开发基于 Docker 的应用程序，需要在常规的应用程序开发的基础上，构建应用程序的 Docker 镜像，也就是开发镜像。本章首先重点讲解如何构建镜像，然后介绍 Docker 的应用程序开发准则，最后通过一个示例介绍基于 Docker 的应用程序开发的完整过程。

6.1 开发 Docker 镜像

大部分情况下，用户都是基于一个已有的基础镜像来构建镜像，不必从头开始。Docker 提供了两种构建镜像的方法，最简单的是将现有容器转化为镜像，这已经在第 3 章讲解过，不适合应用程序开发。应用程序开发通过 Dockerfile 构建镜像。与常规的应用程序打包不一样，镜像是一个由应用程序所需要的所有文件组成的软件包，除了代码和配置文件，还要包括运行环境。

6.1.1 进一步了解 Dockerfile

Dockerfile 可以非常容易地定义镜像内容。Dockerfile 是由一系列指令和参数构成的脚本文件，每一条指令构建一层，因此每一条指令的内容就是描述该层应当如何构建，一个 Dockerfile 里面包含了构建镜像的一套完整指令。Docker 通过读取一系列 Dockerfile 指令自动构建镜像。

镜像的定制实际上就是定制每一层所要添加的配置和文件。将每一层修改、安装、构建、操作的命令都写入一个 Dockerfile 脚本。有了 Dockerfile，当需要定制自己额外的需求时，只需在 Dockerfile 上添加或者修改指令，重新生成镜像即可。

Dockerfile 的格式如下：

```
# Comment
INSTRUCTION arguments
```

INSTRUCTION 表示指令，不区分大小写，建议大写。arguments 表示指令的若干参数。

Docker 从头到尾按顺序运行其中的指令。Dockerfile 文件必须以 FROM 指令开头。该指令定义构建镜像的基础镜像。FROM 指令之前唯一允许的是 ARG 指令（用于定义变量）。

以 "#" 符号开头的行都将被视为注释，除非是解析器指令（parser directive）。行中其他位置的 "#" 符号将被视为参数的一部分。

解析器指令是可选的，影响处理 Dockerfile 中后续行的方式。解析器指令不会添加镜像层，也不会在构建步骤中显示。解析器指令是以 # directive = value 的形式写成的一种特殊类型的注释。单个指令只能使用一次。

一旦注释、空行或构建器指令被处理，Docker 不再搜寻解析器指令，而是将格式化为解析器指令的任何内容作为注释，并且判断解析器指令。因此所有解析器指令必须位于 Dockerfile 的首部。

Docker 可使用解析器指令 escape 设置转义字符。如果未指定，则默认的转义字符为反斜杠（\）。转义字符既用于转义行中的字符，也用于转义一个新的行，这让 Dockerfile 指令能跨越多行，例如：

```
# escape=\
```

或者

```
# escape=`
```

将转义字符设置为反引号（`）在 Windows 系统中特别有用，因为反斜杠（\）是 Windows 系统的目录路径分隔符。

6.1.2 通过 Dockerfile 构建镜像的基本方法

使用 docker build 命令通过 Dockerfile 和构建上下文（build context）构建镜像。

1. 什么是构建上下文

上下文是由文件路径（本地文件系统上的目录）或一个 URL（Git 仓库位置）定义的一组文件。

构建上下文以递归方式处理，这样本地路径包括其中的任何子目录，URL 包括仓库及其子模块。一个使用当前目录作为上下文的简单构建命令如下：

```
docker build .
Sending build context to Docker daemon  6.51 MB
...
```

2. 镜像构建过程

镜像构建由 Docker 守护进程运行。构建过程中一开始将整个上下文递归地发送给守护进程。大多数情况下，最好将 Dockerfile 和所需文件复制到一个空的目录，再以这个目录为上下文进行构建。

提示：一定要注意不要将多余的文件放到构建上下文，特别不要把/、/usr 路径作为构建上下文，否则构建过程会相当缓慢甚至失败。

要使用构建上下文中的文件，Dockerfile 引用由指令（如 COPY）指定的文件。

按照习惯，将 Dockerfile 文件直接命名为"Dockerfile"，并置于构建上下文的根位置。不然，需要使用-f 选项显式指定 Dockerfile 文件的具体位置：

```
docker build -f /path/to/a/Dockerfile .
```

可以指定构建成功之后要保存的新镜像的仓库名和标签，例如：

```
docker build -t shykes/myapp .
```

要将镜像打上多个标签，就要在运行 build 命令时添加多个-t 选项，例如：

```
docker build -t shykes/myapp:1.0.2 -t shykes/myapp:latest .
```

Docker 守护进程逐一运行 Dockerfile 中的指令，如果需要，将每个指令的结果提交到一个新的镜像，最后输出新镜像的 ID。Docker 守护进程会自动清理发送的构建上下文。

Dockerfile 中的每条指令被独立执行并创建一个新镜像，这样 RUN cd /tmp 等命令不会对下条指令产生影响。

只要有可能，Docker 将重用过程中的中间镜像（缓存），以加速构建过程。构建缓存仅会使用本地生成链上的镜像，如果不想使用本地缓存的镜像，也可以通过--cache-from 选项指定缓存，或者使用--no-cache 选项禁用缓存，这样将不再使用本地生成的镜像链，而是从镜像仓库中下载。

构建成功后，就可以准备将它推送到 Docker 注册中心。

3. 构建上下文示例

这里给出一个示例。为构建上下文创建一个目录并切换到该目录。将内容"hello"写入一个名为 hello 的文本文件，创建一个 Dockerfile 并在其中运行 cat 命令，最后从构建上下文（.）构建镜像。示例命令如下：

```
mkdir myproject && cd myproject
echo "hello" > hello
echo -e "FROM busybox\nCOPY /hello /\nRUN cat /hello" > Dockerfile
docker build -t helloapp:v1 .
```

将 Dockerfile 和 hello 文件分别移动到不同的目录中，然后构建另一个版本的镜像，不要依赖上次构建的缓存。使用-f 选项指向 Dockerfile 并定义构建上下文的目录：

```
mkdir -p dockerfiles context
mv Dockerfile dockerfiles && mv hello context
docker build --no-cache -t helloapp:v2 -f dockerfiles/Dockerfile context
```

在构建上下文中，包括一些与构建镜像无关的文件会增加镜像的大小。这会增加构建、推送和拉取镜像的时间和容器运行时的大小。要查看构建文本的大小，可以在构建 Dockerfile 的输出信息中查找像下面这样的消息：

```
Sending build context to Docker daemon  187.8MB
```

6.1.3 Dockerfile 常用指令

Dockerfile 指令比较多，这里介绍其中比较常用的。

1. FROM 指令——设置基础镜像

FROM 指令的用法有以下 3 种格式：

```
FROM <image> [AS <name>]
FROM <image>[:<tag>] [AS <name>]
FROM <image>[@<digest>] [AS <name>]
```

FROM 指令为后续指令设置基础镜像。image 参数指定任何有效的镜像，特别是可以从公有仓库拉取的镜像。

FROM 指令可以在同一个 Dockerfile 文件中多次出现，以创建多个镜像层。

其中 AS <name> 是可选的，可以用来对此构建阶段指定一个名称，这个名称可用在后续的 FROM 和 COPY --from=<name|index> 指令中以引用此阶段构建的镜像。

tag 或 digest 的值是可选的。如果省略其中任何一个，构建器将默认使用 latest。如果构建器与 tag 值不匹配，则构建器将返回错误。

FROM 指令支持由 ARG 指令声明的变量，前提是 ARG 指令应置于第 1 条 FROM 指令的前面，例如：

```
ARG  CODE_VERSION=latest
FROM base:${CODE_VERSION}
CMD  /code/run-app


FROM extras:${CODE_VERSION}
CMD  /code/run-extras
```

在 FROM 指令之前的 ARG 指令所声明的变量没有进入构建阶段，所以不能在 FROM 指令后面使用。要使用第 1 条 FROM 指令之前 ARG 指令所声明变量的默认值，进入构建阶段后不要为 ARG 指令所声明的变量再赋值，例如：

```
ARG VERSION=latest
FROM busybox:$VERSION
ARG VERSION
RUN echo $VERSION > image_version
```

2. RUN 指令——运行命令

RUN 指令的用法有以下两种格式：

```
RUN <command>
RUN ["executable", "param1", "param2"]
```

第 1 种是 shell 格式，命令在 shell 环境中运行，默认在 Linux 上为/bin/sh -c，Windows 上为 cmd /S/C。第 2 种是 exec 格式，不会启动 shell 环境。

RUN 指令将在当前镜像顶部的新层中执行命令，并提交结果。提交结果产生的镜像将用于 Dockerfile 的下一步处理。

分层 RUN 指令和产生提交结果符合 Docker 的核心概念，其中提交是轻量级的，容器可以从镜像历史中的任一点创建，这与源代码控制非常类似。

exec 格式可以避免 shell 字符串转换，能够使用不包含指定的 shell 可执行文件的基础镜像来运行 RUN 命令。

shell 格式中的默认 shell 可以使用 SHELL 命令来更改。在 shell 格式中，可以使用反斜杠将单个

RUN 指令延续到下一行。例如，下面就是一个续行的例子：

```
RUN /bin/bash -c 'source $HOME/.bashrc; \
echo $HOME'
```

这两行内容等同于下面的单行：

```
RUN /bin/bash -c 'source $HOME/.bashrc; echo $HOME'
```

如果不想使用默认的/bin/sh，可使用 exec 格式传递要用的 shell。例如：

```
RUN ["/bin/bash", "-c", "echo hello"]
```

3. CMD 指令——指定容器启动时默认执行的命令

CMD 指令的用法有以下 3 种格式：

```
CMD ["executable","param1","param2"]
CMD ["param1","param2"]
CMD command param1 param2
```

第 1 种是首选的 exec 格式，第 2 种提供给 ENTRYPOINT 指令的默认参数，第 3 种是 shell 格式。一个 Dockerfile 文件中只能有一个 CMD 指令。如果列出多个 CMD 指令，则只有最后一个 CMD 有效。

CMD 指令的主要目的是为运行中的容器提供默认值。这些默认值可以包括可执行文件，如果不提供可执行文件，则必须指定 ENTRYPOINT 指令。

4. LABEL 指令——向镜像添加标记（元数据）

LABEL 指令的语法格式如下：

```
LABEL <key>=<value> <key>=<value> <key>=<value> ...
```

每个标记（元数据）以键值对的形式表示。要在其中包含空格，应使用引号和反斜杠，就像在命令行解析中一样。下面是几个使用标记的示例：

```
LABEL "com.example.vendor"="ACME Incorporated"
LABEL com.example.label-with-value="foo"
LABEL version="1.0"
LABEL description="This text illustrates \
that label-values can span multiple lines."
```

一个镜像可以有多个标记。可以将多个标记合并到单个 LABEL 指令中以减少层数。

基础镜像或父镜像中包含的标记会被镜像继承。如果同一个标记多次定义且有不同的值，则最后定义的标记的值将覆盖之前设置的值。

5. EXPOSE 指令——声明容器运行时侦听的网络端口

EXPOSE 指令的语法格式如下：

```
EXPOSE <port> [<port>...]
```

EXPOSE 指令通知 Docker 容器在运行时侦听指定的网络端口。可以指定 TCP 或 UDP 端口，默认是 TCP 端口。

EXPOSE 指令不会发布该端口，只是起到声明作用。要发布端口，必须使用-p 选项发布一个或多个端口，或者使用-P 选项发布所有暴露的端口。

6. ENV 指令——指定环境变量

ENV 指令的用法有以下两种格式：

```
ENV <key> <value>
ENV <key>=<value> ...
```

ENV 指令以键值对的形式定义环境变量。该值会出现在构建镜像阶段的所有后续指令的环境中，也可以在运行时被指定的环境变量替换。

第 1 种格式将单个变量设置为一个值，第 1 个空格后面的整个字符串将被视为值的一部分，包括空格。该值将解释为其他环境变量，这样引号如果没有转义将会被删除。

第 2 种格式允许一次设置多个变量，可以使用等号（=），而第 1 种形式不使用。与命令行解析类似，引号和反斜杠可用于在值中包含空格。例如：

```
ENV myName="John Doe" myDog=Rex\ The\ Dog \
    myCat=fluffy
```

这个例子与下面的例子在最终的镜像中会产生相同的结果：

```
ENV myName John Doe
ENV myDog Rex The Dog
ENV myCat fluffy
```

7. COPY 指令——将源文件复制到容器

COPY 指令的用法有以下两种格式：

```
COPY [--chown=<user>:<group>] <src>... <dest>
COPY [--chown=<user>:<group>] ["<src>",... "<dest>"]
```

--chown 选项只能用于构建 Linux 容器，不能在 Windows 容器上工作。因为用户和组的所有权概念不能在 Linux 和 Windows 之间转换。对于路径中包含空白字符的情形，必须采用第 2 种格式。

COPY 指令将指定的源路径（由<src>参数指定）的文件或目录复制到容器文件系统中指定的目的路径（由<dest>参数指定）。

可以指定多个源路径，但文件和目录的路径将被视为相对于构建上下文的源路径。每个源路径可能包含通配符，匹配将使用 Go 语言的 filepath.Match 规则实现。例如：

```
COPY hom* /mydir/          # 添加所有以 "hom" 开头的文件
COPY hom?.txt /mydir/      # "?" 用于替换任何单字符，例如，home.txt
```

注意这里将注释符号 "#" 放在行尾的用法只是用于讲解，不适合正式的 Dockerfile，后续示例中也有这种情形。

目的路径是绝对路径，或者是相对于工作目录（由 WORKDIR 指令指定）路径。源文件将被复制到目的容器中的目的路径中。例如：

```
COPY test relativeDir/    # 将 test 添加到相对路径`WORKDIR`/relativeDir/
COPY test /absoluteDir/   # 将 test 添加到绝对路径/absoluteDir/
```

复制的文件或目录的路径中包含特殊字符（如 [和]）时，需要将这些路径按照 Go 语言的规则进行转义，以防止它们被当作匹配模式。例如，要复制名为 arr[0].txt 的文件，可采用以下用法：

```
COPY arr[[]0].txt /mydir/    # 将名为 arr[0].txt 的文件复制到/mydir/
```

复制过来的源文件在容器中作为新文件和目录，都以 UID 和 GID 为 0 的用户和组（就是 root 账户和 root 组）的身份创建，除非使用--chown 选项明确指定用户名、组名或 UID/GID 组合，例如：

```
COPY --chown=55:mygroup files* /somedir/
COPY --chown=bin files* /somedir/
```

COPY 指令应遵守以下复制规则。

- 源路径必须位于构建的上下文中，不能使用指令 COPY ../something/something，因为 docker build 命令的第一步是发送上下文目录及其子目录到 Docker 守护进程。
- 如果源是目录，则复制整个目录的内容，包括文件系统元数据。注意目录本身不被复制，只是其内容。
- 如果源是任何其他类型的文件，它会与其元数据分别复制。在这种情形下，如果目的路径以 "/" 为结尾，将被认为是一个目录，并且源内容将被写入目录<dest>/base(<src>)中。
- 如果直接指定多个源，或者源中使用了通配符，则目的路径必须是目录，并且必须以 "/" 结尾。

- 如果目的路径不以"/"为结尾，它将被视为常规文件，源内容将写入目录路径。
- 如果目的路径不存在，则会与其路径中所有缺少的目录一起创建。

8. ADD 指令——将源文件复制到容器

ADD 指令的用法有以下两种格式：

```
ADD [--chown=<user>:<group>] <src>... <dest>
ADD [--chown=<user>:<group>] ["<src>",... "<dest>"]
```

它与 COPY 指令的功能基本相同，不同之处有两点，一是源可以使用 URL 指定，二是归档文件在复制过程中能够被自动解压缩。

在源是远程 URL 的情况下，复制产生的目的文件将具有 600 的权限（仅所有者具有读写权限）。

如果源是 URL，而目的路径不以"\"为结尾，则文件将下载 URL 指向的文件，并将其复制到目的路径。

如果源是 URL，并且目的路径以"\"为结尾，则从 URL 中解析出文件名，并将文件下载到 <dest>/<filename>。例如，指令 ADD http://example.com/foobar/ 会创建文件/foobar。URL 必须有一个特别的路径，以便在这种情况下可以发现一个适当的文件名（像 http://example.com 这样的 URL 不会工作）。

如果源是具有可识别的压缩格式（identity、gzip、bzip2 或 xz）的本地 Tar 归档文件，则将其解包为目录。来自远程 URL 的资源不会被解压缩。

9. ENTRYPOINT 指令——配置容器的默认入口

ENTRYPOINT 指令的用法有以下两种格式：

```
ENTRYPOINT ["executable", "param1", "param2"]
ENTRYPOINT command param1 param2
```

第 1 种是首选的 exec 格式，第 2 种是 shell 格式。

ENTRYPOINT 指令用于配置容器运行的可执行文件。例如，下面的例子将使用其默认内容启动 nginx，侦听 80 端口：

```
docker run -i -t --rm -p 80:80 nginx
```

docker run <image> 的命令行参数将附加在 exec 格式的 ENTRYPOINT 指令定义的所有元素之后，并将覆盖使用 CMD 指令指定的所有元素。这让参数传递到入口点，即命令 docker run <image> -d 将把-d 参数传递给入口点。可以使用 docker run –entrypoint 命令覆盖 ENTRYPOINT 指令。

shell 格式防止使用任何 CMD 指令或 run 的命令行参数，但缺点是 ENTRYPOINT 指令将作为 /bin/sh -c 的子命令启动，不传递任何信号。这就意味着可执行文件将不是容器的 PID 1，并且不会接收 Unix 信号，因此可执行文件将不会从 docker stop <container> 命令接收到 SIGTERM。

在 Dockerfile 中只有最后一个 ENTRYPOINT 指令会起作用。

10. VOLUME 指令——创建挂载点

VOLUME 指令的语法格式如下：

```
VOLUME ["/data"]
```

VOLUME 指令创建具有指定名称的挂载点，并将其标记为从本机主机或其他容器保留外部挂载的卷。该值可以是 JSON 数组 VOLUME ["/var/log/"]或具有多个参数的纯字符串，例如，该值可以是 VOLUME /var/log 或 VOLUME /var/log /var/db。

11. WORKDIR 指令——配置工作目录

WORKDIR 指令的语法格式如下：

```
WORKDIR /path/to/workdir
```

WORKDIR 指令为 Dockerfile 中的任何 RUN、CMD、ENTRYPOINT、COPY 和 ADD 指令设置

工作目录。该目录如果不存在，则将被创建，即使它没有在任何后续的 Dockerfile 指令中使用。

可以在一个 Dockerfile 文件中多次使用该指令。如果提供了相对路径，它将相对于先前 WORKDIR 指令的路径，例如：

```
WORKDIR /a
WORKDIR b
WORKDIR c
RUN pwd
```

在这个 Dockerfile 中的最终 pwd 命令的输出是/a/b/c。

12. USER 指令——设置运行镜像时使用的用户名

USER 指令的用法有以下两种格式：

```
USER <user>[:<group>] or
USER <UID>[:<GID>]
```

USER 指令设置运行镜像时使用的用户名（或 UID）和可选的用户组（或 GID），Dockerfile 中的任何 RUN、CMD 和 ENTRYPOINT 指令也会使用这个指定的身份。

用户没有主要组时，镜像（或下一条指令）将以 root 组的身份运行。

在 Windows 系统中，如果不是内置账户则必须创建用户，这可以在 Dockerfile 中使用 net user 命令来实现。例如：

```
FROM microsoft/windowsservercore
 # 在容器中创建 Windows 用户
 RUN net user /add patrick
 # 为后续命令设置用户
 USER patrick
```

13. ARG 指令——定义变量

ARG 指令的语法格式如下：

```
ARG <name>[=<default value>]
```

ARG 指令定义一个变量（可称为构建时变量），用户可以在使用--build-arg <varname> = <value> 选项运行 docker build 命令构建镜像时，将所定义的变量传递给构建器。如果用户指定了一个未在 Dockerfile 中定义的构建参数，则构建将输出错误。

一个 Dockerfile 文件可以包括一个或多个 ARG 指令。

不建议使用这种构建时变量来传递像 GitHub 密钥、用户凭据等保密数据，因为任何用户都可以使用 docker history 命令查看到镜像的构建时变量。

14. SHELL 指令——指定命令的 shell 格式

SHELL 指令的语法格式如下：

```
SHELL ["executable", "parameters"]
```

SHELL 指令用于指定命令的shell格式以覆盖默认的 shell。Linux 上的默认 shell 是["/bin/sh","-c"]，在 Windows 上是["cmd","/S","/C"]。SHELL 指令必须以 JSON 格式写在 Dockerfile 中。

SHELL 指令在 Windows 上特别有用，其中有两个常用的且大不一样的本机 shell：cmd 和 powershell，以及包括 sh 的备用 shell。

SHELL 指令可以多次出现。每个 SHELL 指令覆盖所有先前的 SHELL 指令，并影响所有后续指令，例如：

```
FROM microsoft/windowsservercore
# Executed as cmd /S /C echo default
RUN echo default
# Executed as cmd /S /C powershell -command Write-Host default
```

```
RUN powershell -command Write-Host default
# Executed as powershell -command Write-Host hello
SHELL ["powershell", "-command"]
RUN Write-Host hello
# Executed as cmd /S /C echo hello
SHELL ["cmd", "/S", "/C"]
RUN echo hello
```

15. Dockerfile 指令的 exec 和 shell 格式

RUN、CMD 和 ENTRYPOINT 指令都会用到 exec 和 shell 这两种格式。

exec 格式的一般用法如下：

```
<指令> ["executable", "param1", "param2", ...]
```

当指令执行时会直接调用命令，不会被 shell 进行解析，例如：

```
ENV name Tester
ENTRYPOINT ["/bin/echo", "Hello! $name"]
```

运行该镜像将输出以下结果：

```
Hello! $name
```

其中的环境变量 name 没有被解析。采用 exec 格式要使用环境变量，可做如下修改：

```
ENV name Tester
ENTRYPOINT ["/bin/sh", "-c", "echo Hello! $name"]
```

这样运行镜像将输出如下结果：

```
Hello! Tester
```

shell 格式一般用法如下：

```
<指令> <command>
```

指令执行时 shell 格式底层会调用/bin/sh -c 来执行命令，例如：

```
ENV name Tester
ENTRYPOINT echo "Hello! $name"
```

运行镜像将输出如下结果：

```
Hello! Tester
```

其中环境变量 name 已经被替换为变量值。

CMD 和 ENTRYPOINT 指令首选 exec 格式，因为这种格式指令可读性更强，更容易理解。RUN 指令则选择两种格式都可以。如果使用 CMD 指令为 ENTRYPOINT 指令提供默认参数，CMD 和 ENTRYPOINT 指令都应以 JSON 数组格式指定。exec 格式作为 JSON 数组解析，必须在单词之外使用双引号而不是单引号。

16. RUN、CMD 和 ENTRYPOINT 指令的区别和联系

RUN 指令执行命令并创建新的镜像层，经常用于安装应用程序和软件包。

Dockerfile 应该至少为 CMD 或 ENTRYPOINT 指令指定一个命令。

CMD 指令的主要目的是为运行容器提供默认值，即默认执行的命令及其参数，但当运行带有替代参数的容器时，CMD 指令将被覆盖。如果可以省略可执行文件，还必须指定 ENTRYPOINT 指令。CMD 指令可为 ENTRYPOINT 指令提供额外的默认参数，同时可利用 docker run 命令行替换默认参数。

当使用容器作为可执行文件时，应该定义 ENTRYPOINT 指令。ENTRYPOINT 指令配置容器启动时运行的命令，可让容器以应用程序或者服务的形式运行。与 CMD 指令不同，ENTRYPOINT 指令不会被忽略，一定会被执行，即使运行 docker run 命令时指定了其他命令参数。如果 Docker 镜像的用途是运行应用程序或服务，比如运行一个 MySQL，应该优先使用 exec 格式的 ENTRYPOINT 指令。

可以考虑使用 ENTRYPOINT 指令的 exec 格式设置默认命令和参数，然后使用 CMD 指令的任何格式设置额外的默认值（这更容易被修改），例如：

```
FROM ubuntu
ENTRYPOINT ["top", "-b"]
CMD ["-c"]
```

ENTRYPOINT 指令中的参数始终会被使用，而 CMD 指令的额外参数可以在容器启动时被动态替换掉。

6.1.4　Dockerfile 示例

为便于读者对 Dockerfile 语法有一个总体认识，这里给出几个典型的 Dockerfile 示例。

1. 示例一：基本的 nginx 镜像

```
# Nginx
# VERSION          0.0.1
FROM     ubuntu
LABEL Description="This image is used to start the foobar executable" Vendor="ACME Pr
oducts" Version="1.0"
RUN apt-get update && apt-get install -y inotify-tools nginx apache2 openssh-server
```

2. 示例二：基于 VNC 的 Firefox 镜像

```
# Firefox over VNC
# VERSION          0.3
FROM ubuntu
# 安装用于创建图形化界面的 vnc 和 xvfb，以及浏览器 Firefox
RUN apt-get update && apt-get install -y x11vnc xvfb firefox
RUN mkdir ~/.vnc
# 设置密码
RUN x11vnc -storepasswd 1234 ~/.vnc/passwd
# 自动启动 Firefox（这可能不是最佳方式，但还是成功了）
RUN bash -c 'echo "firefox" >> /.bashrc'
EXPOSE 5900
CMD    ["x11vnc", "-forever", "-usepw", "-create"]
```

3. 示例三：一个 Dockerfile 定义多个镜像

```
# Multiple images example
# VERSION            0.1
FROM ubuntu
RUN echo foo > bar
# 输出一个镜像
FROM ubuntu
RUN echo moo > oink
# 再输出一个镜像，最终会有两个镜像，一个拥有文件/bar，另一个拥有文件/oink
```

4. 示例四：参考 Docker 官方镜像

直接到 Docker Hub 网站参考官方镜像的 Dockerfile，有助于快速提高 Dockerfile 编写能力。官方镜像仓库的详细信息界面中都会提供不同版本镜像的 Dockerfile 链接，例如，图 6-1 显示的是 nginx 官方镜像的详细信息页面，其中列出了该镜像不同的版本的 Dockerfile 链接。单击其中的 Dockerfile 链接可以跳转到相应的 Dockerfile 代码界面。这里列出 nginx 官方镜像最新版本的 Dockerfile 部分代码，其中 "&&" 是 shell 运算符，用来合并多个 RUN 指令。

```
FROM debian:stretch-slim
LABEL maintainer="NGINX Docker Maintainers <docker-maint@nginx.com>"
ENV NGINX_VERSION 1.15.12-1~stretch
```

```
ENV NJS_VERSION   1.15.12.0.3.1-1~stretch
RUN set -x \
&& apt-get update \
&& apt-get install --no-install-recommends --no-install-suggests -y gnupg1 apt-transport-
https ca-certificates \
&& \
NGINX_GPGKEY=573BFD6B3D8FBC641079A6ABABF5BD827BD9BF62; \
found=''; \
（此处省略）
# forward request and error logs to docker log collector
RUN ln -sf /dev/stdout /var/log/nginx/access.log \
&& ln -sf /dev/stderr /var/log/nginx/error.log
EXPOSE 80
STOPSIGNAL SIGTERM
CMD ["nginx", "-g", "daemon off;"]
```

图 6-1　nginx 官方镜像的 Dockerfile 链接

6.1.5　基于 Dockerfile 构建镜像

完成 Dockerfile 的编写之后，需要基于它构建镜像，基本步骤如下：

准备构建 Dockerfile 上下文→编写 Dockerfile→构建镜像。

多数情况下基于一个已有的基础镜像构建新的镜像。下面以在 centos 镜像的基础上安装 nginx 服务器软件来构建新的镜像为例进行讲解。

1.　准备构建 Dockerfile 上下文

建立一个目录用作 Dockerfile 的上下文并准备所需的文件：

```
root@host-a ~]# mkdir nginx_dockerfile  && cd nginx_dockerfile
[root@host-a nginx_dockerfile]# touch nginx.repo
[root@host-a nginx_dockerfile]# touch Dockerfile
```

其中 nginx.repo 用于 Nginx 软件包安装的 yum 源定义文件，可以使用 vi 进行编辑，其内容如下：

```
[nginx]
name=nginx repo
baseurl=http://nginx.org/packages/centos/$releasever/$basearch/
gpgcheck=0
enabled=1
```

2. 编写 Dockerfile

可以使用 vi 进行编辑，例中 Dockerfile 的内容如下：

```
# Dockerfile 学习实验
# 从基础镜像 centos 开始构建
FROM centos:latest
# 维护者信息
LABEL maintainer="zxp169@163.com"
# 将 Dockerfile 上下文中的 nginx.repo 复制到容器中的 yum 源定义文件位置
COPY ./nginx.repo /etc/yum.repos.d/
RUN yum makecache
# 安装 Nginx
RUN yum install -y nginx
# 修改 Nginx 首页信息
RUN echo "Hello! This is nginx server " > /usr/share/nginx/html/index.html
# 对外暴露 80 端口
EXPOSE 80
# 启动 Nginx
CMD ["nginx", "-g", "daemon off;"]
```

注意最后一行定义的 nginx 命令行及其参数 "-g" 和 "daemon off;" 表示不以守护进程的方式运行 Nginx。这是因为 Docker 容器默认会将容器内部第 1 个进程（PID 为 1 的程序）作为容器是否正在运行的依据，如果第 1 个进程退出了，容器也就跟着退出了。执行 docker run 命令时将 CMD 指定的命令作为容器内部命令，如果 Nginx 以守护进程方式运行，那么 Nginx 将在后台运行，此时 Nginx 并不是第 1 个进程，而是执行的 bash，bash 执行 Nginx 指令后就结束了，所以容器也就退出了。

3. 使用 docker build 命令构建镜像

例中执行以下命令开始构建过程（笔者加了注释）：

```
# 注意以下命令中最后的点号表示构建上下文为当前目录
[root@host-a nginx_dockerfile]# docker build -t nginx-on-centos .
Sending build context to Docker daemon  3.072kB
Step 1/8 : FROM centos:latest                        # 获取基础镜像
 ---> 9f38484d220f
Step 2/8 : LABEL maintainer="zxp169@163.com"    # 提供维护者信息
 ---> Running in 179c1393cdae
Removing intermediate container 179c1393cdae
 ---> 6d7f7105e749
Step 3/8 : COPY ./nginx.repo /etc/yum.repos.d/ # 将 yum 源定义文件复制到容器相应目录
 ---> c9c9586f8be4
Step 4/8 : RUN yum makecache                          # 执行建立 yum 源缓存命令
 ---> Running in 1bfffefa50ae
Loaded plugins: fastestmirror, ovl
Determining fastest mirrors
 * base: mirrors.nwsuaf.edu.cn
 * extras: mirrors.aliyun.com
 * updates: mirror.jdcloud.com
Metadata Cache Created
```

```
Removing intermediate container 1bfffefa50ae
 ---> 5981d1a785ba
Step 5/8 : RUN yum install -y nginx        # 执行 Nginx 安装命令
 ---> Running in 5d54fbb3cb11
Loaded plugins: fastestmirror, ovl
Loading mirror speeds from cached hostfile
 * base: mirrors.nwsuaf.edu.cn
 * extras: mirrors.aliyun.com
 * updates: mirror.jdcloud.com
Resolving Dependencies
（此处省略）
Complete!
Removing intermediate container 5d54fbb3cb11
 ---> 396e92d0136b
# 以下命令修改首页
Step 6/8 : RUN echo "Hello! This is nginx server " > /usr/share/nginx/html/index.html
 ---> Running in 8a10a2a099ed
Removing intermediate container 8a10a2a099ed
 ---> 3d31f4ee8385
Step 7/8 : EXPOSE 80        # 对外提供服务端口
 ---> Running in acedecf45f43
Removing intermediate container acedecf45f43
 ---> 16ba8bcb9ba7
Step 8/8 : CMD ["nginx", "-g", "daemon off;"]     # 启动 Nginx 服务
 ---> Running in 2c910cad16e7
Removing intermediate container 2c910cad16e7
 ---> dedfcb8a63ea
Successfully built dedfcb8a63ea                  # 成功完成镜像构建
Successfully tagged nginx-on-centos:latest       # 为镜像设置标签 latest
```

可以执行以下命令查看刚才构建的镜像信息：

```
[root@host-a nginx_dockerfile]# docker images nginx-on-centos
REPOSITORY          TAG                 IMAGE ID            CREATED             SIZE
nginx-on-centos     latest              dedfcb8a63ea        5 seconds ago       497MB
```

4. 基于该镜像启动容器进行测试

执行以下命令启动基于该镜像的容器：

```
[root@host-a nginx_dockerfile]# docker run -d -p 80:80 --name nginx-server-test nginx
-on-centos
e855d6d51c1fb256c9a8594613aed1a28711ddbdc540abffb639a5a1b607e347
```

通过列出正在运行的容器来验证该容器，结果如下：

```
[root@host-a nginx_dockerfile]# docker ps
CONTAINER ID  IMAGE            COMMAND            CREATED          STATUS           PORTS              NAMES
e855d6d51c1f  nginx-on-centos  "nginx -g 'daemon of…"  About a minute ago  Up About a minute  0.0.0.0:80->80/tcp  nginx
-server-test
```

可以执行以下命令访问 Nginx 网站首页进行测试：

```
[root@host-a nginx_dockerfile]# curl 127.0.0.1
Hello! This is nginx server
```

之后还可以使用浏览器访问进行实际测试。

5. 注意构建缓存问题

在构建过程中每次生成一层新的镜像时，这个镜像就会被缓存。即使是后面的某个步骤导致构建失败，再次构建的时候会从失败的那层镜像的前一条指令继续往下执行。例如，再次基于上述

Dockerfile 构建镜像：

```
[root@host-a nginx_dockerfile]# docker build -t new-nginx-on-centos  .
Sending build context to Docker daemon  3.072kB
Step 1/8 : FROM centos:latest
 ---> 9f38484d220f
Step 2/8 : LABEL maintainer="zxp169@163.com"
 ---> Using cache                              # 直接使用缓存
 ---> 6d7f7105e749
Step 3/8 : COPY ./nginx.repo /etc/yum.repos.d/
 ---> Using cache                              # 直接使用缓存
 ---> c9c9586f8be4
Step 4/8 : RUN yum makecache
 ---> Using cache                              # 直接使用缓存
 ---> 5981d1a785ba
Step 5/8 : RUN yum install -y nginx
 ---> Using cache                              # 直接使用缓存
 ---> 396e92d0136b
Step 6/8 : RUN echo "Hello! This is nginx server " > /usr/share/nginx/html/index.html
 ---> Using cache                              # 直接使用缓存
 ---> 3d31f4ee8385
Step 7/8 : EXPOSE 80
 ---> Using cache                              # 直接使用缓存
 ---> 16ba8bcb9ba7
Step 8/8 : CMD ["nginx", "-g", "daemon off;"]
 ---> Using cache                              # 直接使用缓存
 ---> dedfcb8a63ea
Successfully built dedfcb8a63ea
Successfully tagged new-nginx-on-centos:latest
```

如果不想使用这种缓存功能，可以在执行构建命令时加上 --no-cache 选项：

```
docker build --no-cache -t newer-nginx-on-centos  .
```

6.1.6　创建基础镜像

　　大多数 Dockerfile 都是从父镜像开始的。如果需要完全控制镜像内容，那么可能就需要创建一个基础镜像。父镜像是作为镜像创建基础的镜像，它在 Dockerfile 中由 FROM 指令引用。Dockerfile 中 FROM 指令之后的每个后续指令都会修改此父镜像。父镜像和基础镜像这两个术语有时可以互换使用。基础镜像在其 Dockerfile 中没有定义 FROM 指令，或者 FROM 指令的参数为 scratch。这里介绍创建基础镜像的两种方式，具体的实现过程在很大程度上取决于用于打包的 Linux 发行版。

1. 使用 Tar 归档文件创建完整的镜像

　　创建镜像通常要从 Linux 发行版（打包为父镜像）开始，虽然这对于像 Debian 的 Debootstrap 这样的工具来说是不必要的，该工具也可以用来构建 Ubuntu 镜像。使用 Debootstrap 创建一个 Ubuntu 父镜像很简单，下面给出一个示例：

```
debootstrap xenial xenial > /dev/null
tar -C xenial -c . | docker import - xenial
docker run xenial cat /etc/lsb-release
DISTRIB_ID=Ubuntu
DISTRIB_RELEASE=16.04
DISTRIB_CODENAME=xenial
DISTRIB_DESCRIPTION="Ubuntu 16.04 LTS"
```

在 GitHub 上有更多的创建父镜像的示例脚本，比如 BusyBox、Scientific Linux CERN（SLC）、Debian/Ubuntu 等。

2. 使用 scratch 镜像创建简单的父镜像

可以使用 Docker 保留的最小镜像 scratch 作为构建容器的起点。FROM scratch 指令会通知构建进程，让 Dockerfile 中的下一条命令成为镜像中的第一个文件系统层。

scratch 镜像会出现在 Docker Hub 仓库中，但是无法拉取、运行它，也不能将任何镜像的标签设置为 scratch，只可以在 Dockerfile 中引用它。例如，以下代码使用 scratch 镜像创建一个最小容器：

```
FROM scratch
ADD hello /
CMD ["/hello"]
```

可以从 GitHub 上获取 docker-library/hello-world 仓库源代码，假使按照其中的指令构建一个可执行例子 "hello"，并且使用-static 选项编译它，那么可以通过使用下面的 docker build 命令构建这个 Docker 镜像：

```
docker build --tag hello .
```

不要忘记最后的句点符号（.），它用来把当前目录作为构建上下文。

使用 docker run 命令运行这个新镜像：

```
docker run --rm hello
```

这个例子创建了 hello-world 镜像。

6.1.7　使用多阶段构建

多阶段构建（multi-stage build）是 Docker 的一个新功能，只有 Docker 17.05 或更高版本才支持，这对于要致力于优化 Dockerfile 使其易读易维护的用户来说非常实用。

1. 不用多阶段构建的解决方案

构建镜像最具挑战性的一项工作是要缩减镜像的大小。Dockerfile 中的每条指令都会为镜像添加一个层，并且需要在进行到下一层之前清理所有不需要的文件。为了编写高效的 Dockerfile，传统的解决方案通常需要使用 shell 技巧和其他逻辑来尽可能地减小层的大小，并确保每一层都由从上一层获取的文件构建。

开发环境使用一个包含构建应用程序所需的所有内容的 Dockerfile 文件，而生产环境使用另一个精简过的 Dockerfile，只包含应用程序和运行它所需的文件，这种情形很常见。这也被称为 "构建器模式"（builder pattern）。但是同时维护两个 Dockerfile 并不是很理想的解决方案。下面给出遵循这种构建器模式的一个例子，使用 Dockerfile.build 和 Dockerfile 两个 Dockerfile 文件。

用于开发环境的 Dockerfile.build 文件的内容如下：

```
FROM golang:1.7.3
WORKDIR /go/src/github.com/alexellis/href-counter/
COPY app.go .
RUN go get -d -v golang.org/x/net/html \
  && CGO_ENABLED=0 GOOS=linux go build -a -installsuffix cgo -o app .
```

注意：例中还使用 bash 运算符 "&&" 来合并两个 RUN 命令，以避免在镜像中额外创建一个层。只是这样很容易发生问题并且难于维护。例如，容易在插入另一个命令时忘记继续使用续行符号 "\"。

用于生产环境的 Dockerfile 文件内容如下：

```
FROM alpine:latest
RUN apk --no-cache add ca-certificates
WORKDIR /root/
```

```
COPY app .
CMD ["./app"]
```

还要运行一个 build.sh 脚本，内容如下：

```
#!/bin/sh
echo Building alexellis2/href-counter:build
docker build --build-arg https_proxy=$https_proxy --build-arg http_proxy=$http_proxy \
    -t alexellis2/href-counter:build . -f Dockerfile.build

docker container create --name extract alexellis2/href-counter:build
docker container cp extract:/go/src/github.com/alexellis/href-counter/app ./app
docker container rm -f extract

echo Building alexellis2/href-counter:latest

docker build --no-cache -t alexellis2/href-counter:latest .
rm ./app
```

这个脚本先构建第 1 个镜像，接着创建容器并把文件复制出来，再构建第 2 个镜像。两个镜像都需要占据系统空间，而与此同时在本地系统上也有应用代码。如果改用新的多阶段构建，则会大大简化这个过程。

2. 使用多阶段构建

使用多阶段构建，可以在 Dockerfile 中使用多个 FROM 指令。每个 FROM 指令可以使用不同的基础镜像，并且各自分别开始一个新的构建阶段。可以有选择性地将构建从一个阶段复制到另一个阶段，并在最终镜像中排除所有不需要的内容。下面的示例是对上一节中的 Dockerfile 的修改，目的是演示多阶段构建的过程。

```
FROM golang:1.7.3
WORKDIR /go/src/github.com/alexellis/href-counter/
RUN go get -d -v golang.org/x/net/html
COPY app.go .
RUN CGO_ENABLED=0 GOOS=linux go build -a -installsuffix cgo -o app .

FROM alpine:latest
RUN apk --no-cache add ca-certificates
WORKDIR /root/
COPY --from=0 /go/src/github.com/alexellis/href-counter/app .
CMD ["./app"]
```

只需一个 Dockerfile 并且不再需要编写一个单独的构建脚本。直接运行 docker build 命令即可：

```
docker build -t alexellis2/href-counter:latest .
```

最终结果与不使用多阶段构建时一样生成了相同的小型生产镜像，而复杂性大大降低。不需要创建任何中间镜像，也不需要将任何文件提取到本地系统。

多阶段构建到底是如何工作的呢？第 2 个 FROM 指令以 alpine:latest 镜像作为基础开始一个新的构建阶段。例中以 "COPY --from=0" 开头的行将构建的文件从前一阶段复制到这一新的阶段。Go 的 SDK 和任何中间文件都被留下来，并未保存到最终生成的镜像中。

3. 为每个构建阶段命名

默认情况下构建阶段没有名称，可以用数字来引用它们，第 1 个 FROM 指令以 0 开始。然而，可以通过为 FROM 指令添加 "as <name>" 参数为每个阶段命名。下面的例子对之前的例子做了改进，为构建阶段命名（例中使用参数 as builder）并在 COPY 指令中使用这个名称（例中使用选项 --from=builder）。这就意味着即使后面更改了 Dockerfile 指令的顺序，COPY 功能也不会出问题。

```
# 第一个构建阶段，将此阶段命名为builder
FROM golang:1.7.3 as builder
WORKDIR /go/src/github.com/alexellis/href-counter/
RUN go get -d -v golang.org/x/net/html
COPY app.go    .
RUN CGO_ENABLED=0 GOOS=linux go build -a -installsuffix cgo -o app .
# 第二个构建阶段
FROM alpine:latest
RUN apk --no-cache add ca-certificates
WORKDIR /root/
# COPY 指令引用以上构建阶段名称builder
COPY --from=builder /go/src/github.com/alexellis/href-counter/app .
CMD ["./app"]
```

4. 在指定的构建阶段停止

构建镜像时，不一定要构建包括所有阶段的整个 Dockerfile。可以指定一个目标构建阶段（target build stage）。以下命令假定使用上述例子中的 Dockerfile，但在名为 builder 的阶段停止：

```
docker build --target builder -t alexellis2/href-counter:latest .
```

这对以下几种场合非常有用。

- 调试特定的构建阶段。
- 使用一个调试（debug）阶段（启用所有调试符号或工具）和一个精简的生产（production）阶段。
- 使用一个测试（testing）阶段，此阶段应用程序只能使用测试数据，但是生产阶段是使用真实数据的另一个构建阶段。

5. 使用外部镜像作为"构建阶段"

使用多阶段构建时，对从 Dockerfile 中前面创建阶段的复制是不受限制的。可以使用 COPY --from 指令从单独的镜像中复制，镜像可以用本地镜像名、本地或 Docker 注册中心可用的标签，或者标签 ID 来表示。Docker 客户端在必要时拉取镜像并从那里复制文件。具体用法示例如下：

```
COPY --from=nginx:latest /etc/nginx/nginx.conf /nginx.conf
```

6.1.8　编写 Dockerfile 的通用准则和建议

这里给出编写 Dockerfile 构建高效镜像的方法和建议。

1. 创建短生命周期的容器

由 Dockerfile 定义的镜像应当产生生命周期尽可能短的容器。也就是说，容器以无状态方式运行，可以被停止和销毁，可以使用最少的设置和配置来进行重建和替换。

2. 理解构建上下文

执行 docker build 命令时，当前工作目录被称为构建上下文。默认情况下，Dockerfile 位于构建上下文，但是可以使用-f 选项为它指定一个不同的位置。不管 Dockerfile 位于什么位置，当前目录下的所有文件和目录都会作为构建上下文发送到 Docker 守护进程。

3. 通过标准输入管道化 Dockerfile

Docker 可以使用本地或远程构建上下文通过标准输入管道化 Dockerfile 的内容来构建镜像。这对无须将 Dockerfile 写入磁盘的一次性构建比较有用，也适合创建 Dockerfile 之后不用保存下来的情形。

下面是一个直接在命令行中使用管道操作符完成构建的例子：

```
[root@host-a ~]# echo -e 'FROM busybox\nRUN echo "hello world"' | docker build -
> Sending build context to Docker daemon  2.048kB
> Step 1/2 : FROM busybox
>  ---> d8233ab899d4
> Step 2/2 : RUN echo "hello world"
>  ---> Running in a63f8f57d026
> hello world
> Removing intermediate container a63f8f57d026
>  ---> cbf0665f14b4
> Successfully built cbf0665f14b4
```

也可以使用来自标准输入的 Dockerfile 构建镜像完成相同的功能，例如：

```
[root@host-a ~]# docker build -<<EOF
> FROM busybox
> RUN echo "hello world"
> EOF
Sending build context to Docker daemon  2.048kB
Step 1/2 : FROM busybox
 ---> d8233ab899d4
Step 2/2 : RUN echo "hello world"
 ---> Running in a63f8f57d026
hello world
Removing intermediate container a63f8f57d026
 ---> cbf0665f14b4
Successfully built cbf0665f14b4
```

例中使用 "<<EOF" 通知主 shell，后续的输入是其他命令或者子 shell 的输入，直到遇到 "EOF" 为止，再回到主 shell。这里的 "EOF" 实际充当的是分界符。

上述两种方法可以根据需要来选择。

docker build 命令中的特殊参数 "-" 表示让 Docker 从标准输入读取 Dockerfile，具体可分为以下两种情形。

（1）仅使用从标准输入读取的 Dockerfile 构建镜像。

这种情形下无须发送上下文，只包括一个 Dockerfile，基本用法如下：

```
docker build [OPTIONS] -
```

（2）使用构建上下文和从标准输入读取的 Dockerfile 构建镜像。

这需要使用 -f 选项指定要使用的 Dockerfile，再使用特殊参数 "-" 作为文件名，其基本用法如下：

```
docker build [OPTIONS] -f- PATH
```

其中，PATH 表示上下文路径。下面给出通过标准输入读取 Dockerfile，基于本地的构建上下文来构建镜像的示例：

```
docker build -t foo . -f-<<EOF
FROM busybox
RUN echo "hello world"
COPY . /my-copied-files
EOF
```

再来看一个通过标准输入读取 Dockerfile，基于远程的构建上下文来构建镜像的示例：

```
docker build -t foo https://github.com/thajeztah/pgadmin4-docker.git -f-<<EOF
FROM busybox
COPY LICENSE config_distro.py /usr/local/lib/python2.7/site-packages/pgadmin4/
EOF
```

4. 使用 .dockerignore 文件排除与构建无关的文件

要提高构建性能，可以使用 .dockerignore 文件排除与构建无关的文件，该文件支持类似 .gitignore

文件的排除模式。

只要提供.dockerignore 文件，在将构建上下文发送到 Docker 守护进程之前，命令行接口将修改上下文以排除匹配该文件定义的文件和目录。这有助于避免不必要地发送大型或敏感的文件和目录，转而使用 ADD 或 COPY 指令将这些文件或目录添加到镜像。

命令行接口将.dockerignore 文件解释为换行符分隔的模式列表，构建上下文的根被认为是工作目录和根目录。匹配是使用 Go 语言的 filepath.Match 规则完成的。预处理后为空的行将被忽略。

下面是一个.dockerignore 文件的简单示例：

```
# comment
  */temp*
  */*/temp*
  temp?
```

除了以 "#" 开头的注释行外，其他 3 行分别表示在根的任何直接子目录中排除其名称以 "temp" 开头的文件和目录；从根目录下两级的任何子目录中排除以 "temp" 开头的文件和目录；排除根目录中名称为 "temp" 的单字符扩展名的文件和目录。

Docker 还支持一个特殊的通配符字符串 "**"，它匹配任何数量的目录（包括零）。例如，"**/*.go" 将排除所有目录中找到的以 ".go" 为结尾的所有文件，包括构建上下文的根。

甚至可以使用.dockerignore 文件来排除 Dockerfile 和.dockerignore 文件。这些文件仍然会被发送到守护进程，因为它需要它们来完成工作。但是 ADD 和 COPY 指令不会将它们复制到镜像。

5. 使用多阶段构建

Docker 17.05 及更高版本可以使用多阶段构建来大幅降低最终镜像的大小，而不用设法减少中间层和文件的数量。因为镜像在构建过程的最终阶段构建，所以可以通过利用缓存来最小化镜像的层。

例如，如果构建镜像包含多个层，则可以按照从变化不太频繁（确认构建缓存可用）到比较频繁的顺序进行排序。

（1）安装构建应用程序所需的工具。

（2）安装或更新库依赖。

（3）产生应用程序。

下面给出一个 Go 应用程序的 Dockerfile 示例：

```
FROM golang:1.9.2-alpine3.6 AS build
# 安装项目必需的工具，运行 docker build --no-cache .命令以更新依赖
RUN apk add --no-cache git
RUN go get github.com/golang/dep/cmd/dep

# 列出 Gopkg.toml 和 Gopkg.lock 的项目依赖，这些层只有当更新 Gopkg 文件时才重新构建
COPY Gopkg.lock Gopkg.toml /go/src/project/
WORKDIR /go/src/project/
# 安装库依赖
RUN dep ensure -vendor-only

# 复制整个项目并进行构建。该层在项目目录中的文件发生变化时重新构建
COPY . /go/src/project/
RUN go build -o /bin/project

# 这将创建一个单层镜像
FROM scratch
COPY --from=build /bin/project /bin/project
ENTRYPOINT ["/bin/project"]
CMD ["--help"]
```

6. 不要安装不必要的包

要降低复杂性，减少依赖，减少文件大小和构建时间，就要避免安装额外的或不需要的包。例如，在数据库镜像中不要包含文本编辑器。

7. 解耦应用程序

每个容器应当只解决一个问题。将应用程序解耦为多个容器使得水平扩展和重用容器变得更加容易。例如，一个 Web 应用程序堆栈可能由 3 个独立的容器组成，每个容器都有其唯一的镜像，以解耦的方式管理 Web 应用程序、数据库和内存中的缓存。

将每个容器限定到一个进程是一个很好的经验法则，但并不是一个必须遵守的规则。例如，容器不只是使用 init 进程创建，一些程序可能会自行产生其他进程。比如，Celery 可以派生多个工作进程，Apache 可能会为每个请求创建一个进程。

尽量使容器保持干净和模块化。如果容器互相依赖，可以使用 Docker 容器网络来确保容器之间的通信。

8. 使镜像层数最少

在 Docker 早期版本中最小化镜像的层数很重要，可以确保镜像的性能。后来的版本增加以下特性来减少此限制。

- 只有 RUN、COPY 和 ADD 指令会创建层，其他指令创建临时的中间层镜像，不会直接增加构建镜像的大小。
- 尽可能使用多阶段构建功能，仅将所需的文件复制到最终的镜像中。

9. 对多行参数排序

尽可能通过按字母数字顺序排列多行参数来简化以后的更改。这有助于避免软件包的重复，并使列表更新更容易。在反斜杠之前添加空格也有用。下面给出一个来自 buildpack-deps 镜像的例子：

```
RUN apt-get update && apt-get install -y \
  bzr \
  cvs \
  git \
  mercurial \
  subversion
```

10. 利用构建缓存

在构建镜像时，Docker 会逐句读取 Dockerfile 文件中的指令，并按照指定的顺序执行每条指令。检查完所有指令后，Docker 会从缓存中寻找可重用的现成的镜像，而不是创建一个新的重复的镜像。

如果根本就不想使用缓存，则可以在执行 docker build 命令时使用--no-cache 选项。如果允许 Docker 使用缓存，对于理解它何时能够、何时不能找到匹配的镜像非常重要。关于构建缓存，Docker 需要遵守如下基本规则。

- 从缓存中已存在的父镜像开始，将下一条指令与从该基础镜像派生的所有子镜像进行比较，确认是否使用完全相同的指令构建了其中的一个子镜像。如果没有则缓存失效。
- 大多数情况下，简单地将 Dockerfile 中的指令与子镜像中的一个进行比较就够了。然而，某些指令需要更多的检查和解释。
- 对于 ADD 和 COPY 指令，镜像中的文件内容都需要被检查，并为每个文件计算校验和。在这些校验和中不考虑文件的最后编辑时间和最后访问时间。在缓存查找过程中，将校验和与已有镜像中的校验和进行比较。如果文件中的内容有任何更改，如内容和元数据，则缓存将失效。
- 除了 ADD 和 COPY 指令，缓存检查时不会通过查找容器中的文件来决定缓存是否匹配。例如，在处理 RUN apt-get -y update 命令时，不会通过检查容器中更新的文件来决定缓存是否命中。这种情形只有命令字符串被用来寻找匹配的缓存。

一旦缓存失效，所有后续的 Dockerfile 命令都会产生新的镜像，不再使用缓存。

6.1.9　管理镜像

镜像是打包好的 Docker 应用程序，生成的镜像需要后续管理。要使镜像可以被其他用户使用，也就是发布镜像，最简单的办法是使用 Docker 注册中心，比如 Docker Hub、Docker Trusted Registry，或者运行自己的私有注册中心。镜像在本地的管理和 Docker 注册中心中的管理已在第 2 章详细介绍过。

6.2　Docker 的应用程序开发准则

通过 Docker 构建应用程序一般可参考以下开发准则，这些准则已被实践证明是非常有用的。

6.2.1　尽可能缩减 Docker 镜像的大小

小型的镜像可以更快地通过网络拉取（下载），在启动容器或服务时也能更快地加载到内存中。这里列出保持镜像小容量的经验法则。

1. 从合适的基础镜像开始

例如，如果需要 JDK，可以考虑用官方的 openjdk 镜像做基础镜像，而不要从通用的 ubuntu 镜像开始并通过 Dockerfile 来定义 openjdk 镜像的安装。

2. 使用多阶段构建

例如，可以使用 maven 镜像来构建 Java 应用程序，然后重置为 tomcat 镜像，并将 Java 工件（Java artifacts）复制到正确的位置以部署应用程序，所有这些都在同一个 Dockerfile 中实现。这就意味着最终的镜像不包含构建时引入的所有库和依赖，只包含项目工件和运行它们所需的环境。

如果需要使用不包含多阶段构建的 Docker 的版本，则通过减少 Dockerfile 文件中的 RUN 命令来设法减少镜像的层数。可以通过将多个命令合并到一个 RUN 指令行中，并且使用 shell 机制将这些命令组合到一起来减少镜像层数。

例如，以下片段将在镜像中创建两个层：

```
RUN apt-get -y update
RUN apt-get install -y python
```

而改为如下片段则仅创建一个层：

```
RUN apt-get -y update && apt-get install -y python
```

3. 创建自己的基础镜像

如果多个镜像有很多共同点，可以将公共部分抽出来创建为自己的基础镜像，然后基于它创建每个镜像。Docker 只需一次性加载共同的层，这些层会被缓存起来。这意味着使用这种自己创建的基础镜像可以在 Docker 主机上更高效地使用内存，加载更快。

4. 将生产镜像作为基础镜像

要保持生产镜像精简但又要允许调试，可以将生产镜像作为调试镜像的基础镜像。额外的测试和调试工具可以添加到生产镜像的顶层。

5. 不要依赖自动产生的 latest 标签

构建镜像时始终添加有意义的标签，便于标称版本信息、预定的目的（如生产或测试）、稳定性，以及其他在不同环境中发布应用程序时有用的信息。不要依赖自动创建的 latest 标签。

6.2.2 持久化应用程序数据

存储应用程序数据可遵循以下规则。

- 应避免将应用程序数据存储在容器的可写层（使用的是存储驱动程序）中，因为这种方式不仅会增加容器的大小，而且从 I/O 的角度来看，比使用卷或绑定挂载效率要低。
- 应尽可能使用卷来存储数据。
- 适合使用绑定挂载的一种情形是在开发期间可能需要挂载源目录或要构建到容器中的二进制文件。在生产环境中，应改用卷，将它挂载到与开发期间绑定挂载相同的位置。
- 在生产环境中，使用机密数据（secrets）来存储服务所有的敏感应用程序数据，使用配置数据（configs）存储像配置文件这样的非敏感数据。如果当前正使用独立容器，则考虑迁移到使用单一副本的服务，以便可以利用这些仅限于服务的功能。

6.2.3 尽可能使用 Swarm 集群服务

应尽可能使用 Swarm 集群服务来让应用程序具有伸缩能力。Swarm 集群服务的特点及使用准则如下。

- 即使只需运行应用程序的单个实例，Swarm 服务也比独立容器提供更多优点。服务的配置是声明式的，Docker 总是尽力让期望的状态和实际的状态保持同步。
- 网络和卷可以从 Swarm 服务中连接和断开，Docker 可以以无干扰方式重新部署各个服务容器。而配置更改时，独立容器需要手动停止、删除和重新创建。
- 像存储机密数据和配置数据这样的功能只有服务可以使用，而独立容器不行。这些特性可以让镜像尽可能通用，防止在 Docker 镜像和容器中存储敏感数据。
- 让 docker stack deploy 命令来处理镜像的拉取，而不要使用 docker pull 命令。这种方式部署时不会尝试从其他已经宕机的节点获取镜像，而且当新节点添加到 Swarm 集群时，会自动拉取镜像。
- Swarm 服务中的节点共享数据也有一些限制。如果使用 Docker for AWS 或 Docker for Azure，可以使用 Cloudstor 插件在 Swarm 服务节点中共享数据。也可以将应用程序数据写入一个独立的支持同时更新的数据库中。

本书第 10 章将专门讲解 Swarm 集群服务。

6.2.4 测试和部署时使用持续集成和持续部署

持续集成（Continuous Integration，CI）表示开发应用程序时频繁地向主干提交代码，新提交的代码在最终合并到主干前，需要经过编译和自动化测试流进行验证。持续部署（Continuous Deployment，CD）表示通过自动化的构建、测试和部署循环来快速交付高质量的软件产品。持续集成和持续部署将在第 7 章具体讲解。

- 在检查源代码控制的更改或创建拉取请求时，使用 Docker Hub 或其他 CI/CD 流水线来自动构建并为 Docker 镜像设置标签，然后对其进行测试。

● 使用 Docker EE 可以更进一步要求开发、测试和安全团队在将镜像部署到生产环境中之前分别对其进行签名。通过这种方式，可以确保镜像在部署到生产环境之前已经通过了开发、质量和安全团队的测试和签名。

6.2.5　了解开发环境和生产环境的区别

最后简单总结一下开发环境和生产环境之间的区别，见表 6-1。

表 6-1　开发环境和生产环境的区别

开发环境	生产环境
使用绑定挂载让容器访问源代码	使用卷存储容器数据
使用 Mac OS 或 Windows 版本的 Docker	尽量使用 Docker EE，通过用户映射（userns mapping）将 Docker 进程与主进程更好地隔离
不用担心时间不同步	总是在 Docker 主机上和每个容器进程中运行 NTP 客户端，让它们都同步到同一个 NTP 服务器。如果使用 Swarm 服务，还要确保每个 Docker 节点的时钟与容器同步到同一时间源

6.3　将应用程序 Docker 化

最后讲解一下基于 Docker 的应用程序开发的完整过程，也就是将应用程序 Docker 化。Docker 化的英文是 Dockerization，又称容器化（Containerization），是指将应用程序改变成可以容器方式部署的过程。

6.3.1　Docker 化应用程序的基本流程

（1）选择基础镜像。每种开发技术几乎都有自己的基础镜像，如 Java、Python、Node.js 等；应用程序部署平台，如 Nginx、Apache 也有相应的基础镜像。如果不能直接使用这些镜像，就需要从基础操作系统镜像开始安装所有的依赖。最常见的就是将 Ubuntu 操作系统作为基础镜像。

（2）安装必要的软件包。如果有必要，需要针对构建、调试和开发环境创建不同的 Dockerfile。这不仅仅关系到镜像大小，还涉及安全性、可维护性等。现在使用多阶段构建非常方便。

（3）添加自定义文件。

（4）定义容器运行时的用户权限，尽可能避免容器以 root 权限运行。

（5）定义要对外暴露的端口。不要为了暴露特权端口（端口号小于 1024 的端口，如 80）而将容器以 root 权限运行。可以让容器暴露一个非特权端口（如 8000），然后在启动时进行端口映射。

（6）定义应用程序的入口点（entrypoint）。比较简单的方式是直接运行可执行文件。更专业的方式是创建一个专门的 shell 脚本（如 entrypoint.sh），用来通过环境变量配置容器的入口点。

（7）定义一种配置方式。应用程序如果需要参数，可以使用应用程序特定的配置文件，也可以使用操作系统环境变量。

（8）持久化应用程序数据。要将由应用程序生成的内容、数据文件和处理结果存储到卷或绑定挂载上，不要将它们保存到容器本身的文件系统。

6.3.2　将 Node.js 应用程序 Docker 化

这里以一个简单的 Node.js 应用程序为例，介绍应用程序 Docker 化并使之稳定运行的详细步骤。

这里要开发的应用程序是基于 Sails.js 框架和 MongoDB 构建的 HTTP Rest API。Sails.js 其实是内置的 Express，基本的语法与 Express 相同，只不过 Sails.js 集成了很多其他工具，使得开发更加简单。该应用程序在 MongoDB 数据库中存储数据，需要在本地运行 Node.js 和 mongo 服务，功能是基于"消息"模型提供 CRUD（增查改删）操作接口，具体见表 6-2。

表 6-2　Node.js 应用程序示例的具体功能

HTTP 方法	URI	操作（Action）
GET	/message	列出所有的消息
GET	/message/ID	通过 ID 获取消息
POST	/message	创建一个新的消息
PUT	/message/ID	通过 ID 修改消息
DELETE	/message/ID	通过 ID 删除消息

接下来讲解具体的实现过程。

6.3.3　开发 Node.js 应用程序

首先在本地搭建 Node.js 开发和测试环境。

1. 安装 Node.js

在 Linux 系统上安装 Node.js 有多种方式，可以使用官方编译过的二进制数据包安装，也可以通过源码安装 Node.js，进入官网下载所需的版本即可。这里操作环境为 CentOS 7，而且只是为了实验，直接使用 EPEL 安装（企业版 Linux 的额外软件包），其版本比较旧。

（1）运行如下命令安装 epel-release 包：

```
yum install epel-release
```

（2）使用 yum 命令安装 nodejs 软件包，安装时会将 npm 作为依赖包一起安装：

```
yum install nodejs
```

（3）安装完成后，验证是否已正确的安装，执行以下命令输出版本信息，说明成功安装：

```
[root@host-a ~]# node -v
v6.16.0
```

2. 安装 Node.js 框架 Sails.js

（1）执行以下命令以全局方式安装 Sails.js 框架：

```
[root@host-a ~]# npm install sails -g
npm WARN deprecated sprintf@0.1.5: The sprintf package is deprecated in favor of sprintf-js.
/usr/bin/sails -> /usr/lib/node_modules/sails/bin/sails.js
```

（2）执行以下命令查看 Sails.js 版本。注意 Sails.js 1.0 以上版本的改动比较大。

```
[root@host-a ~]# sails -v
1.1.0
```

3. 安装 MongoDB

在 CentOS 上安装 epel-release 的 yum 源之后就可以安装 MongoDB 了，但是版本实在太旧，这里改用 MongoDB 官方的 yum 源安装较新版本的 MongoDB。

（1）配置 yum 源。在/etc/yum.repos.d 目录下新建 MongoDB.repo 文本文件，加入以下代码：

```
[mongodb-org-3.6]
name=MongoDB Repository
baseurl=https://repo.mongodb.org/yum/redhat/\$releasever/mongodb-org/3.6/x86_64/
gpgcheck=1
```

```
enabled=1
gpgkey=https://www.mongodb.org/static/pgp/server-3.6.asc
```

（2）执行以下命令安装 MongoDB：

```
yum -y install mongodb-org
```

（3）安装完毕后执行以下命令查看 MongoDB 服务的状态：

```
systemctl status mongod.service
```

4. 基于 Sails.js 框架创建应用程序

这里创建一个 Sails.js 应用程序，名为 messageApp：

```
[root@host-a ~]# sails new messageApp && cd messageApp
 Choose a template for your new Sails app:
 1. Web App   ·  Extensible project with auth, login, & password recovery
 2. Empty     ·  An empty Sails app, yours to configure
 (type "?" for help, or <CTRL+C> to cancel)
? 2
----------------------------------------------------------------
It looks like your current version of Node.js is v6.16.0.

Sails works with all officially-supported versions of Node.js.
But it works *especially* well with Node versions 7.9 and up.

As of Sails v1.0, your app can now take advantage of the new `await` keyword,
instead of relying on callbacks or promise chaining (`.exec()`, `.then()`, etc.)
This new feature of Sails/Node.js/JavaScript makes your team more productive,
and it usually leads to more stable code with fewer bugs.

If you choose *not* to upgrade Node.js, you'll still be able to use Sails (of course!)
But we really recommend taking a moment to look into this.  It's fast and easy, and
we think you'll find it helps you build higher quality apps, faster than ever before.

Upgrade @ https://sailsjs.com/upgrading

 [?] If you're unsure or want advice, swing by https://sailsjs.com/support
-------------------------------------------------------------------------------
-----

 info: Installing dependencies...
Press CTRL+C to cancel.
(to skip this step in the future, use --fast)

 info: Created a new Sails app `message-app`!
[root@host-a messageApp]#
```

5. 将应用程序连接到本地 MongoDB

（1）使用 sails-mongo ORM 建立到 MongoDB 的连接。首先要在 Sails.js 应用程序中安装 sails-mongo 模块：

```
[root@host-a messageApp]# npm install sails-mongo --save
message-app@0.0.0 /root/messageApp
└─┬ sails-mongo@1.0.1
  ├── async@2.0.1
```

（以下省略）

（2）修改应用程序 messageApp 目录下的 config/datastores.js 文件，将其中"default"部分的内容修改如下：

```
default: {
  adapter: 'sails-mongo',
  url: url: process.env.MONGO_URL || 'mongodb://localhost/messageApp'
}
```

（3）修改应用程序 messageApp 目录下的 config/models.js 文件，将其中的 "migrate" 键值设置如下：

```
migrate: 'safe',
```

"attributes" 部分的 "id" 是 MongoDB 的主键，默认设置为：

```
id: { type: 'number', autoIncrement: true, }
```

这里应改为：

```
id: { type: 'string', columnName: '_id' },
```

6. 创建 API 脚手架

（1）执行以下命令创建 API 脚手架：

```
[root@host-a messageApp]# sails generate api message
 info: Created a new api!
```

（2）执行 sails lift 命令启动应用程序，正常运行会显示图 6-2 所示的界面，并提示该 API 可通过 1337 端口（默认的 Sails.js 端口）访问。

```
[root@host-a messageApp]# sails lift

 info: Starting app...

 debug: It looks like the default datastore for this app is `sails-mongo`,
 debug: but the default primary key attribute (`id`) is not set up correctly.
 debug: When using `sails-mongo`, primary keys MUST have `columnName: '_id'`,
 debug: and must _not_ have `autoIncrement: true`.
 debug: Also, if `dontUseObjectIds` is not set to `true` for the model,
 debug: then the `type` of the primary key must be `string`.
 debug:
 debug: We'll set this up for you this time...
 debug:
 info:
 info:                  .-..-.
 info:
 info:     Sails              <|    .-..-.
 info:     v1.1.0              |\
 info:                        /|.\
 info:                       / || \
 info:                     .'  |'  \
 info:                  .-'.-==|/_--'
 info:                  '--'.-.___.'
 info:     ___    __   .__   _   __    __
 info:     ---    --   ---   --  ---    --
 info:
 info: Server lifted in `/root/messageApp`
 info: To shut down Sails, press <CTRL> + C at any time.
 info: Read more at https://sailsjs.com/support.

 debug: -------------------------------------------------------
 debug: :: Sun Mar 03 2019 00:53:51 GMT+0800 (CST)

 debug: Environment : development
 debug: Port        : 1337
 debug: -------------------------------------------------------
```

图 6-2　执行 sails lift 命令启动应用程序界面

7. 测试应用程序

这里通过命令行访问应用程序进行测试。

（1）执行以下命令获取当前记录列表，起初没有任何记录：

```
[root@host-a ~]# curl http://localhost:1337/message
[]
```

（2）创建新的记录，这里执行两次命令创建两条记录：

```
[root@host-a ~]# curl -XPOST http://localhost:1337/message?text=hello
{
  "text": "hello",
  "createdAt": 1551545778727,
  "updatedAt": 1551545778727,
```

```
    "id": "5c7ab5b246d2798ecb3a96b7"
  }
[root@host-a ~]# curl -XPOST http://localhost:1337/message?text=hola
{
  "text": "hola",
  "createdAt": 1551545802062,
  "updatedAt": 1551545802062,
  "id": "5c7ab5ca46d2798ecb3a96b8"
}
```

（3）获取记录列表，可发现现在有两条记录：

```
[root@host-a ~]# curl http://localhost:1337/message
[
  {
  "text": "hello",
  "createdAt": 1551545778727,
  "updatedAt": 1551545778727,
  "id": "5c7ab5b246d2798ecb3a96b7"
  },
  {
  "text": "hola",
  "createdAt": 1551545802062,
  "updatedAt": 1551545802062,
  "id": "5c7ab5ca46d2798ecb3a96b8"
  }
]
```

（4）执行以下命令修改其中一条记录：

```
[root@host-a ~]# curl -XPUT http://localhost:1337/message/5c7ab5ca46d2798ecb3a96b8?te
xt=hey
  {
  "text": "hey",
  "createdAt": 1551545802062,
  "updatedAt": 1551545912138,
  "id": "5c7ab5ca46d2798ecb3a96b8"
  }
```

（5）执行以下命令删除一条记录：

```
[root@host-a ~]#curl -XDELETE http://localhost:1337/message/5c7ab5ca46d2798ecb3a96b8
```

（6）执行以下命令再次查看记录列表，只剩一条记录了：

```
[root@host-a ~]# curl http://localhost:1337/message8
[
  {
  "text": "hello",
  "createdAt": 1551545778727,
  "updatedAt": 1551545778727,
  "id": "5c7ab5b246d2798ecb3a96b7"
  }
]
```

6.3.4 创建应用程序的镜像

Docker 化应用程序的关键是创建应用程序的镜像。例中需要使用两个镜像来打包应用程序，一个是数据库的镜像，另一个是此应用程序本身的镜像。其中数据库的镜像直接使用官方提供的 MongoDB 镜像。这里讲解该应用程序本身的镜像创建。创建镜像有好几种方案可选择，可以在官方的 Linux 发行版镜像（如 Ubuntu、CentOS）上进行扩展并安装 Node.js 运行时环境，也可以直接使用官方的 Node.js 镜像。因为官方提供的是优化过的镜像，所以这里选择直接使用它。

1. 调整应用程序中的配置文件

创建并发布镜像面对的就是生产环境。出于安全原因，在生产环境中运行 Sails.js 应用程序时必须设置 sails.config.sockets.onlyAllowOrigins 或 sails.config.sockets.beforeConnect 选项。这里在 config/env/production.js 文件中的"sockets"部分将"onlyAllowOrigins"键值设置如下：

```
sockets: {
  onlyAllowOrigins: ["http://localhost", "http://192.168.199.31"]
}
```

2. 编写 Dockerfile 文件

在上述应用程序目录下创建一个名为 Dockerfile 的文本文件，并加入以下内容：

```
# 使用 node 6.16.0 作为基础镜像
FROM node:6.16.0
# 将源代码复制到目录/app
COPY . /app
# 切换工作目录/app
WORKDIR /app
# 安装依赖
RUN npm install
# 对外暴露 API 端口
EXPOSE 80
# 启动应用程序（这是实例化镜像时执行的默认命令）
CMD ["npm","start"]
```

3. 创建镜像

执行以下命令创建名为 message-app 的镜像：

```
[root@host-a messageApp]# docker build -t message-app .
Sending build context to Docker daemon  157.3MB
Step 1/6 : FROM node:6.16.0
6.16.0: Pulling from library/node
741437d97401: Pull complete
34d8874714d7: Pull complete
0a108aa26679: Pull complete
7f0334c36886: Pull complete
65c95cb8b3be: Pull complete
a36b708560f8: Pull complete
b385317dd451: Pull complete
edada47c23a4: Pull complete
Digest: sha256:9bff66a08f8284a71a8814d40daa959d5f4110a618a2cd55279aaed6993f66da
Status: Downloaded newer image for node:6.16.0
 ---> 62905ac2c7de
Step 2/6 : COPY . /app
 ---> 298f84a2bc82
Step 3/6 : WORKDIR /app
 ---> Running in 825d54dc21be
Removing intermediate container 825d54dc21be
 ---> 7092d725a088
Step 4/6 : RUN npm install
 ---> Running in c4b996c589f0
Removing intermediate container c4b996c589f0
 ---> 9d5874c8db8e
Step 5/6 : EXPOSE 80
 ---> Running in 6cb38e0718fa
```

```
Removing intermediate container 6cb38e0718fa
 ---> 40d9c8e3c3ae
Step 6/6 : CMD ["npm","start"]
 ---> Running in d519c048b68f
Removing intermediate container d519c048b68f
 ---> 02541b4de7ee
Successfully built 02541b4de7ee
Successfully tagged message-app:latest
```

4. 基于该镜像运行容器进行测试

执行 docker run message-app 命令实例化该镜像，会提示无法连接到 MongoDB，这是因为还没有运行 mongodb 容器提供外部数据库。在 6.3.5 节会解决这个问题。

5. 发布镜像

生成的镜像可通过 Docker 注册中心来发布，可以是 Docker Hub，也可以是自建的私有注册中心。具体方法不再介绍，请参见第 2 章的有关讲解。

6.3.5 基于应用程序镜像运行容器

最后要通过创建容器完成应用程序的最终部署，这里以在单主机上部署为例。由于涉及数据库和应用程序两个容器之间的通信，传统的解决方案是建立容器连接，即在通过 docker run 命令创建容器时使用--link 选项，而现在推荐使用用户自定义桥接网络来实现两个容器之间的通信，这种方案提供容器间的 DNS 或名称的自动解析。为简化测试过程，下面直接在当前主机上进行演示。

（1）执行以下命令创建名为 mongonet 的用户自定义桥接网络：

```
docker network create mongonet
```

（2）执行以下命令在 mongonet 网络中运行数据库容器：

```
docker run --name mongo --net mongonet -d mongo:3.6
```

（3）执行以下命令在 mongonet 网络中运行应用程序容器：

```
docker run --name app --net mongonet -p 8000:1337 -d -e MONGO_URL=mongodb://mongo/mes
sageApp message-app
```

其中 MONGO_URL 环境变量直接使用 mongo 容器的名称。名称为 app 的应用程序容器使用容器名称（mongo）连接到 mongo 容器。

（4）测试 HTTP Rest API 应用程序。

执行以下命令创建一条新记录：

```
curl -XPOST http://192.168.199.31:8000/message?text=hello
{"text":"hello","createdAt":1551560134987,"updatedAt":1551560134987,"id":"5c7aedc718d
1cd0011e6ba74"}
```

执行以下命令查看记录列表并确认包括上述记录：

```
[root@host-a ~]# curl -XGET http://192.168.199.31:8000/message
[{"text":"hello","createdAt":1551560134987,"updatedAt":1551560134987,"id":"5c7aedc718
d1cd0011e6ba74"}]
```

这一章无论是对开发人员，还是对系统管理人员，都非常具有实用价值。实际应用中有大量的应用程序需要 Docker 化，以便应用程序以容器形式部署和运行。下一章将继续讲解镜像的自动构建和持续集成。

6.4 习题

1. 解释构建上下文的概念。

2. 描述一下 docker build 命令的镜像构建过程。

3. COPY 指令应遵守哪些复制规则?

4. 比较 Dockerfile 指令的 exec 和 shell 格式。

5. 简述 RUN、CMD 和 ENTRYPOINT 指令的区别和联系。

6. 最小镜像 scratch 有什么作用?

7. 为什么要使用多阶段构建?

8. 列举编写 Dockerfile 的通用准则和建议。

9. 如何缩减 Docker 镜像的大小?

10. 参照 6.1.5 节的讲解,完成基于 Dockerfile 构建镜像的操作。

11. 到 Docker Hub 网站查看 Redis 官方镜像的 Dockerfile 完整代码。

12. 参照 6.3 节的详细介绍,完成 Node.js 应用程序 Docker 化的全过程操作。

第7章 自动化构建与持续集成

为促进软件产品的快速迭代，保证软件开发质量，目前已经形成了一套标准流程，其中最重要的就是持续集成。镜像提供完整的运行时环境保证应用程序运行环境的一致性，真正地实现了一次构建，多处运行。开发环节将应用程序以镜像的形式打包推送到注册中心的镜像仓库之后，测试和部署环节只需要从仓库中将配置好的镜像拉取到本地再运行镜像即可，无须再手动配置一遍项目运行所需要的环境。Docker 是非常适合自动化的，不同场合运行环境的一致性和轻量级特性使得它特别适合持续集成。开发人员通过 Dockerfile 构建镜像，结合持续集成进行测试，运维人员可直接在生产环境中部署镜像，还可以通过持续部署流程进行自动化部署。Docker Hub 支持从代码仓库自动化构建镜像，代码仓库的变更可以触发镜像重新构建，这对于持续集成很有用，可以看作是持续集成的组成部分。阿里云容器镜像服务也支持这种自动化构建功能。因此本章首先介绍镜像的自动化构建，然后重点讲解 Docker 应用程序的持续集成和自动化部署。

7.1　概述

上一章讲解的镜像构建是一种手动构建，这里要讲解的是自动化构建。自动化构建是 Docker Hub 的一项特殊功能，用于简化镜像构建流程，保证开发项目按照用户预期构建，可以确保镜像仓库总是保持最新状态。而持续集成是 DevOps（开发与运维）实施的基本流程，Dev 指的是开发，Ops 指的是运维，DevOps 的目标是让业务所要求的那些变化能随时上线可用，加速项目的交付和质量的提升。

7.1.1　镜像的自动化构建

在开发环境和生产环境中使用 Docker，如果采用手动构建方式，在部署应用时需要执行的任务比较烦琐，涉及本地的软件编写测试、测试环境中的镜像构建与更改、生产环境中的镜像构建与更改等。如果改用自动化构建，则可以使这些任务自动化，形成一个工作流，如图 7-1 所示。

图 7-1　Docker Hub 自动化构建工作流

Docker Hub 可以从外部仓库的源代码自动化构建镜像，并将构建的镜像自动推送到 Docker 镜像仓库。要设置自动化构建时，可以创建一个要构建的 Docker 镜像的分支和标签的列表。将代码文件推送到代码仓库（如 GitHub）中所列镜像标签对应的特定分支时，代码仓库使用 Webhook 来触发新的构建以产生 Docker 镜像，已构建的镜像随后被推送到 Docker Hub。注意仍然可以使用 docker push 命令将预构建的镜像推送到配置有自动化构建功能的 Docker 镜像仓库。

提示：Webhook 可译为 Web 钩子，是一种 Web 回调或者 HTTP 的推送 API，是向 App 或者其他应用程序提供实时信息的一种方式。Webhook 在数据产生时立即发送数据，让接收者能实时收到数据。它向应用程序发起 HTTP 请求，典型的是 POST 请求，应用程序由请求驱动。使用 Webhook 需要为它准备一个 URL，用于 Webhook 发送请求。多数 Webhook 采用 JSON 或 XML 格式发布数据。

如果配置有自动化测试（Automated Tests）功能，将在构建镜像之后、推送到仓库之前运行自动化测试。可以使用这种测试功能来创建持续集成工作流（Continuous Integration Workflow），测试失败的构建不会被推送到已构建的镜像。自动化测试也不会将镜像推送到自己的仓库。如果要推送到 Docker Hub，需要启动自动化构建（Automated Builds）功能。

构建镜像的构建上下文是 Dockerfile 和特定位置的任何文件。对于自动化构建，构建上下文是包含 Dockerfile 的代码仓库。自动化构建需要 Docker Hub 授权用户使用 GitHub 或 Bitbucket 托管的源代码来自动创建镜像。阿里云也像 Docker Hub 一样提供容器镜像服务，它既支持阿里云 Code、GitHub、Bitbucket 这种公有的代码仓库，也支持私有的代码仓库。

总的来说，自动化构建具有以下优点。
- 以这种方式构建的镜像完全符合期望。
- 可以访问代码仓库的任何人都可以使用 Dockerfile。
- 代码修改之后镜像仓库会自动更新。

7.1.2　持续集成

1．什么是持续集成

持续集成（Continuous Integration，CI），表示开发应用程序时频繁地向主干（主干和分支是版本控制体系中的术语）提交代码，新提交的代码在最终合并到主干前，需要经过编译和自动化测试进行验证。持续集成的目标是让产品可以快速迭代，同时还能保持高质量。

持续集成是一种软件开发实践。在持续集成中，团队成员频繁集成他们的工作成果，通常每人每天至少集成一次，也可以多次。每次集成会经过自动化构建（包括自动化测试）的验证，以尽快发现集成错误。许多团队发现这种方法可以显著减少集成引起的问题，并可以加快团队合作软件开发的速度。

使用持续集成，只要代码有变更，就自动运行构建和测试，反馈运行结果。这需要频繁地将代码集成到主干，这样做有两大优势：一是有助于快速发现错误，每完成一点更新，就集成到主干，可以快速发现错误，定位错误也比较容易；二是可防止分支大幅偏离主干，如果不是经常集成，主干又在不断更新，会导致以后集成的难度变大，甚至难以集成。以往在非持续集成环境中，针对软件项目主要采用的是主干-分支式的版本控制，开发人员长期在分支上开发各种功能，随着时间的推移，很容易偏离主干。

持续集成并不能消除代码缺陷，而是让它们得以非常容易地发现和改正。最根本的措施就是代码集成到主干之前，必须通过自动化测试，只要有一个测试用例失败，就不能集成。

持续集成不但能够节省开发人员的时间，避免他们手动集成的各种变更，还能提高软件的可靠性。

2．什么是持续交付和持续部署

与持续集成相关的，还有两个概念，分别是持续交付和持续部署。

持续交付（Continuous Delivery，CD），是指在持续集成的基础上，将集成后的代码部署到更贴近真实运行环境的类生产环境（Production-like Environments）中。如果代码没有问题，可以继续手动部署到生产环境中。它要实现的目标是不管软件如何更新，都是随时随地可以交付使用的。

持续部署（Continuous Deployment，也简称为 CD），是指在持续交付的基础上，将部署到生产环境的过程自动化。它要实现的目标是代码在任何时刻都是可部署的，可以进入生产阶段。

持续交付和持续部署进一步扩展持续集成，将软件开发运维自动化带到了一个新的高度，它们能够将最近一次提交的代码进行自动分发，并成为整个软件的新版本。持续交付做好部署准备，一般需要人工判定是否的确需要部署，而持续部署则意味着所有流程都是自动化的，在无人为干预的情况下，通过单次提交来触发自动化流，并最终将生产环境更新为最新版本的过程。持续交付比较容易实现，但是持续部署存在一定的风险，因为任何人都有可能通过一个简单的提交就将代码缺陷引入到生产环境，因此需要通过流程来降低这种风险。

提示：在具体的实践中，往往并不严格区分这几个概念，常用英文缩写 CI/CD 或 CI&CD 来表示整个过程。为便于讲解，这里将持续交付和持续部署都作为持续集成的一部分，统称为持续集成。

3．持续集成的流程

如图 7-2 所示，持续集成是一个代码从提交到生产的完整流程。

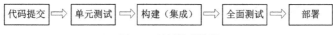

图 7-2　持续集成流程

（1）代码提交

首先开发者将本地代码向代码仓库提交（Commit）。这是后续流程的源头。

（2）单元测试

由于代码仓库对提交操作配置了所谓钩子（Hook），只要检测到有提交代码或者合并进主干的事件，就会进行自动化测试。此阶段主要是单元测试（Unit Testing），对软件中的最小可测试单元进行检查和验证，如针对函数或模块的测试。这是整个流程中的第一轮测试。

（3）构建（集成）

通过上述测试之后，代码就可以合并进主干，可以进行交付。交付之后就要进行构建（Build），目的是将源码转换为可以运行的实际代码，比如安装依赖、配置各种资源等。构建又称为集成（Integrate）。

（4）全面测试

构建完成之后接着进行第二轮测试，即全面测试，包括所有的测试。在单元测试的基础上，将所有模块按照概要设计要求组装成为一个子系统或者系统，进行集成测试（Integration Testing）。

有的还要进行系统测试和端对端测试（End to End Testing）。系统测试是指在集成测试之后，并在接受任何可用的硬件或软件之前进行的测试，目的是分析连接组件作为一个系统的协调性，以确保其是否符合质量标准。当产品符合系统测试条件后，通常会执行端到端测试。端到端测试包含所有访问点的功能测试及性能测试，确保与前后端应用程序之间的顺利交互。

所有测试以自动化为主，少数无法自动化的测试用例，就要进行手动测试。

另外，如果第一轮测试就完成了所有测试，则第二轮测试可以省略，不过上述构建阶段也要前移到第一轮测试之前。

（5）部署

通过第二轮测试之后，就会产生一个通过测试的，可用于直接部署的版本，一般称为 Artifact（可译为工件）或软件包，将这个版本部署到生产服务器就完成了整个流程。

用于部署的版本在发布到生产服务器之前需要打包。生产服务器将打包的文件解包之后进行部署，然后启动应用程序。同时还要考虑能够自动回滚，一旦当前版本发生问题，就要回滚到上一个版本的构建结果。这些可以使用部署工具，如 Ansible、Chef、Puppet 等来帮助实施。

从整个流程来看，持续集成涵盖前 3 个阶段；持续交付涵盖前 4 个阶段，延续到持续集成的下一阶段；持续部署涵盖全部 5 个阶段，延续到持续交付的下一阶段。与持续交付不同的是，持续部署在部署阶段是自动化的。

7.2　Docker Hub 结合 GitHub 实现自动化构建

源代码托管一般都采用 GitHub，这里以它为例建立代码仓库，讲解自动化构建实现过程。要使用自动化构建功能，必须拥有有效的 Docker Hub 账户和 GitHub 账户。

7.2.1　在 GitHub 上创建代码仓库

GitHub 是一个面向开源及私有软件项目的托管平台，只支持 Git 版本库格式。Docker Hub 托管的是 Docker 镜像，而 GitHub 托管的是软件代码。如果用户初次使用 GitHub，那么需要进行相关的配置。

（1）如果没有 GitHub 账户，则需要首先注册。注册过程请读者自行完成。

本地 Git 仓库和 GitHub 仓库之间的数据传输通过 SSH 加密，需要设置 SSH 密钥。

（2）创建自己的 SSH 密钥。

先在用户主目录下查看是否有一个.ssh 目录（这是一个隐藏目录）。如果有，再查看这个目录下有没有 id_rsa（存放私钥）和 id_rsa.pub（存放公钥）这两个文件。如果有，可直接跳到下一步。如果没有以上目录和文件，则可以在命令行界面中执行以下命令来创建 SSH 密钥，无须设置密码：

```
ssh-keygen -t rsa -C <用户的邮件地址>
```

（3）在用户主目录里找到.ssh 目录，其中 id_rsa.pub 文件存放的是公钥，打开该文件复制其中的内容。

（4）登录 GitHub 网站，单击右上角的"▦▾"图标，从菜单中选择"Settings"菜单项打开设置页面，单击左侧导航栏中的"SSH and GPG keys"链接，在"Title"框中为该密钥命名，在"Key"框中粘贴 id_rsa.pub 文件的内容，如图 7-3 所示。

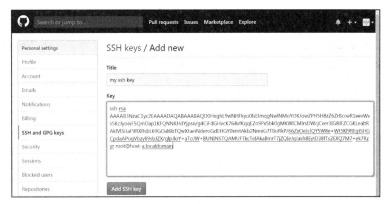

图 7-3　添加 SSH 密钥

（5）单击"Add Key"按钮，可以发现已经添加的 SSH 密钥，如图 7-4 所示。

提示：GitHub 通过 SSH 密钥来确认用户身份以防止他人冒充。Git 支持 SSH 协议，GitHub 只要知道用户的公钥，就可以确认推送者的身份。一个 GitHub 账户允许添加多个 SSH 密钥，以满足用户在不同场合的源代码提交。

图 7-4　成功添加的 SSH 密钥

完成上述设置之后，就可以在 GitHub 上创建自己的仓库了。

（6）单击右上角的"➕▾"图标，从菜单中选择"New repository"菜单项打开创建新仓库的页面，在"Repository name"框中输入要创建的仓库名称（例中为 testautobuilds），其他保持默认设置，如

图 7-5 所示。

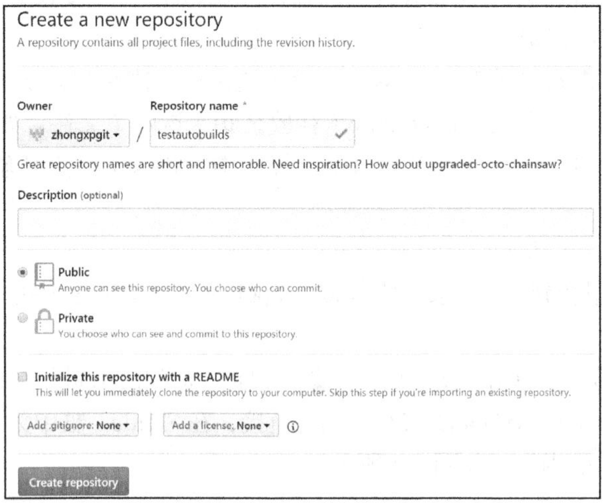

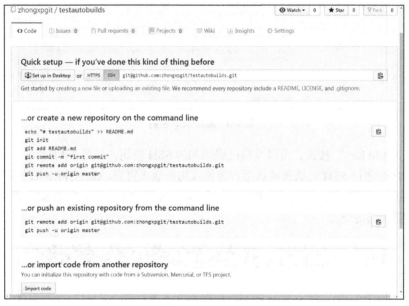

图 7-5　创建新的仓库

（7）单击"Create repository"按钮，成功创建了一个新的 Git 仓库，如图 7-6 所示。此时该仓库还是空的，GitHub 会指示将本地仓库内容推送到 GitHub 仓库的操作方法。

图 7-6　成功创建的新仓库

7.2.2　将 Docker Hub 连接到 GitHub 账户

要自动化构建和测试镜像，需要将托管的源代码服务连接到 Docker Hub，让 Docker Hub 能够访问代码仓库，可以为用户账户（或组织）配置该连接。

（1）如果没有 Docker Hub 账户，则需要首先注册。登录 Docker Hub，单击右上角的账户名称，从下拉菜单中选择"Account Settings"菜单项，打开相应的页面。

（2）单击左侧导航栏中的"Linked Accounts"链接，显示相应的设置界面，默认没有建立任何连接。

（3）单击要连接的源码提供者（这里为 GitHub）右侧的"✏"图标或"Connect"链接，如图 7-7 所示。

图 7-7　连接到 GitHub

（4）出现图 7-8 所示的界面，确认要连接的 GitHub 账户，单击"Authorize docker"按钮授权 Docker Hub Builder（构建器）访问 GitHub 账户。连接成功后图标"✏"会变成"🔌"。

（5）登录 GitHub 网站打开设置页面，单击左侧导航栏中的"Application"链接，切换到"Authorized OAuth Apps"页签，进一步证实 GitHub 已授权 Docker Hub Builder 访问，如图 7-9 所示。

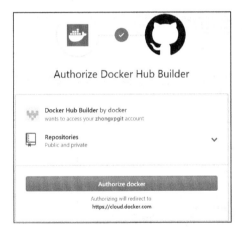

图 7-8　授权 Docker Hub Builder 访问 GitHub 账户

图 7-9　GitHub 账户已成功授权 Docker Hub Builder 访问

提示：要断开 Docker Hub 到 GitHub 账户的连接，除了在 Docker Hub 的"Linked Accounts"界面中单击"🔌"图标取消连接之外，还要在 GitHub 的"Authorized OAuth Apps"界面中单击"Docker Hub Builder"右侧的省略号，从弹出的菜单中选择"Revoke"命令来撤销该应用程序。

7.2.3　在 Docker Hub 上创建镜像仓库

用于自动化构建的 Docker Hub 必须提供镜像仓库来关联到 GitHub 上的代码仓库。在 Docker Hub 上创建镜像仓库的步骤如下。

（1）以有效账户登录 Docker Hub，单击"Repositories"链接，再单击"Create Repository+"按钮，打开相应的页面。

（2）如图 7-10 所示，在第 1 行右边文本框中输入仓库名称；"Visbility"区域定义仓库的可见性，这里采用默认值"Public"（表示公有仓库）；在"Build Settings (optional)"区域设置构建基本设置，单击"🎧"（Connected）按钮展开设置选项，从左边下拉菜单中选择要连接的组织机构（这里为 GitHub 账户名称），从左边下拉菜单中选择要连接的仓库（这里为 GitHub 仓库名称）。

图 7-10　创建镜像仓库

（3）单击"Create"按钮完成镜像仓库的创建。创建成功后显示该仓库的基本信息，如图 7-11 所示。

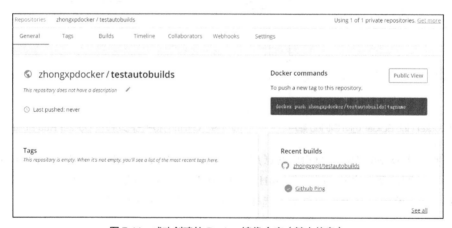

图 7-11　成功创建的 Docker 镜像仓库（基本信息）

创建镜像仓库时由于设置了自动化构建功能，代码仓库（可以在 GitHub 上查看相应仓库的设置，如图 7-12 所示）中会自动添加一个 Webhook，用于实现在每次推送到代码仓库时都会通知 Docker Hub 的功能。只有推送到指定的分支才会触发构建。

至此就可以使用自动化构建了，每当 Dockerfile 有新的修改推送到 GitHub 的构建仓库中时，Docker Hub 就会进行自动化构建。不过目前所使用的构建配置（包括构建规则在内）都是默认的。要进一步配置自动化构建，还可以继续下面的操作。

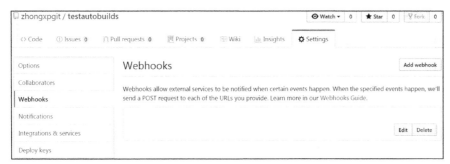

图 7-12 成功创建的 Docker 镜像仓库（查看设置）

7.2.4 配置自动化构建选项和规则

配置自动化构建选项和规则的步骤如下。

（1）登录 Docker Hub，打开要配置的镜像仓库的详细信息页面，单击"Builds"标签出现图 7-13 所示的页面。

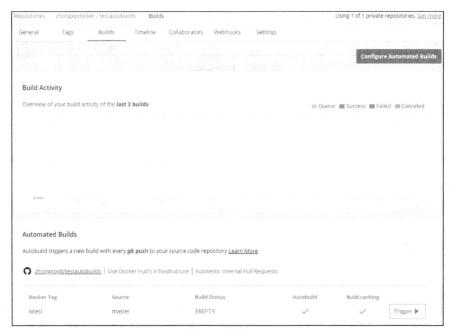

图 7-13 构建页面

（2）单击"Configure automated builds"按钮进入图 7-14 所示的构建配置页面。

（3）在"SOURCE REPOSITORY"区域选择用于构建镜像的代码仓库。

（4）根据需要在"AUTOTEST"区域设置自动化测试选项。

默认为"Off"，表示没有额外的测试构建，作为自动化构建的一部分运行测试。"Internal Pull Requests"选项表示为匹配构建规则的分支的任何拉取（下载）请求运行测试构建，但是仅限于来自同一代码仓库的拉取要求。"Internal and External Pull Requests"选项与"Internal Pull Requests"选项相比，还支持来自外部源代码请求的拉取要求。出于安全考虑，对外部拉取请求的自动化测试被限制在公有仓库中。

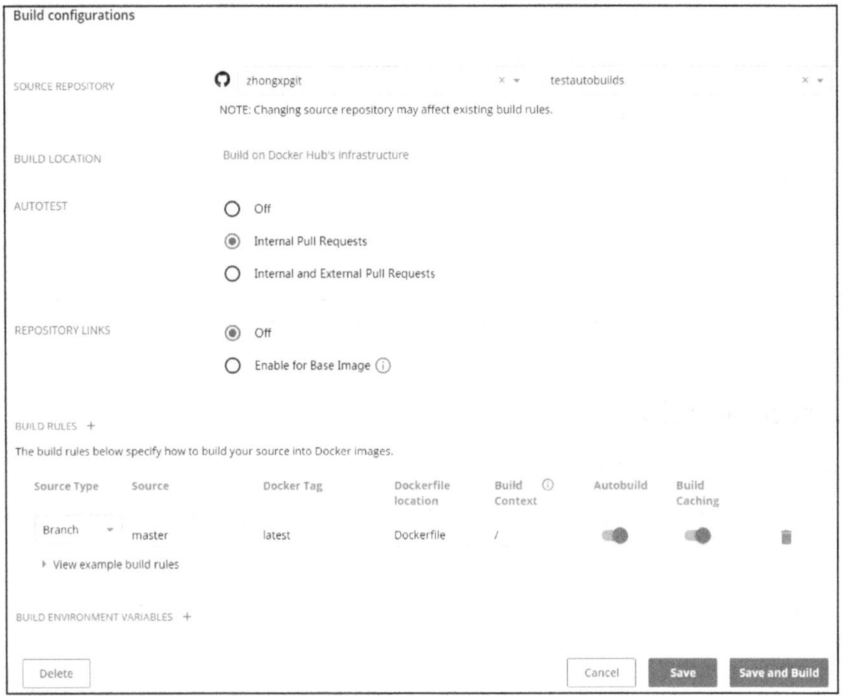

图 7-14　构建配置页面

（5）在"BUILD RULES"区域查看和设置构建规则。

构建规则控制 Docker Hub 要从哪个代码分支或代码标签构建，以及生成的镜像在 Docker 仓库中如何被打上标签。

默认设置了一条规则，可以编辑或删除它。这条默认规则规定构建来自代码仓库中名为 master 的分支（Branch），所创建的 Docker 镜像会被打上 latest 标签。可以通过单击"BUILD RULES"右侧的"+"按钮来添加新的规则，单击"View example build rules"按钮可以查看构建规则示例。

（6）对于每条规则，可以设置"Autobuild"（自动化构建）和"Build Caching"（构建缓存）开关选项，默认这两项功能均开启。还可以单击右侧的"🗑"按钮来删除该规则。

只有启用 Autobuild 功能的分支或标签被构建、测试，并生成镜像推送到仓库中。未启用 Autobuild 功能的分支会为测试目的进行构建（前提是在仓库级别上启用测试），但是构建的 Docker 镜像不会推送到仓库。对于经常构建的大镜像或有许多依赖的镜像，启用 Build Caching 功能可节省时间。

（7）单击"Save"按钮保存设置。如果要保存设置并立即运行初始测试，则可以单击"Save and Build"按钮。

7.2.5　创建自动化构建项目

完成上述准备工作之后，就可以创建自动化构建项目来使用自动化构建功能了。可以从任何具有 Dockerfile 文件的公有或私有 GitHub 仓库自动化构建镜像。基本步骤是：在本地准备构建镜像的 Dockerfile 及相关的上下文→提交到本地 Git 仓库→推送到 GitHub 上的远程仓库→由 Docker Hub 基于 GitHub 仓库进行自动化构建镜像。

（1）确认安装有 Git 客户端。如果没有安装，可以执行以下命令安装：

```
yum install git
```

安装完成后，还需要进一步设置用户名和邮件账户，例如，可在命令行执行以下操作：

```
[root@host-a ~]# git config --global user.name "zhongxp"
[root@host-a ~]# git config --global user.email "zxp169@163.com"
```

（2）在用户主目录下执行以下命令将远程 GitHub 仓库克隆到本地 Git 仓库：

```
[root@host-a ~]# git clone git@github.com:zhongxpgit/testautobuilds.git
Cloning into 'testautobuilds'...
warning: You appear to have cloned an empty repository.
```

开发软件时使用 Git 工具进行版本管理，最好先创建远程仓库，然后从远程仓库克隆到本地仓库。如果已经有了本地仓库，则要使用 git remote add 命令将本地仓库与远程仓库关联起来。

（3）执行以下命令进入本地仓库目录：

```
[root@host-a ~]# cd testautobuilds
```

（4）在该目录中创建两个文件：Dockerfile 和 nginx.repo。文件内容与 6.1.5 节中的例子完全相同，可直接复制过来使用。

（5）执行以下命令将当前目录中的源文件添加到本地仓库：

```
[root@host-a testautobuilds]# git add .
```

（6）执行以下命令将源文件提交到本地仓库：

```
[root@host-a testautobuilds]# git commit -m "Initial commit"
```

（7）执行以下命令将本地仓库的所有内容推送到远程仓库：

```
[root@host-a testautobuilds]# git push -u origin master
```

（8）在 Docker Hub 网站上打开要配置的镜像仓库的构建页面，会发现其中的"Automated Builds"区域显示已处于正在构建（BUILDING）状态，如图 7-15 所示。

图 7-15　处于正在构建状态

构建过程可能较长，结束之后无论是否成功都会给出邮件通知，刷新构建页面，如果构建成功会发现"Automated Builds"区域显示成功（SUCESS）状态，如图 7-16 所示。

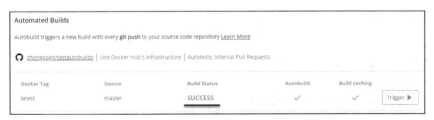

图 7-16　成功构建

如果构建失败，会显示错误（ERROR）状态。从构建页面底部的"Recent Builds"区域会显示最近几次构建的链接，单击这些链接可查看构建日志。例如，出现错误的情况可以通过日志查看和分析问题，如图 7-17 所示。

（9）继续试验 Dockerfile 变更的推送。这里将例中 Dockerfile 倒数第 3 行改为：

```
RUN echo "Hello! Test nginx server " > /usr/share/nginx/html/index.html
```

图 7-17　分析构建错误

（10）依次执行以下命令提交并推送到 GitHub：

```
git add .
git commit -m "Second commit"
git push -u origin master
```

（11）稍等片刻，去查看 Docker Hub 镜像仓库的构建页面，发现又开始构建了。完成之后，可以到 "Timeline" 页面查看该镜像的构建过程，如图 7-18 所示。

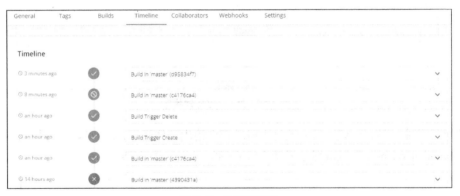

图 7-18　构建时间线

再次构建完毕，生成的镜像标签依然是 latest。

7.2.6　基于代码仓库标签的自动化构建

默认构建规则对镜像的版本控制很不方便，每推送一次代码，自动化构建的都是全新的 latest 版本。要进行版本控制，应加上基于标签的构建规则。比较常见的做法是，基于代码分支的推送构建出最新（latest）版本镜像，基于标签的推送构建出指定版本的镜像。接着上述示例进行以下操作。

（1）在 Docker Hub 中打开要配置的镜像仓库的构建配置页面。

（2）在默认构建规则的基础上添加一条基于标签的构建规则，如图 7-19 所示。此规则采用的是示例中最后一条规则。

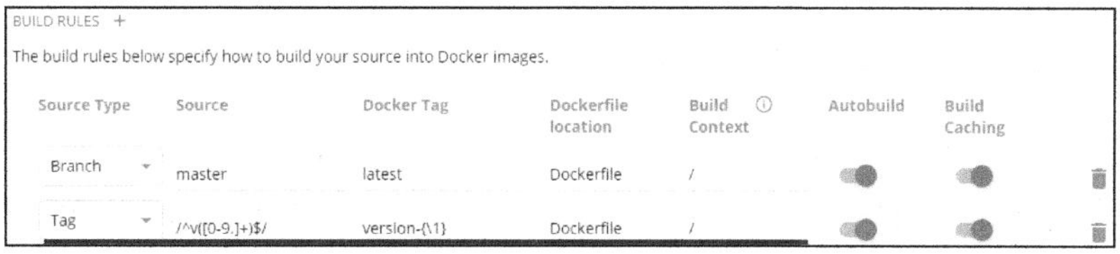

图 7-19　新增基于标签的构建规则

（3）单击"Save"按钮保存设置。

接下来开始自动化构建。先要完成代码的推送，再处理代码仓库的标签。

（4）修改 Dockerfile。这里将例中 Dockerfile 倒数第 3 行改为：

```
RUN echo "Welcome to nginx server " > /usr/share/nginx/html/index.html
```

（5）依次执行以下命令提交并推送到 GitHub：

```
git add .
git commit -m "3th commit"
git push -u origin master
```

（6）执行以下命令对最新的一次提交打上标签，标签的版本为 v1.1.5：

```
[root@host-a testautobuilds]# git tag -a v1.1.5 -m "testtag"
```

（7）执行以下命令将该标签推送到 GitHub。

```
[root@host-a testautobuilds]# git push origin v1.1.5
Counting objects: 1, done.
Writing objects: 100% (1/1), 154 bytes | 0 bytes/s, done.
Total 1 (delta 0), reused 0 (delta 0)
To git@github.com:zhongxpgit/testautobuilds.git
 * [new tag]         v1.1.5 -> v1.1.5
```

根据上述构建规则，当把新的提交推送到 GitHub 时，基于代码分支的规则就会触发构建出一个 latest 版本，当把新的标签推送到 GitHub 时，基于标签的规则就会触发构建出一个使用该标签的版本。接下来去验证。

（8）Docker Hub 镜像仓库的构建页面中开始构建，构建完成之后显示图 7-20 所示的结果。

图 7-20　两个镜像构建成功

（9）切换到图 7-21 所示的"Tags"页面，显示两个新构建的镜像，其中一个带有明确的版本标签。

图 7-21　镜像的标签

7.2.7　通过构建触发器触发自动化构建

如果要通过 GitHub 或 BitBucket 以外的方式来触发 Docker Hub 的自动化构建，则可以创建构建触发器（Build Triggers）。这非常简单，打开 Docker Hub 自动化构建项目的构建配置页面，如图 7-13 所示，下拉到"Build triggers"区域，在"Trigger name"占位符处输入要创建的构建触发器的名称，再单击右边的"+"按钮自动生成一个触发器，为用户提供一个触发器 URL（Trigger URL），如图 7-22 所示。

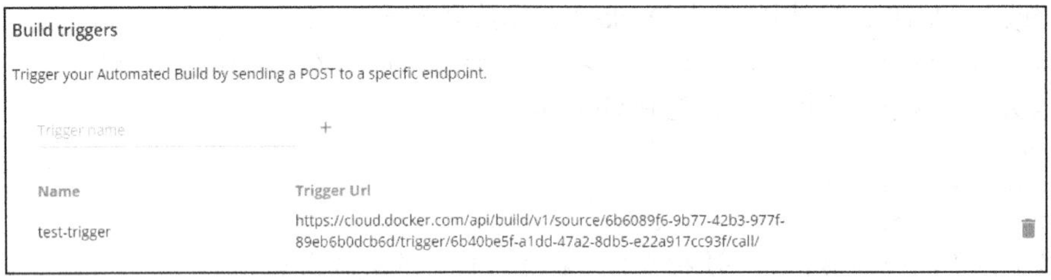

Build triggers

Trigger your Automated Build by sending a POST to a specific endpoint.

Trigger name　　　　　　　+

Name　　　　　　　　　Trigger Url

test-trigger　　　　　　　https://cloud.docker.com/api/build/v1/source/6b6089f6-9b77-42b3-977f-89eb6b0dcb6d/trigger/6b40be5f-a1dd-47a2-8db5-e22a917cc93f/call/

图 7-22　创建构建触发器

触发器 URL 中的一长串 UUID 实际上是令牌（Token）。可以在其他应用程序中通过向该 URL 发送 POST 请求以触发自动化构建过程。这里运行一个简单的测试，即通过 curl 命令向该 URL 发送 POST 请求：

```
[root@host-a ~]# curl --data build=true -X POST https://cloud.docker.com/api/build/v1/
source/6b6089f6-9b77-42b3-977f-89eb6b0dcb6d/trigger/6b40be5f-a1dd-47a2-8db5-e22a917cc93f/
call/
    {"autotests": "SOURCE_ONLY", "build_in_farm": true, "build_settings": ["/api/build/v1/
setting/02996a9a-98bc-4705-b6dd-e11bf108d21d/", "/api/build/v1/setting/7981b356-c5fe-4968-
8382-ec7408d2d1d5/"], "channel": "Stable", "deploykey": "", "envvars": [], "image": "zhon
gxpdocker/testautobuilds", "owner": "zhongxpgit", "provider": "Github", "repo_links":
false, "repository": "testautobuilds", "resource_uri": "/api/build/v1/source/6b6089f6-9b77-
42b3-977f-89eb6b0dcb6d/","state": "
```

可以发现已经开始触发自动化构建了，只不过此时还没有结果，状态（state）键值为空。可以到 Docker Hub 网站查看该项目的构建状态和日志。构建结束后，再次执行该 curl 命令，发现返回了构建结果，这里仅列出状态（state）键与值部分：

```
    "state": "Success", "uuid": "6b6089f6-9b77-42b3-977f-89eb6b0dcb6d"}
```

可以根据需要创建多个构建触发器，要删除现有的构建触发器，只需单击构建触发器条目右侧的"🗑"按钮。

7.2.8　使用 Webhook

Docker Hub 通过 Webhook 提供镜像仓库的消息触发功能，当镜像推送到仓库之后主动触发用户设置的目标 URL，由该 URL 指定的应用程序执行进一步的构建工作流程，例如，触发自动化测试或部署。Webhook 也是一个 POST 请求，该请求被发送到在 Docker Hub 中定义的一个 URL。

首先要创建 Webhook。打开 Docker Hub 自动化构建项目的详细信息页面，单击"Webhooks"标签打开图 7-23 所示的页面，在"Webhook name"占位符处为 Webhook 提供一个名称，在"Webhook URL"占位符处为 Webhook 提供一个目标 URL，再单击右边的"+"按钮完成 Webhook 的创建。Webhook 的 POST 请求将发给这个目标 URL（例中使用的是一个不存在的网址，仅用于示范）。

只要有新的镜像推送到仓库之后，该 Webhook 就会向目标 URL 发送 POST 请求，将该仓库的信息以 JSON 形式提供给目标 URL 所对应的应用程序。

图 7-23　创建 Webhook

7.3　通过阿里云镜像服务实现自动化构建

阿里云镜像服务与 Docker Hub 一样支持镜像的自动化构建，这是容器开发与运维的重要组成部分。这里直接介绍实现过程。

7.3.1　设置代码源

（1）如果没有阿里云容器镜像服务账户，则需要首先注册。

（2）登录阿里云管理控制台，切换到容器镜像服务，单击左侧导航栏中的"代码源"链接，出现图 7-24 所示的界面，列出可绑定账户的代码源。

（3）这里绑定阿里云 Code，单击第一行的"绑定账户"链接，弹出图 7-25 所示的窗口。

图 7-24　待绑定的代码源

图 7-25　前往阿里云 Code

（4）单击"点击前往源代码仓库进行绑定"按钮，进入阿里云 Code 仓库管理界面，如图 7-26 所示。

（5）单击"新项目"按钮，定义新项目，如图 7-27 所示。

（6）单击"创建项目"按钮完成新项目的创建，出现图 7-28 所示的界面，给出本地仓库的内容推送到版本仓库的操作方法，并提示增加 SSH 密钥。

图 7-26　阿里云 Code 仓库管理界面

图 7-27　定义新项目

图 7-28　完成新项目的创建

（7）单击"增加 SSH 密钥"链接，出现图 7-29 所示的界面，将用户主目录里.ssh 目录下的 id_rsa.pub 文件中的内容复制到"公钥"文本框，并在"标题"文本框中为它加上标题，单击"增加密钥"按钮完成 SSH 密钥的增加，结果如图 7-30 所示。

图 7-29　增加 SSH 密钥

图 7-30　新增加的 SSH 密钥

（8）在图 7-25 所示的阿里云 Code 窗口中单击"已完成账户绑定"按钮。

7.3.2　创建代码仓库

默认情况下，如果容器镜像服务登录账户已经开通了阿里云 Code（这是阿里云自己的代码托管平台），将会默认展示阿里云 Code 上的项目。如果还没有开通过阿里云 Code，需要单击绑定账户去开通。

之后，可以基于阿里云 Code 上的项目创建一个代码仓库。建议在构建设置上选择代码变更时自动化构建镜像，这样在阿里云 Code 上进行代码修改时，将会触发仓库的自动化构建，并将新的镜像推送至阿里云的 Registry（镜像注册中心）。

（1）登录阿里云管理控制台，切换到容器镜像服务，单击左侧导航栏中的"镜像仓库"链接。

（2）单击"创建镜像仓库"按钮，打开图 7-31 所示的界面，输入仓库名称和摘要信息。

图 7-31　设置仓库信息

（3）单击"下一步"按钮，出现图 7-32 所示的界面，设置代码源。从左边下拉菜单中选择要连接的命名空间，从右边下拉菜单中选择要连接的仓库。

图 7-32　设置镜像仓库的代码源

（4）单击"创建镜像仓库"按钮完成创建。

7.3.3　开始构建

进入 testdevops 镜像仓库的详细信息页面，单击左侧导航栏中的"构建"按钮，列出了默认的两条构建规则，如图 7-33 所示。如果单击"立即构建"按钮，将触发仓库使用两条默认的构建规则进行构建。这里通过提交代码来触发仓库根据规则进行自动化构建。

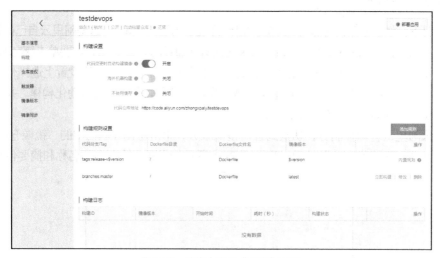

图 7-33　镜像仓库的"构建"页面

（1）在用户主目录下执行以下命令将阿里云远程仓库克隆到本地 Git 仓库：

```
git clone git@code.aliyun.com:zhongxpaly/testdevops.git
```

（2）执行以下命令将当前工作目录切换到本地仓库目录：

```
[root@host-a ~]# cd testdevops
```

（3）执行以下命令将当前目录中的源文件添加到本地仓库：

```
[root@host-a testdevops]# git add .
```

（4）执行以下命令将源文件提交到本地仓库：

```
[root@host-a testdevops]# git commit -m "1st commit"
```

（5）执行以下命令将本地仓库的所有内容推送到远程仓库的分支 master：

```
[root@host-a testdevops]# git push -u origin master
Counting objects: 4, done.
Delta compression using up to 4 threads.
Compressing objects: 100% (4/4), done.
Writing objects: 100% (4/4), 544 bytes | 0 bytes/s, done.
Total 4 (delta 0), reused 0 (delta 0)
To git@code.aliyun.com:zhongxpaly/testdevops.git
 * [new branch]      master -> master
Branch master set up to track remote branch master from origin.
```

（6）在镜像仓库的"构建"页面上查看构建日志，会发现完成了一次自动构建，如图 7-34 所示。

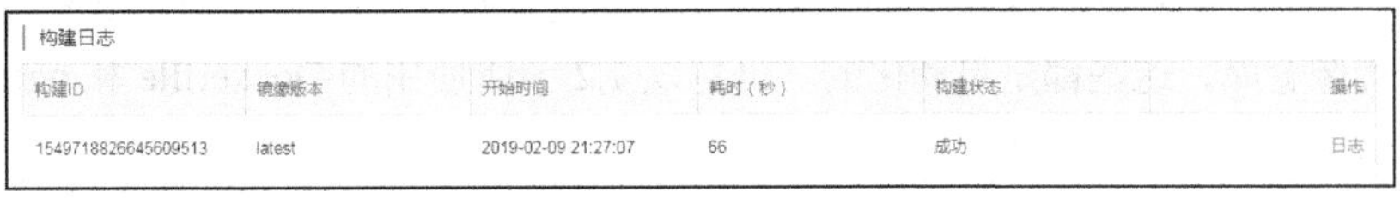

图 7-34　查看镜像构建日志

由于是向"master"分支提交代码，这次自动构建依据的是默认的第 2 条构建规则，产生新版本的镜像。继续下面的操作，以测试根据标签自动构建。

（7）在本地仓库目录下使用 git 命令创建一个标签（带有版本信息）：

```
[root@host-a testdevops]# git tag -a release-v1.0.1 -m "testtag"
```

（8）执行以下命令将本地标签推送到远程仓库：

```
[root@host-a testdevops]# git push origin --tag
Counting objects: 1, done.
Writing objects: 100% (1/1), 160 bytes | 0 bytes/s, done.
Total 1 (delta 0), reused 0 (delta 0)
To git@code.aliyun.com:zhongxpaly/testdevops.git
 * [new tag]         release-v1.0.1 -> release-v1.0.1
```

（9）在镜像仓库的"构建"页面上查看构建日志，会发现完成了第 2 次自动构建，如图 7-35 所示。

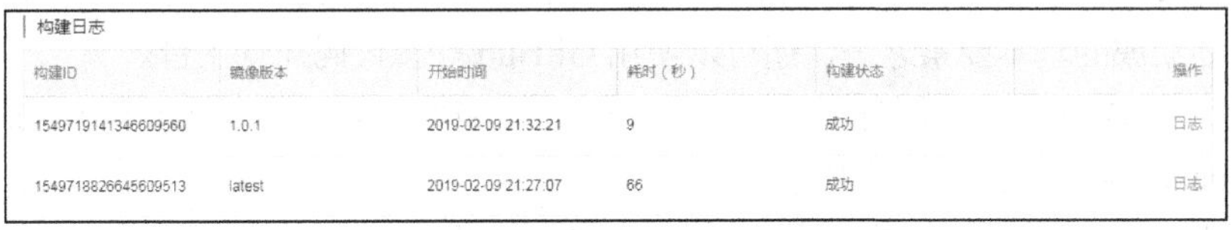

图 7-35　镜像构建日志显示第 2 次构建

由于提交了标签，这次自动构建依据的是默认的第 1 条构建规则，生成版本为 1.0.1 的镜像。

在镜像仓库的详细信息页面中单击左侧导航栏中的"镜像版本"按钮，列出该仓库当前的镜像版本，如图 7-36 所示，这进一步证明了两次构建的结果。

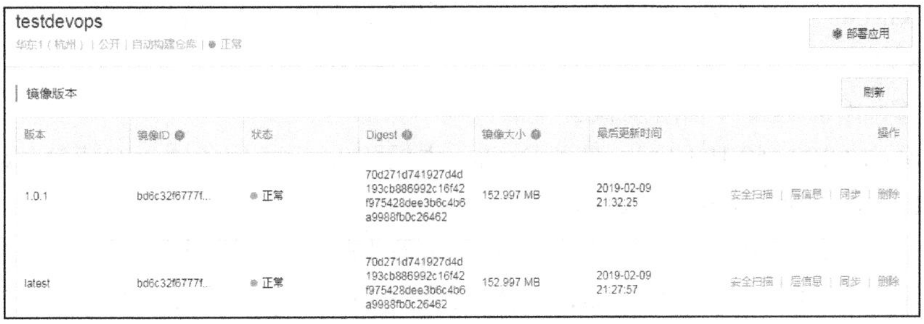

图 7-36　镜像版本列表

7.4 基于 Jenkins 和 Docker 组建持续集成环境

持续集成的实施需要借助相关的软件工具，Jenkins 是持续集成领域使用广泛的开源项目之一，旨在让开发人员从繁杂的集成业务中解脱出来，专注于更为重要的业务逻辑实现。Jenkins 提供了大量的插件，能够被高度定制以满足不同场合的持续集成需求。下面将该软件与 Docker 结合起来建立持续集成环境，并讲解镜像的自动化构建、发布和自动化部署。

7.4.1 准备工作

为简化实验，建立持续集成环境之后，主要介绍通过 Dockerfile 持续构建镜像并运行它，同时将镜像发布到镜像仓库，这些都是自动化的。仍然以 7.2 节所使用的 Dockerfile 和 nginx.repo 文件作为构建上下文来构建 nginx 镜像为例。

1. 实现思路

这里组合使用 Docker、Jenkins、GitLab 和私有 Docker 注册中心来搭建持续集成环境，实现 Docker 镜像的自动化构建、发布和部署。整个系统如图 7-37 所示。

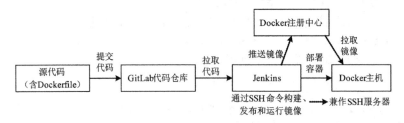

图 7-37 持续集成系统

具体的实现思路如下。

（1）创建 GitLab 代码仓库托管项目源代码，将包含 Dockerfile 文件的项目源代码提交给该仓库。代码仓库是持续集成的基本要素之一，还可以使用 GitHub 等源代码托管平台。

（2）创建私有 Docker 注册服务器托管镜像。Docker 镜像存储和分发离不开 Docker 注册中心，也可以改用 Docker Hub 等公有注册中心。

（3）部署 Docker 主机构建镜像和运行容器。Docker 主机可以作为测试环境或生产环境，基于镜像运行容器。

（4）部署 Jenkins 服务器实施持续集成流程，在 Jenkins 项目中通过 "Publish Over SSH" 插件在 Docker 主机上运行脚本自动完成镜像的构建、发布和运行。该插件可以通过 SSH 发布文件、执行命令。

（5）通过 GitLab 代码仓库的变更触发 Jenkins 项目的自动化构建和部署。

2. 环境规划

准备两台 CentOS 7 主机，角色分配如下。

- 主机 hots-a（192.168.199.31）：充当 Docker 主机和 Jenkins 服务器。安装 Docker 来运行和管理镜像，运行 Jenkins 容器和 Git 客户端。
- 主机 hots-b（192.168.199.32）：充当 GitLab 服务器和镜像注册服务器。安装 Docker，以容器形式运行私有 Docker 注册服务器，安装并运行 GitLab 软件以提供代码仓库服务。

两台主机都要安装 Docker。如果有条件，还可以将 Jenkins 服务器独立出来部署在另一台主机上。

7.4.2　部署 GitLab 服务器

GitLab 是一个用于仓库管理系统的开源项目，使用 Git 作为代码管理客户端，并且提供 Web 服务。它与 GitHub 的关系相当于 Docker Registry 与 Docker Hub 的关系。用户可以使用 GitLab 建立自己的代码仓库服务器。

1.　部署 GitLab 服务器

在主机 hots-b（192.168.199.32）上搭建 GitLab 服务器，具体步骤如下。

（1）配置 GitLab 软件包安装的 yum 源。在/etc/yum.repos.d 目录下创建一个名为 gitlab-ce.repo 的文本文件，添加以下内容：

```
[gitlab-ce]
name=Gitlab CE Repository
baseurl=https://mirrors.tuna.tsinghua.edu.cn/gitlab-ce/yum/el$releasever/
gpgcheck=0
enabled=1
```

（2）执行以下命令更新本地 yum 缓存：

```
yum makecache
```

（3）执行以下命令安装 GitLab 社区版：

```
yum install gitlab-ce
```

（4）安装过程可能花费的时间不短。安装完成之后执行以下命令启动 GitLab 服务：

```
gitlab-ctl reconfigure
```

（5）GitLab 提供的 Web 服务默认使用 80 端口，打开浏览器访问网址 http://192.168.199.32 即可进入 GitLab 的 Web 界面，首次登录会强制用户修改管理员（root 账户）密码，如图 7-38 所示。

图 7-38　修改管理员密码

（6）密码修改成功后，输入新密码进行登录，即可进入 GitLab 欢迎界面。

2.　创建测试用的项目

在上述操作的基础上继续以下操作来创建自己的代码仓库。

（1）单击 "Create a project" 按钮，出现图 7-39 所示的页面，输入项目名称（例中为 nginx-app），其他选项保持默认设置，单击 "Create project" 按钮完成代码仓库的创建。

（2）项目创建成功后会显示其详细信息。与 GitHub 仓库一样，用户的本地 Git 客户端和 GitLab 服务器之间的传输通过 SSH 加密，也需要设置 SSH 密钥。由于首次使用 GitLab 服务器，没有设置 SSH 密钥，项目详细信息界面顶端会给出图 7-40 所示的提示信息。

图 7-39　创建代码仓库

图 7-40　提示添加 SSH 密钥

（3）例中主机 host-a（192.168.199.31）作为 Git 客户端，确保已经创建自己的 SSH 密钥，在用户 root 主目录里找到.ssh 目录，打开 id_rsa.pub 文件复制其中的内容。

（4）单击项目详细信息界面中的"Add an SSH key"链接打开图 7-41 所示的界面，将复制的内容粘贴到"Key"文本框中，并单击"Add key"按钮完成 SSH 密钥的添加。

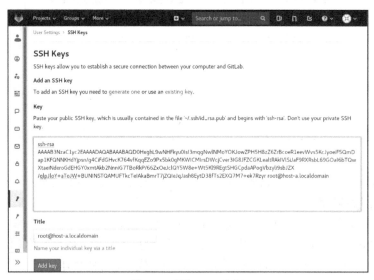

图 7-41　添加 SSH 密钥

3.　准备测试用的源代码

在主机 hots-a 上确保安装了 Git 客户端，执行以下操作。

（1）执行以下命令将自己搭建的 GitLab 服务器上的 nginx-app 代码仓库克隆到本地：

```
[root@host-a ~]# git clone git@192.168.199.32:root/nginx-app.git
```

目前 nginx-app 代码仓库是空的。

（2）执行以下命令进入本地仓库目录：

```
[root@host-a ~]# cd nginx-app
```

（3）继续沿用 7.2 节所用的 Dockerfile 和 nginx.repo 文件，将它们复制到当前目录。

（4）执行以下命令将当前目录中的源文件添加到本地仓库：

```
[root@host-a nginx-app]# git add .
```

（5）执行以下命令将源文件提交到本地仓库：

```
[root@host-a nginx-app]# git commit  -m "test nginx app"
```

（6）执行以下命令将本地仓库的所有内容推送到远程仓库：

```
[root@host-a nginx-app]# git push  origin master
```

7.4.3　部署 Docker 注册服务器

Docker Registry 软件已经开源了，并在 Docker Hub 提供官方镜像，可以通过 Docker 容器部署自己的 Docker 注册服务器，用于存储和分发 Docker 镜像。

在主机 hots-b 上运行以下命令使用官方 Registry 镜像创建自己的 Docker 注册服务器：

```
[root@host-b ~]# docker run -d -v /opt/registry:/var/lib/registry -p 5000:5000 --restart=always --name registry registry
```

私有注册服务器默认使用的是 HTTP 服务，并未提供 HTTPS 服务，而 Docker 客户端默认通过 HTTPS 协议访问注册服务器，因此需要在拉取镜像的两台 Docker 主机上都设置 HTTP 可信任，具体方法是修改/etc/docker/daemon.json 配置文件，在其中加上以下定义：

```
"insecure-registries": ["192.168.199.32:5000"]
```

保存该文件并重启 Docker 引擎即可。

7.4.4　部署并配置 Jenkins 服务器

在主机 host-a 上部署并配置 Jenkins 服务器。Jenkins 是基于 Java 开发的持续集成工具，它提供上千个插件来支持构建、部署、自动化，以满足各类项目的需要。

Jenkins 通常作为独立的应用程序，使用内置的 servlet（小服务程序）容器或应用服务器（Jetty）在自己的进程中运行。它也可以作为现有框架中的一个 servlet 运行，如 Apache Tomcat 或 Glassfish 应用程序服务器。

就本地安装而言，Jenkins 可以在 Linux、MacOS 和 Windows 等操作系统上安装，也可以作为 Docker 容器运行。硬件最低要求内存空间 256MB、硬盘空间 1GB，如果作为容器运行，硬盘空间不低于 10GB；而软件要求不低于 Java 8 版本（JRE 或 JDK）。

为便于实验，这里以在 Docker 中部署 Jenkins 为例进行讲解。确认已经安装了 Docker，如果没有则需要安装。例中在 CentOS 7 主机上操作，使用 jenkinsci/blueocean 镜像来运行 Jenkins 容器。该镜像包含目前长期支持的 Jenkins 版本，捆绑了所有 Blue Ocean 插件和功能，用户不需要单独安装 Blue Ocean 插件。Blue Ocean 是 Jenkins 推出的一个插件，其目的就是让程序员执行任务时，降低工作流程的复杂度和提升工作流程的清晰度。

1. 安装 Jenkins

安装了 Jenkins 的步骤如下。

（1）打开终端窗口。

（2）使用下面的命令基于 jenkinsci/blueocean 镜像作为 Docker 容器运行，如果本地没有该镜像，则会自动下载：

```
[root@host-a ~]# docker run --rm -u root -p 8080:8080 -v jenkins-data:/var/jenkins_home -v /var/run/docker.sock:/var/run/docker.sock -v "$HOME":/home --name jenkins_srv jenkinsci/blueocean
```

其中第 1 个-v 选项设置表示将容器中的/var/jenkins_home 目录映射到 Docker 卷，并将其命名为 jenkins-data，如果该卷不存在，则会自动创建卷；第 3 个-v 选项设置表示将主机上的$HOME 目录（即当前主目录）映射到容器的/home 目录。例中还使用选项--name 将该容器命名为 jenkins_srv。

接下来运行 Jenkins 安装向导，执行一次性初始化操作。

（3）解锁 Jenkins。首次访问一个新的 Jenkins 实例时要求使用自动生成的密码对其进行解锁。当在终端窗口出现两组星号时，浏览 http://localhost:8080（例中使用该主机的 IP 地址 192.168.199.31）并等待"Unlock Jenkins"页面出现。

（4）从终端窗口中复制自动生成的初始管理员密码（在两组星号之间），内容如下：

```
*************************************************************
*************************************************************
*************************************************************
Jenkins initial setup is required. An admin user has been created and a password generated.
Please use the following password to proceed to installation:

ab07ebf9fce849e5b97661991bb9a03f

This may also be found at: /var/jenkins_home/secrets/initialAdminPassword
*************************************************************
*************************************************************
*************************************************************
```

（5）如图 7-42 所示，在"Unlock Jenkins"页面中将该密码粘贴到"Administrator password"文本框并单击"Continue"按钮（此处的操作界面截图未包括该按钮）。

图 7-42　解锁 Jenkins

（6）使用插件自定义 Jenkins。完成 Jenkins 解锁之后，出现图 7-43 所示的"Customize Jenkins"页面，单击"Install suggested plugins"按钮，安装推荐的插件。

安装向导会显示正在配置的 Jenkins 的进程，以及建议安装的插件，这个过程需要花费几分钟。

（7）创建首个管理员用户。完成插件安装后，出现图 7-44 所示的"Create First Admin User"页面，在相应的文本框中设置用户详细消息，并单击"Save and Finish"按钮（此处的操作界面截图未包括该按钮）。

图 7-43　安装 Jenkins 插件

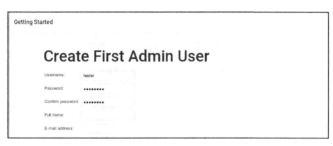

图 7-44　创建首个管理员用户

（8）当出现"Jenkins is ready"页面时，单击"Start using Jenkins"按钮。如果该页面在一分钟后没有自动刷新，则使用 Web 浏览器手动刷新。

（9）根据需要登录 Jenkins 服务器，登录成功之后就可以开始使用 Jenkins 了。

可以通过在终端窗口按组合键 Ctrl+C 停止 Jenkins 容器，也可以再次使用上述 docker run 命令（与前面相同）来运行该容器，如果有更新，这个命令会自动更新 jenkinsci/blueocean 镜像。

2. 查看 Jenkins 容器的 JDK 和 Docker 环境

执行以下操作进入名为 jenkins_srv 的 Jenkins 容器内部，可以查看 JDK 和 Docker 的版本信息，可以发现该容器运行有 Java 引擎和 Docker 引擎：

```
[root@host-a ~]# docker exec -it jenkins_srv bash
bash-4.4# java -version
openjdk version "1.8.0_191"
OpenJDK Runtime Environment (IcedTea 3.10.0) (Alpine 8.191.12-r0)
OpenJDK 64-Bit Server VM (build 25.191-b12, mixed mode)
bash-4.4# docker --version
Docker version 18.06.1-ce, build d72f525745
```

3. 安装 Jenkins 插件

运行 Jenkins 安装向导时已经安装了推荐的插件，要完成此项实验任务还需要安装 GitLab 等相关插件。

（1）通过浏览器打开 Jenkins 主界面，单击左侧的"Manage Jenkins"按钮，再单击"Manage Plugins"按钮，打开插件管理界面。

（2）切换到"Availabe"选项卡，在右上方的"Filter"文本框中输入"GitLab"，从插件列表中选中"GitLab"和"Gitlab Hook"，如图 7-45 所示，单击"Install without restart"按钮。

"GitLab"插件让 GitLab 触发 Jenkins 构建并在 GitLab 界面中显示构建结果。"Gitlab Hook"插件让 GitLab 的 Webhook 能被用来触发对 Gitlab 项目的 SMC 轮询（定期检查源码更新）。

图 7-45　安装 GitLab 插件

（3）出现图 7-46 所示的界面，显示插件的安装进度。当插件的安装状态都显示为 "Success" 时，说明已经成功安装。

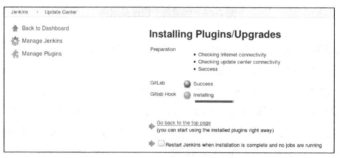

图 7-46　Jenkins 的插件安装状态

（4）插件安装完毕，可通过左侧的导航按钮转向其他界面。由于还要安装其他插件，单击 "Manage Plugins" 按钮再次进入插件管理界面。

（5）在右上方的 "Filter" 文本框中输入 "SSH"，从插件列表中选中 "Publish Over SSH"，单击 "Install without restart" 按钮完成该插件的安装。该插件通过 SSH 协议发送已构建的工件，可用于向 Docker 主机传送要部署的软件包，还可以执行命令。这个插件用处非常大，可定制构建过程中和构建完成之后的许多操作。

4. 添加访问 GitLab 的凭证

Jenkins 服务器作为 Git 客户端，从 GitLab 服务器上托管的代码仓库中拉取源代码时需要提供相应的凭证。

（1）通过浏览器打开 Jenkins 主界面，单击左侧的 "Credentials" 按钮，右侧显示当前所有的凭证列表，如图 7-47 所示。

（2）单击 "Stores scoped to Jenkins" 区域列表中的 "(global)" 按钮，显示全局域（不受限制）的所有凭证，如图 7-48 所示。

（3）单击左侧的 "Add Credentials" 按钮，添加用于 GitLab 的凭证。如图 7-49 所示，从 "Kind" 下拉列表中选择 "SSH Username with private key" 选项，表示使用私钥的 SSH 用户账户；在 "Username"

框中输入 SSH 用户名 root；在"Private Key"区域选中"Enter directly"单选按钮，并在"Key"文本区中粘贴相应的私钥信息，在"Description"文本框中输入注释信息"gitlab"，然后单击"OK"按钮保存设置。

图 7-47　Jenkins 上的所有凭证列表

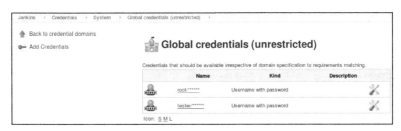

图 7-48　全局域的凭证列表

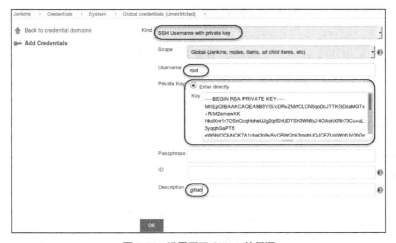

图 7-49　设置用于 GitLab 的凭证

　　提示：这个凭证要用于 GitLab，需要与前面设置的 GitLab 的 SSH 密钥相对应。只是 GitLab 的 SSH 密钥设置的是公钥，这里需要对应的是私钥。例中从主机 hots-a 上用户 root 主目录里找到.ssh 目录，从 id_rsa 文件（用于存储私钥）中获取私钥。

5. 配置 SSH 服务器

　　将要运行容器的 Docker 主机添加为 SSH 服务器，便于传送软件包或远程执行命令，以实现自动化部署或其他操作。

　　（1）通过浏览器打开 Jenkins 主界面，单击左侧的"Manage Jenkins"按钮，再单击"Configure System"按钮，打开配置系统界面。

　　（2）向下滚动到"Publish over SSH"区域，如图 7-50 所示，设置用于发布软件包的 SSH 服务器,具体选项配置如下。

① 在 "Name" 文本框中为该 SSH 服务器命名,例中命名为 dockersrv。

② 在 "Hostname" 文本框中设置该 SSH 服务器的主机名(或 IP 地址),这里为 192.168.199.31,即主机 host-a。

③ 在 "Username" 文本框中设置登录 SSH 服务器的账户名,这里为 root。

④ 选择 "Use password authentication, or use a different key" 复选框,以支持密码验证。

⑤ 在 "Passphrase / Password" 文本框中输入访问 SSH 服务器的密码。

图 7-50 设置 SSH 服务器

(3)完成上述设置之后,单击页面底部的 "Save" 按钮保存设置。

7.4.5 新建 Jenkins 项目并进行构建

1. 新建项目

新建 Jenkins 项目的步骤如下。

(1)打开 Jenkins 主界面,单击左侧的 "New Item" 按钮,启动新建项目向导,在图 7-51 所示的页面中,在 "Enter an item name" 文本框中为新建的项目设置一个名称(例中为 ngixn-app)。

(2)这里列出了一些项目类型,单击 "Freestyle project" 按钮,然后单击页面末尾的 "OK" 按钮,创建一个自由风格的软件项目。

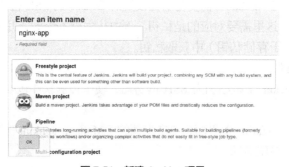

图 7-51 新建 Jenkins 项目

（3）出现项目设置界面，切换到"Source Code Management"选项卡，设置源代码管理选项。如图 7-52 所示，选中"Git"单选按钮，在"Repository URL"文本框中设置 GitLab 代码仓库的地址；默认未提供凭证，所以会显示红色的警告信息，从"Credentials"下拉列表中选择之前设置的用于 GitLab 的凭证"root(gitlab)"，再单击右侧的"Add"按钮即可提供该凭证，这样警告信息就不见了；单击"Save"按钮保存源代码管理选项。

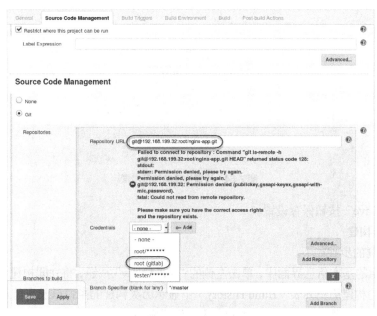

图 7-52　设置源码管理选项

（4）切换到"Build"选项卡，设置构建选项。自由风格的软件项目没有的构建步骤都需要自定义。这里通过 SSH 连接到 Docker 主机上进行镜像构建。单击"Add build step"按钮，从弹出的菜单中选择"Send files or execute commands over SSH"菜单项，如图 7-53 所示。

（5）出现图 7-54 所示的界面，设置关于 SSH 服务器的选项。

从"Name"下拉列表中选择 7.4.4 节配置好的 SSH 服务器，例中为 dockersrv。

在"Transfers"区域定义一个传输设置，这里没有文件传输，在"Exec command"文本区设置需要执行的以下操作命令：

图 7-53　添加构建步骤

```
# 根据 Dockerfile 生成镜像
docker build -t test/nginxsrv /root/nginx-app/
# 强制删除已有的 Docker 容器
docker rm -f nginx-server
# 基于镜像运行容器
docker run -d -p 80:80 --name nginx-server test/nginxsrv
# 将镜像打上标签并推送到仓库
docker tag test/nginxsrv  192.168.199.32:5000/test/nginxsrv
docker push 192.168.199.32:5000/test/nginxsrv
```

这些命令将在 Docker 主机上执行，完成镜像的构建、运行（部署）和发布。

图 7-54　设置构建的执行步骤

（6）单击"Save"按钮保存设置。

2. 执行项目构建

执行项目构建的步骤如下。

（1）在该项目的基本信息界面中，单击左侧的"Build Now"按钮，将立即构建该项目，如图 7-55 所示。在左下方的构建历史列表（Build History）中显示历次构建的条目以及当前正在进行构建的进度，其中的标记为红色表示构建失败，为蓝色表示构建成功。

图 7-55　已完成构建项目

（2）构建完成后，将鼠标移动到历史列表中刚完成的构建条目上，单击其中的倒三角符号，从弹出的菜单中选择"Console Output"菜单项打开相应的控制台输出页面，可查看该次构建的过程，下面列出部分内容，说明构建的操作步骤：

```
Started by user tester
Building in workspace /var/jenkins_home/workspace/nginx-app
using credential d271db31-f3e8-434b-a881-14083154db8f
 > git rev-parse --is-inside-work-tree # timeout=10
Fetching changes from the remote Git repository
 > git config remote.origin.url git@192.168.199.32:root/nginx-app.git # timeout=10
```

```
Fetching upstream changes from git@192.168.199.32:root/nginx-app.git
  > git --version # timeout=10
using GIT_SSH to set credentials gitlab
  > git fetch --tags --progress git@192.168.199.32:root/nginx-app.git +refs/heads/*:refs/
remotes/origin/*
  > git rev-parse refs/remotes/origin/master^{commit} # timeout=10
  > git rev-parse refs/remotes/origin/origin/master^{commit} # timeout=10
Checking out Revision cc9286e767c68d8c7731fe103c32a5542ea582a0 (refs/remotes/origin/master)
  > git config core.sparsecheckout # timeout=10
  > git checkout -f cc9286e767c68d8c7731fe103c32a5542ea582a0
Commit message: "test nginx app"
First time build. Skipping changelog.
SSH: Connecting from host [71b280b029d1]
SSH: Connecting with configuration [dockersrv] ...
SSH: EXEC: STDOUT/STDERR from command [#根据 Dockerfile 生成镜像
docker build -t test/nginxsrv /root/nginx-app/
docker rm -f nginx-server
# 运行镜像生成容器
docker run -d -p 80:80 --name nginx-server test/nginxsrv
# 推送镜像
docker tag test/nginxsrv  192.168.199.32:5000/test/nginxsrv
docker push 192.168.199.32:5000/test/nginxsrv
] ...
Sending build context to Docker daemon  50.69kB

Step 1/8 : FROM centos:latest
 ---> 9f38484d220f
（此处省略）
Successfully built 97424181fcd5
Successfully tagged test/nginxsrv:latest
nginx-server
836ab63e84da292a3a445a7e0d474ef69673c1e1c705c169069c4fe9fada8865
The push refers to repository [192.168.199.32:5000/test/nginxsrv]
（此处省略）
SSH: EXEC: completed after 1,003 ms
SSH: Disconnecting configuration [dockersrv] ...
SSH: Transferred 0 file(s)
Build step 'Send files or execute commands over SSH' changed build result to SUCCESS
Finished: SUCCESS
```

（3）执行以下命令在 Docker 主机（host-a）上查看运行的容器，会发现名为 nginx-server 的容器
已经运行，对外服务的端口是 80：

```
[root@host-a ~]# docker ps
CONTAINER ID IMAGE            COMMAND                CREATED       STATUS       PORTS                        NAMES
836ab63e84da test/nginxsrv    "nginx -g 'daemon of…" 4 minutes ago Up 4 minutes 0.0.0.0:80->80/tcp           nginx-server
71b280b029d1 jenkinsci/blueocean "/sbin/tini -- /usr/…" 3 hours ago  Up 3 hours   0.0.0.0:8080->8080/tcp, 50000/tcp
jenkins srv
```

（4）执行以下命令查看 Docker 注册服务器上的镜像列表，结果表明构建的镜像已上传到仓库：

```
[root@host-a ~]# curl http://192.168.199.32:5000/v2/_catalog
{"repositories":["test/nginxsrv"]}
```

7.4.6 通过 GitLab 自动触发 Jenkins 构建项目

前面采用的是手动执行项目构建，而持续集成的一个重要用途是自动化构建。一个典型的应用
场景是，一旦成功地向 GitLab 仓库提交代码，GitLab 就会通知 Jenkins 进行构建项目，构建成功后

部署至发布服务器，这主要用于测试环境。在 7.4.5 节的基础上进一步配置 Jenkins 和 GitLab 来实现这种应用，下面进行介绍。

1. 配置 Jenkins 构建触发器

配置 Jenkins 构建触发器的步骤如下。

（1）进入上述 Maven 项目 nginx-app 的详细信息界面，单击左侧的"Configure"按钮，打开该项目的配置界面。

（2）切换到"Build Triggers"选项卡，设置构建触发器。如图 7-56 所示，选中"Build when a change is pushed to GitLab"复选框，表示在有修改的代码推送到 GitLab 时进行构建，保持默认设置即可，其中"Push Events"选项表示在有推送事件时启用 GitLab 触发器。由于安装有"Gitlab Hook"插件，这里会生成回调地址，并在"GitLab webhook URL"处显示，例中为 http://192.168.199.31:8080/project/nginx-app。

图 7-56　设置触发器

（3）Jenkins 默认不允许匿名用户触发项目构建，可通过在 Jenkins 和 GitLab 之间使用秘密令牌（Secret token）来实现安全验证。上述构建触发器中提供了高级选项，单击右下角的"Advanced"按钮展开其高级设置部分，如图 7-57 所示，单击"Generate"按钮，会生成一个令牌。

图 7-57　触发器高级设置

（4）复制该令牌和 Webhook URL 地址，单击"Save"按钮保存项目设置的修改。

2. 在 GitLab 服务器上创建 Webhook

在 GitLab 服务器上创建 Webhook 的步骤如下。

（1）为了安全，GitLab 默认不允许向本地网络发送 Webhook 请求。由于例中使用局域网环境测试，所以要解决这个问题。具体方法是以管理员身份登录 GitLab，单击顶部标题栏中的"🔧"按钮，进入管理区域（Admin Area），展开左侧的"Settings"项，再单击其中的"Network"项，在右侧的

"Outbound requests"区域单击"Expand"按钮（单击该按钮后，按钮变成"Collapse"），选中"Allow requests to the local network from hooks and services"复选框，如图 7-58 所示，单击"Save changes"按钮保存设置。

图 7-58　允许向本地网络发送 webhook 请求

此处如果不修改，添加基于本地网络的 Webhook 时，会给出"GitLab Webhook URL is blocked: Requests to the local network are not allowed"这样的警告信息。

（2）在 GitLab 服务器上打开之前创建的 nginx-app 项目，单击左侧的"Settings"项，再单击该项下面的"Integrations"项，右侧出现添加 Webhook 的界面，如图 7-59 所示，将上述 Jenkins 构建触发器设置时生成的 GitLab 回调地址（Webhook URL）和秘密令牌分别填入"URL"和"Secret token"文本框中，确保选中"Push events"复选框，然后单击"Add webhook"按钮新建一个 Webhook。这里有很多触发条件可选，可以根据自己的应用场景进行选择。

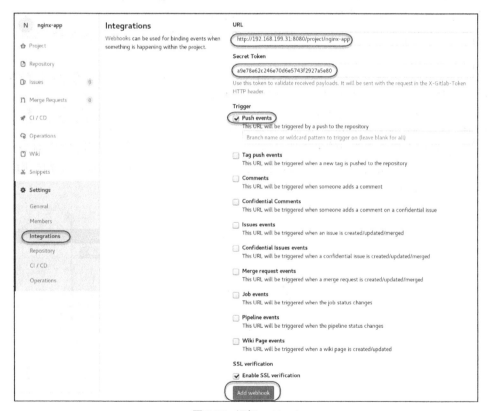

图 7-59　添加 webhook

3. 测试自动触发项目构建

在 GitLab 服务器上完成 Webhook 的添加之后，下方就会列出刚添加的 Webhook，如图 7-60 所示，单击"Test"按钮，从弹出的菜单中选择"Push events"菜单项即可测试推送事件触发项目构建，测试成功 GitLab 服务器上会显示 "Hook exccuted successfully HTTP-200" 的提示，切换到 Jenkins 界面可以看到相应的项目已经处于构建状态了。

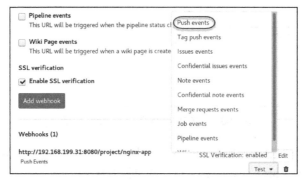

图 7-60　Webhook 管理界面

默认情况下，如果提供不正确的秘密令牌，将会显示 "Error 403 anonymous is missing the Job/Build permission" 这样的错误信息。

可以在此界面对该 Webhook 进行管理，如单击 "Edit" 按钮可对该 Webhook 进行修改。

可以重新提交代码到 GitLab 代码仓库进行实际测试，下面进行示范。

（1）在主机 host-a 上进入本地源代码目录 nginx-app。

（2）修改源代码，为简化测试工作，这里只需象征性地修改一下 Dockerfile 文件，将其倒数第 3 行改为：

```
RUN echo "You are welcome to test nginx server " > /usr/share/nginx/html/index.html
```

（3）依次执行以下命令将代码提交到 GitLab 代码仓库：

```
[root@host-a nginx-app]# git add .
[root@host-a nginx-app]# git commit  -m "test ngnix app webhook"
```

（4）在 Jenkins 上打开该项目的基本信息界面，即可发现已经自动触发该项目的构建，如图 7-61 所示，此次构建显示 "Started by GitLab push by Administrator"，表示由 GitLab 推送启动构建。镜像构建会利用缓存，所以速度很快。

图 7-61　自动触发项目的构建

可以像上一节一样查看控制台输出。

（5）执行以下命令访问运行的 nginx-server 容器，结果表明该容器已经基于新的镜像运行，说明实测成功：

```
[root@host-a nginx-app]# curl 192.168.199.31
You are welcome to test nginx server
```

7.4.7　利用 Jenkins 的 Docker 插件来构建和推送镜像

上述镜像的构建和发布使用的是 SSH 远程操作命令。Jenkins 提供一个名为 Docker 的插件，专门用于 Docker 镜像构建和发布，让 Docker 主机动态生成一个构建代理，运行构建之后自动销毁。这里示范利用它构建和推送镜像的操作步骤。

1. 安装 Docker 插件

在上述实验环境的基础上，为 Jenkins 安装一个名为 Docker 的插件。打开 Jenkins 主界面，单击左侧的 "Manage Jenkins" 按钮，再单击 "Manage Plugins" 按钮，切换到 "Availabe" 选项卡，在右上方的 "Filter" 文本框中输入 "Docker"，从插件列表中选中 "Docker"，单击 "Install without restart" 按钮，安装成功重启 Jenkins。

2. 配置 Docker 环境

Docker 插件是一种 "云" 的实现，Docker 主机和 Swarm 集群都可以作为 "云"。这里以 Docker 主机为例，要允许 Jenkins 程序能够访问，需要开放远程访问。具体方法在第 1 章讲解过，执行 systemctl edit docker.service 命令在文本编辑器中打开 docker.service 的 override 文件，添加以下内容：

```
[Service]
ExecStart=
ExecStart=/usr/bin/dockerd -H unix:///var/run/docker.sock -H tcp://0.0.0.0:2375
```

依次执行以下命令即可：

```
systemctl daemon-reload
systemctl restart docker.service
```

3. 将 Docker 主机配置为云

打开 Jenkins 主界面，单击左侧的 "Manage Jenkins" 按钮，再单击 "Configure System" 按钮，向下滚动到 "Cloud" 区域，单击 "Add a new cloud" 按钮，从弹出的菜单中选择 "Docker" 选项以添加一个 Docker 类型的云，再单击 "Docker Cloud details" 按钮，出现图 7-62 所示的界面，在 "Name" 文本框中为该云命令，例中命名为 dockera；在 "Docker Host URI" 文本框中填入要使用的 Docker 主机的 URL 地址，注意需要加上前缀 "tcp://" 和远程访问端口。单击页面底部的 "Save" 按钮保存该设置。

图 7-62　将 Docker 主机添加到云

4. 新建 Jenkins 项目

在 Jenkins 中新建一个自由风格的软件项目，这里通过 Docker 插件构建和发布镜像。在项目配置界面中首先切换到 "Source Code Management" 选项卡，设置源代码管理选项（与 7.4.5 节的相关设置一样），然后切换到"Build"选项卡，单击"Add build step"按钮，从弹出的菜单中选择"Build /
Publish Docker Image"项，出现图 7-63 所示的界面，设置以下选项。

（1）从"Cloud"下拉列表中选择前面配置好的 Docker 云，例中为 dockera。

（2）在"Image"文本框中输入生成镜像的仓库名称，例中为 192.168.199.32:5000/test/nginxsrv-
1:latest，采用 IMAGE[:TAG]格式来指示 docker tag 命令设置标签。

（3）选中"Push Image"复选框将生成的镜像发布到 Docker 镜像仓库。

（4）单击页面底部的"Save"按钮保存该设置。

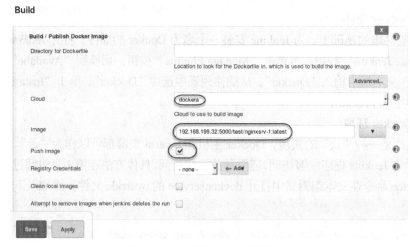

图 7-63   设置构建和发布镜像的选项

5. 测试项目的构建

完成设置之后可执行立即构建进行测试，从该项目的历史列表中打开"Console Output"控制台
输出页面，可查看构建过程，下面列出部分内容，说明构建的操作步骤：

```
Started by user tester
Building in workspace /var/jenkins_home/workspace/nginx-image
（此处省略）
Docker Build
Docker Build: building image at path /var/jenkins_home/workspace/nginx-image
Step 1/8 : FROM centos:latest
 ---> 9f38484d220f
（此处省略）
Successfully built 60729dfbbd03
Tagging built image with 192.168.199.32:5000/test/nginxsrv-1:latest
Docker Build Response : 60729dfbbd03
Pushing [192.168.199.32:5000/test/nginxsrv-1:latest]
The push refers to repository [192.168.199.32:5000/test/nginxsrv-1]
9a4c4422edab: Preparing
（此处省略）
8fa0f7ad9730: Pushing [=================================================>]  209.9MB
8fa0f7ad9730: Pushed
latest: digest: sha256:996fef751d866ed38f7d784939c9a4c2eff20f0ef347392409c75be73912e7d9
size: 1367
Docker Build Done
Finished: SUCCESS
```

整个过程包括镜像构建和镜像推送。

可以执行以下命令在 Docker 主机（host-a）上查看生成的镜像：

```
[root@host-a ~]# docker images 192.168.199.32:5000/test/nginxsrv-1
REPOSITORY                            TAG       IMAGE ID        CREATED       SIZE
192.168.199.32:5000/test/nginxsrv-1   latest    60729dfbbd03    2 hour ago    502MB
```

执行以下命令查看 Docker 注册服务器上的镜像列表，结果表明构建的镜像已上传到仓库：

```
[root@host-a ~]# curl http://192.168.199.32:5000/v2/_catalog
{"repositories":["test/nginxsrv","test/nginxsrv-1"]}
```

读者可以通过 SSH 方式命令在 Docker 主机上运行该镜像，从而完成自动化部署，还可以配置触发器自动触发构建。

7.5　实现应用程序的持续集成和自动化部署

上一节只是介绍了 Docker 镜像的持续集成，包括构建、发布和部署，没有涉及应用程序代码的编译构建这个环节。这里以 Java 应用程序为例，讲解在持续集成环境下，利用 Docker 镜像和容器技术，基于 Jenkins 实现应用程序的持续集成和自动化部署。

7.5.1　准备工作

为简化测试过程，这里选择 Java 项目开源博客系统 Tale 作为构建、部署的对象用于示范。Tale 项目比较简单，不用 Tomcat 支持，也无须任何依赖。当然，读者也可选择其他 Java 项目用于实验。

1. 实现思路

在上述持续集成环境中，创建一个镜像作为 Tale 应用程序的基本运行环境，为 Jenkins 安装 Maven 插件对 Java 源代码进行编译构建以生成 .jar 软件包，通过 SSH 将该软件包发布到 Docker 主机上，基于镜像作为基本运行环境镜像启动一个容器，将该软件包通过 Docker 卷进行挂载，从而部署和运行 Tale 应用程序。这样，每次修改应用程序的源代码时，只需对源代码进行编译构建，无须对基本运行环境镜像进行重新构建。整个系统如图 7-64 所示。

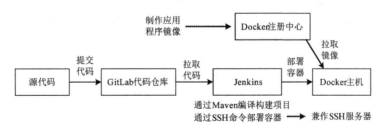

图 7-64　应用程序的持续集成和部署

具体的实现思路如下。

（1）使用 GitLab 代码仓库托管项目的 Java 源代码，将项目源代码提交给该仓库。

（2）使用私有 Docker 注册服务器存储和分发镜像。

（3）通过 Docker 主机运行容器来部署应用程序。

（4）通过 Jenkins 实施持续集成流程，在 Jenkins 项目中使用 Maven 插件对 Java 源代码进行编译构建以生成软件包。Maven 是 Apache 下的一个纯 Java 开发的开源的项目管理工具，可以基于项目对象模型（POM）概念对 Java 项目进行构建和依赖管理。

（5）编译构建完成之后，通过 Jenkins 服务器实施自动化部署，使用"Publish Over SSH"插件将软件包推送到 Docker 主机上，在 Docker 主机上结合镜像和软件包以容器形式运行应用程序，通过 SSH 命令脚本自动完成这些操作。

（6）通过 GitLab 代码仓库的变更触发 Jenkins 项目的自动化构建和部署，确保源代码修改之后，应用程序运行的始终是最新版本。

2. 环境规划

环境与 7.4 节的基本相同，也是两台 CentOS 7 主机，只是在主机 hots-a（192.168.199.31）上要以容器形式运行 Java 项目。

7.5.2　部署持续集成环境

需要组合使用 Docker、Jenkins、GitLab 和私有 Docker 注册中心来实现 Docker 镜像的持续集成。这里沿用 7.4 节搭建好的环境，首先确保已完成以下配置。

- 设置用于用户的本地 Git 仓库和 GitLab 服务器之间通信的 SSH 密钥。
- 在 Jenkins 服务器上添加访问 GitLab 服务器的凭证。
- 在 Jenkins 服务器上配置好 SSH 服务器。

然后增加以下配置。

1. 在 Jenkins 服务器上安装 Maven 插件

打开 Jenkins 插件管理界面，在右上方的"Filter"文本框中输入"Maven"，从插件列表中选中"Maven Integration plugin"选项，单击"Install without restart"按钮完成该插件的安装。

该插件提供 Jenkins 与 Maven 的深度集成，包括根据快照（SNAPSHOT）在项目之间的自动触发器和多种 Jenkins 发布器（如 JUnit）的自动化配置。

2. 配置 Maven 安装

Jenkins 容器中没有提供 Maven，需要安装该工具。

（1）打开 Jenkins 主界面，单击左侧的"Manage Jenkins"按钮，再单击"Global Tool Configuration"按钮，打开配置系统界面。

（2）向下滚动到"Maven"区域，单击"Maven Installations"按钮。

（3）展开图 7-65 所示的页面，设置 Maven 工具的安装选项，选中"Install automatically"复选框。

图 7-65　配置 Maven 安装

（4）单击页面底部的"Save"按钮保存该设置。

7.5.3 准备源代码并将其提交到代码仓库

例中直接将 GitHub 服务器上的开源博客系统 Tale 代码纳入自己的代码仓库。

（1）在 GitLab 服务器上创建测试用的项目代码仓库，将其命名为 tale-app。

（2）执行如下命令创建一个目录来存放 Tale 源码包：

```
[root@host-a ~]# mkdir tale && cd tale
```

（3）执行如下命令将 GitHub 服务器上的 tale 代码仓库克隆到本地。

```
[root@host-a tale]# git  clone  https://github.com/otale/tale.git
```

（4）执行下列命令回到主目录，再将自己搭建的 GitLab 服务器上的 tale-app 代码仓库克隆到本地：

```
[root@host-a tale]# cd ../
[root@host-a ~]# git clone git@192.168.199.32:root/tale-app.git
```

目前 tale-app 代码仓库是空的。

（5）执行如下命令将 Tale 源码包移动到本地 tale-app 代码仓库中：

```
[root@host-a ~]# mv tale/* tale-app/
```

（6）执行下列命令查看本地 tale-app 代码仓库，发现已包含 Tale 源码包的内容：

```
[root@host-a ~]# cd tale-app
[root@host-a tale-app]# ls
bin  install.sh  LICENSE  package.xml  pom.xml  README.md  README_ZH.md  src
```

（7）执行下列命令将代码提交到 GitLab 仓库：

```
[root@host-a tale-app]# git add .
[root@host-a tale-app]# git commit  -m "test tale app"
[root@host-a tale-app]# git push  origin master
```

7.5.4 为 Tale 应用程序构建镜像并推送到 Docker 注册服务器

可在任意一台服务器上构建镜像，这里在主机 hots-a 上构建。Tale 软件是用 Java 开发的，运行 Java 容器需要 JDK 环境。

（1）从 Oracle 官网下载 JDK 包。这里下载的是 jdk-8u201-linux-x64.tar.gz，读者如果用的版本不同，后面的操作中也要做相应修改。

（2）执行以下命令创建一个目录用于准备 Tale 的镜像。

```
[root@host-a ~]# mkdir talebase && cd talebase
```

（3）将下载的 jdk-8u201-linux-x64.tar.gz 文件移动到该目录。

（4）在该目录下创建一个名为 Dockerfile 的文本文件，加入以下内容：

```
FROM centos:7
RUN yum install epel-release -y
RUN yum install nginx supervisor -y && yum clean all
RUN sed -i '47a proxy_pass http://127.0.0.1:9000;' /etc/nginx/nginx.conf
COPY supervisord.conf /etc/supervisord.conf
ADD jdk-8u201-linux-x64.tar.gz /usr/local/
# 配置Java环境变量
ENV JAVA_HOME /usr/local/jdk1.8.0_201
ENV CLASSPATH $JAVA_HOME/lib/dt.jar:$JAVA_HOME/lib/tools.jar
ENV PATH $PATH:$JAVA_HOME/bin
WORKDIR /tale
CMD ["/usr/bin/supervisord"]
```

这个 Dockerfile 文件以 CentOS 7 作为基础镜像，通过 yum 工具安装 Nginx、supervisor 服务，同

时定义 JDK 的环境变量，并通过 supervisord 启动 Nginx 和 Java 项目。supervisord 是一个进程管理工具，提供 Web 页面管理，能对进程进行自动重启等操作。

（5）在该目录下创建一个名为 supervisord.conf 的文本文件，加入以下内容：

```
nodaemon=true
[program:tale]
command=java -jar /tale/tale-latest.jar
autostart=true
autorestart=true
[program:nginx]
command=/usr/sbin/nginx -g "daemon off;"
autostart=true
autorestart=true
```

上面的配置都是基础配置，通过 java -jar 命令启动 tale-latest:jar 包，通过 nginx -g 命令启动 Nginx 服务。

（6）执行以下操作进行镜像的构建：

```
[root@host-a talebase]# docker build  -t tale/centos:base .
```

（7）构建成功后执行以下命令查看该镜像：

```
[root@host-a talebase]# docker images
REPOSITORY          TAG              IMAGE ID          CREATED           SIZE
tale/centos         base             e6dfbae7805c      About a minute ago   759MB
```

由于包含 JDK 环境，该镜像有点大。不过这仅用于演示，实际项目需要优化。

（8）执行下列命令对该镜像设置标签，并上传到 Docker 注册服务器：

```
[root@host-a talebase]# docker tag tale/centos:base  192.168.199.32:5000/tale/centos:base
[root@host-a ~]# docker push 192.168.199.32:5000/tale/centos:base
```

7.5.5　新建 Maven 项目进行构建并实现自动化部署

1.　新建 Maven 项目

新建 Maven 项目并对其设置的步骤如下。

（1）打开 Jenkins 主界面，单击左侧的 "New Item" 按钮，启动新建项目向导，在 "Enter an item name" 文本框中为新建的项目设置一个名称（例中为 tale-app）。

（2）由于安装了 Maven 插件，这里会列出该项目类型。如图 7-66 所示，单击 "Maven project" 按钮，然后单击页面末尾的 "OK" 按钮。

图 7-66　新建 Jenkins 项目

（3）出现项目设置界面，切换到 "Source Code Management" 选项卡，设置源代码管理选项。选中"Git"单选按钮，在"Repository URL"文本框中设置 GitLab 代码仓库的地址；从"Credentials"下拉列表中选择之前设置的用于 GitLab 的凭证"root(gitlab)"，再单击右侧的"Add"按钮即可提供该凭证。

（4）切换到"Build"选项卡，设置构建选项。如图 7-67 所示，在"Goals and options"文本框中设置 Maven 构建选项，这里输入"clean package"。

图 7-67　设置 Maven 构建选项

实际上这是两个选项。使用 Maven 构建项目会产生一个 target（目标）文件，修改了代码之后就需要使用 clean 选项清除已有的 target 文件，以重新生成 target。另一个选项 package 表示打包到本项目，一般是在项目的 target 目录下。

（5）切换到"Post Steps"选项卡，设置构建之后的执行步骤。这正好可以用来通过 SSH 将已构建的目标文件部署到 Docker 主机上。单击"Add post-build step"按钮，从弹出的菜单中选择"Send files or execute commands over SSH"单击项，在弹出的图 7-68 所示的界面中，设置 SSH 服务器的选项。

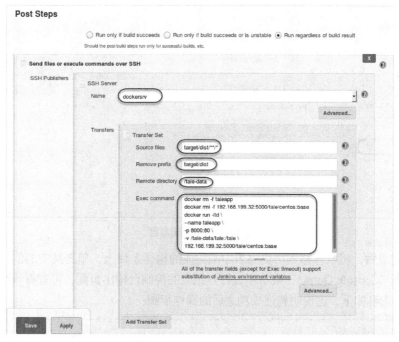

图 7-68　设置 SSH 服务器选项

从"Name"下拉列表中选择前面已经配置好的 SSH 服务器，例中为 dockersrv。

在"Transfers"区域定义一个传输设置，这里在"Source files"文本框中设置需要部署到目标服务器的 target（目标）文件路径；在"Remove prefix"设置路径中要移除的前缀部分；在"Remote directory"文本框中设置要发送到的远程目标服务目录路径；在"Exec command"文本区设置目标文件发送完成后需要执行的操作命令，这里设置如下：

```
docker rm -f taleapp
docker rmi -f 192.168.199.32:5000/tale/centos:base
docker run -itd \
--name taleapp \
-p 8000:80 \
-v /tale-data/tale:/tale \
192.168.199.32:5000/tale/centos:base
```

这些命令将在完成构建并将目标文件部署到 Docker 主机上再执行。其中前两条命令是用于强制删除已有的 Docker 容器和镜像文件，第 3 条命令运行新的容器并将 Docker 主机上的/tale-data/tale 目录挂载到容器的/tale 目录中。

（6）单击 "Save" 按钮保存项目。

2. 执行项目构建并实现自动化部署

执行项目构建并实现自动化部署的步骤如下。

（1）在该项目的基本信息界面中，单击左侧的 "Build Now" 按钮，将立即构建该项目，如图 7-69 所示。由于需要下载 Maven 及其相关的依赖包，项目构建可能花费的时间较长。

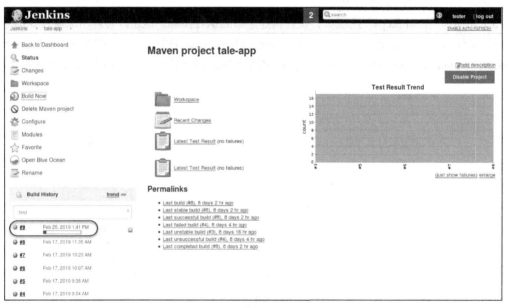

图 7-69　正在构建项目

（2）构建完成后，将鼠标移到历史列表中刚完成的构建条目上，单击其中的倒三角符号，从弹出的菜单中选择 "Console Output" 菜单项，打开相应的控制台输出页面，可查看该次构建的过程，例中最后部分的内容如下，这说明构建成功之后的操作步骤：

```
[INFO] ------------------------------------------------------------------------
[INFO] BUILD SUCCESS
[INFO] ------------------------------------------------------------------------
[INFO] Total time:  03:39 min
[INFO] Finished at: 2019-02-25T13:45:28Z
[INFO] ------------------------------------------------------------------------
Waiting for Jenkins to finish collecting data
[JENKINS] Archiving /var/jenkins_home/workspace/tale-app/pom.xml to io.github.otale/tale/
latest/tale-latest.pom
[JENKINS] Archiving /var/jenkins_home/workspace/tale-app/target/tale.jar
to io.github.otale/tale/latest/tale-latest.jar
```

```
[JENKINS] Archiving /var/jenkins_home/workspace/tale-app/target/dist/tale.tar.gz
to io.github.otale/tale/latest/tale-latest.tar.gz
[JENKINS] Archiving /var/jenkins_home/workspace/tale-app/target/dist/tale.zip
to io.github.otale/tale/latest/tale-latest.zip
channel stopped
SSH: Connecting from host [cb29914141e8]
SSH: Connecting with configuration [dockersrv] ...
SSH: EXEC: STDOUT/STDERR from command [docker rm -f taleapp
docker rmi -f 192.168.199.32:5000/tale/centos:base
docker run -itd \
--name taleapp \
-p 8000:80 \
-v /tale-data/tale:/tale \
192.168.199.32:5000/tale/centos:base
] ...
taleapp
Untagged: 192.168.199.32:5000/tale/centos:base
Untagged: 192.168.199.32:5000/tale/centos@sha256:7d59674dbc9a62e032502412c88004b5cbbe
f4fbcf13151781efe490142e3d0e
Unable to find image '192.168.199.32:5000/tale/centos:base' locally
base: Pulling from tale/centos
Digest: sha256:7d59674dbc9a62e032502412c88004b5cbbef4fbcf13151781efe490142e3d0e
Status: Downloaded newer image for 192.168.199.32:5000/tale/centos:base
6be772e17d1e0c208eacb891ab69b4fcc1f1ac4dd9d44dc652a623f47dc6f251
SSH: EXEC: completed after 1,402 ms
SSH: Disconnecting configuration [dockersrv] ...
SSH: Transferred 204 file(s)
Finished: SUCCESS
```

（3）在 Docker 主机（host-a）上执行以下命令查看运行的容器，会发现名为 taleapp 的容器已经运行，这就是 Tale 博客系统，对外服务的端口是 8000。

```
[root@host-a ~]# docker ps
CONTAINER ID IMAGE                                       COMMAND                CREATED       STATUS       PORTS                              NAMES
6be772e17d1e 192.168.199.32:5000/tale/centos:base "/usr/bin/supervisord" 3 minutes ago Up 3 minutes 0.0.0.0:8000->80/tcp taleapp
cb29914141e8 jenkinsci/blueocean                         "/sbin/tini -- /usr/..." 5 hours ago   Up 5 hours   0.0.0.0:8080->8080/tcp, 50000/
tcp jenkins_srv
```

（4）通过浏览器访问该博客项目，如图 7-70 所示。这表明已完成自动化部署。

图 7-70　通过浏览器访问 Tale 博客项目

7.5.6　实现项目的自动化构建

前面的示范采用的是手动执行项目构建,而持续集成的一个重要用途是自动化构建,这里在 7.5.5 节的基础上进一步配置 Jenkins 和 GitLab 来实现自动化构建,这方面的内容已经在 7.4.6 节详细讲解过,下面结合本示例简要说明一下操作步骤。

1. 配置 Jenkins 构建触发器

参照 7.4.6 节的讲解配置构建触发器,如图 7-71 所示,默认会选中"Build whenever a SNAPSHOT dependency is built"复选框,表示 Jenkins 将解析该项目的 POM 文件以确定器快照依赖是否也基于此 Jenkins 构建,如果是这样,Jenkins 会建立构建依赖关系,以便每当依赖作业被构建,就会产生一个快照.jar 文件,Jenkins 也会调度该项目的构建。当然还要选中"Build when a change is pushed to GitLab"复选框,表示有修改的代码推送到 GitLab 时进行构建,保持默认设置即可。

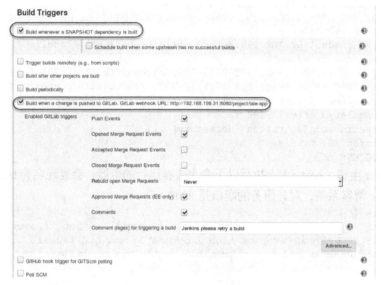

图 7-71　设置触发器

单击右下角"Advanced"按钮展开其高级设置部分,生成一个用于 Jenkins 和 GitLab 之间安全验证的秘密令牌。

单击"Save"按钮保存项目设置的修改。

2. 在 GitLab 服务器上创建 Webhook

参照 7.4.6 节的讲解在 GitLab 服务器上为 tale-app 项目添加 Webhook,设置上述 Jenkins 构建触发器设置时生成的 GitLab 回调地址和秘密令牌,确保选中"Push events"复选框以推送事件。

3. 测试自动触发项目构建

可以重新提交代码到 GitLab 进行实际测试,下面进行示范。

(1)执行以下命令在主机 host-a 上进入本地 tale-app 源码目录:

```
[root@host-a ~]# cd tale-app
```

(2)修改本地 tale-app 源码,为简化测试工作,这里只需象征性地修改一下 README.md 文件。

(3)执行以下命令将代码提交到 GitLab 代码仓库:

```
[root@host-a tale-app]# git add .
[root@host-a tale-app]# git commit  -m "test tale app webhook"
[root@host-a tale-app]# git push  origin master
```

（4）在 Jenkins 上打开该项目的基本信息界面，即可发现已经自动触发该项目的构建，如图 7-72 所示，此次构建显示 "Started by GitLab push by Administrator"，表示由管理员发起的 GitLab 推送已启动构建。

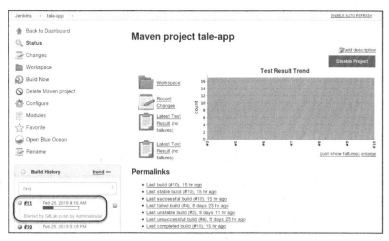

图 7-72　自动触发项目的构建

值得一提的是，无须 Docker 支持，Jenkins 本身结合代码仓库就可以实现持续集成、交付和部署，特别是它的流水线即代码（Pipeline-as-Code）功能非常强大。而 Docker 作为一个开源的容器引擎，开发人员可用来将应用程序及其依赖包，以及运行环境打包到一个可移植的容器中，特别适合自动化部署。可以说，Docker 的出现和应用大大推动了持续集成的发展。本章关于持续集成的示例比较简单，还有很多功能没有介绍，但搭建的持续环境和示范的工作流程很有意义。掌握这些基础知识和基本技能之后，读者可灵活运用，结合实际需求举一反三，完成持续集成任务。

7.6　习题

1. 简述镜像的自动化构建的含义。
2. 什么是持续集成？
3. 持续集成有哪些流程？
4. 代码仓库是通过什么触发镜像仓库的自动功能的？
5. Docker Hub 的构建触发器有什么作用？
6. Docker Hub 仓库的构建规则有什么作用？
7. GitLab 如何自动触发 Jenkins 构建项目？
8. Jenkins 的 "Publish Over SSH" 插件主要用途是什么？
9. Jenkins 的 "Maven" 插件有什么作用？
10. 参照 7.2 节的示范，熟悉 Docker Hub 结合 GitHub 实现自动化构建的完整过程。
11. 参照 7.3 节的示范，熟悉通过阿里云镜像服务实现自动化构建的完整过程。
12. 参照 7.4 节的示范，搭建一个持续集成环境。
13. 为 7.4.7 节的 Jenkins 项目添加一个运行镜像的脚本（提示：切换到 "Post Steps" 选项卡，通过 SSH 设置构建之后的执行步骤）。
14. 参照 7.5 节的示范，完成 Tale 博客程序的持续集成和自动化部署操作。

08

第8章　Docker容器编排

　　Docker 本身提供了命令行接口来管理基于容器的应用程序，这适合少量容器资源的简单管理和单一任务的实现。对于大量容器资源的管理和复杂应用程序的部署，则需要使用编排功能来提高效率和灵活性。Docker Compose（可简称为 Compose）是 Docker 官方的开源项目，负责实现对 Docker 容器的编排。Compose 是使用 Python 语言开发的，实际上是调用 Docker API 实现容器管理的。作为一个定义和运行复杂应用程序的 Docker 工具，Compose 通过配置文件来管理多个 Docker 容器，使用单个命令就可以创建并启动配置中的所有容器，实现多容器的自动化管理。Docker Compose 适用于所有环境，包括生产、预生产（Staging，也可译为模拟或预发布）、开发和测试，以及持续集成工作流程，既可用于单主机环境，又可用于多主机及集群。本章重点讲解单主机环境的容器编排，至于多主机及集群的容器编排，将在后续章节中介绍。

8.1　Docker 容器编排基础

一个使用 Docker 容器的应用程序通常由多个容器组成。Docker Compose 非常适合组合使用多个容器部署。

8.1.1　Docker Compose 的架构

Docker 最基本的使用方式是利用 Docker 命令来完成容器的管理，一旦参数太多，通过命令行终端配置容器就比较费时，而且容易出错。起初使用容器部署工具 Fig 来解决这个问题。Docker 收购 Fig 之后将其改名为 Compose。Compose 将所有容器参数通过精简的配置文件（称为 Compose 文件）来定义，用户最终通过 docker-compose 命令管理该配置文件，完成 Docker 容器的部署，从而解决复杂应用程序的部署问题。Compose 还将逻辑关联的多个容器作为一个整体统一管理，提高了部署效率。

Docker Compose 将所管理的对象从上到下依次分为以下 3 个层次。

- 项目（Project）：项目又称为工程，代表需要实现的一个应用程序，是由一组关联的容器组成的一个完整业务单元。Compose 文件可以解析为一个项目，定义要完成的所有容器管理与部署操作。一个项目拥有特定的名称，可包含一个或多个服务。
- 服务（Service）：服务代表需要实现的一个子应用程序，以容器形式来完成某项任务。一个服务运行一个镜像，但是它决定了镜像的运行方式。服务具体定义容器运行的镜像、参数和依赖关系。虽然一个服务尽可能详细地描述了一个容器的具体信息，但是 Compose 并不一定要在服务上管理容器。例如，用户使用 docker-compose pull redis 命令则表示仅仅完成 Redis 服务中指定镜像的下载。服务也可以看作是分布式应用程序的不同部分。
- 容器（Container）：每个服务又以多个容器实例的形式运行，这里的容器指的是服务的副本。可以更改容器实例的数量来扩展服务，从而为进程中的服务分配更多计算资源。例如，使用 docker-compose scale web=3 命令则可以将 web 服务水平扩展到 3 个容器上。

Docker Compose 实际是面向项目进行管理的，通过命令对项目中的一组容器实现生命周期管理。项目具体由项目目录下的所有文件（包括配置文件）和子目录组成。

Docker Compose 的整体架构如图 8-1 所示。对于不同的 docker-compose 请求，Compose 将调用不同的处理方法来处理。由于最终处理必须落实到 Docker 引擎对容器的部署与管理上，所以 Compose 最终必须与 Docker 引擎建立连接，并在该连接之上完成 Docker API 请求。实际上 Compose 是借助 docker-py 软件来完成这个任务的，docker-py 是一个使用 Python 语言开发并调用 Docker API 的软件包。

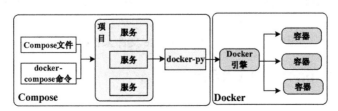

图 8-1　Docker Compose 的整体架构

8.1.2 使用 Docker Compose 的基本步骤

1. 使用 Dockerfile 定义应用程序的环境

使用 Docker Compose 编排的主要是多容器的复杂应用程序。这些容器的创建和运行需要相应的镜像。Dockerfile 是一种描述文件，用于构建镜像。镜像是 Docker 应用程序的发布形式，应用程序的部署就是基于镜像创建容器。使用 Dockerfile 定义应用程序的环境，便于随时随地复制和移植该应用程序。

2. 使用 docker-compose.yml 文件定义组成应用程序的各个服务

docker-compose.yml 是默认的 Compose 文件（YAML 格式），主要声明应用程序的启动配置，可以定义一个包含多个相互关联的容器的应用程序。通常将 docker-compose.yml 文件放到一个项目目录表示整个应用程序，Docker Compose 会为它创建一个独立的网络，让其中的若干容器在隔离的环境中一起运行。

3. 运行 docker-compose up 命令启动整个应用程序

Docker Compose 使用一条简单的命令即可启动配置文件中的所有容器，不再需要使用任何 shell 脚本。

8.1.3 Docker Compose 的特性

1. 在单主机上建立多个隔离环境

Docker Compose 使用项目名称来隔离彼此的环境。可在多个不同的环境中使用这个项目名称。

- 在开发主机上可以创建单个环境的多个副本，比如为一个项目的每个功能分支运行一个稳定的副本。
- 在持续集成服务器上为防止构建互相干扰，可以将项目名称设置为唯一的构建编号。
- 在共享主机或开发主机上，防止可能使用相同服务名称的不同项目相互干扰。

默认项目名称是项目目录的基本名称。可以使用命令行-p 选项或 COMPOSE_PROJECT_NAME 环境变量来设置自定义的项目名称。

2. 创建容器时保留卷数据

Docker Compose 会保留服务所使用的所有卷。当运行 docker-compose up 命令时，如果发现之前运行的任何容器，则将卷从旧容器复制到新容器。此过程可确保在卷中创建的任何数据都不会丢失。如果在 Windows 机器上使用 docker-compose 命令，则要根据特定需求调整必要的环境变量。

3. 仅重建已更改的容器

Docker Compose 可以缓存用于创建容器的配置。当重新启动未更改的服务时，将重用已有的容器，仅重建已更改的容器，这样可以快速更改环境。

4. 为不同环境定制编排

Docker Compose 支持 Compose 文件中定义变量。可以使用这些变量为不同的环境或不同的用户来定制编排。

还可以使用 extends 字段或通过创建多个 Compose 文件来扩展 Compose 文件。

8.1.4 Docker Compose 的应用场合

1. 开发环境

开发软件时，在隔离的环境中运行应用程序并与其进行交互的能力至关重要。Compose 命令行工具可用于创建环境并与之交互。

Compose 文件提供了记录和配置所有应用程序的服务依赖关系（数据库、队列、缓存和 Web 服务 API 等）的方式。通过 Compose 命令行工具，可以使用单个命令（docker-compose up）为每个依赖创建和启动一个或多个容器。

这些功能为开发人员开始着手应用程序项目提供了便捷途径。Compose 可以将多页的"开发人员入门指南"缩减为一个机器可读的 Compose 文件和一些命令。

2. 自动化测试环境

自动化测试是持续部署或持续集成过程的一个重要部分。自动化端到端测试需要一个运行测试的环境。Docker Compose 便于创建和销毁用于测试集合的隔离测试环境。通过在 Compose 文件中定义完整的环境，可以仅使用几条命令创建和销毁这些环境，例如：

```
docker-compose up -d
./run_tests
docker-compose down
```

3. 单主机部署

Docker Compose 一直专注于开发和测试工作流，但在每个发行版本中都会增加更多面向生产的功能。可以使用 Docker Compose 将应用程序部署到远程 Docker 引擎。Docker 引擎可以是 Docker Machine 或整个 Docker Swarm 集群配置的单个实例。

8.1.5 Docker Compose 安装

Docker Compose 依赖 Docker 引擎才能正常工作,因此应确保已安装了本地或远程 Docker 引擎。它可以安装在 MacOS、Windows 或 64 位的 Linux 上。在 Docker for Mac 和 Windows 等桌面系统上，Docker Compose 作为桌面安装的一部分。在 Linux 系统上,先安装 Docker,再安装 Compose。Compose 还有其他安装方式，如使用 pip，或者将 Compose 本身安装为容器。这里讲解在 Linux 系统上安装 Docker Compose 最常用的两种方式。

1. 使用 pip 安装 Docker Compose

pip 是用 Python 语言编写的软件包管理器，可以用来安装和管理软件包，许多 Linux 软件包都可以在 Python 软件包索引（Python Package Index，PyPI）中找到。docker-compose 是 Python 语言编写的,所以可以直接使用 pip 去安装 docker-compose。建议读者优先采用这种方式安装 Docker Compose，如果没有安装 pip，则要先安装它。具体步骤如下。

（1）执行以下命令安装 EPEL 扩展源：

```
yum -y install epel-release
```

（2）执行以下命令安装 pip：

```
yum -y install python-pip
```

（3）执行以下命令升级 pip：

```
pip install --upgrade pip
```

（4）执行以下命令使用 pip 安装 docker-compose：

```
pip install docker-compose
```

（5）测试安装是否能成功。例中查看 docker-copmose 版本，结果如下：

```
[root@host-a ~]# docker-compose -v
docker-compose version 1.24.0, build 0aa5906
```

这表明已成功安装 Docker Compose。如果要卸载，执行以下命令即可：

```
pip uninstall docker-compose
```

2. 下载 docker-compose 二进制文件进行安装

这种安装方式要从 GitHub 网站上下载，国内下载较慢。具体步骤如下。

（1）使用 curl 命令从 GitHub 上的 Compose 仓库下载二进制文件：

```
curl -L "<GitHub 上的 Compose 仓库网址>" -o /usr/local/bin/docker-compose
```

注意版本需要替换为最新的 Compose 版本，可以登录 GitHub 上的 Compose 仓库查看。

（2）执行以下命令为该二进制文件添加可执行权限：

```
chmod +x /usr/local/bin/docker-compose
```

（3）执行以下命令进行测试：

```
docker-compose --version
```

如果要卸载以这种方式安装的 Docker Compose，执行以下命令即可：

```
rm /usr/local/bin/docker-compose
```

8.1.6 Docker Compose 入门示例

这里介绍基于 Docker Compose 构建一个简单的 Python Web 应用程序，其实现机制如图 8-2 所示。该应用程序使用 Python 语言编写并采用了 Flask 框架，还通过 Redis 服务维护一个计数器。在实验操作之前，确保已经安装了 Docker 和 Docker Compose。Python 开发环境和 Redis 可以由 Docker 镜像提供，不必安装。示例程序很简单，并不要求读者熟悉 Python 编程。

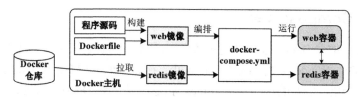

图 8-2　Docker Compose 入门示例

1. 基本设置

首先创建项目目录并准备应用程序的代码及其依赖。

（1）依次执行以下命令创建项目目录，并将当前目录切换到该目录：

```
[root@host-a ~]mkdir compose-started  && cd compose-started
```

（2）在该项目目录中创建 app.py 文件，并添加以下内容：

```
import time
import redis
from flask import Flask

app = Flask(__name__)
cache = redis.Redis(host='redis', port=6379)

def get_hit_count():
    retries = 5
    while True:
        try:
            return cache.incr('hits')
        except redis.exceptions.ConnectionError as exc:
            if retries == 0:
                raise exc
            retries -= 1
            time.sleep(0.5)
```

```
@app.route('/')
def hello():
    count = get_hit_count()
    return 'Hello World! I have been seen {} times.\n'.format(count)

if __name__ == "__main__":
    app.run(host="0.0.0.0", debug=True)
```

在这个例子中，redis 是应用程序网络上的 redis 容器的主机名，这里使用 Redis 服务的默认端口 6379。

（3）在项目目录中创建另一个文本文件 requirements.txt，并加入以下内容：

```
flask
redis
```

2. 创建 Dockerfile

接下来编写用于构建 Docker 镜像的 Dockerfile。该镜像包含 Python 应用程序的所有依赖（包括 Python 自身在内）。在项目目录中创建一个名为 Dockerfile 的文件，并添加以下内容（笔者在其中加上了中文注释）：

```
# 基于python:3.4-alpine 镜像构建此镜像
FROM python:3.4-alpine
# 将当前目录添加到镜像中的/code 目录
ADD . /code
# 将工作目录设置为/code
WORKDIR /code
# 安装 Python 依赖
RUN pip install -r requirements.txt
# 将容器启动的默认命令设置为 python app.py
CMD ["python", "app.py"]
```

3. 在 Compose 文件中定义服务

在项目目录中创建一个名为 docker-compose.yml 的 YAML 格式的文件，并添加以下内容：

```
version: '3'
services:
  web:
    build: .
    ports:
      - "5000:5000"
  redis:
    image: "redis:alpine"
```

这个 Compose 文件定义了 Web 和 Redis 这两个服务。Web 服务使用基于当前目录中的 Dockerfile 构建的镜像，将容器上的 5000 端口映射到主机上的 5000 端口，这里使用 Flask Web 服务器的默认端口 5000。Redis 服务使用从 Docker Hub 拉取的公有 redis 镜像（例中实验环境中配置有阿里云的 Docker Hub 镜像加速器）。

4. 通过 Compose 构建并运行应用程序

（1）在项目目录中执行 docker-compose up 命令启动应用程序，例如：

```
[root@host-a compose-started]# docker-compose up
Creating network "compose-started_default" with the default driver
Building web
Step 1/5 : FROM python:3.4-alpine
3.4-alpine: Pulling from library/python
```

```
（此处省略）
Step 5/5 : CMD ["python", "app.py"]
 ---> Running in 605e44a43e71
Removing intermediate container 605e44a43e71
 ---> 457f88b4e9bd
Successfully built 457f88b4e9bd
Successfully tagged compose-started_web:latest
WARNING: Image for service web was built because it did not already exist. To rebuild
this image you must use `docker-compose build` or `docker-compose up --build`.
Pulling redis (redis:alpine)...
（此处省略）
Creating compose-started_redis_1 ... done
Creating compose-started_web_1   ... done
Attaching to compose-started_redis_1, compose-started_web_1
redis_1 | 1:C 26 Apr 2019 14:24:21.405 # oO0OoO0OoO0Oo Redis is starting oO0OoO0OoO0Oo
（此处省略）
redis_1 | 1:M 26 Apr 2019 14:24:21.406 * Ready to accept connections
web_1   | * Serving Flask app "app" (lazy loading)
web_1   | * Environment: production
web_1   |   WARNING: Do not use the development server in a production environment.
web_1   |   Use a production WSGI server instead.
web_1   | * Debug mode: on
web_1   | * Running on http://0.0.0.0:5000/ (Press CTRL+C to quit)
web_1   | * Restarting with stat
web_1   | * Debugger is active!
web_1   | * Debugger PIN: 318-718-755
web_1   | 172.18.0.1 - - [26/Apr/2019 14:24:51] "GET / HTTP/1.1" 200 -
```

Compose 会下载 redis 镜像，基于 Dockerfile 从准备的程序代码构建镜像，并启动定义的服务。这个例子中，代码在构建时直接被复制到镜像中。

（2）切换到另一个终端窗口，使用 curl 工具访问 http://0.0.0.0:5000/（或者打开浏览器访问该页面，在非本机上要使用主机的 IP 地址）来查看该应用是否正在运行，例如：

```
[root@host-a ~]# curl http://0.0.0.0:5000
Hello World! I have been seen 1 times.
```

（3）再次执行上述命令（或者在浏览器上刷新页面），会发现次数增加，例如：

```
[root@host-a ~]# curl http://0.0.0.0:5000
Hello World! I have been seen 2 times.
```

（4）执行 docker image ls 命令列出本地镜像，其中应包括 redis 和 web。这里列出几个相关的镜像：

```
REPOSITORY             TAG          IMAGE ID        CREATED          SIZE
compose-started_web    latest       457f88b4e9bd    6 minutes ago    84.5MB
redis                  alpine       c8eda26fcdab    2 weeks ago      50.9MB
python                 3.4-alpine   c06adcf62f6e    5 weeks ago      72.9MB
```

其中所构建的服务的名称默认为项目名后跟服务名，本例中为 compose-started_web。

可以通过 docker inspect 命令来进一步查看相关镜像的详细信息。

（5）将工作目录切换到上述项目目录，执行 docker-compose down 命令停止应用程序。也可以切回启动该应用的原终端窗口，按组合键 Ctrl+C 来停止应用程序。

5. 编辑 Compose 文件来添加绑定挂载

编辑项目目录中的 docker-compose.yml 文件，为 web 服务添加绑定挂载：

```
version: '3'
services:
  web:
```

```
      build: .
      ports:
       - "5000:5000"
      volumes:
       - .:/code
  redis:
      image: "redis:alpine"
```

新增的 volumes 字段将主机上的项目目录（当前目录）挂载到容器中的/code 目录中，让用户在应用程序运行时可直接修改代码，而无须重新构建镜像。

6．使用 Compose 重新构建并运行应用程序

在项目目录中再次执行 docker-compose up 命令，基于更新后的 Compose 文件构建应用程序并运行，例如：

```
[root@host-a compose-started]# docker-compose up
Starting compose-started_redis_1 ... done
Recreating compose-started_web_1 ... done
Attaching to compose-started_redis_1, compose-started_web_1
redis_1  | 1:C 26 Apr 2019 14:38:57.345 # oO0OoO0OoO0Oo Redis is starting oO0OoO0OoO0Oo
(以下省略)
```

切换到另一个终端窗口，使用 curl 工具访问 http://0.0.0.0:5000/以检查 Hello World 消息，发现计数还会增加：

```
[root@host-a ~]# curl http://0.0.0.0:5000
Hello World! I have been seen 3 times.
```

7．升级应用程序

因为应用程序代码现在使用卷挂载到容器中，所以可以更改代码并立即查看效果，而无须重新构建镜像。

（1）更改 app.py 文件中的问候语并保存。例如，将其中的"Hello World!"消息改为"Hello from Docker!"：

```
return 'Hello from Docker! I have been seen {} times.\n'.format(count)
```

（2）再次使用 curl 工具访问该应用（或者在浏览器中刷新应用），会发现问候语已更改，计数器也会增加：

```
[root@host-a ~]# curl http://0.0.0.0:5000/
Hello from Docker! I have been seen 4 times.
```

8.2　Compose 文件

Compose 文件是 Docker Compose 项目的主配置文件，又称 Compose 模板文件。它用于定义整个应用程序，包括服务、网络和卷。Compose 文件是文本文件，采用 YAML 格式，可以使用.yml 或.yaml 扩展名，默认的文件名为 docker-compose.yml。

提示：Compose 文件格式可以用 JSON 代替 YAML。YAML 是 JSON 的超集，Compose 使用 JSON 文件，构建时需要明确指定要使用的文件名，例如：

```
docker-compose -f docker-compose.json up
```

8.2.1　Compose 文件格式的不同版本

目前有 3 种版本的 Compose 文件格式。

- 版本 1：传统格式。这是通过省略 YAML 文件根部的 "version" 字段来指定的。
- 版本 2.x：通过 YAML 文件根部的 "version: '2'" 或 "version: '2.1'" 等条目指定。
- 版本 3.x：这是最新和推荐的版本，旨在实现 Docker Compose 和 Docker 引擎的 Swarm 模式之间交叉兼容。这是通过 YAML 文件根部的 "version: '3'" 或者 "version: '3.1'" 等条目指定的。

不同文件版本的 Compose 支持不同发行版本的 Docker。比如，1.0 版本的 Compose 文件支持 1.9.1 及更高发行版本的 Docker；2.0 版本的 Compose 文件支持 1.10.0 及更高发行版本的 Docker；3.0 版本的 Compose 文件支持 1.13.0 及更高发行版本的 Docker。

不同版本的 Compose 文件格式之间的差异主要表现在以下几个方面。

- 结构和可用的配置字段。
- 必须运行的最低 Docker 引擎版本。
- Compose 与网络有关的行为。

版本 2.x 和 3.x 的 Compose 文件的结构基本相同，除了个别字段或选项。下面主要以版本 3 为例讲解 Compose 文件格式和内容。

8.2.2 Compose 文件结构

Compose 文件是一种包括若干节和键值对（Key-Value Pair）代码的模板文件。为便于叙述，本章将键（Key）统一称为字段。标准的 Compose 文件可以包含 4 个部分：version、services、networks 和 volumes，每部分就是一节，它们都是顶级字段。version 节直接定义版本号，没有下级字段。services、networks 和 volumes 节分别定义服务、网络和卷（存储），都由下级字段来具体定义。

Compose 文件采用缩进结构 "<字段>: <选项>: <值>" 来表示层次关系。例如，services 节下定义若干服务名，每个服务下面是二级字段，如 build、deploy、depends_on、networks 等，再往一下层级是选项，最后的层级是具体的值。值可以使用环境变量，采用${VARIABLE}这样的语法。下面给出一个结构完整的 Compose 文件示例（笔者加了行尾注释，不过正式的 Compose 文件中仅允许使用行注释，一定不能使用行尾注释）：

```
version: '3'                  # Compose 文件格式版本
# 此文件配置了两个服务 Web 和 Redis
services:                     # 定义服务的节
  web:                        # 服务名称
    build: .                  # 基于 Dockerfile 构建服务
    ports:                    # 映射端口
    - "5000:5000"
    networks:                 # 服务的网络
    - backend                 # 引用网络定义
    volumes:                  # 挂载卷
    - .:/code
    - logvolume01:/var/log    # 引用卷定义
    links:
    - redis
  redis:
    image: redis              # 服务的镜像名称或镜像 ID

networks:                     # 定义网络的节
```

```
    frontend:
    backend:

  volumes:                           # 定义卷（存储）的节
    logvolume01: {}
```

注意：YAML 格式非常严格，缩进只能使用空格，不能使用 Tab，每个冒号与后面跟的参数之间都需要有一个空格，具体请参见第 1 章的有关说明。

服务定义包括应用程序到为服务启动的每个容器的配置，就像将命令行参数传递给 docker container create 命令。同样地，网络和卷的定义也类似于 docker network create 和 docker volume create 命令。如同运行 docker container create 命令，Dockerfile 文件中定义的指令，诸如 CMD、EXPOSE、VOLUME、ENV，默认情况下都将被遵守，不需要在 docker-compose.yml 中再次指定它们。

8.2.3　服务定义

在 services 节中定义若干服务，每个服务实际上是一个容器，需要基于镜像运行。每个 docker-compose.yml 必须定义 image 或 build 字段来提供镜像，其他字段是可选的。在 services 节下指定服务的名称，在服务名称下面使用二级字段进行具体定义，下面介绍部分常用的字段及其选项。

1. image

image 字段用于指定用于启动容器的镜像，可以是镜像名称或镜像 ID。例如：

```
image: redis
image: ubuntu:14.04
image: tutum/influxdb
image: example-registry.com:4000/postgresql
image: a4bc65fd
```

如果镜像在本地不存在，Compose 将会尝试从镜像注册中心拉取这个镜像。如果定义有 build 字段，则将基于 Dockerfile 来构建镜像。

2. build

build 字段用于定义构建镜像时的配置。可以定义包括构建上下文路径的字符串，例如：

```
build: ./dir
```

也可以是一个对象，例如：

```
build:
    context: ./dir
    dockerfile: Dockerfile-alternate
    args:
      buildno: 1
```

如果同时指定了 image 和 build 两个字段，那么 Compose 会构建镜像并且把镜像命名为 image 字段所定义的那个名称。在下例中，镜像从 ./dir 中构建，被命名为 webapp，并被打上 test 标签：

```
build: ./dir
image: webapp:test
```

build 字段下面可使用以下选项。

- context：定义构建上下文路径，可以是包含 Dockerfile 的目录，或访问 Git 仓库的 URL。
- dockerfile：指定 Dockerfile。
- args：指定构建参数，即仅在构建阶段访问的环境变量，允许空值。

3. command

使用 command 字段可以覆盖容器启动后默认执行的命令，例如：

```
command: bundle exec thin -p 3000
```

也可以写成类似 Dockerfile 中的列表格式：

```
command: [bundle, exec, thin, -p, 3000]
```

4. depends_on

depends_on 字段定义服务之间的依赖，解决容器的依赖、启动先后顺序的问题。下面是一个示例：

```
services:
  web:
    build: .
    depends_on:
      - db
      - redis
  redis:
    image: redis
  db:
    image: postgres
```

服务依赖可以导致以下行为。

- 执行 docker-compose up 命令按依赖顺序启动服务。例中 db 和 redis 先于 web 启动。
- 执行 docker-compose up SERVICE 命令（其中 SERVICE 是一个表示服务的参数）自动包括 SERVICE 的依赖。例中执行 docker-compose up web 命令也会创建并启动 db 和 redis。
- 执行 docker-compose stop 命令按依赖顺序停止服务。例中 web 先于 db 和 redis 停止。

5. entrypoint

entrypoint 字段覆盖容器的默认入口设置，将覆盖使用 Dockerfile 中的 ENTRYPOINT 指令在服务的镜像上设置的任何默认入口，并清除镜像上的任何默认命令。这意味着如果 Dockerfile 中有 CMD 指令，也将被忽略。

下面是一个 entrypoint 定义的示例：

```
entrypoint: /code/entrypoint.sh
```

也可以使用以下列表格式定义 entrypoint：

```
entrypoint:
    - php
    - -d
    - zend_extension=/usr/local/lib/php/extensions/no-debug-non-2010/xdebug.so
    - -d
    - memory_limit=-1
    - vendor/bin/phpunit
```

6. env_file

Compose 的环境变量可以保存在专门的文件中，由 env_file 字段设置从文件添加环境变量。如果通过 docker-compose -f FILE 命令（其中 FILE 是一个表示文件的参数）指定了配置文件，那么 env_file 中的路径相对于配置文件所在的目录。由 environment 字段定义的环境变量会覆盖由 env_file 字段所指定的环境变量。下面是一个 env_file 字段定义的示例：

```
env_file: .env
```

定义 env_file 时也可以设置多个环境变量文件：

```
env_file:
    - ./common.env
    - ./apps/web.env
    - /opt/secrets.env
```

注意：如果服务定义了 build 字段，在环境文件中定义的变量是不会自动进入构建过程中的，可以使用 build 的 args 选项来定义构建时的环境变量。

7. environment

environment 字段用于添加环境变量。可以使用数组或字典。任何布尔值或逻辑值，如 true、false、yes、no，都需要包括在引号中，以确保它们不被 YAML 解析器转换为 True 或 False。

下面是该字段定义的一个例子（数组格式）：

```
environment:
  RACK_ENV: development
  SHOW: 'true'
  SESSION_SECRET:
```

该字段也可以改写为以下形式（字典格式）：

```
environment:
  - RACK_ENV=development
  - SHOW=true
  - SESSION_SECRET
```

8. expose

expose 字段用于暴露没有发布到主机的端口，只允许被连接的服务访问。仅可以指定内部端口。例如：

```
expose:
  - "3000"
```

9. external_links

external_links 字段用于连接未在 docker-compose.yml 文件中定义，甚至是非 Compose 管理的容器，尤其是那些提供共享或通用服务的容器。定义容器名和连接别名（CONTAINER:ALIAS）时，external_links 的语法类似于传统的 link 选项，例如：

```
external_links:
  - redis_1
  - project_db_1:mysql
  - project_db_1:postgresql
```

10. network_mode

network_mode 字段用于指定网络模式，与 Docker 客户端的--network 选项类似，只是多出了 service:[service name]格式，例如：

```
network_mode: "bridge"
network_mode: "host"        # 不能与 links 字段定义一起使用
network_mode: "none"
network_mode: "service:[service name]"
network_mode: "container:[container name/id]"
```

11. networks

networks 字段用于指定要加入的网络（引用 networks 节中的网络定义），格式如下：

```
services:
  some-service:
    networks:
      - some-network
      - other-network
```

它有一个特别的选项 aliases，用来设置服务在该网络上的别名，例如：

```
      some-network:
        aliases:
          - alias1
          - alias3
```

同一网络的其他容器可以使用服务名称或这个别名来连接到该服务的一个容器。同一服务可以在不同的网络上有不同的别名。

12. ports

ports 字段用来指定要暴露的端口，其语法格式有以下两种。

一种是短格式，使用 HOST:CONTAINER 格式或者仅指定容器的端口，例如：

```
ports:
 - "3000"
 - "49100:22"
 - "128.0.0.1:8001:8001"
```

另一种是长格式，使用多个字段来定义端口，例如：

```
ports:
 - target: 80
   published: 8080
   protocol: tcp
   mode: host
```

13. volumes

与 volumes 节专门定义卷存储不同，这里的 volumes 作为服务的下级字段，用于定义挂载的主机路径或命名卷。

可以挂载一个主机上的路径作为单个服务的定义的一部分，此时不用在 volumes 节中定义卷。如果要在多个服务之间重用一个卷，应使用 volumes 节定义一个命名卷，然后在这里引用。

下面的例子展示一个由 web 服务使用的命名卷 mydata 和一个为单个服务定义的绑定挂载（db 服务中 volumes 字段所定义的第 1 个路径）。db 服务也使用一个名为 dbdata 的命名卷（db 服务中 volumes 字段所定义的第 2 个路径），只是命名卷采用的是字符串格式。命名卷必须在 volumes 节中定义。示例如下：

```
version: "3.2"
services:
  web:
    image: nginx:alpine
    volumes:
      - type: volume
        source: mydata
        target: /data
        volume:
          nocopy: true
      - type: bind
        source: ./static
        target: /opt/app/static

  db:
    image: postgres:latest
    volumes:
      - "/var/run/postgres/postgres.sock:/var/run/postgres/postgres.sock"
      - "dbdata:/var/lib/postgresql/data"

volumes:
  mydata:
  dbdata:
```

volumes 字段的定义有两种格式：一种是短格式，直接使用 HOST:CONTAINER 这样的格式指定主机上路径，或使用 HOST:CONTAINER:ro 这样的格式定义访问模式；另一种是长格式，使用多个选项来定义。

14. restart

restart 字段定义容器重启策略。no 是默认设置，表示在任何情况下都不会重启容器。当设置为 always 时，容器总是重新启动。而值 on-failure 表示如果退出代码指示故障错误，将重启容器。

8.2.4　卷存储定义

不同于上述服务配置中的 volumes 字段，这里的卷配置是要单独创建命名卷，能在多个服务之间重用，可以通过 Docker 命令或 API 查找和查看信息。

下面是一个设置两个服务的例子，其中一个数据库的数据目录作为一个卷与其他服务共享，可以被周期性地备份：

```
version: "3"
services:
  db:
    image: db
    volumes:
      - data-volume:/var/lib/db
  backup:
    image: backup-service
    volumes:
      - data-volume:/var/lib/backup/data
volumes:
  data-volume:
```

volumes 节中的条目可以为空，这种情形使用 Docker 配置的默认驱动，也可以使用以下字段进行配置。

1. driver

driver 字段用于定义此卷的卷驱动，默认就是 Docker 所配置的驱动，多数情况下是 local（本地驱动）。如果驱动不可用，执行 docker-compose up 命令创建卷时，Docker 会返回错误。下面是一个简单的示例：

```
driver: foobar
```

2. driver_opts

driver_opts 字段通过以键值对形式表示的选项列表定义传递给该卷的驱动。这些选项取决于驱动本身，例如：

```
driver_opts:
    foo: "bar"
    baz: 1
```

3. external

external 字段用于设置卷是否在 Compose 外部创建。如果设置为 true，则 docker-compose up 命令不会尝试创建它，该卷不存在就会引发错误。external 字段不能与其他卷配置字段（driver、driver_opts）一起使用。在下面的示例中，Compose 不会尝试创建一个名为"[项目名]_data"的卷，而是查找一个名称为 data 的现有卷，并将其挂载到 db 服务的容器中：

```
version: '3'
services:
  db:
    image: postgres
    volumes:
```

```
      - data:/var/lib/postgresql/data

volumes:
  data:
    external: true
```

8.2.5　网络定义

在 networks 节中定义要创建的网络，供服务配置的下级字段 networks 引用。这里简单介绍其主要字段（与卷所用的字段相似），更具体的讲解请参见 8.5 节。

- driver：用于定义此网络的网络驱动，默认驱动取决于 Docker 引擎的配置方式，但在大多数情况下，在单主机上使用 bridge 驱动，而在 Swarm 集群中使用 overlay 驱动。
- driver_opts：以键值对形式表示的选项列表定义传递给此网络的驱动。
- ipam：指定自定义 IPAM 配置。这是一个具有多个属性的对象，每个属性都是可选的，其中 driver 属性用于自定义 IPAM 驱动程序，而不是默认值，config 选项可以包含若干配置块的列表，每个配置块包含 subnet 子选项（定义 CIDR 格式的子网，表示网段），例如：

```
ipam:
  driver: default
  config:
    - subnet: 172.28.0.0/16
```

- external：设置网络是否在 Compose 外部创建。如果设置为 true，则 docker-compose up 命令不会尝试创建它，该网络不存在就会引发错误。external 字段不能与其他网络配置字段（driver、driver_opts、ipam、internal）一起使用。

8.3　Compose 命令行

Compose 文件所配置的服务最终需要 Compose 命令来启动运行。Compose 命令与 Docker 命令的使用非常类似，但是需要注意的是，大部分的 Compose 命令都需要在 docker-compose.yml 文件所在的项目目录下才能正常执行。

8.3.1　Compose 命令行格式

Compose 命令行的语法格式如下：

```
docker-compose [-f <arg>...] [options] [COMMAND] [ARGS...]
```

大部分命令操作的对象可由 ARGS 参数指定，可以是项目中指定的服务或容器。如果没有特别的说明，命令的默认对象是整个项目，即应用于项目所有的服务。COMMAND 是指子命令。

Compose 命令行支持多个选项。-f（--file）是一个特殊的选项，用于指定一个或多个 Compose 文件的名称和路径。如果不定义该选项，将使用默认的 docker-compose.yml 文件。使用多个-f 选项提供多个 Compose 文件时，Compose 将它们按提供的顺序组合到一个单一的配置中，后面的 Compose 文件将覆盖和追加到前面的 Compose 文件。例如：

```
docker-compose -f docker-compose.yml -f docker-compose.admin.yml run backup_db
```

默认情况下，Compose 文件位于当前目录下。对于不在当前目录下的 Compose 文件，可以使用 -f 选项明确指定其路径。例如，假使要运行 Compose Rails 实例，在 sandbox/rails 目录中有一个 docker-compose.yml 文件，可使用以下命令行为 db 服务获取 postgres 镜像：

```
docker-compose -f ~/sandbox/rails/docker-compose.yml pull db
```

compose 命令行的其他常用的选项列举如下。

-p（--project-name）：指定项目名称，默认使用当前目录名作为项目名称。

--project-directory：指定项目路径，默认为 Compose 文件所在路径。

--verbose：输出更多调试信息。

--log-level：设置日志级别（DEBUG、INFO、WARNING、ERROR、CRITICAL）。

-v（-version）：显示 Docker Compose 的版本信息。

-h（--help）：获取 Compose 命令的帮助信息。

8.3.2 Compose 主要命令简介

docker-compose 命令的子命令比较多，下面介绍部分常用的。可以执行 docker-compose [COMMAND] --help 命令查看某个命令的使用说明。

1. docker-compose build

docker-compose build 命令用来构建或重新构建服务并设置标签，其基本语法如下：

```
docker-compose build [options] [--build-arg key=val...] [SERVICE...]
```

SERVICE 参数指定的是服务的名称，默认项目名后跟服务名（格式为 project_service），例如，项目名称为 composeset，一个服务名称为 web，则它构建的服务名为 composeset_web。

docker-compose build 命令支持如下选项。

--compress：使用 gzip 压缩构建上下文。

--force-rm：删除构建过程中的临时容器。

--no-cache：构建镜像的过程中不使用缓存，这会延长构建过程。

--pull：总是尝试拉取最新版本的镜像。

--build-arg key=val：为服务设置构建时的变量。

如果 Compose 文件定义了一个镜像名称，则该镜像将以该名称作为标签，替换之前的任何变量。如果改变了服务的 Dockerfile 或者其构建目录的内容，需要运行 docker-compose build 命令重新构建它。可以随时在项目目录下运行该命令来重新构建服务。

2. docker-compose start 与 docker-compose stop

docker-compose start 命令用于启动运行指定服务的已存在的容器。docker-compose stop 命令用于停止运行指定服务的所有容器。停止容器运行之后，可以使用 docker-compose start 命令再次启动这些容器。

3. docker-compose pause 与 docker-compose unpause

这两个命令分别用于暂停指定服务的容器和恢复指定服务已处于暂停状态的容器。

4. docker-compose kill

docker-compose kill 命令通过发送 SIGKILL 信号来强制终止正在运行的容器。也可以发送其他信号，例如：

```
docker-compose kill -s SIGINT
```

5. docker-compose up

docker-compose up 命令最常用，功能强大，用于构建、创建、启动和连接指定的服务容器。所有连接的服务都会启动，除非它们已经运行。其用法如下：

```
docker-compose up [options] [--scale SERVICE=NUM...] [SERVICE...]
```

docker-compose up 命令的主要选项列举如下。

-d（--detach）：与 docker run 命令创建容器一样，表示"detached"（分离）模式，即在后台运行服务的容器，会输出新容器的名称。该选项与--abort-on-container-exit 选项不兼容。

--quiet-pull：拉取镜像时不会输出进程信息。

--no-deps：不启动所连接的服务。

--force-recreate：强制重新创建容器，即使其配置和镜像没有改变。

--no-recreate：如果容器已经存在，则不重新创建，与--force-recreate 和-V 选项不兼容。

--always-recreate-deps：总是重新创建所依赖的容器，与--no-recreate 选项不兼容。

--no-build：不构建缺失的镜像。

--no-start：在创建服务后不启动它们。

--build：在启动容器之前构建镜像。

--abort-on-container-exit：只要有容器停止就停止所有的容器。与-d 选项不兼容。

-t（--timeout）：设置关闭被附加的容器或已经运行容器所等待的超时时间，单位是秒。默认值为 10，也就是说，对启动容器发出关闭命令，需要等待 10 秒后才能执行。

--remove-orphans：移除 Compose 文件中未定义的服务的容器。

--exit-code-from SERVICE：为指定服务的容器返回退出码。

--scale SERVICE=NUM：设置服务的实例（副本）数。会覆盖 Compose 文件中的 scale 字段值。

docker-compose up 命令会聚合其中每个容器的输出，实质上是运行 docker-compose logs -f 命令。默认将所有输出重定向到控制台，相当于 docker run 命令的前台模式。该命令退出后，所有的容器都会停止。当然，加上选项-d 运行 docker-compose up 命令会采用分离模式在后台启动容器并让它们保持运行。

如果服务的容器已经存在，服务的配置或镜像在创建后被改变，docker-compose up 命令会停止并重新创建容器（保留挂载的卷）。要阻止 Compose 这种行为，可使用--no-recreate 选项。如果要强制 Compose 停止并重新创建所有的容器，可使用--force-recreate 选项。

如果遇到错误，该命令的退出码是 1。如果使用 SIGINT（相当于按组合键 Ctrl +C）或 SIGTERM 信号中断进程，容器会被停止，退出码是 0。在关闭阶段发送 SIGINT 或 SIGTERM 信号，正在运行的容器会被强制停止，且退出码是 2。

6. docker-compose run

docker-compose run 命令用来为服务运行一次性的命令，用法如下：

```
docker-compose run [options] [-v VOLUME...] [-p PORT...] [-e KEY=VAL...] [-l KEY=VALUE...] SERVICE [COMMAND] [ARGS...]
```

例如，要查看哪些环境变量可用于 web 服务，可执行以下命令行操作：

```
# docker-compose run web env
PATH=/usr/local/bin:/usr/local/sbin:/usr/local/bin:/usr/sbin:/usr/bin:/sbin:/bin
HOSTNAME=505d24e427b1
TERM=xterm
LANG=C.UTF-8
GPG_KEY=97FC712E4C024BBEA48A61ED3A5CA953F73C700D
PYTHON_VERSION=3.4.9
PYTHON_PIP_VERSION=18.1
HOME=/root
```

提示：应理解 docker-compose 命令的 3 个子命令 up、run 和 start 之间的区别。通常使用 docker-compose up 命令启动或重新启动在 docker-compose.yml 中定义的所有服务。在默认的前台模式下，将看到所有容器中的所有日志。在分离模式（由 -d 选项指定）中，Compose 在启动容器后退出，但容器继续在后台运行。docker-compose run 命令用于运行"一次性"或"临时"任务。它需要指定运行的服务名称，并且仅启动正在运行的服务所依赖的服务的容器。docker-compose run 命令适合运行测试或执行管理任务，如删除或添加数据的数据量的容器。docker-compose run 命令的作用就像 docker run -ti 命令打开容器的交互式终端，并返回与容器中进程的退出状态匹配的退出状态。docker-compose start 命令仅用于重新启动之前创建但已停止的容器，从不创建新的容器。

7. docker-compose ps

可以通过 docker-compose ps 命令查看服务中当前运行的容器。下面进行示范（操作之前先停止之前的应用）：

```
[root@host-a ~]# docker-compose up -d
Starting compose-started_web_1   ... done
Starting compose-started_redis_1 ... done
[root@host-a ~]# docker-compose ps
      Name                    Command                State         Ports
-------------------------------------------------------------------------------
compose-started_redis_1   docker-entrypoint.sh redis ...   Up     6379/tcp
compose-started_web_1            python app.py           Up     0.0.0.0:5000->5000/tcp
```

8. docker-compose exec

docker-compose exec 与 docker exec 命令相同，在运行中的服务的容器中执行命令。命令默认分配一个伪终端，所以可以使用像 docker-compose exec web sh 这样的命令来获得交互提示信息。

9. docker-compose down

docker-compose down 命令用于停止容器并删除由 docker-compose up 命令创建的容器、网络、卷和镜像。默认情况下，只有以下对象会被同时删除。

- Compose 文件中定义的服务的容器。
- Compose 文件中 networks 节所定义的网络。
- 所使用的默认网络。

但外部定义的网络和卷不会被删除。

通过 --volumes 选项可以删除由容器使用的数据卷，例如：

```
docker-compose down --volumes
```

使用 --remove-orphans 选项可删除未在 Compose 文件中定义的服务的容器。

10. docker-compose rm

docker-compose rm 命令用于删除所有处于停止状态的服务容器。建议先运行 docker-compose stop 命令停止服务的所有容器。可以使用 -f（--force）选项强制删除服务容器，包括未停止运行的容器。-v 选项用于删除容器所挂载的匿名卷。

11. docker-compose config

docker-compose config 命令用于验证和查看 Compose 文件。

8.4　Compose 的环境变量

Compose 可以在不同位置以多种方式来处理环境变量，以满足不同的需求。

8.4.1　Compose 使用环境变量的方式

1.　替换 Compose 文件中的环境变量

Compose 文件的字段和选项的值包含的环境变量，支持$VARIABLE 和${VARIABLE}两种语法格式，可以使用 shell 中的环境变量来替换。例如，假设 shell 的环境变量中包含 "POSTGRES_VERSION=9.3"，Compose 文件中提供有以下配置：

```
db:
  image: "postgres:${POSTGRES_VERSION}"
```

使用此配置运行 docker-compose up 命令时，Compose 会查找 shell 中的环境变量 POSTGRES_VERSION 的值，并在配置文件中进行相应的替换。例中，Compose 会在运行该配置之前将 image 字段值解析为 postgres:9.3。

对于 shell 中没有设置的环境变量，Compose 会使用空字符串替换。

2.　设置容器中的环境变量

在 Compose 文件中可以通过 environment 字段来设置服务的容器中的环境变量，这跟使用 docker run -e VARIABLE=VALUE ... 命令一样，例如：

```
web:
  environment:
    - DEBUG=1
```

3.　将环境变量传递给容器

在 Compose 文件中使用 environment 字段时不赋值，可以将 shell 中的环境变量传递给服务的容器，如同使用 docker run -e VARIABLE ...命令，例如：

```
web:
  environment:
    - DEBUG
```

容器中的 DEBUG 变量的值从运行 Compose 的 shell 中的同名变量中获取。

4.　通过 env_file 字段配置

在 Compose 文件中可以通过 env_file 字段将外部文件中多个环境变量传递到服务的容器中，这与使用 docker run --env-file=FILE ...命令一样，例如：

```
web:
  env_file:
    - web-variables.env
```

5.　使用 docker-compose run 命令设置环境变量

可以使用 docker-compose run -e 命令为一次性容器设置环境变量，例如：

```
docker-compose run -e DEBUG=1 web python console.py
```

也可以传递 shell 中的环境变量，而不用直接赋值，例如：

```
docker-compose run -e DEBUG web python console.py
```

容器中的 DEBUG 变量的值从运行 Compose 的 shell 中的同名变量中获取。

6.　使用.env 环境文件

可以使用.env 文件为环境变量设置默认值，Compose 将自动查找该文件。

例如，在.env 文件加上以下定义：

```
TAG=v1.5
```

然后在 docker-compose.yml 文件中加以引用：

```
services:
  web:
    image: "webapp:${TAG}"
```

运行 docker-compose up 命令时，上面定义的 web 服务将使用 webapp:v1.5 镜像。可以通过 docker-compose config 命令将解析出的应用配置信息输出到终端进行验证：

```
version: '3'
services:
  web:
    image: 'webapp:v1.5'
```

shell 中的值优先于.env 文件中指定的值。例如，在 shell 中将 TAG 设置为不同的值，则镜像中将使用该值：

```
[root@host-a ~]# export TAG=v2.0
[root@host-a ~]# docker-compose config
version: '3'
services:
  web:
    image: 'webapp:v2.0'
```

环境文件有自己的语法规则，如每行采用"变量=值"格式，引号也会作为值的一部分。环境文件中定义的环境变量用于 Compose 文件中的变量替换，也用于定义命令行变量。

7. 通过环境变量配置 Compose

有几个环境变量可用来配置 Docker Compose 命令行行为。它们以 COMPOSE_ 或 DOCKER_ 开头，属于命令行环境变量。

docker-compose 命令的一些选项（包括-f 和-p）可以通过命令行的环境变量来实现。例如，使用 COMPOSE_PROJECT_NAME 和 COMPOSE_FILE 这两个环境变量为 docker-compose 命令指定项目的名称和配置文件：

```
export COMPOSE_PROJECT_NAME=TestVar
export COMPOSE_FILE=~/projects/composecounter/docker-compose.yml
```

以 DOCKER_ 开头的变量与用于配置 Docker 命令行客户端的变量相同。例如，DOCKER_HOST 用于设置 Docker 守护进程的 URL，与 Docker 客户端一样，默认为 unix:///var/run/docker.sock。又比如，DOCKER_CERT_PATH 用于配置 TLS 通信所需的验证（ca.pem、cert.pem 和 key.pem）文件的路径，默认是~/.docker 。

8.4.2　不同位置定义的环境变量的优先级

对于不同位置定义的环境变量，Compose 按照以下优先级来加以引用。

- Compose 文件。在 docker-compose.yml 文件中直接设置的值优先级是最高的。
- shell 环境变量。这是在当前 shell 中的环境变量值（可使用 export 定义）。
- 环境文件。
- Dockerfile。
- 未定义的变量。找不到相关的环境变量，就认为该环境变量没有被定义。

在下面的例子中，在环境文件和 Compose 文件中设置同一环境变量。

环境文件./Docker/api/api.env 中的定义如下：

```
NODE_ENV=test
```

文件 docker-compose.yml 中的定义如下：

```
version: '3'
services:
  api:
    image: 'node:6-alpine'
    env_file:
     - ./Docker/api/api.env
    environment:
     - NODE_ENV=production
```

运行容器时，会优先使用 Compose 文件中的环境变量：

```
docker-compose exec api node
> process.env.NODE_ENV
'production'
```

只有没有 environment 或 env_file 这样 Docker Compose 条目时，才会使用 Dockerfile 文件中的 ARG 或 ENV 设置。

8.5 在 Compose 中设置网络

本节专门讲解单主机的 Compose 网络配置，不涉及多主机网络和 Swarm 集群。版本 1 的 Compose 文件不支持网络配置，只有 2.0 或更高版本才支持。

8.5.1 默认网络的配置

1. 默认的应用程序网络

默认情况下，Compose 会为应用程序设置单个网络。服务的每个容器都会加入默认网络，该网络上的其他容器都可以访问它们，并且可以通过与容器名称相同的主机名来发现它们。

例如，假设应用程序位于名为 myapp 的目录中，并且 docker-compose.yml 文件的内容如下：

```
version: "3"
services:
  web:
    build: .
    ports:
      - "8000:8000"
  db:
    image: postgres
    ports:
      - "8001:5432"
```

当运行 docker-compose up 命令时，会依次发生以下事件。

（1）创建名为 myapp_default 的网络。

（2）创建使用 web 服务配置的容器，并加入在 web 名下的 myapp_default 网络。

（3）创建使用 db 服务配置的容器，并加入在 db 名下的 myapp_default 网络。

每个容器可以查找主机名 web 或 db，并获取容器的 IP 地址。例如，web 的应用程序代码可以连接到 URL 地址 postgres://db:5432，并使用 Postgres 数据库启动。

应重视主机端口（HOST_PORT）与容器端口（CONTAINER_PORT）之间的区别。例中 db 的主机端口是 8001，而容器端口是 5432（postgres 默认值）。联网的服务到服务之间的通信使用容器端口。当定义有主机端口时，该服务也可以从 Swarm 集群之外访问。

在 web 容器中,访问 db 容器的连接字符串是 postgres://db:5432,而从主机访问 db 容器,连接字符串为 postgres://{DOCKER_IP}:8001,DOCKER_IP 为主机 IP 地址。

2. 更改默认网络的配置

可以通过在 networks 节中定义一个名为 default 的条目来更改整个应用程序范围内的默认网络的配置。例如:

```
networks:
  default:
    # 使用自定义驱动
    driver: custom-driver-1
```

8.5.2 更新容器

如果对服务的配置进行更改并运行 docker-compose up 命令进行更新,则旧容器将被删除,并且新的容器将以相同的名称、不同的 IP 地址加入网络。正在运行的容器可以查找该名称并连接到新地址,但是旧 IP 地址会停止运行。连接到旧容器的任何容器都会被关闭。容器负责检测这种情况,再次查找名称并重新连接。

8.5.3 使用 links 选项

在服务定义中可以使用 links 选项定义额外的别名,让一个服务由另一个服务通过别名来访问。也就是连接到另一个服务中的容器,可以指定服务名称和连接别名(SERVICE:ALIAS),或仅指定服务名称。在以下示例中,web 服务可通过主机名 db 和 database 访问 db 服务:

```
version: "3"
services:
  web:
    build: .
    links:
      - "db:database"
  db:
    image: postgres
```

连接服务的容器可以在与别名相同的主机名上访问,如果未指定别名,则可以访问服务名称。连接不需要启用服务进行通信,默认任何服务都可以通过名称访问任何其他服务。

连接还以与 depends_on 相同的方式表示服务之间的依赖关系,因此它们可以用来确定服务启动的顺序。

注意:--link 选项是 Docker 的传统方式,最终会被放弃。建议使用用户自定义网络来实现容器之间的通信,而不要使用这种传统方式。请参见第 4 章的有关内容。

8.5.4 指定自定义网络

除了使用默认的应用程序网络外,还可以在 networks 节中自定义网络。这样可以创建更复杂的拓扑,并设置自定义网络驱动和选项,还可以将服务连接到不由 Compose 管理的外部创建的网络。

每项服务都可以使用服务中的下级字段 networks 来指定要连接的网络,此处的名称列表引用 networks 节中定义的条目。

这里给出一个设置有两个自定义网络的示例 Compose 文件。proxy 服务与 db 服务是隔离的,因为它们没有共享同一网络,只有 app 服务可以与两者通信(连接到同一网络),例如:

```
version: "3"
services:
  proxy:
    build: ./proxy
    networks:
      - frontend
  app:
    build: ./app
    networks:
      - frontend
      - backend
  db:
    image: postgres
    networks:
      - backend
networks:
  frontend:
    # 使用自定义驱动
    driver: custom-driver-1
  backend:
    # 使用自定义驱动并提供驱动选项
    driver: custom-driver-2
    driver_opts:
      foo: "1"
      bar: "2"
```

可以通过为每个连接的网络设置 ipv4_address 或 ipv6_address 选项来配置静态 IP 地址。如果使用 v3.5 版本的 Compose 文件，还可为网络指定自定义名称，例如：

```
version: "3.5"
networks:
  frontend:
    name: custom_frontend
    driver: custom-driver-1
```

8.5.5　使用现有网络

要让容器加入一个已经存在的网络，可使用 external 字段，例如：

```
networks:
  default:
    external:
      name: my-pre-existing-network
```

不用创建名为"[项目名]_default"的默认网络，Compose 查找名为 my-pre-existing-network 的网络，并将应用程序的容器连接到它。

8.6　容器编排示例

为帮助读者进一步熟悉 Docker Compose，这里给出两个示例，一个是 Web 负载均衡的实现，另一个是在 Linux 环境中部署微软的 ASP.NET 与 SQL Server 运行环境。

8.6.1　示例一：实现 Web 负载均衡

Web 负载均衡是一种常见的应用架构，这里通过 Compose 来实现部署，具体方案是创建一个项目，使用 HAProxy 作为负载均衡服务器，后端使用两个 Web 服务器。HAProxy 提供高可用性、负载均衡以及基于 TCP 和 HTTP 应用的代理，是免费、快速并且可靠的一种解决方案。Web 服务器使用常用的 Apache。整个项目的目录结构设计如下：

```
项目目录 web-lb
    docker-compose.yml（Compose 文件）
    子目录 haproxy
        haproxy.cfg（HAProxy 负载均衡配置文件）
    子目录 web1（第 1 个 Web 服务器容器的根目录）
        index.html
    子目录 web2（第 2 个 Web 服务器容器的根目录）
        index.html
```

为简化操作，容器都利用现成的镜像，不需要编写 Dockerfile 文件。

具体操作步骤示范如下。

（1）依次执行以下命令创建项目目录结构：

```
[root@host-a ~]# mkdir web-lb  && cd web-lb
[root@host-a web-lb]# mkdir haproxy
[root@host-a web-lb]# mkdir web1 web2
```

（2）在 haproxy 子目录中创建 haproxy.cfg 文件并加入以下内容：

```
global
    log 127.0.0.1 local0
    log 127.0.0.1 local1 notice

defaults
    log global
    mode http
    option httplog
    option dontlognull
    timeout connect 5000ms
    timeout client 50000ms
    timeout server 50000ms
    stats uri /status

frontend balancer
    bind 0.0.0.0:80
    default_backend web_backends

backend web_backends
    balance roundrobin
    server weba web1:80 check
    server webb web2:80 check
```

在这个例子中，redis 是应用程序的网络上 redis 容器的主机名，这里使用 redis 的默认端口 6379。

（3）分别在子目录 web1 和 web2 中创建首页文件 index.html，并分别加入测试内容。web1/index.html 文件中的内容如下：

```
<h1>This is web1</h1>
```

web2/index.html 文件中的内容如下：

```
<h1>This is web2</h1>
```

（4）在 Compose 文件中定义服务。在项目目录中创建一个名为 docker-compose.yml 的文件，并加入以下内容：

```
version: '3'

services:
```

```
web1:
  image: httpd
  expose:
    - 80
  volumes:
    - ./web1:/usr/local/apache2/htdocs
web2:
  image: httpd
  expose:
    - 80
  volumes:
    - ./web2:/usr/local/apache2/htdocs

haproxy:
  image: haproxy
  volumes:
    - ./haproxy/haproxy.cfg:/usr/local/etc/haproxy/haproxy.cfg:ro
  links:
    - web1
    - web2
  ports:
    - "80:80"
  expose:
    - 80
```

（5）将当前目录切换到项目目录，执行 docker-compose up 命令运行整个项目。正常启动后会给出以下提示信息：

```
Attaching to web-lb_web1_1, web-lb_web2_1, web-lb_haproxy_1
```

（6）进行测试。切换到另一个终端窗口，访问 Web 网站，显示第 1 个 Web 服务器的首页内容：

```
[root@host-a ~]# curl 127.0.0.1
<h1>This is web1</h1>
```

再次访问该网站，则显示第 2 个 Web 服务器的首页内容：

```
[root@host-a ~]# curl 127.0.0.1
<h1>This is web2</h1>
```

这说明 Web 负载均衡已经实现。还可以查看 HAProxy 负载均衡服务器的状态信息（例中 URL 为 192.168.199.31/status），以进一步验证，如图 8-3 所示。

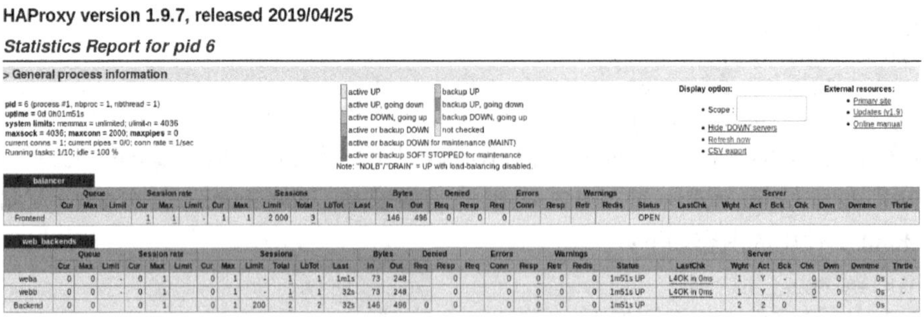

图 8-3　HAProxy 负载均衡服务器

8.6.2　示例二：在 Linux 上部署 ASP.NET 与 SQL Server

这个示例演示了如何使用 Docker 引擎和 Docker Compose 来设置和运行 ASP.NET Core 示例应用程序，这需要用到 ASP.NET Core 和 Linux 上的 SQL Server 镜像。前提是已经安装 Docker 和 Docker

Compose，这里以在 Linux 操作系统上操作为例。

例中将使用 Docker 镜像 aspnetcore-build 创建一个 NET Core Web 示例应用程序。接着将创建一个 Dockerfile 文件，配置此应用程序使用 SQL Server 数据库，然后创建一个 docker-compose.yml 文件来定义所有这些组件的行为。具体步骤讲解如下。

（1）为应用程序创建一个新目录（例中为 aspnet-sqlsrv），用于存储 Compose 项目的内容。然后将当前目录切换到该目录。执行以下命令来实现：

```
[root@host-a ~]# mkdir aspnet-sqlsrv && cd aspnet-sqlsrv
```

（2）在项目目录中使用 aspnetcore-build 镜像创建一个 Web 示例应用程序的容器，并将主机的当前目录（也就是项目目录）挂载为容器的/app 目录下，该目录作为容器的工作目录。这个任务需要执行以下命令来实现：

```
docker run -v ${PWD}:/app --workdir /app microsoft/aspnetcore-build:lts dotnet new mvc --auth Individual
```

该命令会拉取 microsoft/aspnetcore-build:lts 镜像，并将 Web 示例应用程序内容复制到容器的/app 目录中，也就是主机的项目目录。

（3）在项目目录中创建一个名为 Dockerfile 的文本文件，并加入以下内容：

```
FROM microsoft/aspnetcore-build:lts
COPY . /app
WORKDIR /app
RUN ["dotnet", "restore"]
RUN ["dotnet", "build"]
EXPOSE 80/tcp
RUN chmod +x ./entrypoint.sh
CMD /bin/bash ./entrypoint.sh
```

该文件定义了如何构建 Web 示例应用程序镜像。它使用 microsoft/aspnetcore-build 镜像，将映射包含生成代码的卷，恢复依赖，构建项目并暴露 80 端口。之后，它将调用一个名为 entrypoint 的脚本（下一步创建该脚本）。

（4）Dockerfile 使用一个到 Web 应用程序镜像的入口。在项目目录下创建脚本文件 entrypoint.sh，并加入下面的内容。确保使用 UNIX 换行符，如果使用基于 Windows 的分隔符（回车和换行符），该脚本将不起作用。

```
#!/bin/bash

set -e
run_cmd="dotnet run --server.urls http://*:80"

until dotnet ef database update; do
>&2 echo "SQL Server is starting up"
sleep 1
done

>&2 echo "SQL Server is up - executing command"
exec $run_cmd
```

该脚本将在启动后恢复数据库，然后运行该应用程序。这允许用一定的时间启动 SQL Server 数据库镜像。

（5）在项目目录下创建一个 docker-compose.yml 文件，加入以下内容并确保将 db 服务下 SA_PASSWORD 环境变量的密码替换为自己的密码。注意 SQL Server 容器需要安全的密码才能启动。密码最小长度为 8 个字符，包括大写和小写字母、阿拉伯数字或非字母数字的符号。

```
version: "3"
services:
    web:
        build: .
        ports:
            - "8000:80"
        depends_on:
            - db
    db:
        image: "mcr.microsoft.com/mssql/server"
        environment:
            SA_PASSWORD: "ABC_passwd123"
            ACCEPT_EULA: "Y"
```

这个文件定义 web 和 db 微服务、它们的关系、正在使用的端口和特定的环境变量。

（6）在容器的/app 目录（例中映射为主机的项目目录 aspnet-sqlsrv）中找到 Startup.cs 文件，编辑该文件，将其中的 ConfigureServices 函数整个替换为以下代码（注意其中的括号！），还要确保将connection 变量中的 Password 字段更改为上述 docker-compose.yml 文件中 SA_PASSWORD 字段的值。

```
public void ConfigureServices(IServiceCollection services)
{
    // Database connection string.
    // Make sure to update the Password value below from "Your_password123" to your a
ctual password.
    var connection = @"Server=db;Database=master;User=sa;Password=ABC_passwd123;";

    // This line uses 'UseSqlServer' in the 'options' parameter
    // with the connection string defined above.
    services.AddDbContext<ApplicationDbContext>(
        options => options.UseSqlServer(connection));

    services.AddIdentity<ApplicationUser, IdentityRole>()
        .AddEntityFrameworkStores<ApplicationDbContext>()
        .AddDefaultTokenProviders();

    services.AddMvc();

    // Add application services.
    services.AddTransient<IEmailSender, AuthMessageSender>();
    services.AddTransient<ISmsSender, AuthMessageSender>();
}
```

（7）继续在该目录找到 app.csproj 文件，并找到以下两行代码：

```
<PackageReference Include="Microsoft.EntityFrameworkCore.Sqlite" Version="1.1.6" />
<PackageReference Include="Microsoft.EntityFrameworkCore.Sqlite.Design" Version="1.1.
6" PrivateAssets="All" />
```

在以上两行代码的后面插入以下两行代码：

```
<PackageReference Include="Microsoft.EntityFrameworkCore.SqlServer" Version="1.1.6" />
<PackageReference Include="Microsoft.EntityFrameworkCore.SqlServer.Design" Version="1.
1.6" PrivateAssets="All" />
```

所生成的项目默认使用 Sqlite 数据库，要使用 SQL Server，就要在 app.csproj 加入相应的语句。注意Sqlite 依赖关系的具体版本号会根据读者的运行环境有所变化，SQL Server 依赖应使用与它相同的版本。

（8）到目前为止，基本已经完成了配置工作。在项目目录下执行以下命令构建服务：

```
[root@host-a aspnet-sqlsrv]# docker-compose build
```

这将基于 Dockerfile 构建一个名为 aspnet-sqlsrv_web 的服务。

（9）确保至少给 Docker 引擎分配 2GB 的内存。这是在 Linux 容器上运行 SQL Server 所必需的。

（10）在项目目录下运行 docker-compose up 命令。下面给出控制台显示的部分关键信息：

```
[root@host-a aspnet-sqlsrv]# docker-compose up
Creating network "aspnet-sqlsrv_default" with the default driver
Pulling db (mcr.microsoft.com/mssql/server:)...
latest: Pulling from mssql/server
（此处省略）
Creating aspnet-sqlsrv_db_1 ... done
Creating aspnet-sqlsrv_web_1 ... done
Attaching to aspnet-sqlsrv_db_1, aspnet-sqlsrv_web_1
（此处省略）
web_1  |
web_1  | Build succeeded.
web_1  |     0 Warning(s)
web_1  |     0 Error(s)
web_1  |
web_1  | Time Elapsed 00:00:04.37
web_1  | Done.
web_1  | SQL Server is up - executing command
web_1  | Hosting environment: Production
web_1  | Content root path: /app
web_1  | Now listening on: http://+:80
web_1  | Application started. Press Ctrl+C to shut down.
```

（11）几秒之后即可进行验证。切换到另一个终端窗口，在项目目录下执行以下命令查看当前运行的容器：

```
[root@host-a aspnet-sqlsrv]# docker-compose ps
      Name                  Command              State           Ports
-----------------------------------------------------------------------------
aspnet-sqlsrv_db_1    /opt/mssql/bin/sqlservr       Up      1433/tcp
aspnet-sqlsrv_web_1   /bin/sh -c /bin/bash ./ent ... Up      0.0.0.0:8000->80/tcp
```

这表明 web 和 db 服务都已正常运行。应用程序默认侦听 80 端口，例中将其映射到 8000 端口。可以通过浏览器进一步查看 ASP.NET 核心示例网站（例中所用的 URL 为 http://192.168.199.31:8000/），结果如图 8-4 所示。这个示例将使用后端的 SQL Server 数据库镜像进行身份验证。

图 8-4　ASP.NET 核心示例网站

到此为止，用户就拥有了一个在 Docker Compose 中针对 SQL Server 运行的 ASP.NET Core 应用程序。本示例使用了一些最受欢迎的基于 Linux 的 Microsoft 产品。

8.7　共享 Compose 通用配置

Compose 支持以下两种方式共享通用配置。

- 使用多个 Compose 文件扩展整个 Compose 文件。
- 使用 extends 字段扩展个别服务。目前 3.x 版本的 Compose 文件格式并不支持这种用法。本节不对此种方式详细讲解。

如果使用多个 Compose 文件或扩展服务，则每个文件的版本必须相同。例如，不能在单个项目中混合使用版本 2 和版本 3。

8.7.1　使用多个 Compose 文件

使用多个 Compose 文件可以为不同的环境或不同的工作流定制 Compose 应用程序。

1. 理解多个 Compose 文件的应用

Compose 默认读取两个文件，即 docker-compose.yml 和可选的 docker-compose.override.yml 文件。按照惯例，前者包含基本配置，后者顾名思义，这个 override（覆盖）文件包括可以覆盖已有服务或全新服务的配置。

如果同时在两个文件中定义了一个服务，Compose 将使用添加和覆盖配置规则（这将在 8.7.2 节中讲解）来合并配置。

要使用多个 override 文件，或具有不同名称的 override 文件，可以使用-f 选项指定文件列表。Compose 按照在命令行上指定的顺序合并文件。

在使用多个配置文件时，必须确保这些文件中的所有路径都对应基础 Compose 文件（使用-f 选项指定的第一个 Compose 文件）。这是因为 override 文件不要求完整的 Compose 文件，可以包含配置片段。跟踪服务片段比路径困难，因此为使路径更容易理解，所有路径必须相对于基础文件进行定义。

2. 多个 Compose 文件使用示例

这里提供多个 Compose 文件使用的两个案例。

（1）更改 Compose 文件以适应不同环境

多个配置文件的常见用例是为生产类环境（可能是生产、预生产或持续集成）更改开发环境中的 Compose 应用程序。为了支持这些差异，可以将 Compose 配置分成几个不同的文件。

从定义服务的规范配置的基础文件开始。下面给出相应的 docker-compose.yml 文件的代码：

```
web:
  image: example/my_web_app:latest
  links:
    - db
    - cache
db:
  image: postgres:latest
cache:
  image: redis:latest
```

针对开发配置，可向主机公开一些端口，将代码作为卷挂载，并构建 web 镜像。下面给出相应的 docker-compose.override.yml 文件的代码：

```
web:
  build: .
  volumes:
    - '.:/code'
  ports:
    - 8883:80
  environment:
    DEBUG: 'true'
db:
  command: '-d'
  ports:
    - 5432:5432
cache:
  ports:
    - 6379:6379
```

运行 docker-compose up 命令时会自动读取 override 文件。

在生产环境中使用专门的 Compose 定义应用程序会更好。因此，创建另一个 override 文件（可能存储在不同的 Git 仓库，或由不同的团队管理）。下面给出相应的 docker-compose.prod.yml 文件的代码：

```
web:
  ports:
    - 80:80
  environment:
    PRODUCTION: 'true'
cache:
  environment:
    TTL: '500'
```

要使用这个针对生产环境的 Compose 文件进行应用部署，可以执行以下命令：

```
docker-compose -f docker-compose.yml -f docker-compose.prod.yml up -d
```

这将使用 docker-compose.yml 和 docker-compose.prod.yml 中的配置（但不是 docker-compose.override.yml 中的开发配置）部署所有 3 个服务（web、db 和 cache）。

（2）运行管理任务

另一个常见用例是针对 Compose 应用程序中的一个或多个服务运行 adhoc 或管理任务。下面的例子演示了运行数据库备份应用程序。

仍然从基础的 docker-compose.yml 开始，其内容设置如下：

```
web:
  image: example/my_web_app:latest
  links:
    - db
db:
  image: postgres:latest
```

在 docker-compose.admin.yml 文件中添加一个新服务来运行数据库导出或备份任务：

```
dbadmin:
  build: database_admin/
  links:
    - db
```

通过 docker-compose up -d 命令启动一个常规环境。要启动数据库备份，需要在参数中添加 docker-compose.admin.yml 文件：

```
docker-compose -f docker-compose.yml -f docker-compose.admin.yml run dbadmin db-backup
```

8.7.2 Compose 文件追加和覆盖配置规则

Compose 将原始服务的配置复制到本地服务。如果在原始服务和本地服务中都定义了相同的配置字段和选项，则本地值将替换或扩展原始值。具体来讲，遵循以下原则。

（1）对于像 image、command 或 mem_limit 这样的单值字段，新值将替换旧值，例如：

```
# 原始服务
command: python app.py
# 本地服务
command: python otherapp.py
# 结果
command: python otherapp.py
```

（2）对于多值字段 ports、expose、external_links、dns、dns_search 和 tmpfs，Compose 将两组值连接起来，例如：

```
# 原始服务
expose:
  - "3000"
# 本地服务
expose:
  - "4000"
  - "5000"
# 结果
expose:
  - "3000"
  - "4000"
  - "5000"
```

（3）对于 environment、labels、volumes 和 devices 字段，Compose 优先使用本地定义的值"合并"条目。对于 environment、labels 字段，环境变量和标签名决定使用哪个值。

（4）volumes 和 devices 字段通过容器中的挂载路径合并。

8.8 在生产环境中使用 Compose

在开发环境中使用 Compose 定义应用程序时，可以为不同的环境（如持续集成、预生产和生产）中运行该应用程序进行定义。部署应用程序最容易的方法是在单个服务器上运行它，这与运行开发环境类似。如果要扩展应用程序，则可以转到 Swarm 集群上运行 Compose 应用程序。

8.8.1 针对生产环境修改 Compose 文件

准备用于生产环境时，很有可能需要对应用程序的配置进行更改。这些更改可能包括以下措施。
- 删除应用程序代码的任何卷绑定，以便将代码保留在容器内，不能从外部被更改。
- 绑定到主机上的不同端口。
- 以不同的方式设置环境变量。例如，降低日志记录的详细程度，或启用电子邮件发送。
- 指定重启策略，例如"restart: always"策略可以避免停机。
- 添加像日志聚合器这样的额外服务。

考虑到这个原因，可能会另外定义一个 Compose 文件，比如 production.yml，用于设置适合生产的配置。此配置文件只需包含对初始 Compose 文件（如 docker-compose.yml）中的更改，继承或覆盖初始 Compose 文件的定义以创建新的配置。

一旦提供第 2 个配置文件，应在 Compose 命令中使用-f 选项进行指定：

```
docker-compose -f docker-compose.yml -f production.yml up -d
```

8.8.2　部署应用程序更改

当更改应用程序代码时，必须重新构建镜像并重新创建应用程序的容器。若要重新部署一个名为 web 的服务，可以使用以下命令：

```
docker-compose build web
docker-compose up --no-deps -d web
```

这将首先重建 web 镜像，然后停止，销毁并重新创建 web 服务。--no-deps 选项防止 Compose 重新创建 web 所依赖的任何服务。

8.8.3　在单主机上运行 Compose

可以通过设置适当的 DOCKER_HOST、DOCKER_TLS_VERIFY 和 DOCKER_CERT_PATH 环境变量，使用 Compose 将应用程序部署到远程 Docker 主机上。对于这样的任务，Docker Machine 会使本地和远程 Docker 主机的管理变得非常简单，即使不用远程部署，也推荐使用这个管理工具。一旦设置好环境变量，所有常规的 docker-compose 命令都可以在没有进一步配置的情况下工作。

还可以在 Swarm 集群上运行 Compose，这将针对 Swarm 实例使用 Compose，并在多个主机上运行应用程序。

8.9　习题

1. 解释 Docker Compose 的项目、服务和容器概念。
2. 简述 Docker Compose 的架构。
3. 简述使用 Docker Compose 的基本步骤。
4. 简述 Compose 文件结构。
5. 简述 docker-compose 命令的 3 个子命令 up、run 和 start 之间的区别。
6. 简述 Docker Compose 不同位置定义的环境变量的优先级。
7. 文件和项目之间如何共享 Compose 通用配置？
8. 针对生产环境应该如何修改 Compose 文件？
9. 熟悉 docker-compose up 命令的用法。
10. 参照 8.1.6 节的入门示例，体验通过 Compose 定义和升级应用程序的完整过程。
11. 分别完成 8.6 节的两个示例操作。
12. 可以使用 Docker Compose 重新定义 6.3 节的 Node.js 示例应用程序的部署，请编写所需的 docker-compose.yml 文件。

09 第9章 多主机部署与管理

在前面章节中都是以单个 Docker 主机为例进行讲解的，所有的容器都是运行在同一个主机上的。但在实际应用中往往会有多个 Docker 主机，容器在这些主机中启动、运行、停止和销毁，相关容器会通过网络相互通信，无论它们是否位于同一主机上。多主机（multi-host）环境要解决多主机的远程管理、跨主机的容器网络通信和监控，本章主要讲解这方面的内容。其中涉及 3 款第三方软件，即键值型服务发现和配置共享组件 Consul、故障诊断与监控工具 Weave Scope 和系统监控报警套件 Prometheus。Docker 多主机环境更高级的解决方案是 Docker 集群，这部分内容将在第 10 章专门介绍。

9.1　通过 Docker Machine 部署和管理多主机

在多主机环境中，如果采用手动方式为每台主机安装和配置 Docker，那么不仅效率低下，而且难以保证一致性。Docker 对此问题给出的解决方案是使用 Docker Machine（可简称 Machine）。Docker Machine 可以远程安装和配置管理 Docker 主机。

9.1.1　Docker Machine 概述

1. 什么是 Docker Machine

Docker Machine 是一个可以在虚拟机上安装 Docker 的工具，不仅可以在虚拟机上安装 Docker，并且可以通过 docker-machine 命令管理这些主机。可以使用 Docker Machine 在本地 Mac OS 或 Windows 主机、公司网络、数据中心或 AWS、Azure 等云上创建 Docker 主机。

通过 docker-machine 命令可以启动、检查、停止和重启托管主机，升级 Docker 客户端和守护程序，并配置 Docker 客户端与主机通信。

将 Docker Machine 命令行指向正在运行的托管主机，就可以直接在该主机上运行 docker 命令。例如，运行 docker-machine env default 命令将指向一个名为 default 的主机，按照屏幕上的说明完成环境变量设置，然后运行 docker ps、docker run hello-world 等命令。

2. Docker Machine 的用途

Docker Machine 旨在简化 Docker 的安装和远程管理，主要用途有以下 3 个。

（1）在 MacOS 或 Windows 上安装和运行 Docker。这是 Docker 早期版本中在 MacOS 或 Windows 上运行 Docker 的唯一方法，现在被 Docker for Mac 和 Docker for Windows 版本取代了。

（2）配置和管理多个远程 Docker 主机。这是最主要的用途，也是本节要重点讲解的。Docker 引擎本来就在 Linux 系统上运行。如果有一个 Linux 主机要运行 docker 命令，需要做的就是下载并安装 Docker。然而，如果需要一种高效的方法在网络或云上甚至本地部署多个 Docker 主机，则需要 Docker Machine。

（3）配置 Swarm 集群。不管主机操作系统是 MacOS、Windows 还是 Linux，都可以在其上安装 Docker Machine 并使用 docker-machine 命令来配置和管理大量的 Docker 主机。Docker Machine 可以自动创建主机并安装 Docker 引擎，然后配置 Docker 客户端。每个被管理的主机被称为 "machine"，都是 Docker 引擎和 Docker 客户端的一个组合。这里将 "machine" 译为 Docker 机器。它本质上是一种具备 Docker Machine 管理用途的虚拟机，对应的是实际的 Docker 主机，例如，在 Docker Machine 中删除 Docker 机器并不会删除对应的 Docker 主机，只是删除了管理的逻辑关联。

3. Docker 引擎和 Docker Machine 的区别

Docker 通常指 Docker 引擎，是由 Docker 守护进程、一个定义与守护进程交互接口的 REST API 和一个用来与守护进程通信（通过 REST API）的命令行接口客户端组成的客户/服务器模式的应用程序，如图 9-1 所示。Docker 引擎从命令行接口接受 docker 命令，例如，docker ps 命令列出运行中的容器，docker image ls 命令列出镜像等。

Docker Machine 是一个用于配置和管理 Docker 主机的工具。如图 9-2 所示，Docker Machine 一般安装在本地系统上，有专用的命令行客户端 docker-machine，而 Docker 引擎使用的是 docker 客户端。可以使用 Machine 在一个或多个虚拟系统上安装 Docker 引擎。

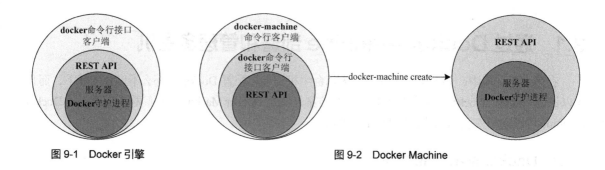

图 9-1　Docker 引擎　　　　　　　　　　图 9-2　Docker Machine

9.1.2　Docker Machine 安装

在 Mac 和 Windows 中，Docker Machine 会在安装 Docker for Mac、Docker for Windows 时和 Docker 产品一同安装。

如果只需要安装 Docker Machine，可以通过下面的步骤直接编译安装 Docker Machine 的二进制代码。通常下载 Docker Machine 源码并解压。以 Linux 为例，首先要安装 Docker，然后执行以下命令安装 Docker Machine：

```
base=https://github.com/docker/machine/releases/download/v0.16.0 &&
  curl -L $base/docker-machine-$(uname -s)-$(uname -m) >/tmp/docker-machine &&
  sudo install /tmp/docker-machine /usr/local/bin/docker-machine
```

最后执行以下操作验证安装是否成功：

```
[root@host-a ~]# docker-machine version
docker-machine version 0.16.0, build 702c267f
```

要卸载 Docker Machine，执行以下命令即可：

```
rm $(which docker-machine)
```

9.1.3　Docker Machine 驱动

Docker Machine 可以在各种环境中提供 Docker 机器，创建 Docker 机器指的就是在目的位置安装和部署 Docker，需要向 Docker Machine 提供要使用的驱动的名称，驱动决定 Docker 机器创建的位置。

要使用 Docker Machine，首先需要通过 docker-machine create 命令创建 Docker 机器。该命令的语法格式如下：

```
docker-machine create [OPTIONS] [arg...]
```

参数 arg 用于设置 Docker 机器的名称。该命令可以使用很多选项，其中，-d（--driver）选项最重要，用来指定使用什么驱动程序来创建 Docker 机器。

可以通过 virtualbox 驱动在本地启动一个虚拟机并配置为 Docker 主机。在 Docker for Mac 和 Docker for Windows 中，可以使用这种驱动创建 Docker 主机，例如：

```
docker-machine create --driver virtualbox default
```

Docker Machine 支持在云上创建 Docker 机器，这需要云提供商提供的驱动。Docker Machine 支持 AWS、MicrosoftAzure、DigitalSea 等提供的驱动。例如，下面的命令在 AWS 上创建一个名为 aws-sandbox 的 Docker 机器：

```
docker-machine create --driver amazonec2 --amazonec2-access-key AKI******* --amazonec
2-secret-key 8T93C*******  aws-sandbox
```

使用较多的还是 Docker Machine 管理物理主机（普通 Linux 主机）上的 Docker 引擎，这需要通过 generic（通用）驱动将目标主机创建为一个 Docker 机器，由 Docker Machine 进行管理。目标主机上应安装好 Linux 操作系统和 SSH 服务。使用 generic 驱动在创建 Docker 机器时将执行以下任务。

（1）如果目标主机上没有运行 Docker，则 Docker 将被自动安装。

（2）更新目标主机的软件包（执行 apt-get update 或 yum update 命令）。

（3）会生成证书以确保 Docker 守护进程的安全。

（4）目标主机上的 Docker 守护进程将会重启，因此所有正在运行的容器将会停止。

（5）目标主机名将被更改为指定的名称。

接下来介绍使用这种驱动远程安装和部署 Docker 主机。

9.1.4　通过 Docker Machine 远程安装和部署 Docker

使用 generic 驱动创建 Docker 机器需要通过 SSH 与目标主机进行通信，因而需要实现 SSH 无密码登录。

1. 远程安装 Docker

这里示范在安装 Docker Machine 的主机 host-a（作为管理主机）上通过 docker-machine create 命令在另一台 Linux 主机（作为目标主机，目前未安装 Docker）上远程安装 Docker，并将该主机配置为 Docker 机器，纳入 Docker Machine 管理。

（1）执行下列命令确认两台主机关闭防火墙，或者开放 TCP 2376 端口：

```
systemctl stop firewalld
systemctl disable firewalld
```

（2）确认两台主机之间能够通信。这里将远程主机的 IP 地址设置为 192.168.199.32。

（3）在管理主机执行 ssh-keygen 命令创建密钥对：

```
[root@host-a ~]# ssh-keygen
Generating public/private rsa key pair.
Enter file in which to save the key (/root/.ssh/id_rsa):
Created directory '/root/.ssh'.
Enter passphrase (empty for no passphrase):
Enter same passphrase again:
Your identification has been saved in /root/.ssh/id_rsa.
Your public key has been saved in /root/.ssh/id_rsa.pub.
The key fingerprint is:
SHA256:qwIqbAedNx6pEzpoLRA7VDO9Jt8ainJbLoctQNcVJkU root@host-a
The key's randomart image is:
+---[RSA 2048]----+
（此处省略）
+----[SHA256]-----+
```

（4）在管理主机上执行 ssh-copy-id 命令将密钥对远程复制到目标主机上，以实现 SSH 无密码登录：

```
[root@host-a ~]# ssh-copy-id 192.168.199.32
The authenticity of host '192.168.199.32 (192.168.199.32)' can't be established.
ECDSA key fingerprint is SHA256:37+LDu7G02JPeayQEXOGxsN7Gqak7TKgZI/goK7xMFY.
ECDSA key fingerprint is MD5:45:f4:08:9f:b7:3c:50:d5:ba:ac:a8:32:1a:9f:62:ce.
Are you sure you want to continue connecting (yes/no)? yes
/usr/bin/ssh-copy-id: INFO: attempting to log in with the new key(s), to filter out any
that are already installed
/usr/bin/ssh-copy-id: INFO: 1 key(s) remain to be installed -- if you are prompted now
```

```
it is to install the new keys
root@192.168.199.32's password:

Number of key(s) added: 1

Now try logging into the machine, with:   "ssh '192.168.199.32'"
and check to make sure that only the key(s) you wanted were added.
```

（5）在管理主机上执行以下操作将目标主机创建为"Machine"。其中--driver generic 选项表示指定 generic 驱动，--generic-ip-address 选项用于指定目标系统的 IP 地址，最后的 host-b 参数表示托管主机将被设置的名称。

```
[root@host-a ~]# docker-machine create --driver generic --generic-ip-address=192.168.
199.32 host-b
Running pre-create checks...
Creating machine...
(host-b) No SSH key specified. Assuming an existing key at the default location.
Waiting for machine to be running, this may take a few minutes...
Detecting operating system of created instance...
Waiting for SSH to be available...
Detecting the provisioner...
Provisioning with centos...
Copying certs to the local machine directory...
Copying certs to the remote machine...
Setting Docker configuration on the remote daemon...
Checking connection to Docker...
Docker is up and running!
To see how to connect your Docker Client to the Docker Engine running on this virtual
machine, run: docker-machine env host-b
```

上述命令执行过程如下。

① 通过 SSH 登录到远程主机。

② 安装 Docker。

③ 复制证书。

④ 配置 Docker 守护进程。

⑤ 启动 Docker。

（6）执行 docker-machine ls 命令列出当前管理的 Docker 机器：

```
[root@host-a ~]# docker-machine ls
NAME       ACTIVE    DRIVER    STATE     URL                          SWARM    DOCKER     ERRORS
host-b     -         generic   Running   tcp://192.168.199.32:2376             v18.09.1
```

远程主机名会被更改。

（7）登录 host-b 主机查看 Docker 守护进程的配置，发现/etc/systemd/system/docker.service.d 目录下生成了 10-machine.conf 文件，其内容如下：

```
[Service]
ExecStart=
ExecStart=/usr/bin/dockerd -H tcp://0.0.0.0:2376 -H unix:///var/run/docker.sock --sto
rage-driver overlay2 --tlsverify --tlscacert /etc/docker/ca.pem --tlscert /etc/docker/ser
ver.pem --tlskey /etc/docker/server-key.pem --label provider=generic
Environment=
```

其中-H tcp://0.0.0.0:2376 选项表示 Docker 守护进程接受远程连接，以--tls 打头的选项表示对远程连接启用安全认证和加密，provider=generic 表示提供者是 generic 驱动。

2. 将现有的 Docker 主机配置为 Docker 机器

如果目标主机上已经安装 Docker，执行以上步骤也会将它添加为 Docker Machine 可管理的

Docker 机器，只不过不会在远程主机上安装 Docker。这里要操作的是已安装 Docker 的主机 host-c（192.168.199.33）。

在管理主机上执行 ssh-copy-id 命令将密钥对远程复制到目标主机上，再执行 docker-machine create 命令：

```
ssh-copy-id 192.168.199.33
docker-machine create --driver generic --generic-ip-address=192.168.199.33 host-c
```

创建成功后，执行 docker-machine ls 命令可以发现该主机可被 Docker Machine 管理：

```
[root@host-a ~]# docker-machine ls
NAME     ACTIVE   DRIVER    STATE     URL                          SWARM   DOCKER    ERRORS
host-b   -        generic   Running   tcp://192.168.199.32:2376            v18.09.1
host-c   -        generic   Running   tcp://192.168.199.33:2376            v18.09.0
```

9.1.5　通过 Docker Machine 管理 Docker 主机

将 Docker 主机配置为 Docker 机器之后，就可以从安装 Docker Machine 的管理主机上对它们进行远程管理操作。

例如，使用 docker-machine env 命令显示连接到目标 Docker 机器所需要的环境变量：

```
[root@host-a ~]# docker-machine env host-g
export DOCKER_TLS_VERIFY="1"
export DOCKER_HOST="tcp://192.168.199.32:2376"
export DOCKER_CERT_PATH="/root/.docker/machine/machines/host-a"
export DOCKER_MACHINE_NAME="host-a"
# Run this command to configure your shell:
# eval $(docker-machine env host-a)
```

这个命令输出的内容可以作为命令来设置一些 Docker 客户端使用的环境变量，从而让管理本机的 Docker 客户端可以与远程的 Docker 引擎通信。按照该命令提示执行以下命令：

```
[root@host-a ~]#eval $(docker-machine env host-g)
```

这可以将当前 docker-machine env 命令输出的环境变量加入当前的 shell 中，接下来在当前命令行中执行的 docker 命令操作的都是目标 Docker 机器，例如：

```
[root@host-a ~]# docker info
……
Server Version: 18.09.1
……
Name: host-b
```

关闭该命令行窗口则使之失效。

打开一个新的命令行窗口，也不会使用那些 shell 环境变量。

对于远程管理来说，SSH 的支持是必不可少的。Docker Machine 可使用 docker-machine ssh 命令以 SSH 方式连接到目标 Docker 机器上执行操作。例如：

```
[root@host-a ~]# docker-machine ssh host-c
Last login: Mon Jan 14 23:29:33 2019 from 192.168.199.31
……
root@host-b:~#
```

docker-machine 命令还有不少子命令可用于操作和管理 Docker 机器，列举如下。

active：显示出当前处于活动状态的 Docker 机器。

config：显示 Docker 机器连接配置。

inspect：查看 Docker 机器的详细信息。

ip：查看 Docker 机器的 IP 地址。

kill：强制关闭一个 Docker 机器。

provision：重新配置现有 Docker 机器。

regenerate-certs：为 Docker 机器重新生成证书。

restart：重启一个 Docker 机器。

rm：删除一个 Docker 机器。

scp：远程复制到 Docker 机器。

status：查看 Docker 机器状态。

stop：停止一个正在运行的 Docker 机器。

upgrade：升级 Docker 机器的 Docker 服务到最新版本。

url：获取 Docker 机器的 URL 地址。

使用以下命令查看具体子命令的帮助信息：

```
docker-machine 子命令 -help
```

9.2　跨主机容器网络

Docker 网络从覆盖范围上可分为单主机上的容器网络和跨主机的容器网络，第 4 章已经专门讲解了前一种，这里介绍后一种——解决不同主机上的 Docker 容器之间的通信。

9.2.1　容器的跨主机通信方式

跨主机通信有多种方式，大致可分为两类，一类扩展本地（local）作用域网络，另一类是直接使用全局（globe）作用域网络。

1.　扩展本地作用域网络

本地作用域网络支持容器跨主机通信的方式列举如下。

- 容器使用 Docker 原生的主机网络（host 模式），直接使用主机的 IP 地址，这样容易引起端口冲突，使用场合比较有限。
- 通过端口映射实现。容器使用原生的桥接网络（bridge 模式），通过 DNAT 实现外部访问，但缺少灵活度。
- 建立直接路由。容器使用网桥，在主机上添加一条静态路由来实现跨主机通信，这要求不同主机上的容器必须连接到同一网桥，位于同一 IP 地址段，有很大的局限性。
- 容器使用 macvlan 网络。macvlan 驱动使用 MACVLAN 桥接模式建立容器接口和主机接口之间的连接，为容器提供在物理网络中可路由的 IP 地址。可以支持跨主机的容器网络。

2.　使用全局作用域网络

非本地作用域网络使用相应的网络驱动来建立跨主机网络。其中 Docker 提供的原生的网络驱动是 overlay，专门用于创建支持多主机网络的覆盖网络。其他的都是 Docker 远程网络驱动，是第三方解决方案，列举如下。

- contiv：由 Cisco Systems 提供的一个开源的网络插件，用于为多租户微服务部署提供基础设施和安全策略。
- weave：跨多主机或云连接 Docker 容器的一个网络插件。它提供应用的自动发现，能在部分连接的网络上操作，不需要额外的集群存储，且操作非常友好。

- calico：用于云数据中心虚拟网络的开源解决方案。它主要针对大部分工作负载（虚拟机、容器、裸机服务器）只要求 IP 连接的数据中心。calico 使用标准的 IP 路由提供这种连接。
- kuryr：作为 OpenStack Kuryr 项目的一部分开发的网络插件。通过使用 OpenStack 网络服务 Neuton 实现了 Docker 网络（libnetwork）远程驱动 API。kuryr 还包含 IPAM 驱动。
- flannel：CoreOS 开发的容器网络解决方案，支持 UDP 和 VLAN 封装传输方式。

提示：网络可分为 Underlay（底层）和 Overlay（覆盖）两大类。前者是传统单层网络，是当前数据中心网络基础转发架构的网络；后者是一个逻辑网络，指通过控制协议对边缘的网络设备进行网络构建和扩展。Overlay 网络是建立在 Underlay 网络之上的网络。总的来说，Underlay 网络的性能优于 Overlay。Overlay 网络利用隧道技术，将数据包封装到 UDP 中进行传输，由于涉及数据包的封装和解封，存在额外的 CPU 和网络的开销，虽然几乎所有 Overlay 网络底层都采用 Linux 内核的 xvlan 模块以尽量减少开销，但是这些开销终究是免不了的，因此网络驱动 macvlan、flannel hpst-gw 和 calico 的性能会优于 overlay、flannnel vxlan 和 weave。Overlay 网络可以支持更多的二层网段，能更好地利用已有的网络，以及避免物理交换机 MAC 地址表耗尽，选择方案时要综合考虑。为便于区分，本书中首字母大写的 Overlay 网络特指相对于 Underlay 网络的覆盖网络这种类型，而首字母小写的 overlay 网络特指使用 overlay 网络驱动的网络，是 Overlay 网络中的一种。下面选择 macvlan 作为 Underlay 网络的代表，overlay 作为 Overlay 网络的代表，分别进行介绍。

9.2.2　使用 macvlan 网络

macvlan 本身就是 Linux 的内核模块，支持在同一个物理网卡上配置多个 MAC 地址，即多个网络接口，每个接口可以配置自己的 IP 地址。macvlan 本质上是一种网卡虚拟化技术，不需要创建 Linux 网桥，而是直接通过以太网接口连接到物理网络，性能非常好。本小节的实验环境涉及两台主机 host-a（192.168.199.31）和 host-b（192.168.199.32）。

1. macvlan 网络概述

传统的应用程序或用于监控网络流量的应用程序，往往需要直接连接到物理网络。在这种情形下，可以使用 macvlan 网络驱动将 MAC 地址分配给每个容器的虚拟网络接口，使它看起来是直接连接到物理网络的物理网络接口。这就需要在 Docker 主机上使用 macvlan 及其子网和网关的物理接口，还可以使用不同的物理网络接口来隔离 macvlan 网络。具体应用需要注意以下几点。

- IP 地址耗尽或 VLAN 扩展非常容易导致网络意外损坏。
- 网络设备需要能够处理 "混杂模式（promiscuous mode）"，其中一个物理接口可以分配多个 MAC 地址。
- macvlan 是本地（local）网络，为保证跨主机能够通信，用户需要自己管理 IP 子网。
- 如果应用程序可以使用桥接网络（适于单个 Docker 主机上的通信）或 overlay（适于多个 Docker 主机之间的通信），那么从长远来看应尽可能改用这些解决方案，而不要使用 macvlan 网络。

2. 使用 macvlan 网络的前提条件

- 大多数云提供商会阻止 macvlan 网络。可能需要对网络设备提供物理访问。
- macvlan 网络驱动程序只能在 Linux 主机上工作。
- Linux 内核版本至少是 3.9，建议使用 4.0 或更高版本的 Linux 内核。

3. 设置桥接的 macvlan 网络

在桥接的 macvlan 网络中，流量流经网络接口，Docker 将流量路由到使用 MAC 地址的容器。与该网络的容器的连接相当于物理连接。下面示范两个主机的容器之间如何通过这种网络进行通信。

（1）执行以下命令在主机 host-a 上将网卡（这里名为 ens33）设置为混杂模式：

```
ifconfig ens33 promisc
```

（2）执行以下命令创建名为 macvlan-net 的 macvlan 网络：

```
docker network create -d macvlan  --subnet=172.16.86.0/24  --gateway=172.16.86.1  -o
parent=ens33  macvlan-net
```

其中-d macvlan 选项表示将网络驱动设置为 macvlan；--subnet 和--gateway 参数分别设置子网和网关的 IP 地址；-o parent 选项指定要使用的物理接口。

（3）通过 docker network ls 命令验证该网络是否已经创建，并且配置为 macvlan 网络，结果如下。

```
[root@host-a ~]# docker network ls
NETWORK ID          NAME                DRIVER              SCOPE
ea1ff2a486cf        bridge              bridge              local
03c8fb1ae1f5        host                host                local
bc3fc81586d8        macvlan-net         macvlan             local
b18b55eae0d1        none                null                local
```

（4）执行以下命令启动一个 alpine 容器并连接到 macvlan-net 网络：

```
[root@host-a ~]#docker run --rm -itd  --network macvlan-net  --ip 172.16.86.5 --nam
e alpine-a  alpine:latest  ash
```

-itd 选项表示后台启动容器，并且用户可以附加到这个容器；--rm 选项表示容器在停止后就被删除。

提示：macvlan 是本地网络，不同主机中的 macvlan 网络之间是彼此独立的，为避免自动分配 IP 地址造成地址冲突，最好在创建容器时通过--ip 选项明确指定 IP 地址。

（5）参照前面的 4 个步骤在另一台主机 host-b 上进行操作，macvlan 网络名称可以相同，也可以不同，最后一步启动 alpine 容器并连接到该网络，IP 地址要改变：

```
[root@host-b ~]docker run --rm -itd  --network macvlan-net  --ip 172.16.86.10 --name
alpine-b  alpine:latest  ash
```

（6）在主机 host-b 上执行以下命令验证两个容器之间的连通性：

```
[root@host-b ~]# docker exec alpine-b ping -c 2 172.16.86.5
PING 172.16.86.5 (172.16.86.5): 56 data bytes
64 bytes from 172.16.86.5: seq=0 ttl=64 time=0.418 ms
64 bytes from 172.16.86.5: seq=1 ttl=64 time=0.531 ms
```

可见主机 host-b 上的 alpine2 容器可以通过 IP 地址访问主机 host-a 上的 alpine1 容器。如果 ping 容器的名称，则不会成功：

```
[root@host-b ~]# docker exec alpine-b ping -c 2 alpine-a
ping: bad address 'alpine1'
```

这说明 Docker 并没有为 macvlan 网络提供 DNS 服务。

4. 验证分析 macvlan 网络

可借助上述实验进一步分析 macvlan 网络，在主机 host-a 进行操作。先执行以下命令查看当前网桥：

```
[root@host-a ~]# brctl show
bridge name bridge id           STP enabled  interfaces
docker0     8000.0242c48c3b65 no
virbr0      8000.5254005ca466 yes          virbr0-nic
```

这就证明创建 macvlan 网络时没有创建新的网桥，macvlan 不依赖任何 Linux 网桥。

再执行以下命令检查容器的网络接口：

```
[root@host-a ~]# docker exec alpine-a ip link
1: lo: <LOOPBACK,UP,LOWER_UP> mtu 65536 qdisc noqueue state UNKNOWN qlen 1000
    link/loopback 00:00:00:00:00:00 brd 00:00:00:00:00:00
8: eth0@if2: <BROADCAST,MULTICAST,UP,LOWER_UP,M-DOWN> mtu 1500 qdisc noqueue state UP
    link/ether 02:42:ac:10:56:05 brd ff:ff:ff:ff:ff:ff
```

除了 lo 接口之外，容器只有一个 eth0 接口，eth0 接口后面的@if2 表明该网络接口有一个对应的物理接口，其全局编号为 2。执行以下命令进一步查看主机上的网络接口：

```
[root@host-a ~]# ip link
1: lo: <LOOPBACK,UP,LOWER_UP> mtu 65536 qdisc noqueue state UNKNOWN mode DEFAULT grou
p default qlen 1000
    link/loopback 00:00:00:00:00:00 brd 00:00:00:00:00:00
2: ens33: <BROADCAST,MULTICAST,PROMISC,UP,LOWER_UP> mtu 1500 qdisc pfifo_fast state U
P mode DEFAULT group default qlen 1000
    link/ether 00:0c:29:87:7b:cf brd ff:ff:ff:ff:ff:ff
（以下省略）
```

可见，容器的 eth0 就是主机上编号为 2 的接口 ens33 通过 macvlan 虚拟出来的一个接口。容器的网络接口直接与主机的网络接口连接，这样容器无须通过 NAT 和端口映射就能与外网直接通信（前提是要有相应的网关），在网络上与其他 Docker 主机没有什么区别。macvlan 网络结构如图 9-3 所示。

提示：完成实验后，分别在两台主机上进行清理工作，停止容器（同时删除）并删除 macvlan 网络，为下

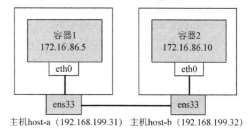

图 9-3　桥接的 macvlan 网络结构

面的实验做好准备。以主机 host-a 的操作为例，依次执行以下命令：

```
docker container stop alpine-a
docker network rm macvlan-net
```

5. 设置基于 IEEE 802.1q 中继网桥的 macvlan 网络

默认 macvlan 驱动会独占主机的网络接口，也就是说一个物理接口只能创建一个 macvlan 网络。要支持更多的 macvlan 网络，可以使用网络接口的子接口来创建基于 802.1q 中继网桥的 macvlan 网络。在这种网络中，流量流经网络接口的子接口（如 ens33.10），Docker 将流量路由到使用 MAC 地址的容器。

提示：IEEE 802.1q 就是 VLAN（虚拟局域网）协议。VLAN 可以将物理的二层网络划分成多达 4094 个逻辑网络，这些网络在二层上是隔离的，每个逻辑网络就是 VLAN，由 VLAN ID 区分，VLAN ID 的取值范围是 1~4094。Linux 的网络接口支持 VLAN，同一个接口可以收发多个 VLAN 数据包，前提是要创建 VLAN 的子接口。要支持多个 VLAN，网络接口需要连接到交换机的 Trunk（中继）模式接口。这里是在 VMware 虚拟机上实验的，无须额外配置。

接下来在主机 host-a 和 host-b 上进行实验操作，网络拓扑如图 9-4 所示。

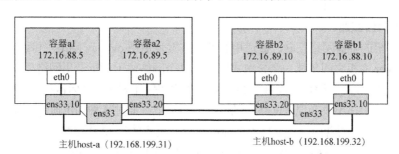

图 9-4　基于 IEEE 802.1q 中继网桥的 macvlan 网络拓扑

（1）在主机 host-a 上为网络接口创建两个 VLAN 子接口。

CentOS 7 中如果启用 NetworkManager 服务，则可以使用 nmtui 工具或 nmcli 命令行直接配置；

如果禁用 NetworkManager 服务，则直接编辑网络接口配置文件。还可以使用 ip 命令来创建 VLAN 子接口，只是不能永久保存配置。这里使用 nmcli 命令行分别创建两个 VLAN 子接口：

```
nmcli con add type vlan ifname ens33.10 con-name vlan1 id 10 dev ens33 ip4 192.168.199.
51/24 gw4 192.168.199.1
nmcli con add type vlan ifname ens33.20 con-name vlan2 id 20 dev ens33 ip4 192.168.199.
52/24 gw4 192.168.199.1
```

（2）使用以下命令在主机 host-a 上分别基于两个子接口创建名为 macvlan-net10 和 macvlan-net20 的 macvlan 网络：

```
docker network create -d macvlan  --subnet=172.16.88.0/24  --gateway=172.16.88.1  -o
parent=ens33.10  macvlan-net10
docker network create -d macvlan  --subnet=172.16.89.0/24  --gateway=172.16.89.1  -o
parent=ens33.20  macvlan-net20
```

（3）使用以下命令在主机 host-a 上分别启动两个 alpine 容器并连接到上述 macvlan 网络：

```
docker run --rm -itd  --network macvlan-net10  --ip 172.16.88.5 --name alpine-a1
alpine:latest  ash
docker run --rm -itd  --network macvlan-net20  --ip 172.16.89.5 --name alpine-a2
alpine:latest  ash
```

（4）在主机 host-b 上执行上述类似的操作，创建容器 alpine-b1 和 alpine-b2。

（5）执行以下命令测试跨主机的容器之间的连通性：

```
[root@host-b ~]# docker exec alpine-b1 ping -c 2 172.16.88.5
PING 172.16.88.5 (172.16.88.5): 56 data bytes
64 bytes from 172.16.88.5: seq=0 ttl=64 time=0.487 ms
64 bytes from 172.16.88.5: seq=1 ttl=64 time=0.380 ms
```

这表明位于同一 IP 子网的容器之间能够通信。再执行以下命令进一步测试：

```
[root@host-b ~]# docker exec alpine-b1 ping -c 2 172.16.89.10
PING 172.16.89.10 (172.16.89.10): 56 data bytes
```

这表明位于不同 IP 子网的容器之间不能通信。如果配置三层路由，打通两个 IP 子网的通信，则不同 IP 子网的容器之间也可正常通信。

macvlan 网络的连通性和隔离性完全依赖 VLAN，IP 子网和路由 Docker 本身不做任何限制，用户可以像管理传统 VLAN 网络那样管理 macvlan 网络。

9.2.3 使用 overlay 网络

为支持容器跨主机通信，Docker 内置 overlay 网络驱动，使用户可以创建基于 VxLAN 的 overlay 网络。VxLAN 可将二层数据封装到 UDP 进行传输，VxLAN 提供与 VLAN 相同的以太网二层服务，但是拥有更强的扩展性和灵活性。

1. overlay 网络概述

Docker 跨主机的容器网络互联，最通用的解决方案是使用 overlay 网络。可以使用 overlay 网络驱动在多个 Docker 主机之间创建一个分布式网络。这个网络位于主机专用网络顶层，让容器连接它并进行安全通信。Docker 透明地处理每个 Docker 守护进程（主机）与目标容器之间的数据包的路由。

overlay 网络是指在不改变现有网络基础设施的前提下，通过某种约定通信协议，把二层报文封装在 IP 报文之上的新的数据格式。这样不但能够充分利用成熟的 IP 路由协议进程数据分发；而且在 overlay 技术中采用扩展的隔离标识位数，能够突破 VLAN 的 4094 数量限制，支持高达 16MB 的用户量，并在必要时可将广播流量转化为组播流量，避免广播数据泛滥。因此，overlay 网络实际上是目前主流的容器跨节点数据传输和路由方案。

现在 Docker 的版本可直接使用 Swarm 模式，非常简单，只要建立 Swarm 集群，将其他节点主机加入集群后，集群内的服务就自动建立了 overlay 网络互联能力。由于下一章的内容是关于 Docker Swarm 集群的，这里就不专门讲解了。

　　Docker 也支持使用非 Swarm 模式，要求使用 overlay 网络之前，首先借助第三方键值型服务发现和配置共享组件（如 Consul、Zookeeper、Doozerd、Etcd）来设置分布式键值库，以建立简单的 Docker 主机集群，然后在每个节点主机的 Docker 引擎中配置集群参数。Zookeeper、Doozerd、Etcd 在架构上非常类似，只提供原始的键值存储，要求用户自己提供服务发现功能，而 Consul 则内置服务发现功能，只要用户注册服务并通过 DNS 或 HTTP 接口执行服务发现即可。这里的重点是讲解 overlay 网络本身，选择 Consul 作为服务发现工具进行 overlay 网络创建和使用的示范操作。

2. 基于 Consul 软件建立 Docker 主机集群

　　Consul 也可以直接安装在主机上，这样只需两台主机即可完成实验。这里以 Docker 容器方式运行 Consul，配置更为简单。集群中每台主机必须具有唯一的主机名，因为键值存储要使用主机名来标识集群成员。实验环境涉及 3 台主机——host-a、host-b 和 host-c，要求都已安装并启用 Docker。主机 host-a 上创建一个容器运行 Consul 软件，其他两个主机使用 overlay 网络，并启动相应的容器进行跨主机的通信测试。

　　（1）主机 host-b 和 host-c 上如果启用防火墙，则应当关闭防火墙。

　　（2）在主机 host-a 上执行以下命令部署 Consul 容器：

```
docker run -d -p 8500:8500 -h consul --name consul progrium/consul --server -bootstrap
```

　　通过 docker ps 命令查询该容器的端口映射信息如下：

```
53/tcp, 53/udp, 8300-8302/tcp, 8400/tcp, 8301-8302/udp, 0.0.0.0:8500->8500/tcp
```

　　（3）容器启动后，可以通过浏览器访问网址 http://192.168.199.31:8500 来操作 Consul。

　　（4）设置集群配置参数。在主机 host-b 上的 Docker 配置文件/ect/docker/daemon.json 中加入以下内容：

```
"cluster-store":"consul://192.168.199.31:8500",
"cluster-advertise":"ens33:2376"
```

　　其中，cluster-store 参数指向 Docker 守护进程所使用的键值服务地址，例中在 Consul 中注册，就是 Consul 的服务地址。

　　cluster-advertise 参数向 Consul 服务注册 Docker 守护进程所使用的网络接口和端口。这个端口是 Docker 以守护进程形式运行时指定的端口，也是主机之间互通的端口。通常使用 2375 或 2376 端口，前者是不加密端口，后者是加密端口。除了使用"<接口>:<端口>"这样的格式外，还可使用"<IP>:<端口>"格式。

　　（5）执行以下命令在主机 host-b 上重启 Docker 服务。

```
systemctl restart docker
```

　　（6）在主机 host-c 上完成第（4）步和第（5）步操作。

　　（7）通过浏览器打开 Consul 服务主界面，单击"KEY/VALUE"按钮，再依次单击"docker"和"nodes/"节点，可以发现主机 host-b 和 host-c 都已经注册到 Consul 键值库，如图 9-5 所示。至此完成了一个简单的主机集群的组建。

3. 创建 overlay 网络

　　执行下列命令在主机 host-b 上使用 overlay 网络驱动创建一个网络，并查看当前的网络列表：

```
[root@host-b ~]# docker network create -d overlay overlay-net
2fc4894c18b3e54a5ec44d2861be3c2f92324d9cd666c82cad8376f7176a86b8
[root@host-b ~]# docker network ls
NETWORK ID          NAME                DRIVER              SCOPE
```

```
13a596ff2cb1        bridge              bridge              local
796c179c056a        host                host                local
d55db15f0861        none                null                local
2fc4894c18b3        overlay-net         overlay             global
```

图 9-5　注册到 Consul 键值库的节点信息

可以发现新建的 overlay 网络 overlay-net 的作用域（SCOPE）为 global（全局），而其他网络为 local（本地）。执行下列命令在主机 host-c 上查看当前的网络列表：

```
[root@host-c ~]# docker network ls
NETWORK ID          NAME                DRIVER              SCOPE
9f8069c92859        bridge              bridge              local
0b73ef923969        host                host                local
bf2ab786be0a        none                null                local
2fc4894c18b3        overlay-net         overlay             global
```

可以发现主机 host-c 上没有执行创建 overlay-net 网络的操作，也能共享使用它。这是因为创建 overlay 网络时，主机 host-b 将相应的网络信息存入了 Consul 键值库，主机 host-c 可从 Consul 键值库读取新建网络的信息，overlay-net 网络的任何变更都会同步到这两个主机上。

使用 docker network inspect 命令进一步查看 overlay-net 网络的详细信息：

```
[
    {
        "Name": "overlay-net",
        "Id": "2fc4894c18b3e54a5ec44d2861be3c2f92324d9cd666c82cad8376f7176a86b8",
        "Created": "2019-01-05T18:59:10.980591038+08:00",
        "Scope": "global",
        "Driver": "overlay",
        "EnableIPv6": false,
        "IPAM": {
            "Driver": "default",
            "Options": {},
            "Config": [
                {
                    "Subnet": "10.0.0.0/24",
                    "Gateway": "10.0.0.1"
                }
            ]
        },
        "Internal": false,
        "Attachable": false,
```

```
            "Ingress": false,
            "ConfigFrom": {
                "Network": ""
            },
            "ConfigOnly": false,
            "Containers": {},
            "Options": {},
            "Labels": {}
        }
    ]
```

可见 overlay 网络支持 IPAM（IP 地址管理）功能，让 Docker 自动为它分配 IP 地址空间，默认为 10.0.X.0/24（例中是第一个子网，地址空间为 10.0.0.0/24）。所有主机共享这个子网，容器启动时会按顺序从这个地址空间分配 IP 地址。当然也可以通过--subnet 选项来自行指定 IP 地址空间，例如：

```
docker network create -d overlay --subnet 10.20.1.0/24  my-ov-net
```

4. 在 overlay 网络中运行容器

执行以下命令在主机 host-b 上启动一个 alpine 容器并连接到 overlay-net 网络：

```
[root@host-b ~]# docker run --rm -itd   --network overlay-net   --name alpine1   alpi
ne:latest   ash
```

执行以下命令查看该容器的网络配置信息：

```
[root@host-b ~]# docker exec alpine1 ip route
default via 172.18.0.1 dev eth1
10.0.0.0/24 dev eth0 scope link  src 10.0.0.2
172.18.0.0/16 dev eth1 scope link  src 172.18.0.2
```

该容器有两个网络接口 eth0 和 eth1。eth0 接口的 IP 地址为 10.0.0.2，连接的是 overlay 网络 overlay-net。eth1 接口是容器的默认路由接口，IP 地址为 172.18.0.2。实际上 Docker 会创建一个名为 docker_gwbridge 的桥接网络，为所有连接到 overlay 网络的容器提供访问外网的能力，可使用 docker network ls 命令查看：

```
[root@host-b ~]# docker network ls
NETWORK ID        NAME              DRIVER          SCOPE
13a596ff2cb1      bridge            bridge          local
30713264d98a      docker_gwbridge   bridge          local
796c179c056a      host              host            local
d55db15f0861      none              null            local
2fc4894c18b3      overlay-net       overlay         global
```

使用 docker network inspect 命令进一步查看桥接网络 docker_gwbridge 的详细信息：

```
[root@host-b ~]# docker network inspect docker_gwbridge
[
    {
        "Name": "docker_gwbridge",
        "Id": "30713264d98a3e42a251951734cf3cbf290348e8e3b5192eeb661b6fe4d69d8b",
        "Created": "2019-01-05T19:11:24.02922593+08:00",
        "Scope": "local",
        "Driver": "bridge",
        "EnableIPv6": false,
        "IPAM": {
            "Driver": "default",
            "Options": null,
            "Config": [
                {
                    "Subnet": "172.18.0.0/16",
                    "Gateway": "172.18.0.1"
```

```
                }
            ]
        },
        "Internal": false,
        "Attachable": false,
        "Ingress": false,
        "ConfigFrom": {
            "Network": ""
        },
        "ConfigOnly": false,
        "Containers": {
            "85cbc3d69c71061e29ce3c91b0e7960963073f8273b23764230c57f58c83838c": {
                "Name": "gateway_b195a2581f6b",
                "EndpointID": "136ed3bd3c266411eed1257a02a7d56a526191e6341c05ef130ff27d
10d90061",
                "MacAddress": "02:42:ac:12:00:02",
                "IPv4Address": "172.18.0.2/16",
                "IPv6Address": ""
            }
        },
        "Options": {
            "com.docker.network.bridge.enable_icc": "false",
            "com.docker.network.bridge.enable_ip_masquerade": "true",
            "com.docker.network.bridge.name": "docker_gwbridge"
        },
        "Labels": {}
    }
]
```

可以发现 docker_gwbridge 网桥的 IP 地址范围是 172.18.0.0/16（查看"IPAM"部分），连接的容器的 IP 地址就是 172.18.0.2，而且此 overlay 网络的默认网关就是网桥 docker_gwbridge 的 IP 地址 172.18.0.1。这样容器就可以通过 docker_gwbridge 网桥访问外网，下面的测试结果表明这一点：

```
[root@host-b ~]# docker exec alpine1 ping -c 2 www.163.com
PING www.163.com (119.188.211.40): 56 data bytes
64 bytes from 119.188.211.40: seq=0 ttl=55 time=6.520 ms
64 bytes from 119.188.211.40: seq=1 ttl=55 time=7.478 ms
```

实际上容器访问外网还是通过 NAT 模式实现的，从外部访问容器也还是通过端口映射实现的。如果外网要访问容器，可通过主机端口映射，例如：

```
docker run -p 80:80 -d --net overlay-net --name websrv httpd
```

以上实验容器的 IP 地址都是自动分配的，如果需要指定静态的固定 IP 地址，只需在容器创建命令中使用--ip 选项即可，例如：

```
docker run -itd  --network overlay-net --ip=172.18.0.99  --name myalpine  alpine ash
```

5. 通过 overlay 网络实现跨主机通信

在上述实验的基础上继续下面的操作。确认主机 host-b 和 host-c 都关闭防火墙。使用如下命令在主机 host-c 上启动一个 alpine 容器并连接到 overlay-net 网络，然后，查看该容器的网络配置信息：

```
[root@host-c ~]# docker run --rm -itd  --network overlay-net  --name alpine2  alpine:latest  ash
[root@host-c ~]# docker exec alpine2 ip route
default via 172.18.0.1 dev eth1
10.0.0.0/24 dev eth0 scope link  src 10.0.0.3
172.18.0.0/16 dev eth1 scope link  src 172.18.0.2
```

使用 ping 命令测试到主机 host-b 上容器的通信：

```
[root@host-c ~]# docker exec alpine2 ping -c 2 alpine1
PING alpine1 (10.0.0.2): 56 data bytes
64 bytes from 10.0.0.2: seq=0 ttl=64 time=0.364 ms
64 bytes from 10.0.0.2: seq=1 ttl=64 time=1.049 ms
```

这表明 overlay 网络中的容器可以跨主机直接通信，同时也实现了 DNS 服务。

6. overlay 网络通信原理

Docker 会为每个 overlay 网络创建一个独立的网络名称空间，其中会有一个 Linux 网桥 br0，端点由 veth 对实现，一端连接到容器中（即容器的 eth0 接口），另一端连接到名称空间的 br0 网桥上。br0 网桥除了连接所有的端点，还会连接一个 VxLAN 设备，用于与其他主机建立 VxLAN 隧道。容器之间的数据就是通过这个隧道通信的。overlay 网络拓扑结构如图 9-6 所示。

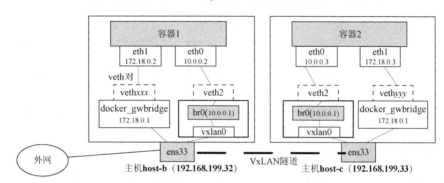

图 9-6   overlay 网络拓扑结构

可以结合目前的实验环境进一步验证分析 overlay 网络的实现原理。要查看 overlay 网络的名称空间，先在主机 host-b 上执行以下操作：

```
[root@host-b ~]# ln -s /var/run/docker/netns /var/run/netns
[root@host-b ~]# ip netns
56145e9616b3 (id: 1)
1-2fc4894c18 (id: 0)
```

再在主机 host-c 上执行同样的操作：

```
[root@host-c ~]# ln -s /var/run/docker/netns /var/run/netns
[root@host-c ~]# ip netns
dbb948b396c7 (id: 1)
1-2fc4894c18 (id: 0)
```

可以发现两个主机上有一个相同的名称空间（例中为 "1-2fc4894c18"）。它实际上就是 overlay-net 网络的名称空间，执行以下命令查看该空间的所有 IP 地址：

```
[root@host-b ~]# ip netns exec 1-2fc4894c18 ip a
1: lo: <LOOPBACK,UP,LOWER_UP> mtu 65536 qdisc noqueue state UNKNOWN group default qlen
1000
    link/loopback 00:00:00:00:00:00 brd 00:00:00:00:00:00
    inet 127.0.0.1/8 scope host lo
      valid_lft forever preferred_lft forever
2: br0: <BROADCAST,MULTICAST,UP,LOWER_UP> mtu 1450 qdisc noqueue state UP group default
    link/ether 02:35:62:ec:4d:04 brd ff:ff:ff:ff:ff:ff
    inet 10.0.0.1/24 brd 10.0.0.255 scope global br0
      valid_lft forever preferred_lft forever
14: vxlan0: <BROADCAST,MULTICAST,UP,LOWER_UP> mtu 1450 qdisc noqueue master br0 state
UNKNOWN group default
    link/ether 02:35:62:ec:4d:04 brd ff:ff:ff:ff:ff:ff link-netnsid 0
16: veth0@if15: <BROADCAST,MULTICAST,UP,LOWER_UP> mtu 1450 qdisc noqueue master br0
```

```
state UP group default
    link/ether 6a:6c:21:b3:88:a5 brd ff:ff:ff:ff:ff:ff link-netnsid 1
```

该名称空间有 4 个设备，执行以下命令查看其中的 br0 网桥上的设备：

```
[root@host-b ~]# ip netns exec 1-2fc4894c18 brctl show
bridge name   bridge id            STP enabled   interfaces
br0           8000.0674f364edc3    no            veth0
                                                 vxlan0
```

会发现 br0 网桥连接到 veth0 接口和 vxlan0 设备，再执行以下命令具体查看 vxlan0 设备的具体配置信息（仅列出部分信息）：

```
[root@host-b ~]# ip netns exec 1-2fc4894c18 ip -d link  show vxlan0
14: vxlan0: <BROADCAST,MULTICAST,UP,LOWER_UP> mtu 1450 qdisc noqueue master br0 state
UNKNOWN mode DEFAULT group default
    link/ether 7a:d5:ae:7c:65:4e brd ff:ff:ff:ff:ff:ff link-netnsid 0 promiscuity 1
    vxlan id 256 srcport 0 0 dstport 4789 proxy l2miss l3miss ageing 300 udpcsum noud
p6zerocsumtx noudp6zerocsumrx
```

可见此 overlay 网络使用的网络标识符 VNI（VxLAN ID）为 256，这是一个 VxLAN 网络。

7. overlay 网络的隔离功能

不同的 overlay 网络是相互隔离的。可以创建另一个 overlay 网络，并启动一个连接该网络的容器，然后测试两个 overlay 网络之间容器的连通性。具体步骤不再介绍。

无论是 ping 容器名称，还是容器的 IP 地址，都不会成功，即使两个容器位于同一主机上，因为两个不同的 overlay 网络之间是彼此隔离的，每创建一个 overlay 网络，就会创建一个独立的网络名称空间，使用不同的 VNI。例如，笔者新建的另一个 overlay 网络的 VNI 为 257：

```
[root@host-b ~]# ip netns exec 1-c796938de0 ip -d link  show vxlan0
19: vxlan0: <BROADCAST,MULTICAST,UP,LOWER_UP> mtu 1450 qdisc noqueue master br0 state
UNKNOWN mode DEFAULT group default
    link/ether 66:7b:31:3f:ec:4b brd ff:ff:ff:ff:ff:ff link-netnsid 0 promiscuity 1
    vxlan id 257 srcport 0 0 dstport 4789 proxy l2miss l3miss ageing 300 udpcsum noud
p6zerocsumtx noudp6zerocsumrx
```

实验完毕，注意清理上述创建的容器和网络。

9.3 跨主机监控

本书第 3 章已经介绍了一些基本的容器监控工具，它们适用于单主机环境。这里主要介绍两种主流的第三方容器监控工具 Weave Scope 和 Prometheus，它们可以用来监控多主机甚至整个集群的 Docker 容器，而且 Prometheus 具有报警功能。

9.3.1 使用 Weave Scope 进行故障诊断与监控

Weave Scope 是一款开源的故障诊断与监控工具，除了用于 Docker 外，还可以用于 Kubernetes 集群。Weave Scope 会自动生成容器之间的关系图，便于管理员以可视化的方式直观地监控容器化和微服务化的应用。Weave Scope 能够进行跨主机监控，并且消耗的资源非常少。这里的实验环境需要两台主机，例中为 host-a 和 host-b。

1. Weave Scope 的功能

- 实时了解 Docker 容器状态。可用于查看容器基础设施的概况，或者专注于特定的微服务。能够让管理员轻松辨别并纠正问题，确保容器化应用的稳定与性能。
- 提供内部细节与深度链接。可以查看容器的计量、标签和元数据。在容器内的进程与容器运行的主机之间轻松切换，使用可扩展、可排序的表格展示数据。对于指定的主机或者服务，很容易找到高负载（CPU 或内存）的容器。

- 支持容器的交互与管理。可以直接与容器交互，包括暂停、重启或者停止容器，还可以启动命令行。这些操作都可以在浏览器界面中进行。
- 通过插件进行扩展与定制。

2. 安装 Weave Scope

Weave Scope 的安装比较简单，前提是已经安装了 Docker 并运行它，因为它要以容器形式运行。这里在主机 host-a 上操作。

（1）执行以下命令下载 Weave Scope 的二进制安装脚本文件：

```
curl -L git.io/scope -o /usr/local/bin/scope
```

（2）执行以下命令赋予该安装脚本可执行权限：

```
chmod a+x /usr/local/bin/scope
```

（3）执行以下命令从 DockerHub 上下载 Weave Scope 镜像并启动容器：

```
[root@host-a ~]# scope launch
Unable to find image 'weaveworks/scope:1.10.1' locally
1.10.1: Pulling from weaveworks/scope
（此处省略）
Scope probe started
Weave Scope is listening at the following URL(s):
  * http://192.168.199.31:4040/
  * http://192.168.122.1:4040/
```

执行 docker ps 命令发现输出结果中 Weave Scope 服务作为名为 weavescope 的容器运行：

```
CONTAINER ID  IMAGE                    COMMAND              CREATED          STATUS           PORTS  NAMES
5dedd9f530f5  weaveworks/scope:1.10.1  "/home/weave/entrypo…"  About a minute ago  Up About a minute       weavescope
```

（4）至少启动两个容器准备进行测试。

（5）使用浏览器访问 Weave Scope 界面，URL 地址为 http://服务器名或 IP:4040，例中为 http://192.168.199.31:4040/，如图 9-7 所示。

图 9-7　Weave Scope 界面

3. 熟悉 Weave Scope 操作界面

界面左上角区域提供搜索功能。左下角区域提供选项将显示的对象按照不同的条件进行过滤显示，比如容器可以选择系统容器还是应用容器，运行的容器还是停止的容器等。例如，当前显示容器对象，单击"All"按钮就会显示所有的容器，如图 9-8 所示。

图 9-8　显示所有的容器对象

Weave Scope 可以显示的对象有进程（Process）、容器（Containers）和主机（Hosts）。单击顶部栏的相应对象按钮，可以切换显示不同的对象，对象的信息在中间区域显示。进程可以按照名称显示（by name）；容器可以按照 DNS 域名（by DNS name）和镜像（by image）显示；主机可以按照 Weave 网络（Weave Net）显示。

界面顶部栏中的 3 个按钮 品 、 田 和 ⊔ 用于切换对象信息显示格式，分别表示图表、表格和资源统计图。例如，单击 田 将以表格方式显示对象信息，如图 9-9 所示。

界面右上角区域的"Live"和"Pause"按钮，分别表示监控显示的是实时信息还是几秒钟之前的信息，两者之间可以切换。

单击界面右下角区域的"+"和"-"按钮，可以将图表或资源统计图形式显示的对象进行放大和缩小操作。

界面底部栏的几个按钮提供页面重载、显示对比度调整和帮助等功能。

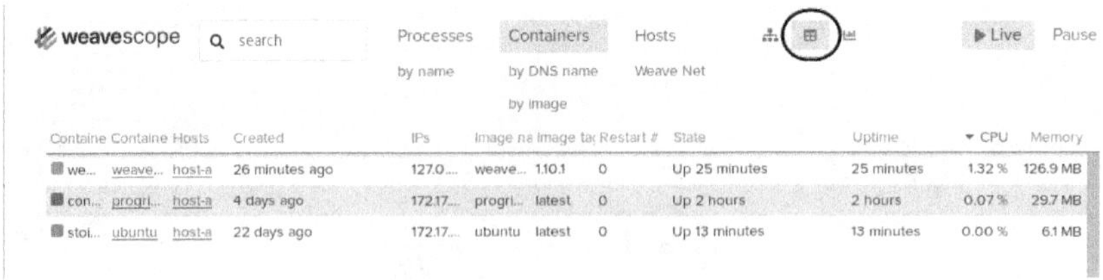

图 9-9　以表格方式显示容器对象

4. 监控容器

单击界面顶部栏的"Containers"按钮显示容器列表。Weave Scope 主界面默认显示的就是当前运行的容器。通过左下角区域的选项按钮来控制要显示的容器类型。"All"表示全部容器；"System containers"表示系统容器，包括 Weave Scope 自身的容器；"Application containers"表示应用容器；"Stopped containers"和"Running containers"分别表示已停止的容器和正在运行的容器，"Both"则表示这两类都显示；"Show uncontained"和"Hide uncontained"分别表示显示和隐藏非容器进程。

单击某个容器，会弹出窗口显示该容器更详细的信息，如图 9-10 所示。除了显示该容器的状态（CPU 和内存占用）和基本信息之外，还可以使用容器信息上面的一排按钮对容器进行控制操作，从左至右依次表示连接（Attach）、运行 shell（exec shell）、重启（Restart）、暂停（Pause）和停止（Stop）操作，如果执行了暂停操作还会提供恢复（Unpause）按钮，执行了停止操作还会显示启动（Start）和删除（Remove）操作按钮。例如，连接操作相当于执行 docker attach 命令，单击该按钮弹出相应的窗口，按 Enter 键进入容器本身的命令行界面执行操作，如图 9-11 所示。

图 9-10　监控某容器

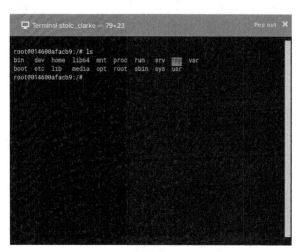

图 9-11　对容器执行连接操作

5. 监控主机

Weave Scope 能监控主机。单击界面顶部栏的"Hosts"按钮显示主机列表。单击某个主机，会弹出窗口显示该主机更详细的信息，如图 9-12 所示。除了显示该主机的状态（CPU 和内存占用以及负载）和基本信息之外，还可以单击其中的">_"按钮直接打开该主机的 shell 窗口进行命令行操作，如图 9-13 所示。

图 9-12　监控某主机

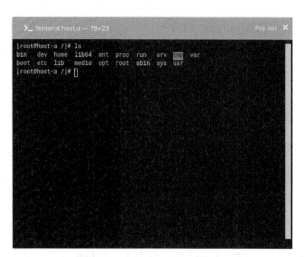

图 9-13　打开主机的 shell 窗口

6. 跨主机监控

Weave Scope 还能实现跨主机监控，可以在一个界面中集中监控多个主机与多个容器。实现比较简单，只需要在要监控的每台主机上都安装 Weave Scope，并加入要监控的主机 IP 列表。这里在 host-a（192.168.199.31）和 host-b（192.168.199.32）两台主机上进行示范。

参照前面讲解的 Weave Scope 安装步骤在主机 host-b 上进行安装操作，不同的是执行 scope launch 命令时加上要监控的主机 IP 列表：

```
scope launch 192.168.199.31 192.168.199.32
```

在主机 host-a 上也执行以上命令。这样无论访问 http://192.168.199.31:4040/ 还是 http://192.168.199.32:4040/，都能监控到这两个主机，图 9-14 显示的是主机列表（包括两个主机），图 9-15 显示的是容器列表（包括两个主机上的多个容器）。

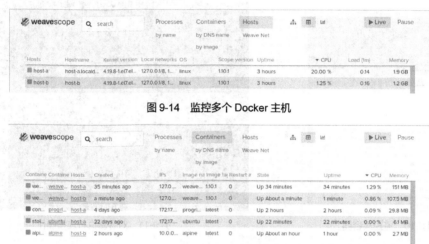

图 9-14 监控多个 Docker 主机

图 9-15 监控多个主机上的容器

9.3.2 Prometheus 基础

Prometheus 是一个开源的系统监控报警套件，用于实时分析系统运行的状态、执行时间、调用次数等，以找到系统的热点问题，为性能优化提供依据。

1. Prometheus 的特点

- 具有强大的多维度数据模型，将所有信息都存储为时间序列数据，这些数据通过度量指标名称（Metric Name）和键值对来区分。
- 使用灵活而强大的查询语言 PromQL。
- 不依赖分布式存储，各个服务器节点实行自治管理。
- 使用基于 HTTP 的拉取模式采集时间序列数据。
- 支持通过中间网关将时间序列数据推送至 Prometheus 服务器。
- 可以通过服务或者静态配置来发现监控目标。
- 支持多种模式的可视化图形界面。

2. Prometheus 的应用场合

Prometheus 采用时间序列数据，既适合以机器为中心的监控，又适合高动态性的面向服务的架构的监控。对微服务来说，它为多维数据的采集和查询提供了强有力的支持。

Prometheus 注重可靠性，让用户遇到故障时能够快速诊断问题。每个 Prometheus 服务器都是独立的，不依赖网络存储或远程服务。Prometheus 的部署无须昂贵的基础设施，当基础设施的其他部分失效时，仍然可以依靠它来进行监控。

由于数据采集可能会有丢失的情况，所以 Prometheus 不适用于对采集数据要求百分之百准确的情形，如计费系统。

需要强调的是，Prometheus 是一个收集和处理计量数据的系统，而不是事件日志系统。

3. Prometheus 的组成及架构

Prometheus 已经形成一个庞大的"生态系统"，包含了众多组件，其中大部分是可选的，便于弹性部署。下面列出其主要组件。

- Prometheus 服务器：用于收集和存储时间序列数据，在整个系统中处于核心地位。
- 客户端库（Client Library）：用于检测应用程序。为需要监控的目标生成相应的指标并暴露给 Prometheus 服务器，当 Prometheus 服务器来拉取时，直接返回实时状态的数据。
- 推送网关（Push Gateway）：用于支持瞬时作业。这类作业存在时间较短，可能在 Prometheus 服务器拉取之前就消失了。
- 特定用途的导出器（Exporters）：用于将第三方服务（即监控对象，如 HAProxy、StatsD、Graphite 等）的计量数据暴露给 Prometheus 服务器。
- 警报管理器（Alertmanager）：从 Prometheus 服务器接收警报信息，进行处理之后通过多种方式（如电子邮件）向用户发出警报。
- 各种支持工具。

Prometheus "生态系统"的架构如图 9-16 所示。Prometheus 服务器通过拉取方式直接从被检测作业中采集数据，或者通过中间推送网关获取瞬时作业数据。它将收集到的数据保存在本地，并根据指定规则对这些数据进行聚合整理，然后记录新的时间序列，或者产生警报。Prometheus 服务器将警报推送到警报管理器（Alertmanager），警报管理器根据配置对接收到的警报进行处理并发出。Grafana 或其他 API 可对采集的数据进行可视化处理和展示，这些组件是通过 PromQL 查询语言从 Prometheus 服务器获取数据的。

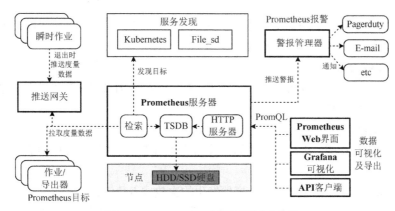

图 9-16　Prometheus "生态系统" 的架构

4. Prometheus 的概念

要配置和使用 Prometheus，理解 Prometheus 的概念很重要。

（1）数据模型

Prometheus 将为所有数据存储时间序列（一系列带有时间戳的值）。除了存储时间序列外，Prometheus 还可能产生临时的时间序列作为查询结果。

- 度量指标名称与标签

每个时间序列是由度量指标名称和标签（Labels）唯一标识的。

指标名称指定被测量的系统通用特征，如 http_requests_tota 表示 HTTP 请求的总数。它可以由 ASCII 字符、数字、下画线和冒号组成，且必须符合以下正则表达式：

```
[a-zA-Z_:][a-zA-Z0-9_:]*
```

标签用一组键值对表示，用于支持维度数据模型，同一指标名称的任何标签组合可以标识该指标特定维度的实例。例如，http_requests_total{method="Get"}表示所有 HTTP 请求中的 Get 请求。改变任何标签值，包括添加或删除标签，都会产生新的时间序列。例如，当标签改为 method="Get"时，就会成为一个新的度量指标。标签中的键由 ASCII 字符、数字和下画线组成，且必须符合以下正则表达式：

```
[a-zA-Z_][a-zA-Z0-9_]*
```

● 样值

样值（Samples）表示实际的时间序列值，每个序列包括一个 float64 类型的值和一个毫秒级的时间戳。

● 格式

每个时间序列包括一个指标名称和若干标签，通常采用以下格式：

```
<指标名称>{<标签键>=<标签值>, ...}
```

例如，一个指标名称为 api_http_requests_total、标签为 method="POST"和 handler="/messages"的时间序列格式为：

```
api_http_requests_total{method="POST", handler="/messages"}
```

（2）数据类型

Prometheus 客户端库提供以下 4 种主要的度量指标类型。

● 计数器（Counter）

计数器可以用于记录递增的度量指标类型，比如应用请求的总量、CPU 使用时间等。

● 离散值（Gauge）

这类可增可减的指标可以用于反映应用程序上的当前状态。例如，主机当前空闲的内存大小和可用内存大小、容器当前的 CPU 和内存使用率。

● 柱状图（Histogram）

这种类型便于采样、分组及统计，主要用于在指定分布范围内记录数值或者事件发生的次数，典型的应用如请求持续时间、响应大小。

● 汇总（Summary）

这种类型类似于柱状图，提供观测值的计数和统计功能，并提供百分位功能，即可以按百分比划分跟踪结果。

柱状图和汇总非常相似，都可以统计事件发生的次数或者数值，以及其分布情况。不同的是，柱状图在服务器端计算分位数，而汇总的分位数则是直接在客户端进行定义。

（3）作业和实例

在 Prometheus 中将一个采集的目标称为一个实例（Instance），一般对应于一个单独的进程；将同一目的若干实例的一个集合称为作业（Job）。下面的列表示意作业与实例的关系，这里一个 API 服务作业有 4 个实例：

```
job: api-server
    instance 1: 1.2.3.4:5670
    instance 2: 1.2.3.4:5671
    instance 3: 5.6.7.8:5670
    instance 4: 5.6.7.8:5671
```

（4）自动产生的标记和时间序列

当 Prometheus 对一个目标进行采集时，会将一些标记自动附加到时间序列中，以更好地区分被监控的目标。

- job：配置的作业名称为目标名称。
- instance：实例为目标 URL 地址的<host>:<port>部分。

对于每个实例采集，Prometheus 将样值存储到下列时间序列：

```
up{job="<job-name>", instance="<instance-id>"}   # 值为 1 表示实例正常，为 0 表示无法采集
scrape_duration_seconds{job="<job-name>", instance="<instance-id>"} # 采集期间
scrape_samples_post_metric_relabeling{job="<job-name>", instance="<instance-id>"}
# 指标重新设置标签后保留的样值数
scrape_samples_scraped{job="<job-name>", instance="<instance-id>"}   # 目标暴露的样值数
```

"up" 时间序列对实例可用性监控非常有用。

9.3.3　部署 Prometheus 系统监控 Docker 主机和容器

一个完整的 Prometheus 监控系统通常包括 Prometheus 服务器、导出器、警报管理器和可视化监控界面。它原本主要用来监控 Web 服务器，随着各种导出器的相继推出，现在用途越来越广，这里通过一个实验介绍它如何用于监控 Docker 主机和容器。

1. 实验规划

Prometheus 提供了很多现成的导出器来收集各种目标的信息，这里选择 Node Exporter 监控主机，由它负责收集主机硬件和操作系统的数据并暴露给 Prometheus 服务器；选择 cAdvisor 监控容器，由它负责收集容器数据并暴露给 Prometheus 服务器。这两种导出器需要安装在被监控的目标主机上。

Prometheus 服务器是整个监控系统的中心。Prometheus 提供警报管理器组件用于处理和发送警报信息。Grafana 是一个跨平台的开源的度量分析和可视化工具，提供数据查询、可视化和报警功能，其官方库中具有丰富的仪表盘插件以支持多种可视化展示方式。Prometheus 可以作为 Grafana 的数据源，这里选择 Grafana 来显示 Prometheus 的多维数据。这几个组件通常安装在监控主机上。

为便于进行跨主机监控实验，这里选择两台已经安装有 Docker 的主机 host-a（192.168.199.31）和 host-b（192.168.199.32），host-a 兼作监控主机和目标主机，host-b 作为目标主机，架构如图 9-17 所示。各组件之间通过特定的端口使用 HTTP 协议进行通信。

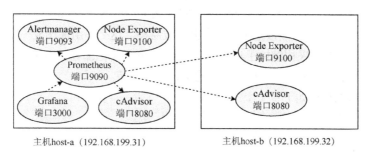

图 9-17　Prometheus 系统监控主机和容器的架构

这些组件都可以作为服务程序直接在主机上安装，也可以采用 Docker 安装以容器形式运行，这里采用后一种方式进行示范。

2. 在被监控的主机上安装导出器

首先在被监控的主机 host-b 上通过 Docker 安装并运行导出器。

（1）在主机 host-b 上执行以下命令安装 Node Exporter 组件：

```
docker run -d --restart always -p 9100:9100 --name node-exporter -v "/proc:/host/proc" -v "/sys:/host/sys" -v "/:/rootfs" prom/node-exporter --path.procfs /host/proc --path.sysfs /host/sys --collector.filesystem.ignored-mount-points "^/(sys|proc|dev|host|etc)($|/)"
```

Node Exporter 容器启动之后，将通过 9100 端口提供所在主机的监控数据。可在浏览器中可通过 http://<主机名或 IP>:9100/metrics 查看监控数据，如图 9-18 所示。

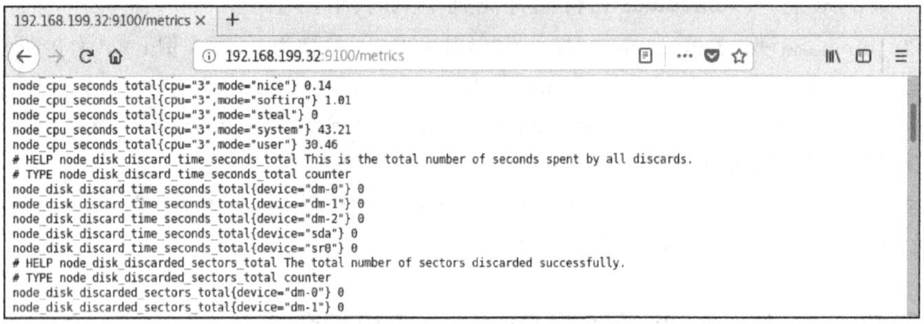

图 9-18　Node Exporter 提供的主机数据

（2）在主机 host-b 上执行以下命令安装 cAdvisor 组件：

```
docker run -d --restart always -p 8080:8080 --name cadvisor -v /:/rootfs:ro -v /var/run:/var/run:rw -v /sys:/sys:ro -v /var/lib/docker/:/var/lib/docker:ro google/cadvisor:latest
```

cAdvisor 启动之后，将通过 8080 端口提供所在主机上容器的监控数据。可在浏览器中通过 http://<主机名或 IP>:8080/metrics 查看相应的监控数据，如图 9-19 所示。

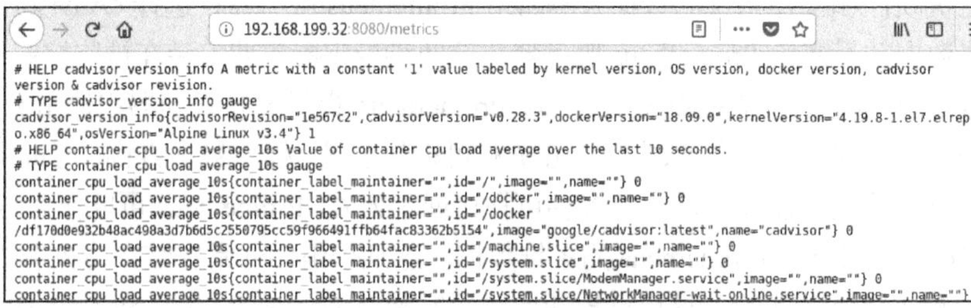

图 9-19　cAdvisor 提供的容器数据

3. 在监控主机上准备 Docker Compose 项目

接下来的操作是重点。在监控主机 host-a 上安装 Prometheus、Alertmanager 和 Grafana，同时安装 Node Exporter 和 cAdvisor，使该主机及其容器也被监控。这么多组件构成一个复杂的应用，逐一安装和管理比较费事，这里采用编排工具 Docker Compose 来简化部署。确保在主机 host-a 上安装有 Docker Compose，如果没有安装，参见第 8 章的讲解进行安装。

例中此项目的目录结构如下：

```
prom-mon
    prometheus
        prometheus.yml
        alert.rules
    alertmanager
        config.yml
```

依次执行以下命令创建项目目录结构：

```
[root@host-a ~]# mkdir prom-mon  && cd prom-mon
[root@host-a prom-mon]# mkdir prometheus  alertmanager
```

4. 在监控主机上配置 Prometheus

Prometheus 的配置主要是设置监控目标和作业，以及报警规则。

（1）在 prometheus 子目录中创建 prometheus.yml 配置文件，并加入以下内容：

```
# 全局设置，可以被作业设置所覆盖
global:
    # 设置每次数据收集的时间间隔，默认值为 1m
    scrape_interval:      60s
    # 设置每次数据评估的时间间隔，默认值为 1m
    evaluation_interval: 60s
    # 所有时间序列和警报与外部系统(如远程存储、Alertmanager)通信时所用的外部标记
    external_labels:
        monitor: 'test-project'
# 指定报警规则文件
rule_files:
    - 'alert.rules'
# 报警管理配置
alerting:
  alertmanagers:
  - scheme: http
    static_configs:
    # 设定警报管理器和 Prometheus 交互的接口
    - targets:
      - "192.168.199.31:9093"
# 配置监控目标及其参数
scrape_configs:
    # 定义 Prometheus 作业，作业名称要全局唯一,这个作业采集 Prometheus 自身的数据
    - job_name: 'prometheus'
        # 数据收集时间间隔，覆盖相应的全局设置
        scrape_interval: 5s
        # 静态目标的配置
        static_configs:
            - targets: ['192.168.199.31:9090']
    # 定义 Node Exporter 作业
    - job_name: 'node-exporter'
        scrape_interval: 5s
        static_configs:
            - targets: ['192.168.199.31:9100','192.168.199.32:9100']
    # 定义 cAdvisor 作业
    - job_name: 'cadvisor'
        scrape_interval: 5s
        static_configs:
            - targets: ['192.168.199.31:8080','192.168.199.32:8080']
```

prometheus.yml 是 Prometheus 服务器的配置文件，关键作用是指定从哪些导出器采集数据以及采集频率，这里指定了两台主机上的 Node Exporter 和 cAdvisor 组件，以及 Prometheus 自身作为监控目标。另外，在 prometheus.yml 文件中还指定了报警规则文件，以及警报管理器组件的地址和端口。

（2）在 prometheus 子目录中创建报警规则文件 alert.rules，并加入以下内容：

```
groups:
- name: test-prometheus
```

```
    rules:
    # 定义警报,此处触发条件为实例不可用
    - alert: InstanceDown
      expr: up == 0
      for: 2m
      labels:
        severity: page
      annotations:
        summary: "Instance {{ $labels.instance }} down"
        description: "{{ $labels.instance }} of job {{ $labels.job }} has been down for
more than 2 minutes."
    # 定义警报,此处触发条件为节点负载过半
    - alert: HighLoad
      expr: node_load1 > 0.5
      for: 2m
      labels:
        severity: page
      annotations:
        summary: "Instance {{ $labels.instance }} under high load"
        description: "{{ $labels.instance }} of job {{ $labels.job }} is under high load."
```

这个报警规则文件用于定义 Prometheus 服务器触发报警的条件和警报内容。其中 alert 定义警报名称，expr 定义触发条件，for 定义满足报警条件持续多长时间后才会发送警报，labels 设置警报的标记，annotations 设置警报的说明信息，但不用于标识警报。

5. 在监控主机上配置警报管理器

当接收到 Prometheus 服务器发送过来的警报时，警报管理器会对警报进行去重和分组，然后通过指定的方式（如 Slack、电子邮件、Pagerduty）通知用户。这里只是一个简单的示范，配置通过邮件发送警报通知。在 alertmanager 子目录中创建 config.yml 配置文件并加入以下内容（实验中请改用实际的电子邮件地址）：

```
# 全局配置项
global:
  # 邮箱 smtp 服务器代理
  smtp_smarthost: 'smtp.163.com:25'
  # 发送邮箱
  smtp_from: '<邮箱账号>@163.com'
  smtp_auth_username: '<邮箱账号>@163.com'
  smtp_auth_password: '<邮箱密码>'
# 定义路由树信息
route:
  # 报警分组依据
  group_by: ['alertname']
  # 首次等待多长时间发送一组警报的通知
  group_wait: 30s
  # 在发送新警报前的等待时间
  group_interval: 5m
  # 重复发送警报的间隔时间
  repeat_interval: 10m
  # 警报接收者
  receiver: default-receiver
# 定义警报接收者信息
```

```
receivers:
  - name: 'default-receiver'
  # 接收警报的邮箱配置
  email_configs:
    - to: '<邮箱账号>@qq.com'
```

对于电子邮件警报通知,还可以定义邮件模板文件。这里未指定,将使用默认的邮件模板来生成警报邮件。

6. 在监控主机上编排所需的容器并运行

(1)在项目目录中创建 docker-compose.yml 文件,并加入以下内容:

```
version: '3.1'

volumes:
  prometheus_data: {}
  grafana_data: {}

services:
  prometheus:
    image: prom/prometheus
    volumes:
      - ./prometheus/:/etc/prometheus/
      - prometheus_data:/prometheus
    command:
      - '--config.file=/etc/prometheus/prometheus.yml'
      - '--storage.tsdb.path=/prometheus'
      - '--web.console.libraries=/usr/share/prometheus/console_libraries'
      - '--web.console.templates=/usr/share/prometheus/consoles'
    ports:
      - 9090:9090
    links:
      - cadvisor:cadvisor
      - alertmanager:alertmanager
    depends_on:
      - cadvisor
    restart: always

  node-exporter:
    image: prom/node-exporter
    volumes:
      - /proc:/host/proc:ro
      - /sys:/host/sys:ro
      - /:/rootfs:ro
    command:
      - '--path.procfs=/host/proc'
      - '--path.sysfs=/host/sys'
      - '--collector.filesystem.ignored-mount-points'
      - "^/(sys|proc|dev|host|etc)($$|/)"
    ports:
      - 9100:9100
    restart: always

  alertmanager:
    image: prom/alertmanager
    ports:
```

```
      - 9093:9093
    volumes:
      - ./alertmanager/:/etc/alertmanager/
    restart: always
    command:
      - '--config.file=/etc/alertmanager/config.yml'
      - '--storage.path=/alertmanager'

  cadvisor:
    image: google/cadvisor
    volumes:
      - /:/rootfs:ro
      - /var/run:/var/run:rw
      - /sys:/sys:ro
      - /var/lib/docker/:/var/lib/docker:ro
    ports:
      - 8080:8080
    restart: always

  grafana:
    image: grafana/grafana
    depends_on:
      - prometheus
    ports:
      - 3000:3000
    volumes:
      - grafana_data:/var/lib/grafana
    restart: always
```

其中加入的 **node-exporter** 和 **cadvisor** 服务将监控主机也同时作为监控目标。

（2）在项目目录中执行 docker-compose up 命令构建应用程序并运行。为便于调试，对于新的 Compose 文件不要以后台方式运行。

（3）切换到另一个终端窗口，执行 docker ps 命令会发现所编排的 5 个容器都启动了。docker ps 命令执行结果如下：

```
CONTAINER ID  IMAGE               COMMAND                CREATED        STATUS          PORTS                    NAMES
1344852edfbc  grafana/grafana     "/run.sh"              3 minutes ago  Up 16 seconds   0.0.0.0:3000->3000/tcp   prom-
mon_grafana_1
abd3cda76b54  prom/Prometheus     "/bin/prometheus --c..."  3 minutes ago  Up 16 seconds   0.0.0.0:9090->9090/tcp   prom-
mon_prometheus_1
3a79cdd95199  prom/node-exporter  "/bin/node_exporter …"  3 minutes ago  Up 17 seconds   0.0.0.0:9100->9100/tcp   prom-
mon_node-exporter_1
81d6ff6c2b1f  google/cadvisor     "/usr/bin/cadvisor -…"  3 minutes ago  Up 17 seconds   0.0.0.0:8080->8080/tcp   prom-
mon_cadvisor_1
edd88fea674b  prom/alertmanager   "/bin/alertmanager -…"  3 minutes ago  Up 17 seconds   0.0.0.0:9093->9093/tcp   prom-
mon_alertmanacer_1
```

7. 访问 Prometheus 的 Web 界面

Prometheus 通过 9090 端口向用户提供 Web 访问界面。可在浏览器中通过 http://<主机名或 IP 地址>:9090 查看监控数据，如图 9-20 所示，默认显示图表（Graph）界面，在顶部的表达式（Expression）框中输入一个表达式来查找并选择度量指标，或者从 "Execute" 按钮右侧的下拉列表中选择度量指标，然后单击 "Execute" 按钮显示该指标的监控数据，默认以控制台（Console）方式显示数据表格，如图 9-21 所示，可以调整时间范围，表格分为两列，"Element" 列显示度量指标的具体元素，"Value" 列显示对应的值。

图 9-20　Prometheus 的表达式浏览器

图 9-21　显示数据表格

单击"Graph"标签切换到图表界面，同时显示图标和表格，如图 9-22 所示。

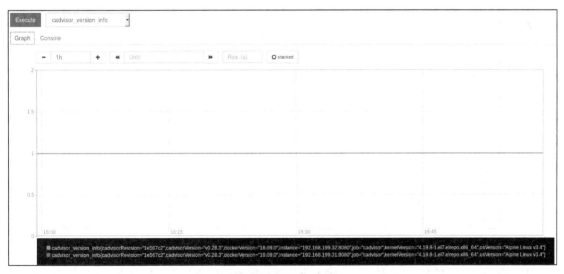

图 9-22　显示数据图表

单击"Add Graph"按钮添加新的度量指标显示区域。

从"Status"菜单中选择"Targets"菜单项，可以查看监控目标的状态信息，如图 9-23 所示。所有目标的状态（State）都是"UP"，说明 Prometheus 能够获取所有检测目标的数据。

图 9-23　显示监控目标状态

8. 获取警报信息

在 Prometheus 的 Web 界面中单击"Alerts"菜单项就能显示警报信息。例中在 alert.ruels 文件中定义了警报触发的条件是 up 为 0，为便于测试，手动停止 host-b 主机上的 cAdvisor 服务，刷新"Alerts"界面，就会发现目标失败的警报，具体信息取决于报警规则。如图 9-24 所示，这里"InstanceDown"警报项出现"(1 active)"标记，展开该警报项，其当前状态为"PENDING"（挂起）。这里选中"Show annotations"复选框以显示详细说明。

Alerts

☑ Show annotations

HighLoad (1 active)

InstanceDown (1 active)

```
alert: InstanceDown
expr: up == 0
for: 2m
labels:
  severity: page
annotations:
  description: '{{ $labels.instance }} of job {{ $labels.job }} has been down for
    more than 2 minutes.'
  summary: Instance {{ $labels.instance }} down
```

Labels	State	Active Since	Value
alertname="InstanceDown" instance="192.168.199.32:8080" job="cadvisor" severity="page"	PENDING	2019-01-11 19:05:08.572904165 +0000 UTC	0

Annotations

description
192.168.199.32:8080 of job cadvisor has been down for more than 2 minutes.
summary
Instance 192.168.199.32:8080 down

图 9-24　通过 Prometheus 查看警报信息

因为例中定义该警报需要保持 2 分钟才会发送至警报管理器组件。2 分钟后，该警报的状态由"PENDING"变为"FIRING"（释放），与此同时，警报信息已推送到警报管理器组件。

与其他 Prometheus 组件一样，警报管理器也向用户提供 Web 访问界面，所用端口是 9093。可在浏览器中通过 http://<主机名或 IP 地址>:9093 查看警报信息，如图 9-25 所示。

在这个页面中，除了显示从 Prometheus 服务器发过来的警报之外，还可以对这些警报进行筛选

（Filter）、分组（Group）和静音（Silence）等操作。通常只要符合报警条件，警报管理器就会重复收到 Prometheus 服务器推送的警报，一旦对该警报执行静音操作，就不会再重复接收了。

图 9-25　通过警报管理器查看警报信息

　　例中定义警报管理器组件以邮件方式发送警报通知，用户会收到相应的警报邮件。笔者实验中收到的警报邮件内容如图 9-26 所示。根据警报管理器配置，同一警报事件可能会重复发送邮件通知。

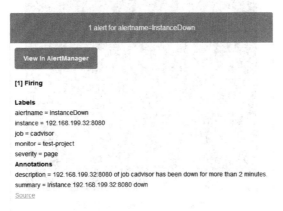

图 9-26　警报管理器的警报邮件

9. 通过 Grafana 查看多维数据

　　Grafana 通过 3000 端口向用户提供 Web 访问界面。可在浏览器中通过 http://<主机名或 IP 地址>:3000 访问 Grafana 界面，默认的登录账户与密码均为 admin。登录成功后进入主界面，如图 9-27 所示，首次登录提供初始化向导。

　　首先要添加数据源。单击"Add data source"按钮启动添加数据源向导，从列表中选择数据源类型，Grafana 支持多种数据源，这里选择"Prometheus"，出现图 9-28 所示的界面，在"URL"文本框中输入 Prometheus 服务器的地址（例中为 http://192.168.56.103:9090），其他选项保持默认值，单击"Save & Test"按钮。

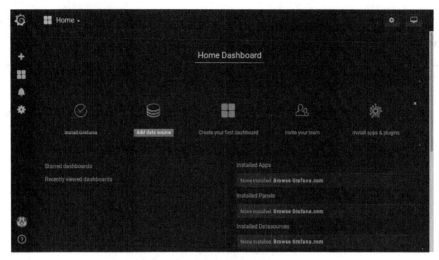

图 9-27　Grafana 主界面

图 9-28　设置 Grafana 数据源

　　接着要设置仪表盘（Dashboard）。Grafana 通过仪表盘来展示来自数据源的数据。Grafana 官方库提供了许多现成的仪表盘，可以导入之后使用。本实验的目标是监控 Docker 主机和容器，需要选择有针对性的仪表盘。

　　单击 "▦" 按钮回到主页界面，单击 "Install apps & plugins" 按钮，再单击 "Dashboards" 按钮进入 Grafana 官方仪表盘网页，如图 9-29 所示，从 "Data Source" 下拉列表中选择 "Prometheus" 选项，在搜索框中输入 "docker"，在右侧列表中定位到 "Docker and Host Monitoring w/ Prometheus" 仪表盘。

　　单击该仪表板，显示其详细信息，如图 9-30 所示。要获取它，可以将其 ID 复制到剪贴板，或者下载其 JSON 文件。

图 9-29　查找 Grafana 仪表盘

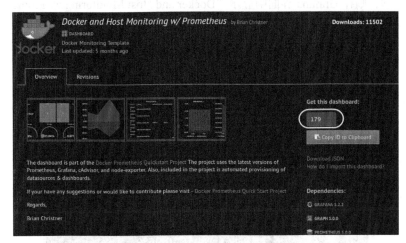

图 9-30　Grafana 仪表盘详细信息

回到 Grafana 主界面，单击"➕"按钮，从弹出的"Create"菜单中选择"Import"菜单项打开仪表盘导入界面，如图 9-31 所示，这里粘贴前面所选的仪表盘 ID，单击该文本框其他区域。

图 9-31　仪表盘导入界面

出现图 9-32 所示的界面，设置仪表盘导入选项，这里在"Prometheus"选项中选择 Prometheus 数据源，单击"Import"按钮。

图 9-32　设置仪表盘导入选项

如果一切顺利，则在 Grafana 界面中显示"Docker and Host Monitoring w/ Prometheus"仪表盘，如图 9-33 所示。

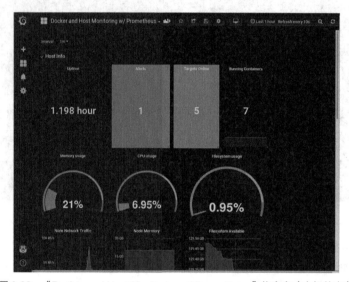

图 9-33　"Docker and Host Monitoring w/ Prometheus"仪表盘（主机信息）

在一个仪表盘中显示 Docker 和主机的所有度量数据。上半部分展示的是主机的系统数据，如 CPU 使用（CPU usage），形式有数值、文本和图表。下半部分展示的是所有 Docker 容器的监控数据，如容器内存使用（Container Memory Usage）主要使用图表形式，如图 9-34 所示。可以向下滚动来显示容器数据，也可以单击 ">Host Info" 折叠主机信息来展示容器数据（Container Performance）。值得一提的是，该仪表盘还提供 "Alerts" 表格来显示警报数据。

要展示的 Prometheus 多维数据是通过查询语言表达式定义的。例如，将鼠标移动到 "Container Memory Usage" 处，单击它右侧的三角形符号会弹出下拉菜单，从中选择 "Edit" 菜单项打开图 9-35 所示的界面，会列出相关数据的查询语言表达式，可以根据需要添加新的查询表达式以获取所需的数据（单击 "Add Query" 按钮）。

Grafana 的仪表盘是可交互的，可以在图表上只显示指定的容器、选取指定的时间区间、重新组织和排列图表、调整刷新频率，功能非常强大。

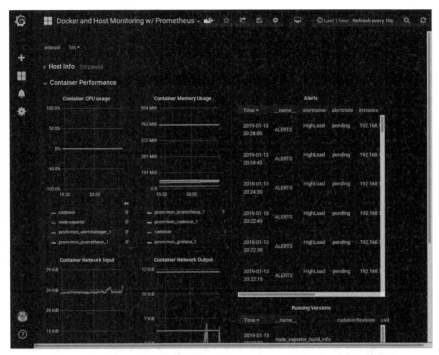

图 9-34　"Docker and Host Monitoring w/ Prometheus"仪表盘（容器数据）

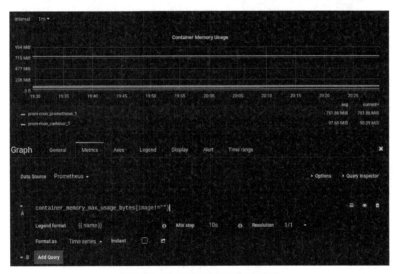

图 9-35　展示数据的查询语言达式

9.4　习题

1. 什么是 Docker Machine？
2. 简述 Docker Machine 的用途。
3. Docker Machine 驱动有什么作用？
4. 容器跨主机通信有哪几种方式？
5. 简述 macvlan 网络的特点。

6. 简述 overlay 网络的特点。

7. 简述 overlay 网络的通信原理。

8. Prometheus 由哪些组件组成?

9. 练习通过 Docker Machine 在 Linux 主机上远程安装 Docker。

10. 熟悉 docker-machine 子命令的用法。

11. 设置桥接的 macvlan 网络以支持两台主机上的容器之间通信。

12. 选择 Consul 作为服务发现工具，创建 overlay 网络来测试容器的跨主机通信。

13. 熟悉容器的启动、停止、暂停和恢复操作。

14. 安装配置 Weave Scope，实现对容器和主机的监控。

15. 参照 9.3.3 节的示范，部署一个 Prometheus 系统来监控 Docker 主机和容器。

10 第10章　Docker Swarm集群

　　第 9 章介绍了多主机的 Docker 管理，本章要介绍的集群（Cluster）也是由多主机组成的，只是集群作为一个协同工作的有机整体，能够像单个系统那样工作，同时支持高可用、负载平衡和并行处理。在集群中部署应用程序，不必关心具体部署在哪台主机上，只需关心需要的资源，一切由集群管理程序进行调度。从 Docker 1.12 版本开始引入 Swarm 模式来实现集群管理。Swarm 本意是蜂群，表示动物的群体，Docker 使用这个概念表示由多个 Docker 引擎组成的一个整体，也就是集群。

　　本章内容分成两大部分：第一部分围绕 Docker Swarm 本身介绍其概念、架构和工作机制，讲解 Swarm 集群的创建、应用的部署与伸缩和节点管理，以及 Swarm 服务网络的管理；第二部分讲解的是基于 Swarm 集群的扩展功能，涉及使用 Docker 堆栈部署分布式应用、管理敏感数据和服务配置数据。将数据与服务解耦，可以提高安全性和管理性，堆栈是 Docker 应用部署的最高层次，可以将不同主机的 Docker 容器以服务的形式在集群中一步部署到位，这些功能在生产环境中都非常实用。

10.1 Docker Swarm 基础

用 Docker Swarm 创建集群非常简单，不需要额外安装任何软件，也不需要进行任何额外的配置，很适合用来学习和使用 Docker 容器集群平台，当然也可用于中小规模的 Docker 集群实际部署。

10.1.1 Docker Swarm 模式

Docker 的目前版本包括原生的 Swarm 模式，其主要特性列举如下。

- 与 Docker 引擎集成的集群管理。使用 Docker 引擎的命令行创建一个 Docker 引擎的集群，在其中部署应用程序的服务。无须额外的编排软件来创建或管理集群。Swarm 集群管理的对象主要是服务，而不是独立的容器。
- 分散式设计。对于节点角色之间的差异性，Docker 引擎不是在部署时处理，而是在运行时处理。可以使用 Docker 引擎部署的节点有两种类型：管理器（Managers）和工作者（Workers），它们分别被称为管理节点和工作节点。
- 声明式服务模型。Docker 引擎使用声明式方法在应用堆栈中定义各种服务所需的状态。例如，可能会描述一个由带有消息队列服务的 Web 前端服务和一个数据库后端组成的应用。
- 可伸缩。对于每个服务，可以声明要运行的任务数量。当增加或缩减时，集群管理器会通过添加或删除任务来自动调整以保持期望的状态。
- 状态自动调整。集群管理节点持续监视集群状态，并调整实际状态与期望状态之间的差异。例如，如果设置了一个服务来运行一个容器的 10 个副本，一个承载其中 2 个副本的工作节点失效，那么管理器将创建 2 个新的副本来替换失效的副本，并将新副本分配给正在运行且可用的工作节点。
- 多主机联网。可以为服务指定一个 overlay 网络。Swarm 管理器在初始化或更新应用程序时自动为 overlay 网络上的容器分配地址。
- 服务发现（Service Discovery）。Swarm 管理节点为 Swarm 集群中的每个服务分配一个唯一的 DNS 名称，并平衡正在运行的容器的负载。可以通过 Swarm 集群中内嵌的 DNS 服务器查询集群中运行的每个容器。
- 默认安全机制。Swarm 集群中的每个节点都强制进行 TLS 相互认证和加密，以保护其自身与所有其他节点之间的通信。可以选择使用自签署的根证书或来自第三方根 CA 的证书。
- 滚动更新。一旦有更新推出，就可以以增量方式将服务更新应用于节点。Swarm 管理器可控制服务部署到不同节点组之间的延迟。如果出现任何问题，则可以将任务回滚到以前版本。

10.1.2 Docker Swarm 主要概念

1. Swarm

Swarm 是由多个 Docker 引擎组成的一个整体，也就是集群。嵌入在 Docker 引擎中的集群管理和编排功能是由 SwarmKit 工具构建的。

一个 Swarm 集群包括多个以 Swarm 模式运行的 Docker 主机，它们充当管理器（负责管理成员和代理）和工作者（负责运行 Swarm 服务）。一个 Docker 主机可以是管理器，也可以是工作者，或者同时兼任这两种角色。

当创建一个服务时，可以定义其最佳状态（副本数、可用的网络和存储资源、对外暴露的端口等），Docker 尽力维持这种期望的状态。例如，如果一个工作节点不可用，Docker 将该节点的任务安排给其他节点。一个任务就是一个正在运行的容器，也是一个 Swarm 服务的一部分，由 Swarm 管理器管理，这与独立容器不同。

Swarm 服务相对于独立容器的一个关键优势是，无须手动重启服务就可以修改服务的配置，包括要连接的网络和数据卷。Docker 会更新该配置，停止拥有以前配置的服务任务，并创建一个符合新配置的服务任务。

当 Docker 以 Swarm 模式运行时，仍然可以在加入 Swarm 集群的 Docker 主机上运行独立容器。这两者的关键差别在于只有 Swarm 管理器能够管理 Swarm 集群，而独立容器可以由任何守护进程启动。Docker 守护进程可以作为管理器或工作者加入 Swarm 集群。

与使用 Docker Compose 定义和运行容器一样，也可以定义和运行 Swarm 服务堆栈（Service Stack）。

2. 节点

节点（Node）是加入 Swarm 集群的 Docker 引擎的一个实例，也可以将其视为一个 Docker 节点。可以在单台物理计算机或云主机上运行一个或多个节点，但生产型 Swarm 部署通常包括分布在多台物理机和云主机上的 Docker 节点。

要将应用程序部署到 Swarm 集群，需要向管理节点提交服务定义。管理节点将称为任务的工作单元分配给工作节点。

管理节点还执行维护 Swarm 集群期望状态所需的编排和集群管理功能。管理节点选举一个领导者（Leader）来执行编排任务。

工作节点接收并执行从管理节点分配下来的任务。默认情况下，管理节点也作为工作节点运行服务，但是也可以将其配置为只运行管理任务的纯管理节点。代理（Agent）在每个工作节点上运行并报告分配给它的任务。工作节点向管理节点通告被分配的任务的当前状态，以便管理节点能够维持每个工作节点的期望状态。

3. 服务和任务

服务（Service）用于定义要在管理节点或工作节点上执行的任务，是整个集群系统的中心结构。创建服务时可指定要使用的容器镜像和要在容器中执行的命令。

在复制服务（Replicated Service）模型中，Swarm 管理器根据期望状态中设置的比例在节点之间分配特定数量的任务副本。对于全局服务（Global Service），Swarm 在集群中每个可用节点上运行服务的一个任务。

一个任务（Task）定义 Docker 容器和要在容器中运行的命令。它是 Swarm 集群的原子调度单位。管理节点根据服务规模中设置的副本数量将任务分配给工作节点。一旦任务分配给某个节点，就不能转移到另一个节点，只能在所分配的节点上正常运行或运行失败。

4. 负载平衡

Swarm 管理器使用 Ingress 负载平衡（Load Balancing）来暴露要提供给 Swarm 集群外部的服务。可将 Ingress 译为入口。它可以自动为服务分配一个发布端口（Published Port），或者由用户为该服务配置一个发布端口。可以指定任何未使用的端口。如果不指定端口，那么 Swarm 管理器将为该服务分配一个 30000~32767 范围内的高位端口号。

外部组件（如云负载平衡器）可以访问集群中任何节点发布端口上的服务。Swarm 集群的所有节点都会将 Ingress 网络连接路由到正在运行的任务实例。

Swarm 模式有一个内部 DNS 组件自动为集群中的每个服务分配一个 DNS 条目。Swarm 管理器根据服务的 DNS 名称，使用内部负载平衡在集群内的服务之间分配请求。

10.1.3　Swarm 节点工作机制

Swarm 集群由一个或多个节点组成，这些节点可以是运行 Docker 引擎的物理机或虚拟机，节点分为管理节点和工作节点两种类型。其架构如图 10-1 所示。

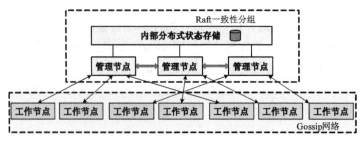

图 10-1　Swarm 模式集群架构

1.　管理节点

管理节点负责下列集群管理任务。

- 维护集群状态。
- 调度服务。
- 提供 Swarm 模式 HTTP API 端点。

管理器使用 Raft 一致性算法，可以维持整个 Swarm 集群及其中运行的所有服务的内部状态一致性。如果仅用于测试，则一个集群使用单个管理器就可以。单管理器集群中的管理器若出现故障，则服务将继续运行，但需要创建一个新的集群以进行恢复。

为充分利用 Swarm 模式的容错功能，Docker 建议用户根据自己的高可用性要求部署奇数个节点。当有多个管理器时，管理节点发生故障，不用停机就可以恢复。

- 3 个管理器的 Swarm 集群最多允许一个管理节点的失效。
- 5 个管理器的 Swarm 集群最多允许两个管理节点的同时失效。
- N 个管理器的 Swarm 集群最多容忍 $(N-1)/2$ 个管理节点的同时失效。
- Docker 建议一个集群最多 7 个管理节点。添加更多的管理节点并不意味着可扩展性或更高的性能，往往情况正好相反。

2.　工作节点

工作节点也是 Docker 引擎的实例，其唯一目的是运行容器。工作节点不加入 Raft 分布式状态存储，不进行调度决策，也不提供 Swarm 模式 HTTP API 服务。

可以创建单个管理节点的集群，但集群中不能只有工作节点而没有管理节点。默认情况下，所有管理节点同时也是工作节点。在单个管理节点的集群中，可以运行像 docker service create 这样的命令，调度器（Scheduler）会将所有任务放置到本地引擎上。

要阻止调度器将任务放置到多节点集群中的管理节点上，应将管理节点的可用性设置为排空（Drain）。调度器会停止排空模式节点上的任务，并将该任务调配给处于活动（Active）状态的节点。调度器不会将新任务分配给可用性为排空的节点。

3.　改变节点的角色

可以通过运行 docker node promote 命令将工作节点提升为管理节点。例如，要对管理节点进行离线维护时，可能需要升级工作节点。当然，也可以将管理节点降级为工作节点。

10.1.4　Swarm 服务工作机制

要在 Docker 引擎处于 Swarm 模式时部署应用程序镜像，可以创建一个服务。在一些规模更大的应用中，服务通常会成为微服务的镜像。服务的例子可能包括 HTTP 服务器、数据库，或希望在分布式环境中运行的任何其他类型的可执行程序。

在创建服务时，可以指定要使用哪个容器镜像，要在容器中执行哪些命令，还可以为服务设置以下选项。

- Swarm 集群对外提供该服务的端口。
- 该服务连接到集群中其他服务的 overlay 网络。
- CPU 和内存的限制和保留资源。
- 滚动更新策略。
- 在 Swarm 集群中要运行的镜像的副本数。

1. 服务、任务和容器

将服务部署到 Swarm 集群时，Swarm 管理器将服务定义视为服务的期望状态，然后将该服务作为一个任务或多个任务副本在节点上进行调度。这些任务在集群中的节点上彼此独立运行。

例如，假设要在 HTTP 侦听器的 3 个实例之间进行负载平衡。图 10-2 示意了具有 3 个 nginx 副本的 HTTP 侦听器服务。3 个实例中的每一个都是 Swarm 集群中的一个任务。

容器是被隔离的过程。在 Swarm 模式模型中，每个任务只调用一个容器。任务类似于调度程序放置容器的"插槽"。一旦容器处于活动状态，调度程序就会识别出该任务处于运行状态。如果容器未通过健康检查或终止，则任务也将终止。

2. 任务和调度

任务是 Swarm 集群中调度的原子单位。当通过创建或更新服务来声明期望的服务状态时，编排器（Orchestrator）通过调度任务来实现期望的状态。例如，可以定义一个服务，指示编排器始终保持运行 HTTP 侦听器的 3 个实例，编排器通过创建 3 个任务来实现。每个任务都是调度器通过生成容器来填充的"插槽"。容器是任务的实例化。如果后来 HTTP 侦听程序任务未通过健康检查或崩溃，则该编排器会创建一个新的任务副本，以生成一个新的容器。

任务采用单向机制。它通过一系列状态（分配、准备、运行等）单向推进。如果任务失败，则编排器会删除任务及其容器，然后根据服务指定的期望状态创建一个新的任务进行替换。

Docker Swarm 模式的底层逻辑是通用调度器和编排器实现的。服务和任务抽象本身并不知道它们实现的容器。假设可能要实现其他类型的任务，如虚拟机任务或非容器化的任务，调度器和编排器并不知道任务的类型。但是，目前版本的 Docker 仅支持容器任务。

图 10-3 展示了 Swarm 模式如何接受服务创建请求，并将任务调度到工作节点。

3. 挂起服务

所配置的服务可能遇到集群中当前没有任何节点可以运行其任务的情况，这意味着服务保持在挂起（Pending）状态。下面列出服务处于挂起状态的几个例子。

- 所有节点都处于暂停（Pause）或排空（Drain）状态时创建的服务将被挂起，直到某个节点可用。实际上，第一个可用的节点将获得所有的任务，因此在生产环境中要避免这样做。
- 可以为服务保留一定数量的内存。如果 Swarm 集群中没有节点满足所需的内存，则该服务将保持挂起状态，直到有可用节点运行其任务。如果内存指定一个非常大的值，比如 500 GB，那么这个任务将永远处于挂起状态，除非真有一个可以满足它的节点。

- 可以对服务施加放置约束控制，而在给定的时间内可能不符合约束规则。这种行为说明用户任务的要求和配置没有与 Swarm 集群的当前状态紧密联系在一起。集群管理员只需声明集群所期望的状态，让管理器与集群中的节点一起工作来创建该状态，没有必要对集群上的任务管得过细。

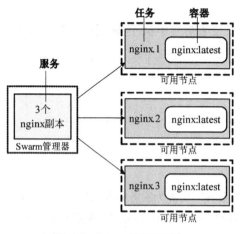

图 10-2　Swarm 服务示意图

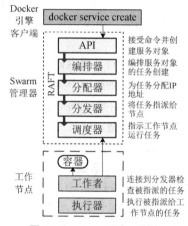

图 10-3　Swarm 服务工作流

提示：如果只是要阻止某个服务的部署，只需将服务副本数设为 0，而不要尝试以上述这几种方式将其配置为挂起状态。

4. 复制服务和全局服务

服务部署有两种类型，即复制服务和全局服务。

对于复制服务，指定要运行的相同任务的数量。例如，部署一个具有 3 个副本的 HTTP 服务，每个副本提供相同的内容。

全局服务是指在每个节点上都运行一个任务的服务，没有预定的任务数。每次将节点添加到 Swarm 集群时，协调器都将创建一个任务，调度器将该任务分配给新的节点。监控代理是一种全局服务，需要在集群中的每个节点上运行防病毒扫描程序或其他类型的容器。

图 10-4 显示了 3 个服务的副本和一个全局服务。

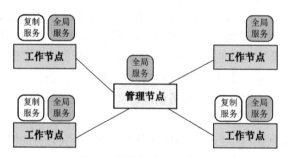

图 10-4　全局服务与复制服务

10.1.5　使用 PKI 管理 Swarm 安全性

Docker 内置的 Swarm 模式 PKI（公钥基础设施）系统用于简化容器编排系统的安全部署。集群中的节点之间的通信使用 TLS（传输层安全性）协议相互进行认证、授权和加密。

运行 docker swarm init 命令创建一个 Swarm 集群时，Docker 将自己指定为管理节点。默认情况下，管理节点会生成一个新的根证书颁发机构（CA）和一个密钥对，用于保护与加入该集群的其他节点之间的通信。如果愿意，执行 docker swarm init 命令使用--external-cadocker 选项可以指定使用外部生成的根 CA。

将其他节点加入 Swarm 集群中时，管理节点还会生成两个令牌：一个工作者令牌和一个管理器令牌。每个令牌都包含根 CA 证书的摘要和随机生成的密钥。当节点加入集群时，会使用摘要来验证来自远程管理器的根 CA 证书。远程管理器使用该密钥来确保加入的节点是被准许的节点。

每当新节点加入 Swarm 集群时，管理器都会向节点颁发证书。证书包含一个随机生成的节点 ID，用于标识证书公用名称（CN）下的节点和组织单位（OU）下的角色。节点 ID 用作当前集群中节点生命周期的密码形式的安全节点标识。

图 10-5 演示了管理节点和工作节点如何使用 TLS（要求最低版本为 1.2）来加密通信。

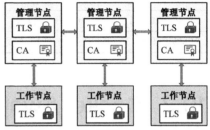

图 10-5 TLS 加密通信

默认情况下，Swarm 集群中的每个节点每 3 个月更新一次证书。可以通过运行以下命令来配置此周期。最小轮转值是 1 小时。

```
docker swarm update --cert-expiry <周期>
```

10.1.6 Swarm 任务状态

Docker 可用于创建能够启动任务的服务。一个服务就是期望状态和工作任务的描述。在 Swarm 模式中，按照以下顺序调度要执行的工作任务。

（1）通过 docker service create 命令（也可用 UCP web UI 或 CLI）创建一个服务。

（2）请求到达 Docker 管理节点。

（3）管理节点将该服务安排在特定的节点上运行。

（4）每个服务可以启动多个任务。

（5）每个任务有一个生命周期，经历像新建（NEW）、挂起（PENDING）和完成（COMPLETE）这样的状态。

任务是一次性运行的执行单元。当任务终止时，就不再被执行，但是一个新的任务会取代它。任务经历许多状态直到完成或失败。任务发起时处于新建状态，向前经过一系列状态，不会回退。例如，任务绝不会从完成状态变为运行状态。表 10-1 按照顺序列出任务的各种状态。执行 docker service ps 命令可以获取任务的状态信息。

表 10-1 Swarm 任务状态

任务状态	说明
NEW（新建）	任务初始化
PENDING（挂起）	为任务分配资源
ASSIGNED（指派）	Docker 已将任务指派给节点
ACCEPTED（接受）	任务由一个工作节点所接受。如果工作者节点拒绝此任务，则状态将变为 REJECTED
PREPARING（准备）	Docker 正在准备任务

任务状态	说明
STARTING（启动）	Docker 正在启动任务
RUNNING（运行）	任务正在运行
COMPLETE（完成）	任务不带任何错误代码退出
FAILED（失败）	任务带有错误代码退出
SHUTDOWN（关闭）	Docker 请求关闭任务
REJECTED（拒绝）	工作节点拒绝任务
ORPHANED（孤立）	节点关闭时间太长
REMOVE（删除）	任务没有终止，但是关联的服务被删除或被压缩掉

10.2　Docker Swarm 基本操作

这里以一个完整的入门示例来讲解 Docker Swarm 功能的基本实现，整个实验要实现以下目标。

- 以 Swarm 模式初始化一个 Docker 引擎集群。
- 向集群中添加节点。
- 将应用服务部署到集群中。
- 管理和维护 Swarm 集群。

10.2.1　设置运行环境

在创建 Swarm 集群之前，需要进行一些前期准备工作，设置基本运行环境。

1. 准备联网主机

本实验需要 3 台安装了 Docker 并可通过网络进行通信的 Linux 主机。这些主机可以是物理机、虚拟机、Amazon EC2 虚拟机实例，或以其他方式托管的主机。用户甚至还可以使用 Linux、MacOS 或 Windows 主机上的 Docker Machine 进行远程管理。

例中使用 3 台运行 CentOS 7 操作系统的 VMware 虚拟机（可以直接克隆虚拟机来快速安装操作系统），将其中一台主机名改为 manager1，作为管理节点（兼作工作节点）；另外两台主机名改为 worker1 和 worker2，作为工作节点。

2. 为每台主机安装 Docker

在每台主机上安装 Docker，确保验证 Docker 守护进程正在每台机器上运行。例中安装的是 18.09 版本。

3. 设置节点的 IP 地址

必须为主机的网络接口分配 IP 地址。集群中的所有节点必须能够通过 IP 地址访问管理节点。管理节点应使用固定的 IP 地址以便其他节点通过其 IP 地址联系它。例中 3 台主机的 IP 地址分别为 192.168.199.31、192.168.199.32 和 192.168.199.33。

4. 各主机开放相应的端口

必须在主机上开放防火墙的以下端口。

- TCP 端口 2377：用于集群管理通信。
- TCP/UDP 端口 7946：用于节点之间的通信。

- UDP 端口 4789：用于 overlay 网络流量。
- 如果计划使用加密方式（--opt encrypted）创建 overlay 网络，则需要确保允许 IP 50 协议（ESP）通信。

例中为简化实验操作，直接关闭各主机上的防火墙。

接下来的操作是在各主机上进行的。如果远程管理管理节点，可使用 ssh 命令连接它之后进行操作。如果使用 Docker Machine，则可以使用 docker-machine ssh 命令通过 SSH 连接到要执行操作的主机再进行操作。这里直接在每台主机的本地终端窗口中进行操作。

10.2.2　创建 Swarm 集群

完成上述准备工作之后，确保各主机上的 Docker 守护进程已经启动。下面在管理节点 manager1 主机上执行操作步骤。

（1）运行以下命令来创建一个新的 Swarm 集群：

```
docker swarm init --advertise-addr <管理器 IP>
```

--advertise-addr 选项用于指定管理节点的 IP 地址。如果测试单节点 Swarm，则没有必要使用这个选项。例中执行过程如下：

```
[root@manager1 ~]# docker swarm init --advertise-addr 192.168.199.31
Swarm initialized: current node (ei8h6geuy2tvjmnkrw4opb1uq) is now a manager.
To add a worker to this swarm, run the following command:
    docker swarm join --token SWMTKN-1-1sdvgudp3snmdy7ai1kmfht55vhmq0hewnjo20rof8vaai
32mh-ailn5713oj2tedpqndphovspu 192.168.199.31:2377
To add a manager to this swarm, run 'docker swarm join-token manager' and follow the
instructions.
```

该命令的输出提示当前节点已成为管理器，还包括将新节点加入集群的命令。根据--token 选项的值，节点将作为管理器或工作者的角色加入。

（2）执行 docker info 命令查看 Swarm 集群的当前状态，下面仅列出关键的部分信息：

```
Swarm: active
 NodeID: ei8h6geuy2tvjmnkrw4opb1uq
 Is Manager: true
 ClusterID: p2fb1ugfnicnm6bdp7jq3we3p
 Managers: 1
 Nodes: 1
```

（3）执行 docker node ls 命令查看有关节点的信息：

```
[root@manager1 ~]# docker node ls
ID                            HOSTNAME  STATUS  AVAILABILITY  MANAGER STATUS  ENGINE VERSION
ei8h6geuy2tvjmnkrw4opb1uq *   manager1  Ready   Active        Leader          18.09.0
```

节点 ID 右侧的符号 "*" 指示当前连接的节点，目前只有一个节点。Docker Swarm 模式会自动将节点命名为主机名称。

10.2.3　将节点加入 Swarm 集群

一旦创建了一个带有管理节点的集群，就可以添加工作节点了。

（1）在主机 worker1 上进入终端窗口，运行上述 docker swarm init 命令输出产生的命令（可以直接复制它），以创建一个加入现有集群的工作节点：

```
[root@worker1 ~]# docker swarm join --token SWMTKN-1-1sdvgudp3snmdy7ai1kmfht55vhmq0he
wnjo20rof8vaai32mh-ailn5713oj2tedpqndphovspu 192.168.199.31:2377
This node joined a swarm as a worker.
```

如果当时没记下添加工作者的完整命令，可以通过 docker swarm join-token worker 命令获取，不过这个命令只能在管理节点上执行。

（2）在主机 worker2 上执行与 worker1 相同的操作，也将它添加为工作节点。

提示：如果执行 docker swarm join 命令时出现错误提示 "Error response from daemon: --cluster-store and --cluster-advertise daemon configurations are incompatible with swarm mode"，则说明该节点以前加入过集群。解决这个问题的方法是删除相关的集群配置信息（如在 /etc/docker/daemon.json 文件或 /etc/systemd/system/docker.service.d 目录中的 .conf 文件中删除与 cluster 相关的配置），重启 Docker。

（3）在管理节点主机 manager1 上运行 docker node ls 命令以查看当前的节点信息：

```
[root@manager1 ~]# docker node ls
ID                              HOSTNAME   STATUS   AVAILABILITY   MANAGER STATUS   ENGINE VERSION
ei8h6geuy2tvjmnkrw4opbluq *     manager1   Ready    Active         Leader           18.09.0
24gzdneg1s4rgv51w4mu5qvcj       worker1    Ready    Active                          18.09.1
rm0u08ntv53n251g05kvfyniu       worker2    Ready    Active                          18.09.0
```

可以发现两个工作节点已经添加进来了。**MANAGER STATUS** 列标识集群中的管理节点，此列中的空白状态将节点标识为工作者。像 docker node ls 这样的 Swarm 管理命令只能在管理节点上运行。至此，一个 3 节点的 Swarm 集群就已经搭建好了。

10.2.4 将服务部署到 Swarm 集群

创建完 Swarm 集群之后，可以将服务部署到其中，在管理节点主机中执行以下操作。

（1）运行以下命令部署服务：

```
[root@manager1 ~]# docker service create --replicas 1 --name helloworld alpine ping b
aidu.com
v65v1ostu4pcavwtqzadi3vp5
overall progress: 1 out of 1 tasks
1/1: running   [==================================================>]
verify: Service converged
```

用于创建服务的 docker service create 命令与运行容器的 docker run 命令比较相似。--name 选项将服务命名为 helloworld，--replicas 选项指定该服务运行实例的副本数，参数 alpine ping baidu.com 表示将服务定义为一个 alpine 容器并执行 ping docker baidu.com 命令。

（2）运行 docker service ls 命令查看正在运行的服务的列表：

```
[root@manager1 ~]# docker service ls
ID             NAME         MODE         REPLICAS    IMAGE             PORTS
v65v1ostu4pc   helloworld   replicated   1/1         alpine:latest
```

每个服务有自己的 ID 和名称。REPLICAS 列以 *m/n* 的格式显示当前副本信息，*n* 表示服务期望的容器副本数，*m* 表示目前已经启动的副本数。如果 *m* 等于 *n*，则说明当前服务已经部署完成，否则就意味着还没有部署完成。

（3）运行 docker service ps 命令查看服务每个副本在哪个节点运行，处于什么状态：

```
[root@manager1 ~]# docker service ps helloworld
ID             NAME           IMAGE           NODE        DESIRED STATE   CURRENT STATE        ERROR   PORTS
vptdw8rwjiqm   helloworld.1   alpine:latest   manager1    Running         Running 15 minutes ago
```

服务的每个副本就是一个任务，有自己的 ID 和名称，名称格式为"服务名.序号"，如 "helloworld.1"，不同的序号表示依次分配的副本。默认情况下，管理节点可以像工作节点一样执行任务。DESIRED STATE 列显示期望的状态，CURRENT STATE 列显示当前的实际状态。为集群部署服务之后，可以使用 Docker 命令进一步查看服务的详细信息。

（4）执行以下命令显示有关服务的详细信息，**--pretty** 选项表示以易于阅读的格式显示：

```
[root@manager1 ~]# docker service inspect --pretty helloworld
ID:         v65v1ostu4pcavwtqzadi3vp5
Name:       helloworld
Service Mode:Replicated
 Replicas:   1
Placement:
UpdateConfig:
 Parallelism:1
 On failure: pause
 Monitoring Period: 5s
 Max failure ratio: 0
 Update order:      stop-first
RollbackConfig:
 Parallelism:1
 On failure: pause
 Monitoring Period: 5s
 Max failure ratio: 0
 Rollback order:    stop-first
ContainerSpec:
 Image:alpine:latest@sha256:46e71df1e5191ab8b8034c5189e325258ec44ea739bba1e5645cff83c
9048ff1
 Args:       ping baidu.com
 Init:       false
 Resources:
 Endpoint Mode:  vip
```

要以 JSON 格式返回服务的详细信息，在运行该命令时不要带--pretty 选项。

（5）在运行任务的节点上执行 docker ps 或 docker container ls 命令，查看有关任务容器的详细信息。如果服务不在当前节点上运行，则可使用 ssh 连接到运行服务的节点上操作。使用 docker ps 命令查看及结果如下：

```
[root@manager1 ~]# docker ps
CONTAINER ID  IMAGE          COMMAND           CREATED        STATUS        PORTS  NAMES
07fa247cea0b  alpine:latest  "ping baidu.com"  19minutes ago  Up 19 minutes        helloworld.1.vpt
dw8rwjiqmktf5y6snq4irn
```

每个服务任务都作为一个 Docker 容器在主机上运行，这些容器也有自己唯一的 ID 和名称。名称的格式为"服务名.序号.服务 ID"，如"helloworld.1.vptdw8rwjiqmktfy6snq4irn"。

10.2.5　增加和缩减服务

一旦将服务部署到 Swarm 集群中，就可以使用 Docker 命令行来增加（Scale Up）服务中的容器数量，也可以根据需要缩减（Scale Down）服务中的容器数量。在服务中运行的容器被称为任务，每个任务就是一个服务的副本。

1. 增加服务

对于服务来说，运行多个实例进行负载平衡，同时也能提高可用性，使用 Swarm 实现这个目标非常简单，增加服务的副本数就可以了。基于上述部署的 helloworld 服务在管理节点主机中执行以下操作。

（1）运行以下命令更改在集群中运行的服务的所期望的状态：

```
docker service scale <服务 ID>=<任务数>
```

例中运行该命令的过程如下：

```
[root@manager1 ~]# docker service scale helloworld=5
helloworld scaled to 5
overall progress: 5 out of 5 tasks
1/5: running   [==================================================>]
2/5: running   [==================================================>]
3/5: running   [==================================================>]
4/5: running   [==================================================>]
5/5: running   [==================================================>]
verify: Service converged
```

（2）运行 docker service ps 命令查看更新的任务列表：

```
[root@manager1 ~]# docker service ps helloworld
ID             NAME          IMAGE           NODE      DESIRED STATE   CURRENT STATE         ERROR   PORTS
vptdw8rwjiqm   helloworld.1  alpine:latest   manager1  Running         Running 26 minutes ago
n72z1yingp7j   helloworld.2  alpine:latest   worker1   Running         Running 56 seconds ago
pw8mbayzkcex   helloworld.3  alpine:latest   worker1   Running         Running 56 seconds ago
5exnkbmntch1   helloworld.4  alpine:latest   manager1  Running         Running about a minute ago
ypn2inb6luwu   helloworld.5  alpine:latest   worker1   Running         Running about a minute ago
```

可以发现 Swarm 创建了 4 个新任务，增加到总共 5 个运行的 alpine 实例。任务分布在集群的 3 个节点之间，在 manager1、worker1 和 worker 主机上分别运行 2 个、2 个和 1 个服务任务。

（3）运行 docker ps 查看节点上正在运行的任务，这里查看 worker1 上的容器：

```
[root@worker1 ~]# docker ps
CONTAINER ID   IMAGE           COMMAND           CREATED         STATUS        PORTS   NAMES
da21eleff2b4   alpine:latest   "ping baidu.com"  13 minutes ago  Up 13 minutes         helloworld.3.
pw8mbayzkcexg5qfhehz7rir5
f6054cb5c263   alpine:latest   "ping baidu.com"  13 minutes ago  Up 13 minutes         helloworld.2.
n72z1yingp7j7wxqzeqtjx7ax
```

要查看其他节点上运行的容器，可以在该节点登录，或者通过 ssh 命令连接这些节点并运行 docker ps 命令。

2. 缩减服务

服务的缩减也就是减少副本数。运行下面的命令将上述服务的副本数减少到 3：

```
[root@manager1 ~]# docker service scale helloworld=3
helloworld scaled to 3
overall progress: 3 out of 3 tasks
1/3: running   [==================================================>]
2/3: running   [==================================================>]
3/3: running   [==================================================>]
verify: Service converged
```

完成操作之后，运行 docker service ps 命令查看更新的任务列表，可以发现，helloworld.4 和 helloworld.5 这两个副本已经被删除了：

```
[root@manager1 ~]# docker service ps helloworld
ID             NAME          IMAGE           NODE      DESIRED STATE   CURRENT STATE          ERROR   PORTS
vptdw8rwjiqm   helloworld.1  alpine:latest   manager1  Running         Running about an hour ago
n72z1yingp7j   helloworld.2  alpine:latest   worker1   Running         Running 28 minutes ago
ypn2inb6luwu   helloworld.5  alpine:latest   worker 1  Running         Running 28 minutes ago
```

10.2.6　故障迁移与重新平衡

故障是在所难免的，容器可能崩溃，Docker 主机也可能宕机，不过 Swarm 已经内置了故障转移（Failover）策略。

1. 服务的故障转移

故障转移是 Swarm 内置的功能，无须专门声明。创建服务时只要声明期望状态（比如运行 3 个副本），无论发生什么状况，Swarm 会尽最大努力达到这个期望状态。在 Swarm 集群中，当一个节点关闭或崩溃时，该节点上的服务会自动转移到另一个节点上，从而实现故障转移。

上一节缩减服务之后，还有 3 个副本分布在 3 个节点上。为测试故障转移功能，关闭其中的 worker1 主机。Swarm 会检测到该节点主机的故障，在管理节点上运行 docker node ls 命令，会发现其状态（STATUS）被标记为 Down（宕机）：

```
[root@manager1 ~]# docker node ls
ID                           HOSTNAME   STATUS   AVAILABILITY   MANAGER STATUS   ENGINE VERSION
Ei8h6geuy2tvjmnkrw4opbluq *  manager1   Ready    Active         Leader           18.09.0
24gzdnegls4rgv5lw4mu5qvcj    worker1    Down     Active                          18.09.1
rm0uo8ntv53n251g05kvfyniu    worker2    Ready    Active                          18.09.0
```

Swarm 还会将故障主机上的副本调度到其他的可用节点。可以在管理节点上执行 docker service ps 命令来考察这个转移过程。可以发现，helloworld.2 副本已经从 worker1 主机迁移到了 worker2 主机并正常运行，之前在故障节点 worker1 上运行的 helloworld.2 副本状态被标记为 Shutdown（关闭）：

```
[root@manager1 ~]# docker service ps helloworld
ID              NAME              IMAGE           NODE       DESIRED STATE   CURRENT STATE          ERROR
PORTS
vptdw8rwjiqm    helloworld.1      alpine:latest   manager1   Running        Running about an hour ago
69wnzbn0rshi    helloworld.2      alpine:latest   worker2    Running        Running 35 seconds ago
n72z1yingp7j    \_ helloworld.2   alpine:latest   worker1    Shutdown       Running 34 minutess ago
ypn2inb6luwu    helloworld.5      alpine:latest   worker2    Running        Running 35 seconds ago
```

2. 强制 Swarm 重新平衡任务

一般来说，不需要强制 Swarm 重新平衡任务。向集群中添加新节点，或者节点在某段时间不可用后再重新连接到集群时，Swarm 并不会自动将工作负载分配给闲置节点。如果 Swarm 为了平衡而定期将任务转移到不同节点，那么使用这些任务的客户端将会中断，这显然不符合可用性的要求。只有当新任务启动时，或者当运行任务的节点变为不可用时，这些任务才会被分配给不太繁忙的节点。目标是最终平衡（Eventual Balance），使得对终端用户造成的影响最小。

可以使用带 -f（--force）选项的 docker service update 命令来强制服务，在可用的工作节点上重新分配其任务，只是这样会导致服务任务重新启动。这里在上述故障转移示例的基础上，重新启动 worker1 主机之后，进行以下操作，helloworld.2 副本就会调度到 worker1 主机上，从而实现所有节点间的服务平衡分布：

```
[root@manager1 ~]# docker service update --force helloworld
helloworld
overall progress: 3 out of 3 tasks
1/3: running   [==================================================>]
2/3: running   [==================================================>]
3/3: running   [==================================================>]
verify: Service converged
```

10.2.7　删除 Swarm 服务

可以删除 Swarm 中运行的服务。

（1）运行以下命令删除 helloworld 服务：

```
[root@manager1 ~]# docker service rm helloworld
helloworld
```

（2）使用 docker service inspect 命令验证是否删除该服务：

```
[root@manager1 ~]# docker service inspect helloworld
[]
Status: Error: no such service: helloworld, Code: 1
```

返回的消息指出找不到服务。

（3）即使该服务不再存在，任务容器也需要几秒钟才能清理完毕。可以在相关节点上使用 docker ps 命令验证任务何时被删除，直到没有显示该服务的任务容器，才表明服务已经清理完毕。

10.2.8　对服务进行滚动更新

上述实验中已经增减了服务实例的数量，接下来部署一个基于 Redis 3.0.6 容器镜像的服务，然后使用滚动更新对服务进行升级，以使用 Redis 3.0.7 容器镜像。

在管理节点进行以下操作。

（1）执行以下命令将 Redis 3.0.6 部署到集群，并配置 10 秒的更新延迟策略：

```
docker service create --replicas 3  --name redis --update-delay 10s  redis:3.0.6
```

可以在服务部署时配置滚动更新策略。--update-delay 选项配置更新一个或多组任务之间的时间延迟。时间可使用的单位有秒（s）、分钟（m）或小时（h），还可组合使用多种单位的时间，例如，10min30s 表示延迟 10 分钟 30 秒。

默认情况下，调度器一次更新一个任务。可以通过--update-parallelism 选项配置调度器同时更新的最大服务任务数。

默认情况下，当对单个任务的更新返回运行状态时，调度器会调度另一个任务来更新，直到所有任务都被更新。如果在任务更新期间的任何时间返回失败状态，调度器会暂停更新。可以使用 --update-failure-action 选项来控制 docker service create 或 docker service update 命令的行为。

（2）执行如下命令查看 redis 服务详细信息：

```
[root@manager1 ~]# docker service inspect --pretty redis
ID:        yo3fj8xdn1wz6su0t0dn7pw2v
Name:      redis
Service Mode:Replicated
 Replicas:   3
Placement:
UpdateConfig:
 Parallelism:1
 Delay:       10s
 On failure: pause
 Monitoring Period: 5s
 Max failure ratio: 0
 Update order:      stop-first
RollbackConfig:
 Parallelism:1
 On failure: pause
 Monitoring Period: 5s
 Max failure ratio: 0
 Rollback order:    stop-first
ContainerSpec:
 Image:
redis:3.0.6@sha256:6a692a76c2081888b589e26e6ec835743119fe453d67ecf03df7de5b73d69842
 Init:         false
Resources:
Endpoint Mode:  vip
```

（3）执行 docker service update 命令更新容器镜像：

```
docker service update --image redis:3.0.7 redis
```

Swarm 管理器根据更新配置策略将更新应用于节点。调度器默认按照以下顺序应用更新。

- 停止第一个任务。
- 对被停止的任务安排更新。
- 启动已更新的任务的容器。
- 如果更新任务时返回运行状态，则等待指定的时间延迟，然后启动下一个任务。
- 在更新期间返回失败状态，则停止更新。

（4）运行以下命令查看所期望的状态中的新镜像：

```
[root@manager1 ~]# docker service inspect --pretty redis
ID:        yo3fj8xdn1wz6su0t0dn7pw2v
Name:      redis
Service Mode:Replicated
 Replicas:   3
UpdateStatus:
 State:       completed
 Started:About a minute ago
 Completed:  16 seconds ago
 Message:update completed
Placement:
UpdateConfig:
 Parallelism:1
 Delay:      10s
 On failure: pause
 Monitoring Period: 5s
 Max failure ratio: 0
 Update order:      stop-first
RollbackConfig:
 Parallelism:1
 On failure: pause
 Monitoring Period: 5s
 Max failure ratio: 0
 Rollback order:    stop-first
ContainerSpec:
 Image:
redis:3.0.7@sha256:730b765df9fe96af414da64a2b67f3a5f70b8fd13a31e5096fee4807ed802e20
 Init:        false
Resources:
Endpoint Mode:   vip
```

如果因失败暂停更新，查看该服务会显示相应的详细信息，下面列出相关的输出：

```
Update status:
 State:        paused
 Started:      11 seconds ago
 Message:      update paused due to failure or early termination of task 9p7ith557h8ndf
0ui9s0q951b
```

要启动一个暂停的更新，可使用以下命令：

```
docker service update <服务 ID>
```

为避免重复某些更新失败，可能需要通过为 docker service update 命令提供相应选项来重新配置服务。

（5）运行 docker service ps 命令来观察滚动更新：

```
[root@manager1 ~]# docker service ps redis
ID             NAME          IMAGE         NODE      DESIRED STATE   CURRENT STATE        ERROR   PORTS
ukyjt65m4l26   redis.1       redis:3.0.7   worker2   Running         Running about a minute ago
nto9y328rqlv   \_ redis.1    redis:3.0.6   worker2   Shutdown        Shutdown 2 minutes ago
```

```
no283z3y612p   redis.2      redis:3.0.7   manager1   Running    Running 2 minutes ago
kfxsc4yzg6yb   \_ redis.2   redis:3.0.6   manager1   Shutdown   Shutdown 2 minutes ago
kl3nauw022yb   redis.3      redis:3.0.7   worker1    Running    Running less than a second ago
w2ut5y374fnt   \_ redis.3   redis:3.0.6   worker1    Shutdown   Shutdown less than a second ago
```

在 Swarm 更新所有任务之前，可以发现有些正在运行 redis:3.0.6，而另一些正在运行 redis:3.0.7。上面的输出显示滚动更新完成后的状态。

10.2.9　管理节点

作为 Swarm 集群管理生命周期的一部分，节点管理非常重要，关于这方面的内容前面已经有所涉及，这里再补充部分节点管理内容。

1.　显示节点列表

使用 docker node ls 命令显示 Swarm 集群中当前的节点列表，前面已经介绍过。这里补充介绍可用性和管理器状态。

该命令输出的 **AVAILABILITY** 列显示该节点的可用性状态，共有以下 3 种。

- **Active**（活动）：调度器能够安排任务到该节点。
- **Pause**（暂停）：调度器不能够安排任务到该节点，但是已经存在的任务会继续运行。
- **Drain**（排空）：调度器不能够安排任务到该节点，而且会停止已存在的任务，并将这些任务分配到其他 Active 状态的节点。

该命令输出的 **MANAGER STATUS** 列显示管理器状态，共有以下几种状态。

- **Leader**（领导者）：为 Swarm 集群作出所有管理和编排决策的主要管理节点。
- **Reachable**（候选者）：如果领导者节点变为不可用，该节点有资格被选举为新的领导者。
- **Unavailable**（不可用）：该节点不能和其他管理节点产生任何联系，这种情况下，应该添加一个新的管理节点到集群，或者将一个工作节点提升为管理节点。

该列显示空白则表明该节点是工作节点。

2.　查看节点详细信息

可以使用以下命令查看一个节点的详细信息：

```
docker node inspect <节点 ID>
```

注意参数是节点 ID 或节点名称，而不是主机的域名或 IP 地址。执行该命令的管理节点本身可用 self 表示。默认输出 JSON 格式的信息，如果使用 **--pretty** 选项则以可读格式显示输出信息。例如：

```
docker node inspect self -pretty
```

3.　更改节点

可以根据需要更改节点的属性，主要涉及以下几个方面。

（1）更改节点的可用性

更改节点的可用性具有以下用途。

- 排空管理节点，以便仅执行 Swarm 管理任务并且不可用于任务分配。
- 排空一个节点，以便对它进行维护。
- 暂停节点，使其无法接收新任务。
- 恢复不可用或暂停的节点可用状态。

例如，将节点 worker1 的可用性改为排空状态。

```
docker node update --availability drain worker1
```

（2）为节点添加或删除标签

通过标签（Label）可以控制服务的位置，具体方法是先为每个节点添加标签，再设置服务运行在指定标签的节点上。标签可以灵活描述节点的属性，其形式是"键=值"，用户可以任意指定，例如，将 worker1 作为测试环境，为其添加标签"env=test"：

```
docker node update --label-add env=test worker1
```

可以使用多个--label-add 选项来增加多个标签。删除标签使用--label-rm 选项，其参数是标签的键，如--label-rm env。

标签主要用于标识节点特性。例如，部署服务到测试环境（用标签指示节点）：

```
docker service create  --name nginx  --constraint node.labels.env==test nginx
```

（3）升级或降级节点

升级节点和降级节点的用法如下：

```
docker node promote  节点列表
docker node demote  节点列表
```

4. 排空节点

这里专门讲解一下排空节点的操作。在前面的操作中，所有节点都在可用性为 Active 的状态下运行的。Swarm 管理器可以将任务指派给任何活动节点，所以到现在为止所有节点都可以接收任务。

有时需要将节点可用性设置为 Drain，比如在计划维护期间。将可用性设置为 Drain 可以阻止节点从 Swarm 管理器接收新任务，这也意味着管理器停止在该节点上运行的任务，并在具有可用性为 Active 的节点上启动相应的任务副本。

提示：将一个节点设置为 Drain 不会移除该节点上的独立容器，比如那些由 docker run、docker-compose up 或 Docker 引擎 API 创建的容器。节点的状态（包括 Drain）只会影响节点调度 Swarm 服务负载的能力。

基于上述滚动更新示例在管理节点执行以下排空操作。

（1）执行以下命令查验当前各节点的可用性：

```
[root@manager1 ~]# docker node ls
ID                          HOSTNAME   STATUS  AVAILABILITY  MANAGER STATUS  ENGINE VERSION
ei8h6geuy2tvjmnkrw4opbluq * manager1   Ready   Active        Leader          18.09.0
24gzdnegls4rgv5lw4mu5qvcj   worker1    Ready   Active                        18.09.1
rm0uo8ntv53n251g05kvfyniu   worker2    Ready   Active                        18.09.0
```

（2）运行 docker service ps redis 命令查看 Swarm 管理器如何将任务分配给不同节点。

在这种情形下，Swarm 管理器为每个节点分配一个任务。可能会发现读者环境中的节点之间的任务分布有所不同。

（3）使用以下命令排空已分配任务的节点：

```
docker node update --availability drain <节点 ID>
```

例中执行以下操作：

```
[root@manager1 ~]# docker node update --availability drain worker1
worker1
```

（4）执行以下命令查看该节点可用性详细信息：

```
[root@manager1 ~]# docker node inspect --pretty worker1
ID:             24gzdnegls4rgv5lw4mu5qvcj
Hostname:       worker1
Joined at:      2019-01-17 10:16:45.962102936 +0000 utc
Status:
 State:         Ready
```

```
     Availability:        Drain
     Address:        192.168.199.32
#以下省略
```

被排空的节点显示的 AVAILABILITY 列的值为 Drain。

（5）运行 docker service ps redis 命令查看 swarm 管理器如何更新服务的任务分配。

```
[root@manager1 ~]# docker service ps redis
ID            NAME           IMAGE          NODE       DESIRED STATE   CURRENT STATE       ERROR      PORTS
ukyjt65m4126  redis.1        redis:3.0.7    worker2    Running         Running 26 minutes ago
nto9y328rqlv  \_ redis.1     redis:3.0.6    worker2    Shutdown        Shutdown 26 minutes ago
no283z3y612p  redis.2        redis:3.0.7    manager1   Running         Running 26 minutes ago
kfxsc4yzg6yb  \_ redis.2     redis:3.0.6    manager1   Shutdown        Shutdown 27 minutes ago
djw2ovxz001u  redis.3        redis:3.0.7    manager1   Running         Running 2 minutes ago
kl3nauw022y6  \_ redis.3     redis:3.0.7    worker1    Shutdown        Shutdown less than a second ago
w2ut5y374fnt  \_ redis.3     redis:3.0.6    worker1    Shutdown        Shutdown less than a second ago
```

Swarm 管理器通过结束可用性为 Drain 的节点上的任务，并在可用性为 Active 的节点上创建一个新的任务，来维护所期望的状态。

（6）运行以下命令将已排空的节点恢复到 Active 状态：

```
docker node update --availability active worker1
```

（7）检查该节点以查看更新的状态：

```
[root@manager1 ~]# docker node inspect --pretty worker1
ID:             24gzdnegls4rgv5lw4mu5qvcj
Hostname:           worker1
Joined at:          2019-01-17 10:16:45.962102936 +0000 utc
Status:
 State:             Ready
 Availability:      Active
 Address:       192.168.199.32
#以下省略
```

将节点可用性恢复为 Active 时，遇到以下情形它可以接收新的任务。

- 服务扩展期间。
- 在滚动更新期间。
- 排空另一个节点时。
- 另一个活动节点上的任务失效时。

5. 让节点脱离集群

要将一个节点从 Swarm 集群中删除，可在该节点上执行 docker swarm leave 命令。当一个节点脱离集群时，Docker 引擎停止以 Swarm 模式运行，编排器不再将任务安排到该节点。节点脱离 Swarm 集群后，可以在管理节点上运行 docker node rm 命令，从节点列表中删除该节点。

10.2.10 发布服务端口

默认情况下，Swarm 服务并没有暴露给外部网络，只能在 Docker 集群内部访问。要将服务发布到 Swarm 集群外部，可以采用以下两种方式。

1. 使用路由网发布端口

Swarm 模式使用路由网（Routing Mesh）来将内部服务暴露到非容器网络，比如 Docker 主机网络，主机外部或公网，并通过发布服务端口对外提供访问。所有节点自动加入一个名为 ingress 的网络，这个网络就是路由网。对 Swarm 集群中运行的任何服务设置发布端口之后，路由网让每个节点都接受对该端口的访问请求，即使有的节点上没有运行任何任务。路由网将可用节点发布端口上的所有传入请求路由到一个活动状态的容器。

在创建服务时，可以使用--publish 选项来设置发布端口。其中 target 参数用来指定容器内部的端口号；published 参数用来指定绑定到路由网的端口号。如果省略 published 参数，服务任务会被指定一个随机的高位端口，具体值需要查看任务的详细信息才能确定。基本用法如下：

```
docker service create   --name <服务名称> \
  --publish published=<发布端口>,target=<容器端口>   <镜像>
```

发布端口是 Swarm 服务对外部暴露的端口，是可选的；而容器端口是容器侦听的端口，必须设置。这里给出一个示例，将 nginx 容器的 80 端口对外发布到集群中任何节点的 8080 端口，如图 10-6 所示。下面示范操作过程：

```
[root@manager1 ~]# docker service create  --name my-web  --publish published=8080,tar
get=80   --replicas 2   httpd
```

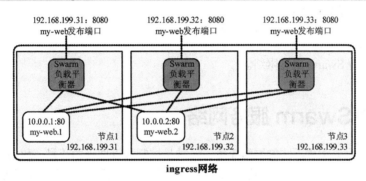

图 10-6　Swarm 服务的路由网

查看该服务副本的分布情况，说明目前未在 worker1 节点上运行：

```
[root@manager1 ~]# docker service ps my-web
ID               NAME         IMAGE         NODE       DESIRED STATE      CURRENT STATE
huiyxvgllt1d     my-web.1     httpd:latest  worker2    Running            Running 2 minutes ago
bgyqtm09g5vd     my-web.2     httpd:latest  manager1   Running            Running 2 minutes ago
```

访问任一节点的 8080 端口时，Docker 将请求路由到一个处于活动状态的容器上。例中进行如下测试，结果表明可以访问 worker1 节点的 8080 端口来访问服务：

```
[root@manager1 ~]# curl 192.168.199.32:8080
<html><body><h1>It works!</h1></body></html>
```

在 Swarm 节点上 8080 端口可能并没有真正被绑定，但是路由网知道如何路由流量并防止端口冲突的发生。路由网侦听指派给节点的任何 IP 地址上的发布端口。对于外部可路由的 IP 地址，该端口也可以从主机外部访问。对于所有其他 IP 地址，仅限主机内部访问。

使用 docker service inspect 命令查看某服务的发布端口，例如：

```
[root@manager1 ~]# docker service inspect --format="{{json .Endpoint.Spec.Ports}}" my-web
[{"Protocol":"tcp","TargetPort":80,"PublishedPort":8080}]
```

可以使用以下命令发布一个已有服务的端口：

```
docker service update  \
  --publish-add published=<发布端口>,target=<容器端口>   <服务>
```

2. 在 Swarm 节点上直接发布服务的端口

如果需要根据应用状态决定路由，或者需要对访问服务任务的路由请求的进程进行总体控制，那么选择路由网并不合适。这种情形可以考虑直接在运行服务的节点上发布该服务的端口。这会绕过路由网，必须使用--publish 选项，并且将 mode 参数设置为 host。如果省略 mode 参数，或者将其设置为 ingress，则会使用路由网。下面的命令创建了一个 host 模式的全局服务，并绕过路由网：

```
[root@manager1 ~]#docker service create --name nginx \
  --publish published=8000,target=80,mode=host \
  --mode global \
  nginx
```

执行 docker service ps 命令确定服务运行的节点：

```
[root@manager1 ~]# docker service ps nginx
ID              NAME                                 IMAGE          NODE       DESIRED STATE   CURRENT STATE          ERROR
PORTS
fpj2wewydjqu    nginx.rm0uo8ntv53n251g05kvfyniu      nginx:latest   worker2    Running         Running about a minute ago
*:8000->80/tcp
3btbxiiwcxxm    nginx.ei8h6geuy2tvjmnkrw4opbluq      nginx:latest   manager1   Running         Running about a minute ago
*:8000->80/tcp
```

发现该服务运行在 manager1 和 worker2 节点上，此时通过 worker1 节点（IP 地址为 192.168.199.32）去访问，就会报错。结果如下：

```
[root@manager1 ~]# curl 192.168.199.32:8000
curl: (7) Failed connect to 192.168.199.32:8000; No route to host
```

接下来专门讲解 Swarm 服务网络。

10.3　管理 Swarm 服务网络

Swarm 集群会生成两种不同的网络流量：一种是控制和管理平面流量，包括集群管理消息，如加入或脱离集群的请求，此类流量始终加密；另一种是应用数据平面流量，包括 Docker 流量和往返于外部客户端的流量，本节所涉及的 Swarm 服务的网络流量就属于后一种。Docker 使用 overlay 网络来管理 Swarm 集群中的 Docker 守护进程之间的通信。可以将服务连接到一个或多个现有 overlay 网络，以启用服务到服务的通信。第 9 章在跨主机网络配置部分详细讲解了 overlay 网络的特性和非 Swarm 模式下的配置使用，这里讲解 Swarm 模式下的 overlay 网络的配置和使用。

10.3.1　配置 overlay 网络

overlay 网络是使用 overlay 驱动程序的 Docker 网络，主机与服务、服务与服务之间通过 overlay 网络可以相互访问。

1. 默认的 overlay 网络

在 Docker 主机上初始化 Swarm 集群，或者将一个 Docker 主机加入一个现有的 Swarm 集群，都会自动在该 Docker 主机创建以下两个网络。

- 名为 ingress 的 overlay 网络：该网络的驱动为 overlay，作用域为 Swarm 集群，用于处理与 Swarm 服务相关的控制和数据流量。Swarm 集群中的每个节点都能使用它。创建的 Swarm 服务没有指定网络，默认连接到 ingress 网络。
- 名为 docker_gwbridge 的桥接网络：该网络的驱动为 bridge，作用域为本地，用于将 ingress 网络连接到 Docker 主机的网络接口，让流量可以在 Swarm 管理节点和工作节点之间直接传输。它是一个虚拟网桥，存在于 Docker 主机的内核中，并不是 Docker 设备。

下面列出了管理节点 manager1 上的网络：

```
[root@manager1 ~]# docker network ls
NETWORK ID          NAME                DRIVER              SCOPE
```

```
60e697bf5d33        bridge               bridge              local
8775d621c725        docker_gwbridge      bridge              local
03c8fb1ae1f5        host                 host                local
7ujpxxamizdb        ingress              overlay             swarm
b18b55eae0d1        none                 null                local
```

可以使用 docker network create 命令创建用户自定义的 overlay 网络和桥接网络。服务或容器通过它们所连接的网络进行相互通信。

2. 创建自定义 overlay 网络

默认 overlay 网络并不是生产系统的最佳选择。在生产环境中部署服务建议使用自定义的 overlay 网络。例如，执行以下命令在管理节点上创建名为 nginx-net 的自定义 overlay 网络：

```
[root@manager1 ~]# docker network create -d overlay nginx-net
```

接着通过 docker network ls 命令查看该节点上已有网络的列表，发现其中有该自定义 overlay 网络，这里仅列出该网络的信息：

```
NETWORK ID          NAME             DRIVER            SCOPE
kzy2dt23e2ln        nginx-net        overlay           swarm
```

不需要在其他节点上再创建该 overlay 网络，因为在这些节点上开始运行需要该 overlay 网络的服务时会自动创建它。创建 overlay 网络可以指定 IP 地址范围、子网、网关和其他选项。

3. 加密 overlay 网络

所有 Swarm 服务的管理流量默认是加密的，创建 overlay 网络时添加 --opt encrypted 选项可对应用数据进行加密传输。这将在 VxLAN 级别启用 IPSec 加密。这种加密方式会影响性能，在生产环境中使用前应先进行测试。不要对 Windows 节点使用这种加密方式。

4. 定制默认的 ingress 网络

Docker 17.05 及更高版本支持自定义 ingress 网络，只是一般不需要这样做。如果自动选择的子网与网络上现有子网发生冲突，或需要配置其他的底层网络选项（如 MTU）时，配置 ingress 网络就很有必要。配置 ingress 网络涉及 ingress 网络的删除和重建，应在 Swarm 集群中创建任何服务之前完成。如果已经存在暴露端口的服务，则还需要删除那些服务后才可以删除 ingress 网络。具体步骤说明如下。

（1）使用 docker network inspect 命令检查 ingress 网络，并删除那些有容器连接到 ingress 的服务。

（2）执行 docker network rm ingress 命令删除现有的 ingress 网络。

（3）创建新的 overlay 网络，要使用 --ingress 和 --driver overlay 选项，其他选项根据需要设置。下面设置 MTU 为 1200、子网为 10.11.0.0/16、网关为 10.11.0.2 的 ingress 网络：

```
docker network create  --driver overlay  --ingress   --subnet=10.11.0.0/16 \
  --gateway=10.11.0.2  --opt com.docker.network.mtu=1200  my-ingress
```

创建的 ingress 网络名称不一定要使用默认的 ingress。

（4）如果之前设置有连接到 ingress 的服务，则重启这些服务。

5. 定制默认的 docker_gwbridge 接口

如果需要自定义 docker_gwbridge 设置，则必须在将 Docker 主机加入 Swarm 集群之前，或临时从 Swarm 集群中暂时删除之后才能执行此操作。具体步骤说明如下。

（1）执行 systemctl stop docker 命令停止 Docker 服务。

（2）执行以下命令删除已经存在的 docker_gwbridge 接口：

```
ip link set docker_gwbridge down
ip link del name docker_gwbridge
```

（3）执行 systemctl stop docker 命令启动 Docker 服务，但不要加入或初始化 Swarm 集群。

（4）通过 docker network create 命令创建 docker_gwbridge 网络。下面的例子使用子网 10.11.0.0/16，完整的配置选项可以参考桥接网络配置：

```
docker network create --subnet 10.11.0.0/16 \
--opt com.docker.network.bridge.name=docker_gwbridge \
--opt com.docker.network.bridge.enable_icc=false \
--opt com.docker.network.bridge.enable_ip_masquerade=true \
docker_gwbridge
```

（5）将 Docker 主机加入或初始化 Swarm 集群。由于该网桥已经存在，因此 Docker 不会使用自动设置来创建它。

10.3.2　创建和配置连接 overlay 网络的 Swarm 服务

1.　创建连接自定义 overlay 网络的 Swarm 服务

（1）在管理节点上执行以下命令，创建连接到 nginx-net 网络的 Nginx 服务（5 个副本）。该服务对外发布 80 端口。所有服务任务容器都可以互相通信，不需要开放任何端口。

```
docker service create --name my-nginx --publish target=80,published=80 \
  --replicas=5   --network nginx-net  nginx
```

（2）运行 docker service ls 命令来监控服务启动的进度，这可能需要几秒钟的时间：

```
[root@manager1 ~]# docker service ls
ID            NAME         MODE          REPLICAS       IMAGE            PORTS
5n30go3i4mnl  my-nginx     replicated    5/5            nginx:latest     *:80->80/tcp
```

（3）在各节点上运行 docker network inspect nginx-net 命令，查看 nginx-net 网络的详细信息，通过查看 Containers 部分来验证 my-nginx 服务任务已经连接到该网络。这里在 worker1 节点上查看，结果显示 my-nginx.4.x5sinqe69r2nkbqgu41sg2nu2 容器（nginx-net 服务的 4 个副本）已经连接到该网络。

```
        "Containers": {
            "03f8ae4d06e69ac5c4609282086f9d58f8fd2009d73128dafe4914ecdb58ad65": {
                "Name": "my-nginx.4.x5sinqe69r2nkbqgu41sg2nu2",
                "EndpointID": "a3d1d1433a27d84ffdb4d14cc9ef35006a77c3e69288ab1b3f50f2e3
323fd7cd",
                "MacAddress": "02:42:0a:00:00:03",
                "IPv4Address": "10.0.0.3/24",
                "IPv6Address": ""
            },
            "lb-nginx-net": {
                "Name": "nginx-net-endpoint",
                "EndpointID": "a9d3830af91e640f3e8bfedbfee727c5bdf335c4c319f29b200a7262
7a47f3be",
                "MacAddress": "02:42:0a:00:00:09",
                "IPv4Address": "10.0.0.9/24",
                "IPv6Address": ""
            }
        },
```

不需要在 worker1 或 worker2 节点上手动创建这个网络，因为 Docker 会自动创建。

2.　为 Swarm 服务更换 overlay 网络连接

（1）执行以下命令创建一个新的 overlay 网络 nginx-net-2：

```
docker network create -d overlay nginx-net-2
```

（2）执行以下命令更新上述 my-nginx 服务，使用 nginx-net-2 网络代替 nginx-net：

```
docker service update  --network-add nginx-net-2  --network-rm nginx-net  my-nginx
```

（3）运行 docker network inspect nginx-net 命令验证已经没有容器连接到 nginx-net 网络。运行 docker network inspect nginx-net-2 命令验证所有服务任务的容器已经连接到 nginx-net-2 网络。

虽然 overlay 网络在 Swarm 工作节点上按需自动创建，但并不会自动删除。

（4）在管理节点上依次执行以下命令清除上述服务和网络，以恢复实验环境：

```
docker service rm my-nginx
docker network rm nginx-net nginx-net-2
```

3. 在 overlay 网络上发布服务端口

连接到同一 overlay 网络的 Swarm 服务相互暴露所有的端口。但是，要让某端口可以被服务外部的用户访问，在使用 docker service create 或 docker service update 名称命令创建或更新服务时，必须使用-p 或--publish 选项来发布该端口。发布服务端口的短格式参数支持传统的冒号分隔语法，长格式参数支持较新的逗号分隔语法，首选长格式参数，因为它可以使用注释。默认情况下发布的是 TCP 端口，即将服务的某 TCP 端口映射到路由网的指定 TCP 端口。可以专门发布 UDP 端口。省略协议，则默认暴露的端口为 TCP 协议端口。具体语法格式见表 10-2。

表 10-2　发布服务端口的语法格式

选项格式	说明
-p 8080:80 或 -p published=8080,target=80	仅发布 TCP 端口
-p 8080:80/udp 或 -p published=8080,target=80,protocol=udp	仅发布 UDP 端口
-p 8080:80/tcp -p 8080:80/udp 或 -p published=8080,target=80,protocol=tcp -p published=8080,target=80,protocol=udp	同时发布 TCP 和 UDP 端口

4. 让 Swarm 服务绕过路由网

默认情况下，Swarm 服务使用路由网发布端口。当连接到任何 Swarm 节点上的已发布端口时，无论该节点上是否运行该服务，最终都会透明地将连接请求重定向到正在运行该服务的工作节点。实际上，Docker 充当了 Swarm 服务的负载平衡器。使用路由网的服务以 VIP（虚拟 IP）模式运行。甚至每个节点上的服务都可以使用路由网，这要使用全局服务（创建服务时设置--mode global 选项）。使用路由网时，不能保证具体由哪个 Docker 节点响应客户端请求。

要绕过路由网，可以使用 DNS 轮询（DNSRR）模式启动服务，这通过设置--endpoint-mode dnsrr 选项来实现。这种模式不能再设置发布端口，即不能加入 ingress 网络，必须在服务的前面运行自己的负载平衡器。对运行在 Docker 主机上的服务名称的 DNS 查询会返回运行该服务的节点的 IP 地址列表。配置负载平衡器使用此列表并平衡各节点间的流量。

5. 分离控制流量和数据流量

默认情况下，尽管 Swarm 控制流量是加密的，但 Swarm 的控制流量和应用程序的数据流量运行在同一个网络上。可以将 Docker 配置为使用单独的网络接口来处理两种不同类型的流量。初始化或加入 Swarm 时，分别指定--advertise-addr 和--datapath-addr 选项即可。必须为加入 Swarm 的每个节点执行此操作。

10.3.3　服务发现与内部容器之间的通信

如果将所有服务都对外发布，可能会将不必要的服务也同时暴露到外部环境，从而增加安全隐患。而使用服务发现，可以在集群内部实现服务之间的通信。服务发现能够便捷地支持服务之间的通信，当服务副本的 IP 地址或副本数发生变化时，不会影响访问该服务的其他服务。早期版本的

Docker 需要依靠第三方键值库来实现服务发现，现在的 Docker Swarm 可以直接使用内置的服务发现和 DNS 解析功能来实现跨节点主机的多个容器之间的通信，而且还支持内部的负载平衡。

1. 服务发现工作机制

Docker 利用内置的 DNS 服务为 Swarm 模式下的服务任务提供服务发现能力。每一个容器（服务任务）都有一个域名解析器，可以将域名查询请求转发到 Docker 引擎上的 DNS 服务，Docker 引擎收到请求后，就会在发出请求的容器所在的所有网络中检查域名对应的是容器还是服务，然后会从存储的键值库中查找对应的 IP 地址，并把这个 IP 地址（对服务来说是虚拟 IP 地址）返回给发起请求的域名解析器。Docker 的服务发现的作用范围是网络级别，也就意味着只有在同一个网络上的容器或任务才能利用内置 DNS 服务来相互发现。

2. 验证分析服务发现工作机制

这里通过一个实验来验证分析服务发现工作机制。

（1）在管理节点上执行以下命令创建一个新的 overlay 网络 my-overlay：

```
[root@manager1 ~]#docker network create -d overlay my-overlay
```

（2）执行以下命令创建一个 Web 服务，有 2 个副本，使用的是上述自定义 overlay 网络：

```
[root@manager1 ~]# docker service create  --name my-web  --publish published=8080,target=80  --replicas 2  --network my-overlay httpd
```

（3）执行以下命令确认该服务在哪些节点上运行：

```
[root@manager1 ~]# docker service ps my-web
ID              NAME        IMAGE         NODE       DESIRED STATE   CURRENT STATE
3sqzbnxopdve    my-web.1    httpd:latest  manager1   Running         Running 4 minutes ago
fjeowbd1nsuj    my-web.2    httpd:latest  worker1    Running         Running 4 minutes ago
```

（4）在管理节点上执行以下命令以服务的形式部署一个 alpine 客户端用于测试，连接到与上述 my-web 服务相同的 overlay 网络：

```
docker service create  --name alpine --network my-overlay alpine sleep 10000000
```

其中 "sleep 10000000" 的作用是保持容器处于运行的状态，便于进入到容器中访问上述 my-web 服务。

（5）通过 docker service ps alpine 命令确认该服务在哪个节点上运行，笔者实验环境中显示为 worker2。

（6）登录到 alpine 服务所在节点，使用 docker ps 命令获取该服务的容器 ID 和名称：

```
[root@worker2 ~]# docker ps
CONTAINER ID  IMAGE          COMMAND           CREATED         STATUS        PORTS     NAMES
Fdc8baacb8c1  alpine:latest  "sleep 10000000"  2 minutes ago   Up 2 minutes            alpine.
1.0iq6qo9fmng1nc7n0jf0zynr1
```

（7）在该容器中使用 ping 命令测试 my-web 服务的连通性：

```
[root@worker2 ~]# docker exec fdc8ba ping -c 2 my-web
PING my-web (10.0.1.7): 56 data bytes
64 bytes from 10.0.1.7: seq=0 ttl=64 time=0.075 ms
64 bytes from 10.0.1.7: seq=1 ttl=64 time=0.452 ms
```

Swarm 内部 DNS 组件负责自动为每项服务分配一个 DNS 条目，可以使用该服务名称以解析到对应的虚拟 IP 地址。可以发现 my-web 服务返回的 IP 地址为 10.0.1.7，这并不是某个副本的 IP 地址，而是 my-web 服务的虚拟 IP 地址，Swarm 会将对该虚拟 IP 地址的访问负载平衡到每一个副本。

（8）要获取该服务的所有任务列表，可对 "tasks.<服务名称>" 进行 DNS 查询。例如，在容器中使用如下命令查看某服务中所有容器的名称和 IP 地址。

```
[root@worker2 ~]# docker exec fdc8ba nslookup tasks.my-web
Name:      tasks.my-web
Address 1: 10.0.1.9 my-web.2.fjeowbd1nsujrrx8z33ubzoiy.my-overlay
Address 2: 10.0.1.8 my-web.1.3sqzbnxopdvef8lw54z65csdp.my-overlay y
```

10.0.1.8 和 10.0.1.9 才是各个服务副本自己的 IP 地址。不过对于服务的使用者来说，只能看到服务的虚拟 IP 地址 10.0.1.7。

10.3.4　在 overlay 网络上使用独立容器

独立容器是指没有加入 Swarm 服务的容器。ingress 网络只有 Swarm 服务可以使用，而独立容器不可以使用。只有使用--attachable 选项创建的可连接（Attachable）的 overlay 网络才适用于独立容器。使用这种网络，不同 Docker 主机上运行的独立容器之间可以通信，而无须在各个 Docker 主机上设置路由。下面示范创建一个可连接容器的 overlay 网络，并基于该网络测试独立容器之间、独立容器与 Swarm 服务之间的通信。

（1）执行以下命令在管理节点上创建名为 atch-net 的可连接的 overlay 网络：

```
[root@manager1 ~]# docker network create --driver=overlay --attachable atch-net
79ie86fypj86svg8le3okxval
```

不需要在其他节点上手动创建，因为系统会在需要时自动创建。

（2）在管理节点上执行以下命令创建一个连接到 atch-net 网络的 Swarm 服务：

```
docker service create --name my-web --replicas=3 --network atch-net httpd
```

（3）在工作节点 worker1 上执行以下命令启动一个连接到 atch-net 网络的独立容器 apline：

```
docker run -dit --name alpine1 --network atch-net  alpine
```

（4）在工作节点 worker2 上执行以下命令启动一个连接到 atch-net 网络的独立容器 apline：

```
docker run -dit --name alpine2 --network atch-net  alpine
```

（5）在工作节点 worker1 上执行以下命令测试从 alpine1 容器到工作节点 worker2 上的 alpine2 容器的连通性：

```
[root@worker1 ~]# docker exec alpine1 ping -c 2 alpine2
PING alpine2 (10.0.2.10): 56 data bytes
64 bytes from 10.0.2.10: seq=0 ttl=64 time=0.477 ms
64 bytes from 10.0.2.10: seq=1 ttl=64 time=1.301 ms
```

结果表明通过容器名称就可以访问，因为 overlay 网络内置 DNS 服务。

（6）在工作节点 worker1 上执行以下命令测试从 alpine1 容器到 Swarm 服务 my-web 的连通性：

```
[root@worker1 ~]# docker exec alpine1 ping -c 2 my-web
PING my-web (10.0.2.4): 56 data bytes
64 bytes from 10.0.2.4: seq=0 ttl=64 time=0.059 ms
64 bytes from 10.0.2.4: seq=1 ttl=64 time=0.239 ms
```

结果表明独立容器可以访问同一 overlay 网络的 Swarm 服务。

独立容器也可以对外发布端口。

（7）清除上述容器、服务和网络，以恢复实验环境。

10.4　通过堆栈在 Swarm 集群中部署分布式应用

Docker Swarm 只能实现对单个服务的简单部署，侧重于单个服务的多节点分布式负载平衡应用。Docker Compose 可用来编排多个服务，但更适合在单个 Docker 主机上部署多服务应用。而 Swarm 集群多服务的分布式应用则需要使用 Docker Stack 进行部署，这种方案可以轻松实现多服务在 Swarm 集群中的一站式部署，特别适合生产环境。Docker Stack 功能作为 Swarm 模式的一部分已包含在 Docker 引擎中，不需要安装额外的软件包来使用它。这里将 Stack 译为堆栈，也有人将其译为栈。

10.4.1　Docker 堆栈概述

Docker 堆栈能够以 Swarm 网络为基础，使多个服务相互关联，并在多台主机上运行它们，便于将不同主机上的 Docker 容器以服务的形式在集群中一步部署到位。

1．什么是堆栈

堆栈又称服务堆栈（Service Stack），是一组相互关联的服务，这些服务可以共享依赖关系，并且可以进行编排和伸缩。单个堆栈能够定义和编排整个应用程序的功能，只有非常复杂的应用程序才需要使用多个堆栈。堆栈位于基于 Docker 的分布式应用层次结构的最顶层。

堆栈将应用所包含的服务（如服务的副本数、镜像、映射端口等）、依赖的密码、卷等资源，以及它们之间的关系定义在一个 YAML 文件中。这个文件使用与 Compose 文件相同的指令，使用堆栈部署方式对已有的 docker-compose.yml 配置文件稍加改造，就可以完成 Docker 集群环境下的多服务编排。

2．堆栈的优势

- 重复部署应用程序变得非常容易。部署应用只需一条命令 docker stack deploy。堆栈的这种自包含特性使得在不同的 Docker 环境中部署应用程序变得极其简单。在开发、测试和生产环境中的部署可以完全采用同一份 YAML，而且每次部署的结果都是一致的。
- 像管理代码一样管理部署。任何对应用程序部署环境的修改都可以通过修改 YAML 文件来实现。可以将 YAML 纳入到版本控制系统中进行管理，任何对 YAML 的修改都会被记录和跟踪，所有的细节都在 YAML 中可见。

3．Docker Stack 和 Docker Compose 的区别

虽然堆栈可以使用 Docker Compose 的配置文件，但两者的区别也很明显。

- Docker Compose 可以构建镜像，更适合于开发场景和多服务的单机部署。Docker Stack 不支持构建指令，无法构建新镜像，要求已经构建好镜像，更适合生产环境和多服务的集群部署。
- Docker Compose 对版本 2 和 3 的 Compose 文件仍然可以处理，Docker Stack 要求 Compose 文件格式的版本不低于 3。对用户来说，从 Docker Compose 切换到使用 Docker Stack 非常容易。
- Docker Compose 是一个独立的工具，需要安装，而 Docker Stack 功能作为 Swarm 模式的一部分，无须安装。

Docker Compose 和 Docker Swarm 旨在实现完全集成，这意味着可以将一个 Compose 应用程序部署到一个 Swarm 集群，所需完成的工作与使用单个 Docker 主机一样。实际的集成程度取决于所使用的 Compose 文件格式版本。

4．Compose 文件中的 deploy 字段

在 Compose 文件中使用 deploy 字段定义服务的部署和运行相关的配置。它仅在使用 docker stack deploy 命令部署到一个集群时才起作用，使用 docker-compose up 和 docker-compose run 命令时将被忽略。下面是一个简单的示例：

```
version: "3.7"
services:
  redis:
    image: redis:alpine
    deploy:
      replicas: 6
      update_config:
        parallelism: 2
        delay: 10s
```

```
       restart_policy:
          condition: on-failure
```

deploy 字段下面有几个选项，简介如下。

（1）labels

为服务指定标记，只能对服务设置，不能对服务的任何容器设置。

（2）mode

设置服务模式是 global 还是 replicated，默认为 replicated。global 表示全局服务，每个节点只能有一个容器；replicated 表示复制服务，可以指定容器的数量。

（3）placement

为服务设置放置的约束规则（由子选项 constraints 定义）和首选项（由子选项 preferences 定义）。下面是一个简单的例子：

```
deploy:
  placement:
    constraints:
      - node.role == manager
      - engine.labels.operatingsystem == ubuntu 14.04
    preferences:
      - spread: node.labels.zone
```

（4）replicas

如果是复制服务，该选项用于指定容器的副本数量。

（5）resource

该选项用于配置资源约束。下面是一个简单的例子：

```
deploy:
  resources:
    limits:
      cpus: '0.50'
      memory: 50M
    reservations:
      cpus: '0.25'
      memory: 20M
```

例中的服务被限制使用不超过 50MB 的内存和 50% 的可用 CPU 时间；保留 20MB 的内存和 25% 的 CPU 时间。

（6）restart_policy

用于设置重启容器的策略，有以下 4 个子选项。

- condition：重启条件，可以是 none（不重启）、on-failure（失效时）或 any（不受限制），默认为 any。
- delay：尝试重启所等待的时间，默认为 0 秒。
- max_attempts：放弃重启之前可尝试重启的次数，默认不放弃重启。
- window：确定重启是否成功之前所等待的时间，默认立即决定。

（7）rollback_config

用于配置更新失败时如何回滚服务，有以下 6 个子选项。

- parallelism：同时回滚的容器数量。如果设置为 0，则所有容器同时回滚。
- delay：容器组之间回滚的等待时间，默认为 0 秒。
- failure_action：回滚失败时的行为，值可以是 continue（继续）或 pause（暂停），默认为 pause。
- monitor：为了监控失败，每次更新任务后的持续时间，默认 0 秒。

- max_failure_ratio：回滚期间所允许的失败率，默认为 0。
- order：回滚期间操作顺序，值可以是 stop-first（启动新任务之前停止旧任务）或 start-first（首先启动新任务，正在运行的任务短暂重叠），默认为 stop-first。

（8）update_config

用于定义服务如何升级，提供与 rollback_config 选项相同的 6 个选项。其中 failure_action 定义升级失败时的行为，值可以是 continue（继续）、rollback（回滚）或 pause（暂停），默认为 pause。

提示：Compose 文件中 docker stack deploy 命令的 deploy 字段不支持的字段和选项包括 build、cgroup_parent、container_name、devices、tmpfs、external_links、links、network_mode、restart、security_opt、sysctls 和 userns_mode。

5. docker stack 常用命令

docker stack 命令的基本语法格式如下：

```
docker stack [OPTIONS] COMMAND
```

下面列举常用的命令。

- docker stack deploy：部署新的堆栈或更新现有堆栈。
- docker stack ls：列出现有堆栈。
- docker stack ps：列出堆栈中的任务。
- docker stack rm：删除一个或多个堆栈。
- docker stack services：列出堆栈中的服务。

10.4.2 示例一：Swarm 堆栈部署入门

这里示范一个从构建镜像到部署堆栈的完整过程，需要用到 docker-compose up 和 docker stack deploy 命令。注意 docker stack 和 docker service 命令必须在管理节点上运行。

1. 搭建 Docker 注册服务器

Swarm 集群包括多个 Docker 引擎，需要注册服务器来分发镜像。可以使用 Docker Hub，也可以使用自己的私有注册服务器。为便于实验，这里建立一个临时的注册服务器。

（1）在管理节点上执行以下命令在 Swarm 集群中启动一个服务作为注册服务器：

```
[root@manager1 ~]# docker service create --name registry --publish published=5000,
target=5000 registry:2
547yufyq9dq5mlx1fv9olcdn9
```

（2）执行 docker service ls 命令查看该服务的状态：

```
[root@manager1 ~]# docker service ls
ID              NAME       MODE         REPLICAS    IMAGE         PORTS
547yufyq9dq5    registry   replicated   1/1         registry:2    *:5000->5000/tcp
```

REPLICAS 列显示 "1/1"，就说明正常运行了，如果为 "0/1"，则说明可能正在拉取镜像。

（3）使用 curl 命令测试该注册服务器正常运行：

```
[root@manager1 ~]# curl http://localhost:5000/v2/
{}
```

2. 创建样例程序

这里创建一个点击计数器应用程序，包括一个 Python 程序，在 Redis 实例中维护一个计数器，当有用户访问时自动增加点击数。

（1）执行以下命令创建项目目录并将当前目录改为项目目录：

```
[root@manager1 ~]mkdir stack-demo && cd stack-demo
```

（2）在该项目目录中创建名为 app.py 的文件，并添加以下内容：

```
from flask import Flask
from redis import Redis
app = Flask(__name__)
redis = Redis(host='redis', port=6379)
@app.route('/')
def hello():
    count = redis.incr('hits')
    return 'Hello World! I have been seen {} times.\n'.format(count)

if __name__ == "__main__":
    app.run(host="0.0.0.0", port=8000, debug=True)
```

（3）在项目目录中创建另一个名为 requirements.txt 的文本文件，并加入以下内容：

```
flask
redis
```

（4）在项目目录中创建一个名为 Dockerfile 的文件，并添加以下内容：

```
FROM python:3.4-alpine
ADD . /code
WORKDIR /code
RUN pip install -r requirements.txt
CMD ["python", "app.py"]
```

（5）在项目目录中创建一个名为 docker-compose.yml 的文件，并添加以下内容：

```
version: '3'
services:
  web:
    image: 127.0.0.1:5000/stackdemo
    build: .
    ports:
      - "8000:8000"
  redis:
    image: redis:alpine
```

web 服务的镜像是使用上述 Dockerfile 构建的，其标签为 127.0.0.1:5000，这正是前面创建的注册服务器的地址。这对将应用程序分发到 Swarm 集群时很重要。

3. 使用 Compose 测试应用程序

使用 docker-compose up 命令启动该应用程序，这将构建一个 Web 应用程序的镜像，如果 redis 镜像不存在也会下载它，然后创建两个容器。

实验操作中会发现所使用的 Docker 引擎正运行于 Swarm 模式的警告信息，这是因为 Compose 没有充分利用 Swarm 模式的优点，将应用程序部署到单个节点，这个警告可以忽略不计。

（1）在项目目录中执行 docker-compose up -d 命令启动应用程序：

```
[root@manager1 stackdemo]# docker-compose up -d
WARNING: The Docker Engine you're using is running in swarm mode.
Compose does not use swarm mode to deploy services to multiple nodes in a swarm. All
containers will be scheduled on the current node.
To deploy your application across the swarm, use `docker stack deploy`.
Creating network "stackdemo_default" with the default driver
Building web
#此处省略构建过程输出信息
Creating stackdemo_redis_1 ... done
Creating stackdemo_web_1   ... done
```

（2）运行 docker-compose ps 命令检查该应用程序是否运行：

```
[root@manager1 stackdemo]# docker-compose ps
      Name                    Command            State      Ports
---------------------------------------------------------------------------
stackdemo_redis_1   docker-entrypoint.sh redis ...   Up     6379/tcp
stackdemo_web_1       python app.py                  Up     0.0.0.0:8000->8000/tcp
```

（3）使用 curl 命令实测该应用程序，正常每访问一次次数就会加 1：

```
[root@manager1 stackdemo]# curl http://localhost:8000
Hello World! I have been seen 1 times.
[root@manager1 stackdemo]# curl http://localhost:8000
Hello World! I have been seen 2 times.
[root@manager1 stackdemo]# curl http://localhost:8000
Hello World! I have been seen 3 times.
```

（4）执行以下命令停止服务容器并删除由容器使用的数据卷：

```
[root@manager1 stackdemo]# docker-compose down --volumes
Stopping stackdemo_web_1   ... done
Stopping stackdemo_redis_1 ... done
Removing stackdemo_web_1   ... done
Removing stackdemo_redis_1 ... done
Removing network stackdemo_default
```

4. 将创建的镜像推送到注册服务器

要在 Swarm 集群中分发该 Web 应用程序的镜像，必须将它推送到注册服务器，Compose 文件已设置使用上述私有注册服务器。使用 Compose 推送镜像很简单，具体操作如下：

```
[root@manager1 stackdemo]# docker-compose push
Pushing web (127.0.0.1:5000/stackdemo:latest)...
The push refers to repository [127.0.0.1:5000/stackdemo]
73cd84dc1fa7: Pushed
5f728cf114fc: Pushed
6ef6a83ed78e: Pushed
9cb6120b944a: Pushed
901e7f007947: Pushed
1c862c0e1a30: Pushed
7bff100f35cb: Pushed
latest: digest: sha256:90e54f684e331f6f6f21c090094ff935ff062404717130b3005380
c753f2acb5 size: 1786
```

接下来就可以部署堆栈了。

5. 将堆栈部署到 Swarm 集群中

（1）使用 docker stack deploy 命令创建堆栈：

```
[root@manager1 stackdemo]# docker stack deploy --compose-file docker-compose.yml stackdemo
Ignoring unsupported options: build
Creating network stackdemo_default
Creating service stackdemo_redis
Creating service stackdemo_web
```

最后一个参数是堆栈名称。每个网络、卷和服务的名称都以堆栈名称作为前缀。

（2）通过 docker stack services 命令检查该堆栈是否正在运行：

```
[root@manager1 stackdemo]# docker stack services stackdemo
ID              NAME             MODE         REPLICAS   IMAGE                            PORTS
0j78n31y654e   stackdemo_web    replicated   1/1        127.0.0.1:5000/stackdemo:latest  *:8000->
8000/tcp
rijpx5v8bqyp   stackdemo_redis  replicated   1/1        redis:alpine
```

（3）使用以下命令访问该应用程序进行实测。多次运行该命令，如果正常则输出结果同使用 Compose 测试应用程序。

```
curl http://localhost:8000
```

由于 Docker 内置路由网，所以可以访问 Swarm 集群中任一节点的 8000 端口来路由到该应用程序，例如：

```
[root@manager1 stackdemo]# curl 192.168.199.33:8000
Hello World! I have been seen 4 times.
```

（4）执行 docker stack rm 命令删除该堆栈：

```
[root@manager1 stackdemo]# docker stack rm stackdemo
Removing service stackdemo_redis
Removing service stackdemo_web
Removing network stackdemo_default
```

（5）使用 docker service rm 命令删除前面建立的注册服务器（registry 服务的形式）：

```
docker service rm registry
```

（6）如果当前主机仅用于测试，测试完毕需要从 Swarm 集群中迁出，可执行以下命令：

```
docker swarm leave --force
```

10.4.3　示例二：Swarm 集群多节点的堆栈部署

生产环境中通常不会在单个节点上运行服务堆栈。这个示例展示多节点的堆栈部署，使多个服务相互关联，并在多台主机上运行它们，镜像来源于公有注册服务器。

（1）在当前目录下，首先创建一个名为 stacktest 的 Compose 文件，使用 Docker Compose 版本 3 的语法。作为示范，应用架构比较简单，包括一个有 3 个实例的 Web 服务，两个仅在管理节点上部署的监控工具 portainer 和 visualizer。

```
version: "3"

services:
  web:
    image: httpd
    ports:
      - 8000:80
    deploy:
      mode: replicated
      replicas: 3

  visualizer:
    image: dockersamples/visualizer
    ports:
      - "8080:8080"
    volumes:
      - "/var/run/docker.sock:/var/run/docker.sock"
    deploy:
      replicas: 1
      placement:
        constraints: [node.role == manager]

  portainer:
    image: portainer/portainer
    ports:
      - "9000:9000"
    volumes:
```

```
        - "/var/run/docker.sock:/var/run/docker.sock"
    deploy:
      replicas: 1
      placement:
        constraints: [node.role == manager]
```

其中 volumes 关键字让 visualizer 访问 Docker 的宿主机套接字文件（Socket file），placement 关键字确保这项服务只能运行在一个 Swarm 管理节点上-而不是工作节点上。这是因为这个容器是从 Docker 的一个开源项目构建，用来以图表形式展示 Swarm 中运行的 Docker 服务。

（2）执行以下命令部署服务：

```
[root@manager1 ~]# docker stack deploy -c stacktest.yml stacktest
Creating network stacktest_default
Creating service stacktest_portainer
Creating service stacktest_web
Creating service stacktest_visualizer
```

（3）部署成功之后执行以下命令查看详情：

```
[root@manager1 ~]# docker stack services stacktest
ID            NAME                  MODE        REPLICAS  IMAGE                              PORTS
8d4pssbcxuqi  stacktest_web         replicated  3/3       httpd:latest                       *:8000->80/tcp
kmchjnwrwgi6  stacktest_portainer   replicated  1/1       portainer/portainer:latest         *:9000->9000/tcp
zf2me6kecl22  stacktest_visualizer  replicated  1/1       dockersamples/visualizer:latest    *:8080->8080/tcp
```

（4）执行 docker service ps 命令查看服务 stacktest_web 的部署情况：

```
[root@manager1 ~]# docker service ps stacktest_web
ID            NAME             IMAGE         NODE      DESIRED STATE  CURRENT STATE          ERROR  PORTS
mgijb2gjery5  stacktest_web.1  httpd:latest  worker2   Running        Running 2 minutes ago
3m4d4woha9w1  stacktest_web.2  httpd:latest  manager1  Running        Running 2 minutes ago
w7jb3k5o7ozt  stacktest_web.3  httpd:latest  worker1   Running        Running 2 minutes ago
```

（5）在浏览器中访问监控工具进行实测。由于有 Swarm 路由网支持，可通过集群中任一节点的 8080 端口访问 visualizer，如图 10-7 所示。

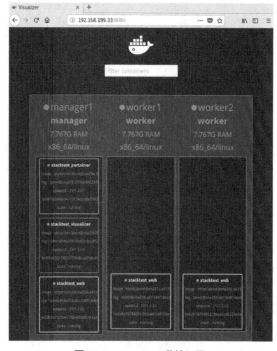

图 10-7　visualizer 监控工具

可通过集群中任一节点的 8080 端口访问 portainer，如图 10-8 所示。

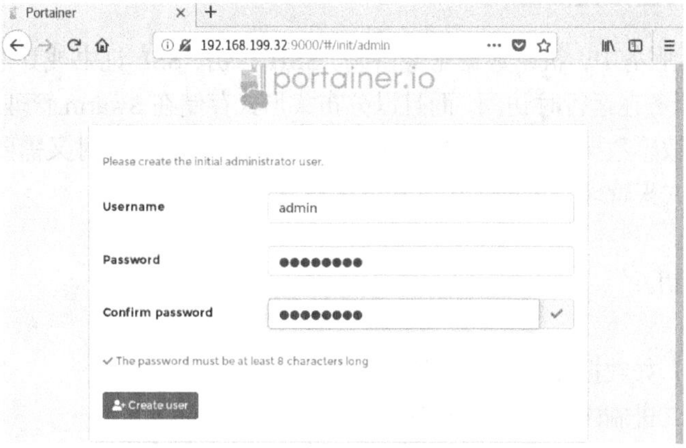

图 10-8　portainer 监控工具

如果有多个管理节点，portainer 和 visualizer 可分别部署在两台机器上。

（6）修改 Compose 文件，这里将 visualizer 的端口映射改为 9001:8080，执行以下命令重新部署，即可完成对修改内容的更新：

```
[root@manager1 ~]# docker stack deploy -c stacktest.yml stacktest
Updating service stacktest_visualizer (id: zf2me6kecl22bmzm4rh7unxpw)
Updating service stacktest_portainer (id: kmchjnwrwgi62vpgnojqacl0k)
Updating service stacktest_web (id: 8d4pssbcxuqingdaz4dp9jkea)
```

（7）部署成功之后执行以下命令查看详情，可发现发布端口已变更：

```
[root@manager1 ~]# docker stack services stacktest
ID              NAME                 MODE         REPLICAS   IMAGE                              PORTS
8d4pssbcxuqi    stacktest_web        replicated   3/3        httpd:latest                       *:8000->80/tcp
kmchjnwrwgi6    stacktest_portainer  replicated   1/1        portainer/portainer:latest         *:9000->9000/tcp
2f2me6kecl22    stacktest_visualizer replicated   1/1        dockersamples/visualizer:latest    *:9001->8080/tcp
```

（8）执行 docker service ps 命令查看堆栈 stacktest 中的任务：

```
[root@manager1 ~]# docker stack ps stacktest
ID              NAME                    IMAGE                             NODE       DESIRED STATE   CURRENT STATE
ERROR                   PORTS
kpf1u2gaydhr    stacktest_visualizer.1  docker samples/visualizer:latest  manager1   Running         Running 2 hours ago
pf2c02xnzcw2    stacktest_portainer.1   portainer/portainer:latest        manager1   Running         Running 2 hours ago
79elbx274wnw    stacktest_visualizer.1  docker samples/visualizer:latest  manager1   Shutdown        Shutdown 2 hours ago
mgijb2qjery5    tacktest_web.1          httpd:latest                      worker2    Running         Running 2 hours ago
2a8rerjglo2f    stacktest_portainer.1   portainer/portainer:latest        manager1   Shutdown        Failed 2 hours ago
"task: non-zero exit (1)"
3m4d4woha9w1    tacktest_web.2          httpd:latest                      manager1   Running         Running 2 hours ago
w7jb3k5o7ozt    tacktest_web.3          httpd:latest                      worker1    Running         Running 2 hours ago
```

10.5　管理敏感数据

一些敏感数据不应通过网络传输，也不应在 Dockerfile、Compose 文件或应用程序源码中以未加密的方式存储。可以使用 Docker 机密数据（这里将 Docker 的 secret 译为机密数据）在 Swarm 集群中集中保存与分发这些数据，并将其安全地传输给那些仅需要访问的容器，在传输过程中机密数据会被加密。Docker 机密数据仅适用于 Swarm 服务，而不适用于独立容器。要使用此功能，应将独立容器调整为以 Swarm 服务形式运行。

319

10.5.1　Docker 机密数据的应用

在 Docker Swarm 服务中，机密数据是像密码、SSH 私钥、SSL 证书或其他数据片段这样的数据块，只允许被授权的服务在运行时访问，而且以分布式形式存储在 Swarm 管理节点上以提高可用性。

如果不想将任何敏感数据存储在镜像或源代码中，而容器在运行时又需要这些数据，则可以以 Docker 机密数据的形式来管理，下面列出常用的敏感数据。

- 用户名和密码。
- TLS 证书和密钥。
- SSH 密钥。
- 其他重要数据，如数据库或内部服务器的名称。
- 通用字符串或二进制内容（最大为 500KB）。

另一个使用 Docker 机密数据的应用场合是在容器和一组证书之间提供一个抽象层。例如，要为应用程序分别提供开发、测试和生产的 3 种环境，其中每一种环境都可以拥有不同的凭证，并以相同的机密数据名称存储在开发、测试和生产的 Swarm 集群中。容器只需要知道机密名称，便能在这 3 种环境中正常工作。

还可以使用机密数据来管理非敏感数据，例如，配置文件。不过，Docker 17.06 和更高版本支持使用 Docker 配置数据来存储非敏感数据。

10.5.2　Docker 如何管理机密数据

为 Swarm 添加机密数据时，Docker 会通过 TLS 连接将机密数据发送给 Swarm 管理器。机密存储在 Swarm 管理节点上加密的 Raft 日志中。整个 Raft 日志被复制到其他管理器中，确保与 Swarm 管理数据的高可用性。

当为新创建或正在运行的服务授权对机密数据的访问时，解密后的机密数据将以内存中的文件系统挂载到容器中。在容器内部，机密数据看起来像文件，实际上是在内存中。挂载点的位置默认为 Linux 容器中的/run/secrets/<机密数据名称>，或 Windows 容器中的 C:\ProgramData\Docker\secrets。在 Docker 17.06 和更高版本中也可以指定自定义位置。

可以更新服务，授权其访问其他机密，或随时撤销对指定机密数据的访问权限。

如果节点是 Swarm 管理器，或者它正在运行已被授权访问机密数据的服务任务，那么该节点有权访问该机密数据。当容器任务停止运行时，共享给它的解密的机密数据将从该容器内存中的文件系统中卸载，并在节点的内存中刷新。

如果节点在运行可访问机密数据的任务容器时失去与 Swarm 集群的连接，则任务容器仍可访问其机密数据，但在节点重新连接到 Swarm 集群之前无法接收更新的机密数据。

可以随时添加或检查个别机密数据，或列出所有机密数据，但无法删除运行中的服务正在使用的机密数据。

要更容易地更新或回滚机密数据，可考虑在机密数据名称中添加版本号或日期。这使得通过控制特定容器内机密数据的挂载点变得更加容易。

10.5.3　Docker 机密数据管理命令

Docker 机密数据管理命令的基本语法格式如下：

```
docker secret COMMAND
```

下面列举 docker secret 常用的子命令。

- docker secret create：基于文件或标准输入创建一个机密数据。
- docker secret inspect：显示一个或多个机密数据的详细信息。
- docker secret ls：输出当前的机密数据列表。
- docker secret rm：删除一个或多个机密数据。

Docker 机密数据需要在 Swarm 服务中使用，相关的命令或选项如下。

- 在 docker service create 命令中使用--secret 选项定义要暴露给服务的机密数据。
- 在 docker service update 命令中使用--secret-add 选项定义要为服务添加或更新的机密数据，使用--secret-rm 选项指定要从服务中删除的机密数据。

10.5.4　示例一：Docker 机密数据操作入门

这个简单的例子演示了 Docker 机密数据的创建和基本管理，并对 Docker 机密数据运行机制进行了验证。

（1）给 Docker 添加一个机密数据。docker secret create 命令最后一个参数表示要读取机密数据的文件，设置为-表示是从标准输入读取的。

```
[root@manager1 ~]# printf "It is a secret" | docker secret create my_secret_data -
wr11qjzlqtxx3id9alit68b7k
```

（2）创建一个 redis 服务并授予它访问该机密数据的权限。默认情况下，容器可以访问位于 /run/secrets/<机密名称>文件的该机密数据，但可以使用 target 参数自定义容器上的文件名。

```
root@manager1 ~]# docker service create --name redis --secret my_secret_data redis:alpine
x3ddahakwmnoymh5r07day3pw
```

（3）使用 docker service ps 命令验证任务是否正在运行：

```
[root@manager1 ~]# docker service ps redis
ID              NAME       IMAGE         NODE       DESIRED STATE    CURRENT STATE
k3drpeb6dmjv    redis.1    redis:alpine  manager1   Running          Running 2 minutes ago
```

（4）使用 docker ps 命令获取 redis 服务任务容器所使用的 ID，以便使用 docker container exec 命令连接到容器，并读取机密数据文件的内容，默认为全部可读，并且有一个与机密数据名称相同的文件名称。这里使用 shell 自动完成这些任务，其中 docker ps --filter name=redis -q 命令用于获取该容器的 ID。

```
[root@manager1 ~]# docker container exec $(docker ps --filter name=redis -q) ls -l /run/secrets
total 4
-r--r--r--    1 root     root            16 Jan 21 16:47 my_secret_data
[root@manager1 ~]# docker container exec $(docker ps --filter name=redis -q) cat /run/secrets/my_secret_data
It is a secret
```

（5）如果提交容器，则机密数据变得不可用。这里对此进行验证：

```
[root@manager1 ~]# docker commit $(docker ps --filter name=redis -q) committed_redis
sha256:f3362e9f1cea2e94bbb7bfed6da8f978737b438e50ce14a8aef6c6ffd428ce18
[root@manager1 ~]# docker run --rm -it committed_redis cat /run/secrets/my_secret_data
[root@manager1 ~]#
```

（6）尝试删除机密数据。删除失败，因为该 redis 服务正在运行并可以访问该机密数据。

```
[root@manager1 ~]# docker secret ls
ID                         NAME            DRIVER   CREATED        UPDATED
wr11qjzlqtxx3id9alit68b7k  my_secret_data           9 minutes ago  9 minutes ago
```

```
[root@manager1 ~]# docker secret rm my_secret_data
Error response from daemon: rpc error: code = InvalidArgument desc = secret 'my_secre
t_data' is in use by the following service: redis
```

（7）更新服务时可以从正在运行的 redis 服务中移除对机密数据的访问权限：

```
docker service update --secret-rm my_secret_data redis
```

（8）重复步骤（3）和（4），验证该服务不再有权访问该机密数据。容器 ID 将不同，因为 docker service update 命令会重新部署服务。

```
[root@manager1 ~]# docker service ps redis
ID             NAME        IMAGE          NODE       DESIRED STATE    CURRENT STATE
7i7ii9v3eig6   redis.1     redis:alpine   worker1    Running          Running 44 seconds ago
k3drpeb6dmjv   \_redis.1   redis:alpine   manager1   Shutdown         Shutdown 58 seconds ago
[root@manager1 ~]# docker container exec $(docker ps --filter name=redis -q) cat /run/
secrets/my_secret_data
Error: No such container: cat
```

（9）执行下列命令停止并删除服务，并从 Docker 中删除机密数据，以恢复实验环境：

```
docker service rm redis
docker secret rm my_secret_data
```

10.5.5　示例二：配置 Nginx 服务使用机密数据

这个例子分为两个部分，第 1 部分是关于生成站点证书的内容，没有直接涉及 Docker 机密数据；第 2 部分讲解以机密数据形式存储和使用站点证书和 Nginx 配置。

1.　生成站点证书

首先为站点生成根 CA 和 TLS 证书和密钥。生产环境中的站点应使用第三方证书服务（如 Let's Encrypt）来生成 TLS 证书和密钥，作为示范使用 openssl 命令行工具生成即可。

（1）执行以下命令生成一个根密钥：

```
openssl genrsa -out "root-ca.key" 4096
```

（2）执行以下命令使用根密钥生成 CSR（证书请求文件）：

```
openssl req -new -key "root-ca.key" -out "root-ca.csr" -sha256 \
        -subj '/C=US/ST=CA/L=San Francisco/O=Docker/CN=Swarm Secret Example CA'
```

（3）配置根 CA。新建一个名为 root-ca.cnf 的文件，并加入以下内容：

```
[root_ca]
basicConstraints = critical,CA:TRUE,pathlen:1
keyUsage = critical, nonRepudiation, cRLSign, keyCertSign
subjectKeyIdentifier=hash
```

这个配置文件的用途是限制根 CA 不能签署中间证书，只能签署"叶子"证书。

（4）执行以下命令签署证书：

```
openssl x509 -req  -days 3650  -in "root-ca.csr" \
            -signkey "root-ca.key" -sha256 -out "root-ca.crt" \
            -extfile "root-ca.cnf" -extensions        root_ca
```

（5）执行以下命令生成站点密钥：

```
openssl genrsa -out "site.key" 4096
```

（6）执行以下命令生成站点证书并使用站点密钥对其进行签名：

```
openssl req -new -key "site.key" -out "site.csr" -sha256 \
        -subj '/C=US/ST=CA/L=San Francisco/O=Docker/CN=localhost'
```

（7）配置站点证书。创建一个名为 site.cnf 的文件，并加入以下内容：

```
[server]
authorityKeyIdentifier=keyid,issuer
```

```
basicConstraints = critical,CA:FALSE
extendedKeyUsage=serverAuth
keyUsage = critical, digitalSignature, keyEncipherment
subjectAltName = DNS:localhost, IP:127.0.0.1
subjectKeyIdentifier=hash
```

此配置文件用于限制站点证书只能用于对服务器进行身份验证，不能用于签名证书。

（8）执行以下命令签署站点证书：

```
openssl x509 -req -days 750 -in "site.csr" -sha256 \
    -CA "root-ca.crt" -CAkey "root-ca.key"  -CAcreateserial \
    -out "site.crt" -extfile "site.cnf" -extensions server
```

（9）保留生成的站点的密钥文件 site.key 和证书文件 site.crt。site.csr 和 site.cnf 文件仅用于生成站点证书，Nginx 服务用不上，可以删除。

2. 配置 nginx 容器

作为示范，只需创建一个最基本的 Nginx 配置，通过 HTTPS 提供静态文件服务。TLS 证书和密钥将作为 Docker 机密数据存储，也便于以后替换。

（1）在当前目录中新建 site.conf 文件，并加入以下内容：

```
server {
    listen                443 ssl;
    server_name           localhost;
    ssl_certificate       /run/secrets/site.crt;
    ssl_certificate_key   /run/secrets/site.key;

    location / {
        root   /usr/share/nginx/html;
        index  index.html index.htm;
    }
}
```

（2）依次执行以下命令为站点的密钥文件、证书文件和 site.conf 配置文件分别创建 Docker 机密数据。这样就可以将密钥、证书和配置与要使用它们的服务进行分离解耦。

```
docker secret create site.key site.key
docker secret create site.crt site.crt
docker secret create site.conf site.conf
```

这些命令的最后一个参数表示要读取的机密数据的文件路径。例中机密数据名称和文件名是相同的。可以通过 docker secret ls 命令列出已创建的机密数据：

```
[root@manager1 ~]# docker secret ls
ID                          NAME         DRIVER    CREATED            UPDATED
19jd28eb3iehgc93b6o3pgazg   site.conf              About an hour ago  About an hour ago
j7gb3h0cf5rjtvs8tn1zs3v4j   site.crt               About an hour ago  About an hour ago
isemng473ip0zdkhvtendzfk1   site.key               About an hour ago  About an hour ago
```

（3）创建一个运行 Nginx 并可以访问上述 3 个机密数据的服务。

在 Docker 17.05 及更早版本中机密数据总是位于/run/secrets/目录中。从 Docker 17.06 版本开始 Docker 可以为容器中的机密数据指定自定义位置。例中 Docker 版本高于 17.06，使用以下命令：

```
docker service create  --name nginx --secret site.key  --secret site.crt \
    --secret source=site.conf,target=/etc/nginx/conf.d/site.conf \
    --publish published=3000,target=443  nginx:latest \
    sh -c "exec nginx -g 'daemon off;'"
```

其中使用了 Docker 机密数据的短语法格式和长语法格式。短语法格式表示在容器的/run/secrets/目录中创建与机密数据相同名称的文件，例中--secret site.key 和--secret site.crt 选项分别创建

/run/secrets/site.key 和/run/secrets/site.crt 文件。长语法格式用 target 参数为机密数据指定位置，例中如 target=/etc/nginx/conf.d/site.conf。

（4）执行 docker service ls 命令查验 Nginx 服务运行情况，结果表明正常运行：

```
[root@manager1 ~]# docker service ls
ID              NAME        MODE           REPLICAS       IMAGE           PORTS
4tswa6q5t3cr    nginx       replicated     1/1            nginx:latest    *:3000->443/tcp
```

（5）使用 curl 命令访问 Nginx 服务器测试是否能正常访问，结果表明正常：

```
[root@manager1 ~]# curl --cacert root-ca.crt https://localhost:3000
<!DOCTYPE html>
<html>
<head>
<title>Welcome to nginx!</title>
#以下省略
```

（6）继续测试是否使用正确的 TLS 证书，结果表明正确使用：

```
[root@manager1 ~]# openssl s_client -connect localhost:3000 -CAfile root-ca.crt
CONNECTED(00000003)
depth=1 C = US, ST = CA, L = San Francisco, O = Docker, CN = Swarm Secret Example CA
verify return:1
depth=0 C = US, ST = CA, L = San Francisco, O = Docker, CN = localhost
verify return:1
---
Certificate chain
 0 s:/C=US/ST=CA/L=San Francisco/O=Docker/CN=localhost
   i:/C=US/ST=CA/L=San Francisco/O=Docker/CN=Swarm Secret Example CA
---
Server certificate
-----BEGIN CERTIFICATE-----
MIIF0jCCA7qgAwIBAgIJANwX0/2RbzZGMA0GCSqGSIb3DQEBCwUAMGUxCzAJBgNV
BAYTAlVTMQswCQYDVQQIDAJDQTEWMBQGA1UEBwwNU2FuIEZyYW5jaXNjbzEPMA0G
#以下省略
```

（7）实验完毕需要清理环境，可以删除 Nginx 服务和机密数据。考虑到后面的 Docker 配置示例要使用 site.crt、site.key 和 site.conf 文件，暂时不要删除它们。

10.5.6 在 Compose 文件中使用 Docker 机密数据

可以在 Compose 文件使用 Docker 机密数据来管理敏感数据，然后部署服务堆栈。

在 Compose 文件中使用顶级字段 secrets 在整个应用程序中定义和引用授权服务访问的敏感数据。敏感数据的来源可以是文件，也可以是由 docker secret create 命令创建的机密数据。下面给出一个简单的示例：

```
secrets:
  my_first_secret:            # 如果使用堆栈部署，创建的机密数据名为：<堆栈名>_my_first_secret
    file: ./secret_data       # 来源文件
  my_second_secret:
    external: true            # 已经创建的机密数据 my_second_secret
```

接下来示范基于 Compose 文件部署服务堆栈来搭建 WordPress 博客站点，其中数据库密码使用机密数据来存储。

（1）新建一个项目目录并切换到该目录下，创建密码文件 db_password，记录 MySQL 数据库的用户密码：

```
mkdir wordpress-test && cd wordpress-test
touch password.txt
echo "myPassword" > db_password.txt
```

（2）创建 Compose 文件 wordpress.yml，并加入以下内容。该文件用于启动 mysql 和 wordpress 服务。

```
version: '3.1'
services:
  wordpress:
    image: wordpress
    ports:
      - 8080:80
    environment:
      WORDPRESS_DB_HOST: db
      WORDPRESS_DB_USER: exampleuser
      WORDPRESS_DB_PASSWORD_FILE: /run/secrets/db_password
      WORDPRESS_DB_NAME: exampledb
    secrets:
      - db_password
  db:
    image: mysql:5.7
    environment:
      MYSQL_DATABASE: exampledb
      MYSQL_USER: exampleuser
      MYSQL_PASSWORD_FILE: /run/secrets/db_password
      MYSQL_RANDOM_ROOT_PASSWORD: '1'
    secrets:
      - db_password
secrets:
  db_password:
    file: ./db_password.txt
```

其中 secrets 顶级字段定义名为 db_password 的机密数据，服务中的 secrets 字段用于引用这个机密数据，Docker 将服务容器的/run/secrets/<机密数据名称>作为文件挂载点。

（3）以服务堆栈的形式启动 wordpress 服务。docker stack deploy 命令后面会详细介绍。

```
[root@manager1 wordpress-test]# docker stack deploy -c wordpress.yml wordpress-test
Creating network wordpress-test_default
Creating secret wordpress-test_db_password
Creating service wordpress-test_db
Creating service wordpress-test_wordpress
```

（4）执行以下命令查看当前的 Docker 机密数据，会发现自动创建了一个名为 wordpress-test_db_password 的机密数据：

```
[root@manager1 wordpress-test]# docker secret ls
ID                          NAME                         DRIVER   CREATED        UPDATED
nq35lppkrqja5b3sl4lcpfbcb   wordpress-test_db_password            20 minutes ago 20 minutes ago
```

（5）打开浏览器访问 WordPress 博客站点进行实测，首先进入安装界面，如图 10-9 所示，根据向导可完成 WordPress 的初始化设置。

请读者将 Compose 文件中的机密数据来源改为已创建的 Docker 机密数据，然后进行部署测试。

图 10-9　WordPress 安装界面

10.5.7　将 Docker 机密数据置入镜像中

如果开发的容器可以作为服务进行部署，并且需要敏感数据（如凭证）作为环境变量，那么可以考虑调整镜像以充分利用 Docker 机密数据。实现的方法是让创建容器时传递给镜像的每个参数可以从文件中读取。

Docker 库中的许多官方镜像，如 WordPress 镜像，都以这种方式进行了更新。

启动一个 WordPress 容器时，为它提供所需的参数以环境变量的形式进行设置。WordPress 镜像已经更新，因此包含 WordPress 重要数据的环境变量（如 WORDPRESS_DB_PASSWORD）也可以从文件（由 WORDPRESS_DB_PASSWORD_FILE 环境变量提供）中读取它们的值。这种策略可确保向后兼容性得到保留，同时允许容器从 Docker 管理的机密数据中读取信息，而不是直接传递。

注意 Docker 机密数据不直接设置环境变量，因为环境变量可能会无意中在容器之间（例如，使用--link 选项进行容器连接）泄露。

10.6　存储服务配置数据

从 Docker 17.06 版本开始引入 Swarm 服务配置数据（这里将 Docker 的 config 译为配置数据），让用户在服务镜像或运行中的容器的外部存储非敏感信息，最典型的就是配置文件，目的是保持镜像尽可能通用，以免将配置文件绑定到容器，或使用环境变量来存储配置信息。Docker 配置数据与 Docker 机密数据相似，不同的是它用于存储未加密的非敏感数据。

10.6.1　Docker 配置数据概述

Docker 配置数据以类似于 Docker 机密数据的方式运行，不同之处在于存储配置数据时没有加密，直接挂载到容器的文件系统中，并且不用 RAM 磁盘。而机密数据永远不会保存在磁盘中，而是在内存中进行管理。配置的挂载点位置在 Linux 容器中默认为/<配置数据名>。在 Windows 容器中，配置被挂载到 C:\ProgramData\Docker\configs，还会创建一个符号链接指向所需的位置（默认为 C:\<配置数据名>）。

随时可以从服务添加或删除配置数据，并且服务可以共享配置数据，甚至可以将配置数据与环境变量或标签结合使用，以获得最大的灵活性。Docker 配置数据仅适用于群集服务，而不适用于独立容器。

Docker 配置数据管理命令的基本语法格式如下：

```
docker config COMMAND
```

与 docker secret 命令一样，docker config 命令也有相应的 4 个子命令：create、inspect、ls 和 rm，含义相同，只是操作的是配置而不是机密数据。

Docker 配置数据也要在 Swarm 服务中使用，相关的命令或选项如下。

在 docker service create 命令中使用--config 选项定义要暴露给服务的配置数据；

在 docker service update 命令中使用--config-add 选项定义要为服务添加或更新的配置数据，使用--config-rm 选项指定要从服务中删除的配置数据。

10.6.2 示例一：Docker 配置数据操作入门

这个简单的例子使用几个命令来处理 Docker 配置数据。

（1）使用 docker config create 命令添加一个配置数据。参数-表示输入从标准输入读取。

```
echo "It is a config" | docker config create test-config -
```

（2）使用 docker config ls 命令列出当前的配置数据，会发现该配置数据出现在列表中。

（3）创建一个 redis 服务并授予它访问该配置数据的权限。默认情况下，容器可以访问名为/<配置数据名>的文件中的配置数据，也可以使用 target 参数自定义容器上的文件名。

```
docker service create --name redis --config test-config redis:alpine
```

（4）使用 docker service ps 命令验证服务任务是否正在运行。

（5）使用 docker ps 命令获取 redis 服务任务容器所使用的 ID，以便使用 docker container exec 命令连接到容器，并读取配置文件的内容，该内容默认为全部可读，并且有一个与配置数据名称相同的名称。

```
[root@manager1 ~]# docker container exec $(docker ps --filter name=redis -q) cat /test-config
It is a config
```

（6）尝试删除该配置数据会失败，因为 redis 服务正在运行并可以访问该配置数据。

```
[root@manager1 ~]# docker config rm test-config
Error response from daemon: rpc error: code = InvalidArgument desc = config 'test-config' is in use by the following service: redis
```

（7）对服务进行更新操作可以从正在运行的 redis 服务中移除对配置数据的访问权限：

```
docker service update --config-rm test-config redis
```

（8）重复步骤（5），验证 redis 服务不再有权访问该配置数据。容器 ID 将不同，因为 docker service update 命令重新部署服务。

```
[root@manager1 ~]# docker container exec $(docker ps --filter name=redis -q) cat /test-config
cat: can't open '/test-config': No such file or directory
```

（9）使用下列命令停止并删除服务，并从 Docker 中删除配置数据，以恢复实验环境：

```
docker service rm redis
docker config rm test-config
```

10.6.3 示例二：配置 Nginx 服务使用配置数据

这个例子与 10.5.5 节的例子非常类似，不同的主要是将站点配置文件 site.conf 作为 Docker 配置数据提供给 Nginx 服务。实验操作也分为两个部分，第 1 部分是关于生成站点证书的内容，完全同 10.5.5 节，不再重复介绍。重点讲解第 2 部分的 Nginx 容器配置，仍然将站点的密钥文件和证书文件以机密数据形式提供，而将配置文件作为 Docker 配置数据提供。例中还示范如何设置 Docker 配置数据的选项，比如容器中的目标位置和文件许可权限（模式）。

（1）在当前目录中新建 site.conf 文件。这里沿用 10.5.5 节创建的文件。

（2）依次执行以下命令为密钥文件和证书文件分别创建 Docker 机密数据。这里沿用 10.5.5 节的 Docker 机密数据。

```
docker secret create site.key site.key
docker secret create site.crt site.crt
```

（3）执行以下命令将 site.conf 文件保存在 Docker 配置数据中。第一个参数是配置的名称，第二个参数是要从中读取的文件。

```
docker config create site.conf site.conf
```

可以通过 docker config ls 命令列出已创建的配置。

（4）执行以下命令创建一个运行 Nginx 并可以访问上述两个机密数据和一个配置的服务。这里将模式设置为 0440，让该配置文件只能由文件所有者和所有者组读取。

```
docker service create   --name nginx \
    --secret site.key  --secret site.crt \
    --config source=site.conf,target=/etc/nginx/conf.d/site.conf,mode=0440 \
    --publish published=3000,target=443 \
    nginx:latest  sh -c "exec nginx -g 'daemon off;'"
```

正在运行的容器中会出现/run/secrets/site.key、/run/secrets/site.crt 和/etc/nginx/conf.d/site.conf 这 3 个文件。

（5）执行 docker service ls 命令查验 Nginx 服务运行情况。

（6）使用 curl 命令访问 Nginx 服务器测试是否能正常访问：

```
curl --cacert root-ca.crt https://localhost:3000
```

（7）使用 openssl 命令继续测试是否使用正确的 TLS 证书：

```
openssl s_client -connect localhost:3000 -CAfile root-ca.crt
```

（8）实验完毕需要清理环境，执行以下命令删除 Nginx 服务、密钥和配置文件：

```
docker service rm nginx
docker secret rm site.crt site.key
docker config rm site.conf
```

至此配置了一个 Nginx 服务，其配置与其镜像分离。可以使用完全相同的镜像运行多个站点，但可以进行个别配置，而且根本不需要创建自定义镜像。

10.6.4　替换服务的配置数据

要替换一个 Docker 配置数据，首先将当前正在使用的配置以不同的名称保存为一个新配置，然后重新部署该服务，删除旧配置并在容器中的相同挂载点添加新配置。下面在前一个示例上的基础上通过替换 site.conf 配置文件进行服务构建。

（1）重新编辑 site.conf 文件，在 index 行添加 index.php 项，并保存该文件：

```
server {
    listen              443 ssl;
    server_name         localhost;
    ssl_certificate     /run/secrets/site.crt;
    ssl_certificate_key /run/secrets/site.key;

    location / {
        root   /usr/share/nginx/html;
```

```
        index   index.html index.htm index.php;
    }
}
```

（2）执行如下命令使用新的 site.conf 文件新建一个名为 site-v2.conf 的 Docker 配置数据：

```
docker config create site-v2.conf site.conf
```

（3）执行如下命令使用新配置更新 Nginx 服务，并在删除服务中的旧配置：

```
docker service update
  --config-rm site.conf \
  --config-add source=site-v2.conf,target=/etc/nginx/conf.d/site.conf,mode=0440 \
  nginx
```

（4）使用 docker service ps nginx 命令验证 Nginx 服务重新部署是否完成，如果完成，可以执行以下命令删除旧的 site.conf 配置：

```
docker config rm site.conf
```

（5）实验完毕需要清理环境，删除 Nginx 服务、密钥和配置文件。

至此已经更新了 Nginx 服务的配置，而不需要重新构建其镜像。

除了 Docker 内置的集群功能，还有一些更为强大的第三方 Docker 集群解决方案，比如 Kubernetes。掌握 Swarm 集群的同时也为学习和应用第三方 Docker 集群打下了基础。

10.7　习题

1. 简述 Docker Swarm 模式的主要特性。
2. 解释术语 Swarm、节点、服务和任务。
3. 简述 Swarm 节点工作机制。
4. 简述 Swarm 服务工作机制。
5. 简述在 Swarm 模式中调度要执行的工作任务的顺序。
6. 说明排空节点的特点和用途。
7. 建立 Swarm 集群默认会创建哪两个网络？
8. 简述 Swarm 的服务发现工作机制。
9. Swarm 模式路由网有什么作用？
10. 什么是 Swarm 堆栈？它的主要用途是什么？
11. 什么是 Swarm 机密数据？它的主要用途是什么？
12. 什么是 Swarm 配置数据？它的主要用途是什么？
13. 参照 10.2 节的示范，熟悉 Swarm 集群的基本操作。
14. 创建自定义 overlay 网络，再创建一个连接到它的 Swarm 服务，并进行测试。
15. 参照 10.4.2 节的示范，完成从构建镜像到部署堆栈的操作过程。
16. 参照 10.4.3 节的示范，完成多节点的堆栈部署操作并进行测试。

11 第11章 生产环境中的Docker运维

　　Docker 应用程序最终要部署到生产环境中，生产环境是作为最正式的部署环境，需要更为严谨的配置和管理，还要解决一些更为实际的问题。前面的章节已经部分涉及这些方面，比如容器运行资源控制、容器监控与日志管理、镜像的自动化构建、使用 Docker Compose 实现复杂应用程序的部署、使用 Docker 堆栈部署应用程序等。本章再集中讲解一些 Docker 运维方法，包括 Docker 守护进程本身的管理、Docker 对象的通用配置、Docker 安全机制和 Docker 扩展，以及离线环境下的 Docker 部署和使用。

11.1　配置和管理 Docker 守护进程

Docker 守护进程是 Docker 引擎中的后台应用程序，其名称为 dockerd，可以直接使用 dockerd 命令进行配置管理。

11.1.1　配置并运行 Docker 守护进程

在成功安装并启动 Docker 后，dockerd 守护进程就会使用默认配置运行。在之后的运行过程中，还涉及自定义配置，手动启动守护进程，发生问题时还需排查故障和调试守护进程。

1.　使用操作系统工具启动守护进程

采用典型的 Docker 安装时，Docker 守护进程由系统工具启动，而不是由用户手动启动。这就使得重启系统时自动启动 Docker 变得很容易。启动 Docker 的命令取决于操作系统。目前大多数 Linux 发行版（RHEL、CentOS、Fedora、Ubuntu 16.04 及更高版本）使用 systemd 来管理开机启动的服务。

2.　手动启动守护进程

如果不想使用系统工具管理 Docker 守护进程，或者只是要进行测试，可以使用 dockerd 命令手动运行守护进程。可能还需要使用 sudo，这取决于操作系统的配置。通过 dockerd 命令手动启动 Docker 时，Docker 会在前台运行并将日志直接发送到终端窗口，例如：

```
dockerd
INFO[0000] +job init_networkdriver()
INFO[0000] +job serveapi(unix:///var/run/docker.sock)
INFO[0000] Listening for HTTP on unix (/var/run/docker.sock)
...
...
```

在终端窗口中使用组合键 Ctrl+C 可以停止手动启动的 Docker。

3.　配置 Docker 守护进程

配置 Docker 守护进程有两种方式。

- 使用 JSON 配置文件。这是首选方式，因为所有配置保存在同一处。
- 手动启动 Docker 守护进程使用选项。

只要不用两种方式定义同一选项，就可以同时使用这两种方式。否则，Docker 守护进程不能启动，并输出错误信息。

Docker 守护进程的 JSON 配置文件在 Linux 系统上是/etc/docker/daemon.json。下面是一个 JSON 配置文件的示例：

```
{
  "debug": true,
  "tls": true,
  "tlscert": "/var/docker/server.pem",
  "tlskey": "/var/docker/serverkey.pem",
  "hosts": ["tcp://192.168.159.33:2376"]
}
```

采用这个配置，Docker 守护进程将以调试模式运行，使用 TLS 安全机制，在 2376 端口侦听路由到 192.168.159.33 的流量。

可以使用选项手动启动 Docker 守护进程来实现相同的配置目的，例如：

```
dockerd --debug \
  --tls=true \
```

```
    --tlscert=/var/docker/server.pem \
    --tlskey=/var/docker/serverkey.pem \
    --host tcp://192.168.159.33:2376
```

这种方式对于排查问题更有用。

4. Docker 守护进程目录

Docker 守护进程将所有数据保存在一个目录中，用来跟踪与 Docker 有关的一切对象，包括容器、镜像、卷、服务定义和机密数据。默认情况下，在 Linux 系统上该目录是/var/lib/docker。可以使用 data-root 选项将 Docker 守护进程配置为使用不同的目录。

因为 Docker 守护进程的状态保存在该目录中，确保为每个守护进程使用专用的目录。如果两个守护进程共享同一目录（如 NFS 共享），则一旦出现问题将很难排除。

5. 检查 Docker 是否在运行

要检查 Docker 是否运行，和操作系统无关的一种方式是直接使用 docker info 命令。

当然也可使用操作系统提供的工具，例如，systemctl is-active docker、systemctl status docker 或 service docker status。还可以使用 ps 或 top 之类的 Linux 命令在进程列表中检查 dockerd 进程。

11.1.2　排查 Docker 守护进程故障

可以在守护进程上启用调试，以了解守护进程的运行时活动，并用来排除故障。如果守护进程完全没有响应，也可以通过将 SIGUSR 信号发送到 Docker 守护进程，来强制将所有线程的完整堆栈跟踪添加到守护进程日志中。

1. daemon.json 文件和启动脚本之间的冲突

如果 daemon.json 配置文件定义有选项，在运行 dockerd 命令或启动脚本时又使用相同的选项，则这些选项会产生冲突，Docker 会启动失败并报出如下错误：

```
unable to configure the Docker daemon with file /etc/docker/daemon.json:
the following directives are specified both as a flag and in the configuration
file: hosts: (from flag: [unix:///var/run/docker.sock], from file: [tcp://127.0.0.1:2376])
```

如果发现类似这样的错误，并且使用选项手动启动 Docker 守护进程，那么可能需要调整相关选项或 daemon.json 文件来解决这个冲突。

需要注意的是，如果使用操作系统本身的初始化脚本来启动 Docker 守护进程，则可能需要使用该操作系统的特有方式来覆盖这些脚本中的默认值。

配置冲突难以排查的一个例子是，要通过默认值为 Docker 指定不同的 IP 地址。默认情况下，Docker 在套接字（Socket）上侦听。在使用 systemd 管理启动的 Debian 和 Ubuntu 系统上，这意味着在启动 Docker 守护进程时会始终使用主机选项-H。如果在 daemon.json 文件中设置了 hosts 选项，则会导致配置冲突，显示上述错误信息，并且 Docker 无法启动。

要解决这个问题，可创建一个新的文件/etc/systemd/system/docker.service.d/docker.conf，并加入以下选项设置，来屏蔽启动守护进程时所使用的默认-H 选项：

```
[Service]
ExecStart=
ExecStart=/usr/bin/dockerd
```

值得一提的是，如果屏蔽-H 选项，又没有在 daemon.json 中指定 hosts 条目，或者手动启动 Docker 时也未指定-H 选项，那么 Docker 无法启动。

在启动 Docker 之前应当运行 systemctl daemon-reload 命令重新加载 systemd 配置文件。如果 Docker 成功启动，它会开始监听 daemon.json 中 hosts 选项指定的 IP 地址，而不是套接字。

2. 内存不足异常（OOME）

如果 Docker 容器尝试使用比系统可用内存更多的内存，则可能会遇到内存不足异常（Out Of Memory Exceptions，OOME），并且容器或 Docker 守护进程可能会被内核 OOM killer 所杀死。要防止发生这种情况，应确保应用程序在具有足够内存的主机上运行。

3. 读取日志

守护进程日志（见表 11-1）有助于诊断问题。操作系统配置和所用的日志记录子系统决定日志的保存位置。

表 11-1　不同 Linux 操作系统的 Docker 守护进程日志位置

操作系统	日志位置
RHEL、Oracle Linux	/var/log/messages
Debian	/var/log/daemon.log
Ubuntu 16.04+、CentOS	使用命令 journalctl -u docker.service
Ubuntu 14.10	/var/log/upstart/docker.log

例如，执行 tail -f /var/log/messages 命令将动态显示日志信息。

4. 启用调试

有两种方式启用调试。推荐的方法是在 daemon.json 文件中将 debug 键值设置为 true，这适用于各种 Docker 平台。

（1）编辑 daemon.json 文件（通常位于/etc/docker 目录），如果该文件不存在，则需要创建。

（2）如果是该文件没有内容，直接加入以下内容：

```
{
  "debug": true
}
```

如果该文件已经包含了 JSON 数据，只需要添加"debug": true，并注意用逗号分隔。还需要检查 log-level 关键字是否设置，它可设置为 info 或 debug，其中 info 是默认设置，可选的值还包括 warn、error、fatal。

（3）发送 SIG HUP 信号到守护进程，使其重新加载配置。Linux 主机上的命令如下：

```
kill -SIGHUP $(pidof dockerd)
```

也可以不采用上述步骤，直接停止 Docker 守护进程并使用调试选项-D 手动重新启动它。但是，这可能会导致 Docker 在与主机启动脚本创建的不同环境中重新启动，而使调试更加困难。

5. 强制将堆栈跟踪记入日志

如果该守护进程没有响应，可以通过向守护进程发送一个 SIGUSR1 信号来强制将堆栈跟踪（stack trace）记入日志。Linux 主机上的命令如下：

```
kill -SIGUSR1 $(pidof dockerd)
```

这种做法会强制记录堆栈跟踪，但不会停止守护进程。守护进程日志显示堆栈跟踪或包含堆栈跟踪的文件的路径（如果它已记录到文件中）。

守护进程在处理完 SIGUSR1 信号并将堆栈跟踪转储（dump）到日志后继续运行。堆栈跟踪可用于确定守护进程内所有 Goroutine（Go 语言中的协程）和线程的状态。

6. 查看堆栈跟踪信息

可以通过以下任一方式查看 Docker 守护进程的日志。

● 在使用 systemctl 工具的 Linux 系统上运行 journalctl -u docker.service 命令。

● 在老旧的 Linux 系统上查看/var/log/messages、/var/log/daemon.log 或 /var/log/docker.log 文件。

例如，查看 Docker 日志中的消息如下：

```
...goroutine stacks written to /var/run/docker/goroutine-stacks-2017-06-02T193336z.log
...daemon datastructure dump written to /var/run/docker/daemon-data-2017-06-02T193336z.log
```

Docker 保存这些堆栈跟踪和转储的位置取决于操作系统和配置。有时可以直接从堆栈跟踪和转储中获取有用的诊断信息。否则，可以将此信息提供给 Docker 以帮助诊断问题。

11.1.3　使用 systemd 控制 Docker

较新的 Linux 发行版通过 systemd 启动 Docker 守护进程。这里给出几个自定义 Docker 配置的示例。

1. 启动 Docker 守护进程

Docker 安装好之后需要启动 Docker 守护进程。大多数 Linux 发行版通过 systemd 来启动服务：

```
systemctl start docker
```

如果没有 systemctl 工具，则可以使用 service 命令：

```
service docker start
```

要使 Docker 守护进程开机自动启动，执行以下命令：

```
systemctl enable docker
```

禁用 Docker 守护进程开机启动，执行以下命令：

```
sudo systemctl disable docker
```

2. 自定义 Docker 守护进程选项

为 Docker 守护进程配置选项和环境变量的方式有多种，推荐的方式是使用独立于平台的 daemon.json 文件，该文件默认位于 Linux 上的/etc/docker 目录中。

daemon.json 可以用来配置几乎所有的守护进程配置选项。这里以运行时目录和存储驱动的配置为例，在 daemon.json 文件中设置以下选项：

```
{
    "data-root": "/mnt/docker-data",
    "storage-driver": "overlay"
}
```

其中 data-root 选项设置的是运行时目录，即 Docker 镜像、容器和卷所使用的磁盘空间，可以将该空间改到单独的分区中。

但是，不能使用 daemon.json 文件来配置 HTTP/HTTPS 代理。如果在 HTTP/HTTPS 代理服务器后面运行 Docker 主机，则需要进行相应的配置。Docker 守护进程在它的启动环境中使用 HTTP_PROXY、HTTPS_PROXY 和 NO_PROXY 环境变量来配置 HTTP 或 HTTPS 代理的行为。这些环境变量不能通过 daemon.json 文件来配置，而要使用 Docker 的 systemd 服务文件来配置。下面进行示范，注意这里的配置会覆盖默认的 docker.service 文件。

（1）执行以下命令为 docker 服务创建一个可以存放 systemd 文件的目录：

```
mkdir -p /etc/systemd/system/docker.service.d
```

（2）创建名为/etc/systemd/system/docker.service.d/http-proxy.conf 的文件，并添加 HTTP_PROXY 环境变量定义：

```
[Service]
Environment="HTTP_PROXY=http://proxy.example.com:80/"
```

如果位于 HTTPS 代理服务器后面，则需要创建名为/etc/systemd/system/docker.service.d/https-proxy.conf 的文件并加入 HTTPS_PROXY 环境变量定义：

```
[Service]
Environment="HTTPS_PROXY=https://proxy.example.com:443/"
```

（3）如果内部部署有 Docker 注册服务器，不需使用代理方式的连接，则可以通过 NO_PROXY
环境变量明确指定：

```
[Service]
Environment="HTTP_PROXY=http://proxy.example.com:80/" NO_PROXY=localhost,
127.0.0.1,docker-registry.somecorporation.com"
```

（4）执行以下命令重新加载 systemd 的配置文件：

```
systemctl daemon-reload
```

（5）执行以下命令重新启动 Docker：

```
systemctl restart docker
```

（6）执行以下命令验证是否配置已经加载：

```
systemctl show --property=Environment docker
Environment=HTTP_PROXY=http://proxy.example.com:80/
```

3．手动创建 systemd 单元文件

在没有包的情况下安装二进制文件时，可能需要将 Docker 与 systemd 集成。为此，要将两个单
元文件（服务和套接字）从 GitHub 仓库安装到/etc/systemd/system 目录下。

11.2　配置 Docker 对象

使用 Docker 的主要工作是创建和使用各类对象，如镜像、容器、网络、卷、插件等。前面各章
节已经介绍了对各种对象的配置管理，这里补充介绍一下 Docker 对象的通用配置。

11.2.1　配置对象使用自定义元数据

标记（Label）是一种将元数据应用于 Docker 对象的机制，这些对象包括镜像、容器、本地守护
进程、卷、网络、Swarm 节点和 Swarm 服务。可以使用标记来组织镜像，记录许可信息，注释容器、
卷和网络之间的关系，或用于任何对业务或应用程序有意义的行为。

1．标记的键和值

标记的形式是键值对，以字符串的形式存储。可以为一个对象指定多个标记，但是同一个对象
中的每个键值对必须是唯一的。如果同一个键指定了多个值，后面的值会覆盖前面的。

（1）建议使用的标记的键的格式

标记的键是键值对左边的元素。键是可以包含句点（.）和连字符（-）的字母数字字符串。大多
数 Docker 用户使用由其他组织创建的镜像，以下指导原则有助于防止无意间的跨对象的重复标记，
特别是打算将标记用作自动化机制的情形。

- 第三方工具的作者应在每个标记的键加上其域名的倒序 DNS 名称（如 com.example.some-label）
  作为前缀。
- 未经某域名的所有者许可，不在标记的键中使用该域名。
- com.docker.*、io.docker.* 和 org.dockerproject.* 名称空间是 Docker 保留用于内部使用的。
- 标记的键应以小写字母开头和结尾，并且只能包含小写字母数字字符、句号(.)和连字符(-)。
  不允许连续的句点或连字符。
- 句号（.）用于分隔名称空间中的"字段"。没有名称空间的标记的键被保留用于命令行使用，

允许命令行用户使用更短的输入友好的字符串交互标记 Docker 对象。

这些准则目前尚未实施，对于特定用例可能需要更多的规则。

（2）标记的值的规则

标记的值可以包含能表示为字符串的任何数据类型，包括但不限于 JSON、XML、CSV 或 YAML。唯一要求是必须使用特定于结构类型的机制将值序列化为字符串。例如，要将 JSON 序列化为字符串，可以使用 JavaScript 中的 JSON.stringify() 方法。

Docker 并未反序列化该值，因此在按标记值查询或过滤时，不能将 JSON 或 XML 文档视为嵌套结构，除非将此功能构建到第三方工具中。

2. 管理对象的标记

支持标记的每种类型的对象都具有添加、管理和使用标记的机制，这种机制与特定对象类型相关。镜像、容器、本地守护进程、卷和网络上的标记在对象的生命周期内是静态的，必须要重新创建对象才能改变这些标记，而 Swarm 节点和服务上的标记则可以动态更新。

11.2.2　删除不用的对象

Docker 采用保守的方法来清理未使用的对象（如镜像、容器、卷和网络），这通常被称为"垃圾回收"。这些对象通常不会被删除，除非明确要求 Docker 这样做。这可能导致 Docker 额外占用磁盘空间。对于每种对象类型，Docker 都提供了一条 prune 命令。另外，可以使用 docker system prune 命令一次性清理多种类型的对象。

docker system prune 命令是删除镜像、容器和网络的捷径，示例如下：

```
docker system prune
WARNING! This will remove:
    - all stopped containers                                # 所有停止的容器
    - all networks not used by at least one container       # 未被任何容器使用的网络
    - all dangling images                                   # 所有虚悬的镜像
    - all build cache                                       # 所有构建缓存
Are you sure you want to continue? [y/N] y
```

在 Docker 17.06.0 及以前版本中，还包括删除卷。在 Docker 17.06.1 及更高版本中必须为 docker system prune 命令明确指定--volumes 选项才会删除卷。

```
docker system prune --volumes
```

使用-f（--force）选项表示强制删除，不会给出提示。

11.2.3　格式化命令和日志的输出

Docker 使用 Go 模板来管理某些命令和日志驱动的输出格式。Docker 提供一套基本函数来处理模板元素。下面以使用 docker inspect 命令为例进行示范，该命令通过--format 选项来控制输出格式，其他命令的自定义输出格式可参照这个命令。

1. join

使用 join 函数将一组字符串进行连接以创建单个字符串。它在列表中的每个字符串元素之间放置一个分隔符。例如：

```
docker inspect --format '{{join .Args " , "}}' container
```

2. json

使用 json 函数将元素编码为 JSON 字符串：

```
docker inspect --format '{{json .Mounts}}' container
```

3. lower

使用 lower 函数将字符串转为小写：

```
docker inspect --format "{{lower .Name}}" container
```

4. split

使用 split 函数将字符串切分为由分隔符分隔的字符串列表：

```
docker inspect --format '{{split (join .Names "/") "/"}}' container
```

5. title

使用 title 函数将字符串的首字母大写：

```
docker inspect --format "{{title .Name}}" container
```

6. upper

使用 upper 函数将字符串转为大写：

```
docker inspect --format "{{upper .Name}}" container
```

7. println

使用 println 函数使输出时每个值占一行：

```
docker inspect --format='{{range .NetworkSettings.Networks}}{{println .IPAddress}}{{end}}' container
```

可以以 JSON 格式显示全部可被打印的内容：

```
docker container ls --format='{{json .}}'
```

11.3　Docker 安全

Docker 充分利用 Linux 内核固有的安全性，采用多种手段来降低容器的安全风险，可以说容器在默认情况下非常安全，尤其是在容器中通过非特权用户运行进程时。除了 Docker 自身的安全性外，还可以使用通用的 IT 安全技术来加固 Docker 主机，为 Docker 增加额外的安全层。

11.3.1　Docker 安全机制

Docker 非常注重安全性，本身具有一套完整而严密的安全机制。还可以通过开启 AppArmor、SELinux、GRSEC 或其他强化系统来提供额外的安全。

1. 内核名称空间

Docker 容器与 LXC 容器类似，它们具有相似的安全特性。通过 docker run 命令启动容器时，Docker 会在后台为这个容器创建一套名称空间和控制组。

Linux 从内核 2.6.15 版本开始引入名称空间机制。名称空间提供了第一个也是最直接的隔离形式。在容器中运行的进程看不到并且几乎不会影响在另一个容器或主机系统中运行的进程。

每个容器还具有独立的网络栈，这意味着容器不会获得对另一个容器的套接字或接口的特权访问。当然，如果主机系统进行相应设置，容器可以通过各自的网络接口相互交互，就像它们可以与外部主机进行交互一样。当管理员为容器指定公共端口或使用连接（links）时，容器之间的 IP 流量是被允许的。它们可以互相 ping 通，发送和接收 UDP 数据包，并建立 TCP 连接，但是如有必要也可以限制它们之间的连接。从网络体系结构的角度来看，特定 Docker 主机上的所有容器都位于网桥接口上。这意味着它们就像通过普通以太网交换机连接的物理机一样。

2. 控制组

Linux 从内核 2.6.24 版本开始引入控制组机制。控制组是 Linux 容器的另一个关键组件。它们实现了资源核算和限制。控制组提供许多有用的计量指标，但是它们还有助于确保每个容器公平地获得内存、CPU、磁盘 I/O 的份额，更为重要的是，单个容器无法耗尽任何一种资源，从而避免系统宕机。

控制组不能阻止一个容器访问或影响另一个容器的数据和进程，对防御一些拒绝服务（DOS）攻击至关重要。它们对于多租户平台（如公共和私有 PaaS）尤其重要，即使在某些应用程序开始出现故障时，也能保证持续的正常运行时间和性能。

3. Docker 守护进程本身的受攻击面

使用 Docker 运行容器和应用程序意味着运行 Docker 守护进程。这个守护进程目前需要 root 特权，因此管理员应该了解一些重要的细节。

首先，只允许可信用户控制 Docker 守护进程。这是一些强大的 Docker 功能的直接后果。特别是 Docker 允许在 Docker 主机和容器之间共享一个目录，允许在不限制容器访问权限的情况下这样做。这意味着可以启动一个容器，其中/host 目录是主机上的根目录，容器可以不受任何限制地改变主机文件系统。这与虚拟化系统允许文件系统资源共享的机制类似。无法阻止虚拟机共享主机的根文件系统，甚至是根块设备。

这具有很大的安全隐患。例如，如果管理员通过 API 命令 Docker 从 Web 服务器运行容器，则应该比平时更加仔细地进行参数检查，以确保恶意用户无法传递伪造的参数，从而导致 Docker 创建任意容器。

考虑到这个原因，REST API 端点（由 Docker 命令行接口用来与 Docker 守护进程通信）从 Docker 0.5.2 开始使用 UNIX 套接字替代绑定到 127.0.0.1 的 TCP 套接字（如果直接在虚拟机外部的本地主机上运行 Docker，后者易于遭受跨站请求伪造攻击）。这样就可以使用传统的 UNIX 权限检查来限制对此控制套接字的访问。

只要愿意，也可以通过 HTTP 公开 REST API。但是，如果这样做，则要注意上述安全隐患。确保它只能从受信任的网络或 VPN 访问，或者使用像 stunnel（跨平台软件，用于提供全局的 TLS/SSL 服务）和客户端 SSL 证书这样的机制进行保护。还可以使用 HTTPS 和证书来保护 API 端点。

守护进程容易受到其他输入的潜在攻击，例如，通过 docker load 命令从磁盘加载镜像，或通过 docker pull 命令从网络拉取镜像。从 Docker 1.3.2 开始，镜像从 Linux/Unix 平台的 chrooted 子进程中提取，这是实现权限划分的工作的第一步。从 Docker 1.10.0 开始，所有镜像都通过其内容的加密校验和（cryptographic checksum）进行存储和访问，从而限制了攻击者与现有镜像发生冲突的可能性。

最后，如果在服务器上运行 Docker，建议在服务器上专门运行 Docker，并将所有的其他服务移动到由 Docker 控制的容器内。当然，保留管理工具（至少是 SSH）以及现有的监控和监督进程（如 NRPE 和 collectd）是没问题的。

4. Linux 内核能力

在以往的 UNIX 系统上，为了检查进程的权限，将进程分为两类：特权进程（root 身份，用户 ID 为 0）和非特权进程（非 root 身份，用户 ID 不为 0）。特权进程可以通过内核所有的权限检查，而非特权进程的检查则是基于进程的身份进行。从内核 2.2 版本开始，Linux 将超级用户不同单元的权限分开，可以单独开启和禁止，并将其称为能力（Capability）。如果将能力赋予普通的进程，则该进程可以执行 root 用户权限的任务。

默认情况下，Docker 使用一组受限制的能力启动容器。能力将"root/non-root"二分法转变为一个细粒度的访问控制系统。只需要在低于 1024 的端口上绑定的进程（如 Web 服务器）不要以 root 身份运行，它们可以被赋予 net_bind_service 能力。还有许多其他能力，用于几乎所有通常需要 root

特权的特定领域。这对于容器来说安全意义重大，下面给出具体的理由。

典型的服务器会以 root 身份运行几个进程，包括 SSH 守护进程、cron 守护进程，日志守护进程、内核模块、网络配置工具等。而容器则不同，因为几乎所有这些任务都是由容器周围的基础设施处理的，具体如下。

- SSH 访问通常由在 Docker 主机上运行的单独的服务器管理。
- 如有必要，cron 应该以用户进程运行，专门针对需要其调度服务的应用程序量身定制，而不是作为平台级的设施。
- 日志管理通常交由 Docker 或像 Loggly 或 Splunk 这样的第三方服务处理。
- 硬件管理无关紧要，根本不需要在容器中运行 udevd 或等同的守护进程。
- 网络管理发生在容器外部，尽可能地强制隔离关注点，容器应该不必执行 ifconfig、route 或 ip 命令（除非容器专门设计为像路由器或防火墙一样工作）。

这意味着大多数情况下，容器根本不需要真正的 root 特权。因此，容器可以通过一组受限制的能力来运行，此时容器中的 "root" 比真正的 "root" 权限要少得多。下面列出几种可能的情形。

- 禁止所有的 "mount"（挂载）操作。
- 禁止访问原始套接字（Raw Sockets）以防止数据包欺骗。
- 禁止某些文件系统操作，如创建新的设备节点、改变文件所有者或改变属性。
- 禁止加载模块。
- 许多其他情形。

这意味着，即使入侵者设法在容器内提升到 root 权限，也难以做到严重破坏或获得主机 root 特权。

这不会影响常规的 Web 应用程序，但会大大减少恶意用户的攻击途径。默认情况下，Docker 会除去必需的能力外的所有能力，采用的是白名单而不是黑名单方法。

运行 Docker 容器的一个主要风险是，赋予容器默认能力和挂载，可能会提供不完全的隔离，无论是独立使用，还是与内核漏洞结合使用。

Docker 支持能力的添加和删除，允许使用非默认配置文件。去除能力可能会使 Docker 更安全，增加能力会降低 Docker 的安全性。对于用户来说，最好的做法是删除所有不需要的能力，除了那些进程需要的。

5. Docker 内容信任签名验证

可以将 Docker 引擎配置为仅运行签名的镜像。守护进程 dockerd 中内置 Docker 内容信任签名验证功能。这在 dockerd 配置文件中配置。要启用此功能，可在 daemon.json 文件中配置信任绑定（trustpinning），使得只有使用用户定义的 root 密钥签名的镜像仓库才能被下载和运行。

6. 其他的内核安全特性

能力只是现代 Linux 内核提供的众多安全功能之一。还可以在 Docker 中利用现有的知名系统，如 TOMOYO、AppArmor、SELinux 和 GRSEC 等。目前 Docker 仅支持能力，不会干扰其他系统。这意味着有很多不同的方法来加固 Docker 主机。这里给出一些例子。

- 可以运行使用 GRSEC 和 PAX 的内核。这在编译时和运行时都增加了许多安全检查。它也通过地址随机化等技术防止许多漏洞。它不需要特定于 Docker 的配置，因为这些安全特性适用于系统范围，独立于容器。
- 如果 Linux 发行版带有用于 Docker 容器的安全模型模板，则可以直接使用。例如，有一个可与 AppArmor 配合使用的模板，而 Red Hat 提供了适用于 Docker 的 SELinux 策略。这些模板提供了一个额外的安全网络（尽管它与能力大部分重叠）。

- 可以使用喜欢的访问控制机制来定义自己的策略。

就像可以使用第三方工具来增强 Docker 容器（包括特殊网络拓扑或共享文件系统）一样，还存在一些用于强化 Docker 容器而无须修改 Docker 本身的工具。

Docker 守护进程直接支持名称空间。这个特性允许容器中的 root 用户映射到容器外部的非 uid-0 用户，这有助于减轻容器突破的风险。该工具可用，但默认情况下不启用。

11.3.2 保护 Docker 守护进程套接字

默认情况下，Docker 通过非联网的 Unix 套接字运行。它也可以选择使用 HTTP 套接字进行通信。

如果需要通过网络以安全方式访问 Docker，则可以通过指定 tlsverify 选项并将 Docker 的 tlscacert 选项指向受信任的 CA（证书颁发机构）证书来启用 TLS。在守护进程模式下，它只允许客户端通过由该 CA 签名的证书进行身份验证。在客户端模式下，它仅连接到具有由该 CA 签名的证书的服务器。

1. 使用 OpenSSL 创建 CA、服务器和客户端密钥

这里介绍操作步骤，注意将示例中所有 $HOST 替换为用户的 Docker 主机（运行守护进程）的 DNS 名称或 IP 地址。

（1）在 Docker 主机上创建 CA 私钥和公钥。

执行以下命令为服务器产生一个 CA 私钥：

```
openssl genrsa -aes256 -out ca-key.pem 4096
Generating RSA private key, 4096 bit long modulus
....................................................................................................
....................................................................................................
..............++
........++
e is 65537 (0x10001)
Enter pass phrase for ca-key.pem:
Verifying - Enter pass phrase for ca-key.pem:
```

执行以下命令基于上述私钥创建 CA 公钥：

```
openssl req -new -x509 -days 365 -key ca-key.pem -sha256 -out ca.pem
Enter pass phrase for ca-key.pem:
You are about to be asked to enter information that will be incorporated
into your certificate request.
What you are about to enter is what is called a Distinguished Name or a DN.
There are quite a few fields but you can leave some blank
For some fields there will be a default value,
If you enter '.', the field will be left blank.
-----
Country Name (2 letter code) [AU]:
State or Province Name (full name) [Some-State]:Queensland
Locality Name (eg, city) []:Brisbane
Organization Name (eg, company) [Internet Widgits Pty Ltd]:Docker Inc
Organizational Unit Name (eg, section) []:Sales
Common Name (e.g. server FQDN or YOUR name) []:$HOST
Email Address []:Sven@home.org.au
```

（2）现在已经有 CA 了，可以创建一个服务器密钥和证书签名请求（CSR）。确保"通用名称"（Common Name）与要连接 Docker 的主机名相匹配：

```
openssl genrsa -out server-key.pem 4096
Generating RSA private key, 4096 bit long modulus
....................................................................................++
```

```
.............................................................................
..............++
e is 65537 (0x10001)
openssl req -subj "/CN=$HOST" -sha256 -new -key server-key.pem -out server.csr
```

接下来使用 CA 签署公钥。

（3）由于 TLS 连接可以通过 IP 地址和 DNS 域名建立，因此创建证书时需要指定 IP 地址。例如，要允许使用 10.10.10.20 和 127.0.0.1 进行连接：

```
echo subjectAltName = DNS:$HOST,IP:10.10.10.20,IP:127.0.0.1 >> extfile.cnf
```

（4）执行以下命令将 Docker 守护进程密钥的扩展使用属性设置为仅用于服务器身份验证：

```
echo extendedKeyUsage = serverAuth >> extfile.cnf
```

（5）执行以下命令生成签名证书：

```
openssl x509 -req -days 365 -sha256 -in server.csr -CA ca.pem -CAkey ca-key.pem \
  -CAcreateserial -out server-cert.pem -extfile extfile.cnf
Signature ok
subject=/CN=your.host.com
Getting CA Private Key
Enter pass phrase for ca-key.pem:
```

授权插件提供更细致的控制，以相互补充 TLS 的认证。除了上述文档中描述的其他信息之外，在 Docker 守护程序上运行的授权插件会接收用于连接 Docker 客户端的证书信息。

对于客户端身份验证，创建客户端密钥和证书签名请求。注意为简化接下来的几个步骤，也可以在 Docker 主机上执行以下步骤。

（6）执行以下命令为客户端产生一个私钥：

```
openssl genrsa -out key.pem 4096
Generating RSA private key, 4096 bit long modulus
......................................................................++
................++
e is 65537 (0x10001)
openssl req -subj '/CN=client' -new -key key.pem -out client.csr
```

（7）要使密钥适合客户端认证，应执行以下命令创建一个扩展配置文件：

```
echo extendedKeyUsage = clientAuth > extfile-client.cnf
```

（8）执行以下命令生成签名证书：

```
openssl x509 -req -days 365 -sha256 -in client.csr -CA ca.pem -CAkey ca-key.pem \
  -CAcreateserial -out cert.pem -extfile extfile-client.cnf
Signature ok
subject=/CN=client
Getting CA Private Key
Enter pass phrase for ca-key.pem:
```

（9）在生成 cert.pem 和 server-cert.pem 后，可以执行以下命令安全删除这两个证书签名请求：

```
rm -v client.csr server.csr extfile.cnf extfile-client.cnf
```

（10）使用默认的 022 掩码，密钥可以被所有人读，对用户和用户的组来说，是完全可写可读的。为防止意外损坏密钥，应删除其写入权限。要让它们只能被用户自己读取，按如下方式更改文件模式：

```
chmod -v 0400 ca-key.pem key.pem server-key.pem
```

（11）证书可以被所有人读，但是最好执行以下命令删除写权限以防止意外损坏：

```
chmod -v 0444 ca.pem server-cert.pem cert.pem
```

（12）现在，可以执行以下命令使 Docker 守护进程只接受提供能够通过用户的 CA 认证的证书的客户端的连接：

```
dockerd --tlsverify --tlscacert=ca.pem --tlscert=server-cert.pem --tlskey=server-key.pem \
  -H=0.0.0.0:2376
```

（13）要连接到 Docker 并验证其证书，应执行以下命令提供用户的客户端密钥，证书和可信 CA：

```
docker --tlsverify --tlscacert=ca.pem --tlscert=cert.pem --tlskey=key.pem \
  -H=$HOST:2376 version
```

在客户端机器上运行这个命令。这一步应该运行在 Docker 客户端上。因此，需要将 CA 证书、服务器证书和客户端证书复制到该机器上。注意使用 TLS 的 Docker 应该运行在 TCP 2376 端口。

2. 默认的安全连接

如果要在默认情况下确保 Docker 客户端的连接安全，可以将文件移动到用户主目录下的.docker 目录，并设置 DOCKER_HOST 和 DOCKER_TLS_VERIFY 环境变量，不用每次调用时传递选项和参数-H=tcp://$HOST:2376 和 --tlsverify。执行下列命令：

```
mkdir -pv ~/.docker
cp -v {ca,cert,key}.pem ~/.docker
export DOCKER_HOST=tcp://$HOST:2376 DOCKER_TLS_VERIFY=1
```

这样 Docker 默认的就是安全连接。

3. 其他模式

如果不需要完整的双向认证，可以通过组合使用各种选项来以各种其他模式运行 Docker。

（1）守护进程模式

- tlsverify、tlscacert、tlscert、tlskey：认证客户端。
- tls、tlscert、tlskey：不认证客户端。

（2）客户端模式

- tls：基于公共或默认的 CA 池验证服务器。
- tlsverify、tlscacert：基于特定的 CA 验证服务器。
- tls、tlscert、tlskey：根据特定的 CA 验证客户端证书并验证服务器验证客户端证书，但不验证服务器。
- tlsverify、tlscacert、tlscert、tlskey：根据特定的 CA 验证客户端证书并验证服务器。

如果发现了客户端证书，客户端会发送它，所以只需将用户的密钥放入~/.docker/{ca,cert,key}.pem。如果要将密钥存储在其他位置，则可以使用环境变量 DOCKER_CERT_PATH 指定该位置。

```
export DOCKER_CERT_PATH=~/.docker/zone1/
docker --tlsverify ps
```

4. 使用 curl 命令连接到安全的 Docker 端口

要使用 curl 命令来创建测试 API 请求，需要使用 3 个额外的命令行选项：

```
curl https://$HOST:2376/images/json \
  --cert ~/.docker/cert.pem \
  --key ~/.docker/key.pem \
  --cacert ~/.docker/ca.pem
```

11.3.3 其他 Docker 安全措施

其他的 Docker 安全措施列举如下。限于篇幅不再一一讲解。

- 使用证书验证镜像仓库客户端。
- 使用信任的镜像。
- 使用 Linux 的安全计算模式限制容器中的行为。
- 使用 AppArmor 或 SELinux 加固 Docker 主机。

- 使用反病毒软件。
- 使用用户名称空间隔离容器。

11.4 使用插件扩展 Docker

早期 Docker 版本对网络和存储的支持不够理想，从 Docker 1.7 版本开始推出插件技术后才解决了这个问题。通过插件能更好地扩展 Docker，定制网络和存储方案，与现有云计算解决方案无缝集成。

11.4.1 Docker 插件概述

可以通过加载第三方插件（Plugin）来扩展 Docker 引擎的功能。

1. Docker 插件工作机制

Docker 插件是增强 Docker 引擎功能的一种进程外的扩展，以 Web Service 形式的服务运行在每一台 Docker 主机上，通过 HTTP 协议传输 RPC 风格的 JSON 数据完成通信。

插件的启动和停止，并不归 Docker 管理，Docker 守护进程依靠在默认路径下查找 UNIX 套接字文件，自动发现可用的插件。当客户端与 Docker 守护进程交互，使用某插件支持的扩展功能时，守护进程会在后端找到该插件对应的套接字文件，建立连接并发起相应的 API 请求，最后结合 Docker 守护进程自身的处理完成客户端的请求。

2. Docker 插件类型

插件扩展了 Docker 的功能。它们有特定的类型。例如，一个卷插件可能使 Docker 卷在多个 Docker 主机上存储，而一个网络插件可能会提供特别的网络基础架构和安全策略。

目前，Docker 支持授权、卷和网络驱动插件，未来可能支持更多的插件类型。

例如，Docker 远程网络驱动的第三方解决方案都是由网络插件实现的。Contiv 就是由思科系统公司（Cisco Systems）提供的一个开源的网络插件，为多租户微服务部署提供基础架构和安全策略，同时为非容器工作负载提供物理网络集成。Weave 是跨多主机或云连接 Docker 容器的一个网络插件，Kuryr 是 OpenStack Kuryr 项目的一部分开发的网络插件。

Docker 卷插件更多，例如，Azure 文件存储插件可将 Microsoft Azure File Storage 共享作为卷装入 Docker 容器。Contiv 提供多用户持久分布式存储且支持 Ceph 和 NFS。Convoy 用于各种存储后端件，包括设备映射和 NFS。Flocker 为 Docker 提供多主机可移植卷。NetApp 提供与 NetApp 存储产品组合的 Docker 生态系统的直接集成。REX-Ray 为许多平台提供高级存储功能，包括 EC2、OpenStack 和 EMC。

授权插件目前不多，如 Casbin AuthZ 支持 ACL、RBAC、ABAC 等访问控制模型。

3. Docker 插件的操作

Docker 引擎的插件系统可以用来安装、启动、停止和移除插件。插件以 Docker 镜像的形式发布，可以托管在 Docker Hub 或私有注册中心。使用 docker plugin 命令来操作插件，它有几个子命令来完成具体的功能。常见的插件操作命令如下。

- docker plugin install：用于安装插件，将从 Docker 注册中心拉取插件并启用，如有必要会提示用户授予权限或能力。
- docker plugin ls：列出本地当前的插件，检查已安装插件的状态（是否启用）。
- docker plugin push：将插件推送到 Docker 注册中心。

- docker plugin enable：启用插件。
- docker plugin disable：禁用插件。
- docker plugin remove：彻底删除插件。
- docker plugin create：基于根文件系统目录和配置文件创建插件。

可以安装和使用现成的插件，还可以开发自己的插件，接下来进行示范。

11.4.2　Docker 插件安装和使用示例

对于 Docker 容器如何挂载本地文件，读者应该不会陌生了。要挂载远程文件系统，如将远程服务器上的某个目录作为容器的卷，最简单的方法就是使用 sshfs 插件，前提是远程服务器端支持 SSH 访问。这里给出一个示例，安装 sshfs 插件之后验证它是否已启用，并使用它来创建卷。

（1）执行以下操作安装 sshfs 插件，这个过程与拉取镜像相似：

```
[root@host-a ~]# docker plugin install vieux/sshfs
Plugin "vieux/sshfs" is requesting the following privileges:
 - network: [host]
 - mount: [/var/lib/docker/plugins/]
 - mount: []
 - device: [/dev/fuse]
 - capabilities: [CAP_SYS_ADMIN]
Do you grant the above permissions? [y/N] y
latest: Pulling from vieux/sshfs
52d435ada6a4: Download complete
Digest: sha256:1d3c3e42c12138da5ef7873b97f7f32cf99fb6edde75fa4f0bcf9ed277855811
Status: Downloaded newer image for vieux/sshfs:latest
Installed plugin vieux/sshfs
```

该插件要求以下两个权限。

- 需要访问 host 网络。
- 需要 CAP_SYS_ADMIN 能力，让它能够运行 mount 命令。

（2）执行 docker plugin ls 命令，从输出结果中得知该插件已经启用：

```
[root@host-a ~]# docker plugin ls
ID                   NAME                    DESCRIPTION            ENABLED
e5f9b297e5c6         vieux/sshfs:latest      sshFS plugin for Docker    true
```

在安装插件之后，可以将其用作另一个 Docker 操作的选项，这里是要创建一个卷。

（3）执行以下命令使用该插件创建一个卷。例中将 192.168.199.31 服务器上的/home 目录挂载到一个名为 sshvolume 的卷：

```
[root@host-a ~]# docker volume create  -d vieux/sshfs  --name sshvolume  -o sshcmd=
root@192.168.199.31:/home   -o password=abc123
sshvolume
```

-d vieux/sshfs 选项表示使用的是卷驱动 vieux/sshf，-o sshcmd 选项定义的是 sshfs 操作命令，-o password=abc123 选项指定的是访问远程文件的密码。

（4）执行以下命令列出当前的卷，验证该卷是否成功创建：

```
[root@host-a ~]# docker volume ls
DRIVER                VOLUME NAME
vieux/sshfs:latest    sshvolume
```

还可执行以下命令进一步查看该卷的细节：

```
[root@host-a ~]# docker volume inspect sshvolume
[
```

```
    {
        "CreatedAt": "0001-01-01T00:00:00Z",
        "Driver": "vieux/sshfs:latest",
        "Labels": {},
        "Mountpoint": "/mnt/volumes/2e8a52c29f91bba90cf2ffba4f0beb9b",
        "Name": "sshvolume",
        "Options": {
            "password": "abc123",
            "sshcmd": "root@192.168.199.31:/home"
        },
        "Scope": "local"
    }
]
```

（5）执行以下命令启动使用该卷的一个容器，将该卷挂载为容器上的/data 目录，可以发现容器挂载远程文件系统成功：

```
root@host-a ~]# docker run --rm -v sshvolume:/data busybox ls /data
zxp
```

（6）实验完毕，执行以下命令删除该卷：

```
docker volume rm sshvolume
```

11.4.3　Docker 插件开发示例

这里仅用于示范开发插件的步骤，直接利用已有的 sshfs 插件源码。需要基于根文件系统目录和配置文件来创建插件，插件数据目录必须 config.json 配置文件和根文件系统目录。

1. 准备根文件系统目录

在这个例子中，插件的根文件系统是从 Dockerfile 创建的。直接从 GitHub 下载插件源码，如果没有安装 Git 客户端，请先安装它。按照以下操作步骤准备根文件系统目录（rootfs）：

```
git clone https://github.com/vieux/docker-volume-sshfs
cd docker-volume-sshfs
docker build -t rootfsimage .          # 在项目目录中构建镜像
id=$(docker create rootfsimage true)   # id是基于rootfsimage镜像创建的容器的ID
sudo mkdir -p myplugin/rootfs                          # 创建插件数据目录
sudo docker export "$id" | sudo tar -x -C myplugin/rootfs  # 将导出的容器包解压到rootfs目录
docker rm -vf "$id"
docker rmi rootfsimage
```

注意 Docker 要求插件的文件系统内部要有/run/docker/plugins 目录，用于 Docker 与插件进行通信。

2. 准备 config.json 文件

config.json 文件描述了该插件。在插件数据目录（myplugin/rootfs）创建 config.json 文件并加入以下内容。

```
{
    "description": "sshFS plugin for Docker",
    "documentation": "https://docs.docker.com/engine/extend/plugins/",
    "entrypoint": ["/docker-volume-sshfs"],
    "network": {
            "type": "host"
            },
    "interface" : {
            "types": ["docker.volumedriver/1.0"],
            "socket": "sshfs.sock"
        },
```

```
    "linux": {
        "capabilities": ["CAP_SYS_ADMIN"]
    }
}
```

这个插件是一个卷驱动。它要求有 host 网络和 CAP_SYS_ADMIN 能力。它依赖/docker-volume-sshfs 入口点，并使用/run/docker/plugins/sshfs.sock 套接字与 Docker 引擎进行通信。这个插件没有运行时参数。

3. 创建插件

创建插件的用法如下：

```
docker plugin create <plugin-name> ./path/to/plugin/data
```

其中 plugin-name 表示插件名称，./path/to/plugin/data 表示插件数据目录，在该目录中应包含插件配置文件 config.json 和子目录 rootfs 中的根文件系统。

例中运行以下命令创建名为 testplugin 的新插件：

```
[root@host-a docker-volume-sshfs]# docker plugin create testplugin myplugin
testplugin
```

执行以下命令查看当前的插件列表，发现该插件已经创建，但处于禁用状态：

```
[root@host-a docker-volume-sshfs]# docker plugin ls
ID                   NAME                 DESCRIPTION              ENABLED
7818f9bf94b4         testplugin:latest    sshFS plugin for Docker  false
e5f9b297e5c6         vieux/sshfs:latest   sshFS plugin for Docker  true
```

要使用它，可以使用 docker plugin enable 命令启用它。还可以使用 docker plugin push 命令将它推送到远程注册中心。

11.5 离线部署和使用 Docker

Docker 通常需要在 Internet 环境中部署和使用，但是对于某些特定环境，尤其是特殊行业用户的生产环境，服务器是不允许访问 Internet 的，还有用户没有公网，只能在与公网隔离的内网中使用，将这类环境称为离线环境。离线环境中不能直接连接 Internet 安装 Docker，也不能从像 Docker Hub 或阿里云镜像服务这样的公有 Docker 注册中心来拉取镜像。要离线部署和使用 Docker，主要解决 3 个问题：Docker 的安装、镜像的获取和私有 Docker 注册中心的建立，下面简单介绍具体的实现方法。

11.5.1 离线安装 Docker

离线环境下不能直接从软件源下载软件包进行安装，会带来很多依赖包安装的麻烦。而 Docker 官方提供了完整的软件包，下载之后手动安装即可。这里以离线的 CentOS 7 计算机安装 Docker CE 为例示范整个安装过程。

（1）在连接 Internet 的计算机上到官方站点下载要安装的 Docker 版本的.rpm 软件包例中使用的包为 docker-ce-18.09.3-3.el7.x86_ 64.rpm、docker-ce-cli-18.09.3-3.el7.x86_64.rpm 和 containerd.io-1.2.4-3.1.el7.x86_64.rpm

注意需要安装 3 个软件包 docker-ce、docker-ce-cli 和 containerd.io，尽量下载同期的版本。

（2）将上述软件包复制到要离线安装 Docker 的 CentOS 7 计算机上。

（3）在该计算机使用 yum 工具安装该软件包。

```
yum install  /tmp/docker-ce-18.09.3-3.el7.x86_64.rpm /tmp/docker-ce-cli-18.09.3-3.el7.x86_
64.rpm /tmp/containerd.io-1.2.4-3.1.el7.x86_64.rpm
```

（4）执行命令 systemctl start docker 启动 Docker。

（5）可以通过运行 docker info 命令来确认 Docker CE 已经正常安装。

```
[root@host-test ~]# docker info
Containers: 0
 Running: 0
 Paused: 0
 Stopped: 0
Images: 0
Server Version: 18.09.3
Storage Driver: overlay2
（以下省略）
```

尝试运行 hello-world 镜像来进一步验证，会发现无法从 Docker Hub 获取镜像。

```
[root@host-test ~]# docker run hello-world
Unable to find image 'hello-world:latest' locally
docker: Error response from daemon: Get https://registry-1.docker.io/v2/: dial tcp:
lookup registry-1.docker.io on [::1]:53: read udp [::1]:51709->[::1]:53: read: connection
refused.
```

提示：采用这种方式，如果升级 Docker CE，则需要下载新的包文件，重复上述安装过程时，要使用 yum upgrade 命令替代 yum install 命令。

11.5.2　在离线环境中导入镜像

离线环境无法联网，不能直接运行 docker pull 命令从公网上拉取 Docker 镜像，但可以利用 Docker 镜像的导入导出功能从其他机器上导入镜像。下面进行示范。

（1）先执行以下命令从一个联网的 Docker 主机上拉取 Docker 镜像：

```
[root@host-a ~]# docker pull hello-world
Using default tag: latest
latest: Pulling from library/hello-world
Digest: sha256:92695bc579f31df7a63da6922075d0666e565ceccad16b59c3374d2cf4e8e50e
Status: Image is up to date for hello-world:latest
```

（2）使用 docker save 命令将镜像导出到 Tar 归档文件，也就是将镜像到保存本地文件：

```
[root@host-a ~]# docker save --output hello-world.tar hello-world
[root@host-a ~]# ls -sh hello-world.tar
16K hello-world.tar
```

（3）将 Tar 归档文件复制到离线的 Docker 主机上。

（4）使用 docker load 命令从 Tar 归档文件加载该镜像：

```
[root@host-test ~]# docker load --input hello-world.tar
af0b15c8625b: Loading layer [=================================================>]   3.
584kB/3.584kB
Loaded image: hello-world:latest
```

（5）使用 docker images 命令查看刚加载的镜像：

```
[root@host-test ~]# docker images
REPOSITORY          TAG                 IMAGE ID            CREATED             SIZE
hello-world         latest              fce289e99eb9        3 months ago        1.84kB
```

（6）执行以下命令基于该镜像启动一个容器：

```
[root@host-test ~]# docker run hello-world
Hello from Docker!
This message shows that your installation appears to be working correctly.
（以下省略）
```

这表明可以成功运行镜像了。

当然，还可以离线制作自己特定功能的 Docker 镜像，这需要编写 Dockerfile 文件。

11.5.3 离线建立私有 Docker 注册中心

最简单的方法是使用 Docker 的 registry 镜像建立私有 Docker 注册中心，参照上述方法导入该镜像，再参照 2.3.4 节的讲解自建 Docker 注册中心并进行测试。

如果内网规模很大，则可以考虑使用 Harbor 软件建立企业级的私有 Docker 注册中心，它的功能更强大，使用方法类似 Docker Hub，可以通过 Web 界面操作。

最后强调一下，生产环境应使用 Linux 服务器操作系统，不要使用 Mac OS 或 Windows。

11.6 习题

1. Docker 守护进程的配置有哪两种方式？如何避免配置冲突？
2. 如何解决 daemon.json 文件和启动脚本之间的冲突？
3. Docker 对象自定义元数据有什么作用？
4. 如何一次性清理多种类型的对象？
5. 简述 Docker 安全机制。
6. 简述 Docker 插件工作机制。
7. 离线部署和使用 Docker 要解决哪几个问题？
8. 熟悉 Docker 守护进程日志操作。
9. 熟悉 Docker 命令和日志的输出格式。
10. 参照 11.4.2 节的示范，完成通过 sshfs 插件挂载远程文件系统的操作。
11. 在离线环境下使用 Docker 的 registry 镜像建立私有 Docker 注册中心并进行测试（可在一台主机上通过联网和断网来模拟环境）。